Der **Onlineservice InfoClick** bietet unter www.vogel-fachbuch.de/infoclick nach Codeeingabe zusätzliche Informationen und Aktualisierungen zu diesem Buch.

In zwei Schritten zum Onlineservice

1. Einfach www.vogel-fachbuch.de/infoclick aufrufen.
2. Den unten stehenden Zugangscode und eine E-Mail-Adresse eingeben.

Ihr persönlicher Zugang zum Onlineservice  339305600001

Tim Jüntgen

Klebtechnik
Klebgerechte Konstruktionen und Anwendungen in der Praxis

Prof. Dr.-Ing. Tim Jüntgen

Klebtechnik

Klebgerechte Konstruktionen und Anwendungen in der Praxis

Vogel Communications Group

Prof. Dr.-Ing. Tim Jüntgen
Jahrgang 1970
studierte Maschinenbau mit Schwerpunkt Kunststofftechnik an der RWTH Aachen. Nach mehrjähriger Tätigkeit von 1999 bis 2003 als wissenschaftlicher Mitarbeiter am Institut für Kunststoffverarbeitung (IKV) in Aachen promovierte er schließlich zum Dr.-Ing. an der RWTH Aachen. Von 2003 bis 2005 war er bei der Engelmann Automotive GmbH, Wedemark, in verschiedenen leitenden Positionen im Bereich der Automobilzulieferindustrie tätig. In den Jahren 2005 bis 2010 arbeitete er in der Konsumgüterindustrie als Leiter Forschung und Entwicklung / Patentwesen bei der Firma M+C Schiffer GmbH, Neustadt/Wied (Fernthal). Seit Dezember 2010 ist Dr. Jüntgen als Professor an der Hochschule Amberg-Weiden tätig und lehrt dort unter anderem Kunststofftechnik/Kunststoffverarbeitungstechnik, Konstruktion, Werkzeugbau und Klebtechnik.

Für Silvi, Jana, Inga, Nina und Max

«Wer nicht neugierig ist, erfährt nichts.»
Johann Wolfgang von Goethe (1749–1832)

Weitere Informationen:
www.vogel-fachbuch.de
http://twitter.com/vogelfachbuch
www.facebook.com/vogel-fachbuch
www.vogel-fachbuch.de/rss/buch.rss_

ISBN 978-3-8343-3393-3
1. Auflage. 2019

Vorwort

Das vorliegende Fachbuch entstand in den vergangenen beiden Jahren als Essenz aus jahrelangen persönlichen klebtechnischen Aktivitäten in Industrie und Wissenschaft. Die Basis hierfür bilden einerseits zahlreiche interessante Berührungspunkte, Untersuchungen, Versuche und Tätigkeiten zum Kleben in der industriellen Forschung & Entwicklung sowie in der Anwendungstechnik und Produktion verschiedener Einrichtungen und Unternehmen. Andererseits hat die intensive wissenschaftliche Beschäftigung mit der Klebtechnik in Lehre und Erwachsenenbildung zum Entstehen dieses Werkes maßgeblich beigetragen.

Mein besonderer Dank gilt den vielen, hier nicht einzeln genannten Firmen, Partnern, Kollegen und Mitarbeitern aus Wirtschaft und Wissenschaft, die mich bereits im Rahmen meiner Vorlesung «Grundlagen und Verfahren der Klebtechnik» und dem dazugehörigen Klebtechnik-Praktikum an der Ostbayerischen Technischen Hochschule (OTH) Amberg-Weiden sowie bei meinen klebtechnischen Seminaren stets in hervorragender Weise unterstützt haben und auch weiterhin unterstützen. Im Zusammenhang mit dem hier vorliegenden Fachbuch danke ich allen Beteiligten sehr für die vielen interessanten Gespräche, lehrreichen Diskussionen und wertvollen Anmerkungen. Ohne diesen ausgiebigen Wissens- und Erfahrungsaustausch wäre das vorliegende Werk so nicht möglich gewesen. Vielen Dank auch für die Bereitstellung und Freigabe von Bild- und Informationsmaterial, das in diesem Fachbuch sehr gute Verwendung gefunden hat.

Ein ganz spezieller Dank geht schließlich an meine Frau Silvi und meine Kinder Jana, Inga, Nina und Max für ihre unendliche Geduld sowie die liebevolle und immerwährende Unterstützung zu jeder Zeit. Ihr seid die Besten!

Amberg | Tim Jüntgen

Inhaltsverzeichnis

Vorwort ... 5

1 Fertigungsverfahren, Fügeverfahren und Verbindungsarten ... 11
1.1 Kleben und Dichten ... 14
1.2 Chronik des Klebens ... 14
1.2.1 Kleben – Vorbild Natur ... 16
1.2.2 Kleben – Begriffe und Definitionen ... 17
1.2.3 Vor- und Nachteile des Klebens ... 18

2 Grundlagen des Klebens ... 25
2.1 Voraussetzungen für das Kleben ... 25
2.1.1 Oberflächenenergie, Oberflächenspannung und Benetzung ... 26
2.1.2 Oberflächenrauigkeit ... 38
2.1.3 Bindungskräfte in Klebungen ... 40
2.2 Versagensarten von Klebungen (Brucharten) ... 44
2.2.1 Adhäsionsbruch ... 47
2.2.2 Kohäsionsbruch ... 48
2.2.3 Grenzschichtbruch ... 50
2.2.4 Mischbruch ... 51

3 Aufbau, Einteilung und Arten von Klebstoffen ... 55
3.1 Aufbau von Klebstoffen ... 55
3.2 Einteilung von Klebstoffen ... 60
3.3 Arten von Klebstoffen ... 62
3.3.1 Lösemittelhaltige Klebstoffe ... 65
3.3.2 Dispersionsklebstoffe (Leime / Weißleime) ... 71
3.3.3 Thermoplastische Schmelzklebstoffe (Hotmelts und Lowmelts) ... 74
3.3.4 Reaktionsklebstoffe ... 78
3.3.4.1 Reaktive Schmelzklebstoffe ... 79
3.3.4.2 Cyanacrylat-Klebstoffe (CA-Klebstoffe, «Sekundenkleber») ... 80
3.3.4.3 Strahlungshärtende Klebstoffe ... 82
3.3.4.4 Anaerob härtende Klebstoffe ... 89
3.3.4.5 Reaktionsklebstoffe auf Methylmethacrylat-Basis (MMA) ... 92
3.3.4.6 Durch Polyaddition härtende Reaktionsklebstoffe ... 96
3.3.4.7 Silikone ... 108
3.3.5 Haftklebstoffe ... 111
3.3.6 Zusatzprodukte (Haftvermittler und Primer) ... 113
3.4 Klebstoff(vor-)auswahl ... 115

4 Technologie des Klebens ... 117
4.1 Vorbereitung der Fügeteile ... 118
4.1.1 Oberflächenvorbereitung ... 118
4.1.1.1 Säubern und Entfetten ... 119
4.1.1.2 Passendmachen ... 122
4.1.2 Oberflächenvorbehandlung ... 122

4.1.2.1 Mechanische Oberflächenvorbehandlung ... 122
4.1.2.2 Physikalische Oberflächenvorbehandlung ... 123
4.1.2.3 Chemische Oberflächenvorbehandlung ... 129
4.1.2.4 Elektrochemische Oberflächenvorbehandlung ... 129
4.1.3 Oberflächennachbehandlung ... 130
4.1.3.1 Klimatisierung ... 130
4.1.3.2 Einsatz von Haftvermittlern ... 130
4.1.3.3 Auftrag von Primern ... 130
4.1.3.4 Applikation von Oberflächenschutzfolien ... 131
4.2 Vorbereitung des Klebstoffs ... 131
4.2.1 Bevorraten und Lagern ... 131
4.2.2 Fördern ... 133
4.2.3 Mischen ... 138
4.2.3.1 Statisches Mischen ... 138
4.2.3.2 Statisch-dynamisches Mischen ... 145
4.2.3.3 Dynamisches Mischen ... 145
4.3 Klebstoffauftrag und Fixierung der Fügeteile ... 146
4.3.1 Dispenser-Dosiersysteme ... 147
4.3.2 Ventilformen ... 148
4.3.3 Schmelzeaufbereitung und Schmelzedosierung ... 149
4.3.3.1 Schmelzeaufbereitung ... 149
4.3.3.2 Schmelzedosierung ... 153
4.3.4 Elektronikverguss ... 154
4.3.4.1 Glob-Top ... 154
4.3.4.2 Dam & Fill ... 155
4.3.4.3 Underfill ... 156
4.3.5 Fixierung der Fügeteile ... 158
4.4 Abbinden / Aushärten des Klebstoffs ... 159

5 Kleben metallischer und nichtmetallischer Werkstoffe ... 161
5.1 Allgemeine konstruktive Richtlinien ... 161
5.2 Berechnung von Klebverbindungen ... 172
5.3 Kleben unterschiedlicher Substrate ... 176
5.3.1 Kleben von Metallen ... 176
5.3.2 Kleben von Kunststoffen ... 186
5.3.3 Kleben von Glas ... 190

6 Anwendungen der Klebtechnik ... 193
6.1 Luft- und Raumfahrt ... 194
6.1.1 Flugzeugbau ... 194
6.1.2 Raumfahrt ... 195
6.2 Fahrzeugbau ... 195
6.2.1 Personenkraftwagen ... 196
6.2.2 Nutzfahrzeuge und Lastkraftwagen ... 202
6.2.3 Schienenfahrzeuge ... 206
6.3 Maschinen- und Anlagenbau ... 210
6.4 Elektrotechnik / Elektronik ... 211
6.5 Medizintechnik ... 211

7 Prüfung und Qualitätssicherung ... 215
7.1 Zerstörende Prüfverfahren für Klebungen ... 216
7.2 Zerstörungsfreie Prüfverfahren für Klebungen ... 225
7.3 Prüfung von Klebstoffeigenschaften ... 228
7.4 Normen, Technische Regeln, Richtlinien und Merkblätter ... 231
7.4.1 DIN 2304: Klebtechnik – Qualitätsanforderungen an Klebprozesse ... 234
7.5 Qualitätssicherung ... 237

8 Kleben in Kombination mit anderen Fügeverfahren (Hybridfügen) ... 241
8.1 Schrauben und Kleben ... 241
8.2 Nieten und Kleben ... 242
8.3 Clinchen und Kleben ... 243
8.4 Clipsen und Kleben ... 245
8.5 Punktschweißen und Kleben ... 245
8.6 Bördeln / Falzen und Kleben ... 246
8.7 Schrumpfen / Pressen und Kleben ... 247

Abkürzungsverzeichnis ... 249

Formelzeichen ... 253

Quellenverzeichnis ... 255

Stichwortverzeichnis ... 267

1 Fertigungsverfahren, Fügeverfahren und Verbindungsarten

Die Klebtechnik stellt für viele Anwendungsfälle eine zuverlässige und wirtschaftliche Alternative zu den etablierten und traditionellen Fügeverfahren – wie beispielsweise Schweißen, Löten, Schrauben, Nieten oder Clinchen – dar.

Mithilfe eines geeigneten und auf den jeweiligen Anwendungsfall ausgelegten Klebstoffs lassen sich quasi alle technisch relevanten Konstruktionswerkstoffe (Metalle, Kunststoffe, Keramiken, Gläser, Hölzer usw.) stoffschlüssig miteinander verbinden. Dies gilt nahezu uneingeschränkt für sortenreine Klebungen von Substraten aus einer Werkstoffgruppe, also für das Kleben identischer oder zumindest artgleicher bzw. sehr ähnlicher Materialien. Viele Baugruppen für technische Produkte bestehen heutzutage jedoch aus zum Teil sehr unterschiedlichen Werkstoffen (Multi-Material-Mix). Hier müssen mitunter diverse Fügeteile mit teilweise sehr unterschiedlichen Werkstoffeigenschaften, beispielsweise Metall und Kunststoff, haltbar und beständig zusammengefügt werden. Anders als beim Mischmaterialschweißen (von Metallen oder Kunststoffen) gelingen beim so genannten Mischmaterialkleben stoffschlüssige Verbindungen, auch wenn die thermischen, physikalischen und chemischen Eigenschaften der zu verbindenden Substrate recht stark voneinander abweichen.

Mit modernen industriellen Klebstoffen und mittels ausgereifter Klebprozesse können so langzeitig und/oder hoch beanspruchte Konstruktionen für anspruchsvolle Einsatzbedingungen realisiert werden. Die Klebtechnik bietet unter anderem die besten Voraussetzungen zur konsequenten Realisierung von belastbaren Leichtbaukonstruktionen, die im Zuge der zunehmenden Mobilität und einer nachhaltigen Ressourcenschonung in heutiger Zeit immer mehr an Bedeutung gewinnen.

Um optimale Ergebnisse mit der Klebtechnik zu erreichen, benötigt der Klebstoffanwender zunächst einmal ein solides Basiswissen. Ein gewisses chemisches Grundverständnis im Hinblick auf die unterschiedlichen Klebstoffarten und deren Verfestigungsmechanismen ist nicht zuletzt für die zielgerichtete und richtige Auswahl des für den jeweiligen Anwendungsfall geeigneten Klebstoffs unerlässlich. Darüber hinaus spielt die klebgerechte Konstruktion in Abhängigkeit der zu klebenden Substrate eine Schlüsselrolle für den erfolgreichen Einsatz der Klebtechnik. Schließlich ist auch die Kenntnis der sach- und fachgerechten Durchführung einer Klebung – unter exakter Einhaltung von allen notwendigen Arbeitsschritten – für die Qualitätssicherung zwingend erforderlich. Eine ganzheitliche Betrachtung des gesamten Klebsystems ist die Grundlage für eine erfolgreiche Klebung.

Hierzu soll das vorliegende Fachbuch dem Konstrukteur und dem Klebstoffanwender entsprechende Hilfestellungen für nachfolgende Aspekte geben und somit zur erfolgreichen Realisierung von Klebungen beitragen:

- Grundlagen des Klebens,
- Konzeption und Konstruktion einer Klebung,
- Klebstoffauswahl,
- Durchführung einer Klebung.

Fertigungsverfahren werden gemäß DIN 8580:2003-09 (1) in sechs Hauptgruppen eingeteilt (Bild 1.1). Eine dieser Hauptgruppen befasst sich umfassend mit dem **Fügen** als ein wesentliches Fertigungsverfahren.

DEFINITION

Gemäß DIN 8580:2003-09 (1) wird unter Fügen das auf Dauer angelegte Verbinden oder sonstige Zusammenbringen von zwei oder mehr Werkstücken mit geometrisch bestimmter Form oder das Zusammenbringen von Werkstücken mit einem formlosen Stoff verstanden. Hierbei wird ein Zusammenhalt geschaffen und im Ganzen vermehrt [2].

Die DIN 8593-8:2003-09 (3) spezifiziert das Fügen in insgesamt acht getrennten Teilen (siehe Bild 1.1), wobei sich der achte Teil mit dem Thema Fügen durch Kleben beschäftigt.

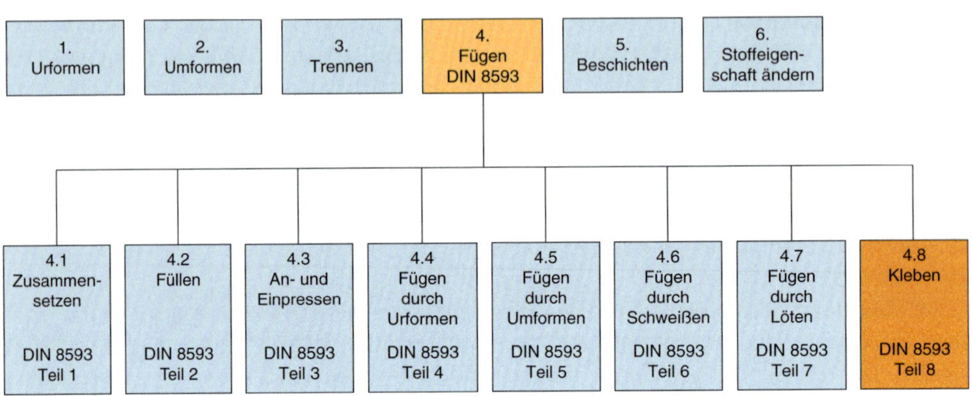

Bild 1.1 *Einordnung des Klebens in die Fertigungsverfahren nach DIN 8580* [1] *und DIN 8593* [3]

In der Verbindungstechnik werden Fügeverfahren und Verbindungsarten grundsätzlich nach ihren physikalischen Wirkprinzipien Kraftschluss (Reibschluss), Formschluss und Stoffschluss unterschieden. In Tabelle 1.1 sind diese Wirkmechanismen mit ausgewählten Beispielen sowie den jeweiligen Eigenschaften der Verbindung gegenübergestellt.

Tabelle 1.1 *Verbindungsarten*

Physikalisches Wirkprinzip	Beispiele	Eigenschaft der Verbindung
Kraftschluss (Reibschluss)	Schrauben (mit Drehmomentbelastung), Schrumpfen, Klemmen, Knoten, Nageln, …	in der Regel lösbar
Formschluss	Schrauben (ohne Drehmomentbelastung), Nieten, Nähen, Tackern, Heften, Bördeln / Falzen, Schwalbenschwanz, Nut-Feder, Passfeder, …	(bedingt) lösbar oder unlösbar
Stoffschluss	Vulkanisieren, Löten, Schweißen, Kleben, …	in der Regel unlösbar

Das Kleben ist demzufolge den stoffschlüssigen Verbindungsarten hinzuzurechnen. Bei den meisten Klebungen werden üblicherweise (dauerhaft) unlösbare Verbindungen angestrebt. Es gibt allerdings auch Anwendungsfälle, bei denen eine gezielte und rückstandslose Lösbarkeit der Klebung zu einem bestimmten Zeitpunkt durchaus gewünscht ist, zum Beispiel bei Haftnotizzetteln. Ein weiteres allgemeines Beispiel sind Anwendungsfälle, bei denen defekte

Einzelteile oder Baugruppen möglichst problemlos reparaturbedingt ausgetauscht werden sollen.

In Tabelle 1.2 sind die wichtigsten Kennzeichen der Verbindung für ausgewählte kraft-, form- und stoffschlüssige Verbindungsarten qualitativ einander gegenübergestellt.

Tabelle 1.2 *Eigenschaftsmerkmale verschiedener Fügeverfahren* [4]

Kennzeichen der Verbindung	Art des Fügeverfahrens						
	kraftschlüssig			formschlüssig	stoffschlüssig		
	Nieten	Schrauben	Schrumpfen	Bördeln	Schweißen	Löten	Kleben
Werkstoffkombinationsmöglichkeiten	++	++	+	+	– –/–	–/+	++
konstruktive Gestaltungsmöglichkeiten	–	O	– –	–	++	++	+ +
Oberflächenvorbereitungsaufwand	+	+	+	+	O/+	O	O
Wärmebeeinflussung der Fügeteile	++	++	O/–	++	– –	–/O	++
Aussehen der Fügefläche/ -naht	–	– –	□	+	O/ +	+	++
Korrosionsbeständigkeit	□	□	□	□	+	O	++
Lösbarkeit der Verbindung	+	+	–	– –	– –	O	+/O
thermische Beständigkeit	+	++	O	+	++	O/+	O
mechanische Festigkeit	O	O	O/++	–	++	O/+	O/+
Verhalten bei statischer Last	+	+	++	+	++	+ +	O
Verhalten bei dynamischer Last	– –	–	+	–	+	+	++
zerstörungsfreie Prüfbarkeit	++	++	□	+	O/+	O	–

+ + : sehr gut / sehr hoch + : gut / hoch O : mittel –: schlecht / gering – – : sehr schlecht / sehr gering
□ : keine Aussage möglich

Wie aus Tabelle 1.2 ersichtlich ist, kann die Klebtechnik im Vergleich zu anderen Fügeverfahren in vielen Kategorien ihre Stärken ausspielen. Neben den vielfältigen Werkstoffkombinationsmöglichkeiten, den konstruktiven Gestaltungsmöglichkeiten und der in der Regel ausbleibenden Wärmebeeinflussung der Fügeteile sind unter anderem das unauffällige (teilweise sogar unsichtbare) Aussehen der Fügenähte, die exzellente Korrosionsbeständigkeit sowie das positive Verhalten bei dynamischer Belastung bei anderen Fügeverfahren nicht im gleichen Maße oder nur mit zusätzlichem Aufwand erreichbar. Eher nachteilig bei Klebungen sind die meist obligatorische Oberflächenvorbereitung, die im Allgemeinen schlechte thermische Beständigkeit sowie das schlechtere Verhalten bei statischer Belastung. Eine große Herausforderung bei der Klebtechnik bleibt die zerstörungsfreie Prüfbarkeit von Klebungen. Nur zerstörende Prüfungen führen in der Klebtechnik zu konkreten Festigkeitswerten und somit zu quantifizierbaren Qualitätsattributen.

1.1 Kleben und Dichten

Kleben ist zweifelsohne eine Schlüsseltechnologie des 21. Jahrhunderts [5]. Es existiert praktisch kein Wirtschafts- oder Industriebereich, in dem auf die Kleb- und/oder Dichtungstechnik gänzlich verzichtet wird.

Kleb- und Dichtstoffe werden häufig gemeinsam thematisiert, obwohl sie sehr unterschiedliche Hauptzwecke verfolgen. Beim Kleben geht es in erster Linie um Kraftübertragung und beim Dichten primär um Abdichten gegenüber Fluiden oder Festkörpern. Jeder Klebstoff kann, wenn er richtig appliziert wurde, auch abdichten und jeder Dichtstoff kann bis zu einem gewissen Grad auch kleben [6].

Im Allgemeinen sind Klebungen sehr viel einfacher auszuführen als Dichtungen. Eine nicht umlaufend und somit nicht dichtend ausgeführte Klebung kann dennoch für die jeweilige Klebanwendung ausreichend hohe Klebkräfte entfalten. Besitzt hingegen eine Dichtraupe eine einzige ungewollte Unterbrechung (eine nahezu beliebig kleine Fehlstelle), kann damit schon der eigentlichen Hauptzweck «Dichten» nicht mehr erfüllt werden.

Die deutsche Kleb- und Dichtstoffindustrie gilt weltweit als Technologieführer. Mit einem Marktanteil von etwa 16% ist sie Weltmarktführer und mit einem Klebstoffverbrauch von 27% und einem Klebstoffproduktionsanteil von mehr als 36% behauptet die deutsche Kleb- und Dichtstoffindustrie auch deutlich den Spitzenplatz in Europa [7].

Tabelle 1.3 *Produktion von Kleb- und Dichtstoffsystemen in Deutschland (2015)* [8]

Klebstoffe (1000 t)	820
Dichtstoffe (1000 t)	171
zementäre Bauklebstoffe (1000 t)	402
Gesamtproduktion (1000 t)	1393
Klebebänder (Mio. m^2)	1034

Da der Fokus des vorliegenden Buches auf konstruktiven Klebstoffen und konstruktiven Klebungen liegt, werden Dichtstoffe im Folgenden nur noch am Rande bzw. in Abgrenzung zu den Klebstoffen thematisiert.

1.2 Chronik des Klebens

Die Geschichte des Klebens beginnt bereits in der frühesten Epoche der Menschheitsgeschichte – der Steinzeit. Bis zum Beginn des Zeitalters der Klebstoffe auf Basis synthetisch hergestellter Rohstoffe im Jahr 1909 hatten Klebstoffe eine natürliche Rohstoffbasis (zum Beispiel Birkenpech, Harz, Blut, Eiweiß / Glutin, Kasein, Zucker, Stärke, …). Heutzutage ist das Polyvinylacetat (PVAC) der für die Klebstoffherstellung meist verwendete synthetische Rohstoff [9; 10].

In Tabelle 1.4 sind die wesentlichen Meilensteine der Geschichte des Klebens chronologisch aufgeführt.

Tabelle 1.4 *Chronik des Klebens* [9; 10]

jüngere Steinzeit (ca. 8000 v. Chr.)	Birkenpech/-harz (erster Klebstoff der Menschheitsgeschichte) dient Neandertalern und steinzeitlichen Homo sapiens bei der Waffen- und Werkzeugherstellung.
um 4000 v. Chr.	Mesopotamier verwenden Asphalt für den Tempelbau.
um 3000 v. Chr.	Sumerer kochen aus Tierhäuten eine Art Glutinleim aus, den sie für den Haus- und Tempelbau sowie zur Herstellung von festem Straßenbelag nutzen. Weitere Klebstoffe in der Bauwirtschaft sind tierisches Blut und Eiweiß.
um 1600 v. Chr.	Mesoamerikanische Mayas mischen Latex mit pflanzlichen Erzeugnissen und verarbeiten diese Mischungen so zu prähistorischen Kautschukprodukten für unterschiedliche Verwendungszwecke [11; 12].
um 1500 v. Chr.	Ägypter verwenden tierische Leime für Furnierarbeiten, z.B. für Grabtafeln.
um 500 v. Chr.	Casein wird als Bindemittel für Pigmente benutzt.
um 1400	Azteken nutzen die Klebewirkung des Blutes und mischen Tierblut unter Zement für den Bau von Tempelbögen.
um 1500	Mit der Erfindung des Buchdrucks wächst die Bedeutung von Klebstoff.
1690	Eröffnung der ersten handwerklichen Leimfabrik in den Niederlanden
um 1830	Naturkautschuk ist ein üblicher Kleberohstoff.
1839	Entdeckung der Vulkanisation (Umsetzung von Naturkautschuk mit Schwefel) durch Charles Goodyear
1888	Entwicklung des ersten gebrauchsfertigen Tapetenkleisters
um 1909	Beginn des Zeitalters der Klebstoffe auf Basis synthetisch hergestellter Rohstoffe; Patentanmeldung zur Phenolharz-Härtung (Leo Baekeland)
1914	Patentierung des Polyvinylacetats (bis heute für die Klebstoffherstellung meist verwendeter synthetischer Rohstoff)
1923	Henkel verkauft erstmals einem benachbarten Unternehmen einen Klebstoff.
1932	Entwicklung des ersten gebrauchsfertigen, glasklaren Kunstharz-Klebstoffs: UHU
1935	Entwicklung des transparenten «Beiersdorf Kautschuk Klebefilms»: tesa (ab 1940)
1953	Erfindung eines anaeroben Klebstoffs: Loctite (ab 1956)
1956	Markteinführung des ersten Pattex-Produkts (Kontaktklebstoff)
1958	Entwicklung des ersten Sekundenklebstoffs auf Basis von Cyanacrylat
1960	Beginn der industriellen Produktion von Klebstoffen für die Metall- und Kunststoffbearbeitung
1969	Markteinführung des ersten Klebestifts: Pritt
1980	Beginn des Siegeszugs der «Post-it»-Haftnotizzettel
1997	Henkel übernimmt Loctite (Weltmarktführer für Konstruktionsklebstoffe)
2008	Über 1500 Unternehmen stellen weltweit ca. 30 000 verschiedene Klebstoffe her.

1.2.1 Kleben – Vorbild Natur

In der Natur gibt es in Fauna und Flora unzählige Beispiele für effektives Kleben. Viele Tiere und Pflanzen setzen

- zum Nestbau,
- zum Beutefang,
- zur Sicherung der Fortpflanzung und
- zur Ersten Hilfe

Kleb- und Baustoffe ein, die mit unseren modernen synthetischen Stoffen eng verwandt sind (Tabelle 1.5).

Tabelle 1.5 *Kleben – Vorbilder aus der Natur* [10; 13]

Tier-/Pflanzenart	Beispiele	Pendant / Ähnlichkeit
Termiten	Turmbau mit Hilfe von Erde, Holz und zerkautem Pflanzenmaterial sowie Speichel	Beton
Florfliegen	Eier auf Blattunterseiten von Pflanzen kleben	Sekundenklebstoff
Bienen	Bienenwachs = langkettige Makromoleküle	Schmelzklebstoffe
(Feld-)Wespen	Nestbau aus mit den Mundwerkzeugen mechanisch zerkleinerten, eingespeichelten und verdauten Zellulosefasern aus Holz usw.	Tapetenkleister
Schwalben	Nestbau in Dachüberhängen an senkrechten Hauswänden mit Hilfe von Erde, Lehm und Speichel	Mörtel
Kleiber	Verkleinerung der Eingangslöcher verlassener Spechthöhlen mit Hilfe von Lehm und Speichel	Mörtel
Geckos	Problemloses Erklimmen von glatten (senkrechten) Glaswänden des Terrariums	Van-der-Waals-Kräfte (Anziehung aufgrund elektrischer Ladungsunterschiede)
Sonnentau (Drosera; fleischfressende Pflanze)	Insektenfang mit Hilfe von kleinen klebrigen Tröpfchen aus Klebdrüsen an den Blattoberflächen	Haftklebstoff
Vogelfängerbaum (Heimerliodendron brunonianum)	Ausscheiden eines süßen, klebrigen Safts aus Früchten, der Vögel anlockt und Samen temporär im Gefieder der Vögel festklebt → Sicherung der Fortpflanzung	Latexsaft
bestimmte Muscheln (z.B. Miesmuscheln) und Krebsarten (z.B. Seepocken, Entenmuscheln, …)	Festsetzen an Felsen oder Schiffrümpfen (sogenanntes «Fouling»)	Dispersionsklebstoffe

Bild 1.2 zeigt eine Wespe auf den Brutwaben eines entstehenden Wespennests. Das Anfangsnest der Wespe besteht in der Regel aus nur etwa 7 bis 20 Brutwaben. Diese kugelförmige Nesthülle wird meist an dunklen Stellen bzw. Hohlräumen kopfüber angeheftet. Später übernehmen Arbeiterinnen den weiteren Aufbau des Nests [14].

Bild 1.2 *Brutwaben eines Wespennests*

1.2.2 Kleben – Begriffe und Definitionen

Um im Nachfolgenden Kommunikations- und Verständnisprobleme zu vermeiden, ist eine durchgängige und einheitliche Terminologie unerlässlich. Aus diesem Grund werden an dieser Stelle zunächst einmal die ersten wichtigen Begriffe zum Thema Kleben [15] vorgestellt und definiert.

DEFINITIONEN

Das **Kleben** ist das (flächige) Verbinden gleicher oder verschiedenartiger Materialien mit Hilfe der Klebstoffschicht, die an den Oberflächen der zu verbindenden Fügeteile (Substrate) haftet.

Ein **Klebstoff** ist gemäß DIN EN 923:2016-03 (16) ein nichtmetallischer Stoff, der Fügeteile (Substrate) durch Adhäsion (Flächenhaftung) und Kohäsion (innere Festigkeit) verbinden kann.

Ein **Fügeteil** bzw. ein **Substrat** ist ein Körper, der an einen anderen Körper geklebt werden soll oder geklebt ist.

Die **Adhäsion** (siehe auch Abschnitt 2.1.3.1) bezeichnet die Flächenhaftung, die an der Oberfläche der klebstoff- und fügeteilseitigen Grenzschicht infolge von (allgemeinen) Anziehungskräften wirksam wird. Zusammen mit der Kohäsion bestimmt die Adhäsion die Festigkeit der Klebung.

Die **Kohäsion** (siehe auch Abschnitt 2.1.3.2) bezeichnet die innere Festigkeit des abgebundenen Klebstoffs. Zusammen mit der Adhäsion bestimmt die Kohäsion die Festigkeit der Klebung.

Das **Abbinden** bzw. **Aushärten** ist das physikalische bzw. chemische Verfestigen der in der Regel beim Klebstoffauftrag flüssigen bis pastösen Klebschicht.

Die **Abbindezeit** bzw. **Aushärtezeit** ist die Zeitspanne, innerhalb der der Klebstoff nach dem Zusammenbringen der Fügeteile (Substrate) eine für die bestimmungsgemäße Beanspruchung erforderliche Festigkeit erreicht hat bzw. bis ein gewisser Reaktionsfortschritt erfolgt ist.

Eine **Klebung** (früherer Sprachgebrauch: Klebverbindung) ist eine mit einem Klebstoff hergestellte Verbindung von Fügeteilen (Substraten).

Die **Klebfläche** ist die zu klebende oder die bereits geklebte Fläche eines Fügeteils (Substrats) bzw. einer Klebung.

Die **Klebfuge** ist der Zwischenraum zwischen zwei Klebflächen, der durch eine Klebschicht ausgefüllt ist. Bei den im konstruktiven Bereich üblichen Dünnschichtklebungen beträgt die Dicke der Klebfugen typischerweise lediglich 0,1 bis 0,3 mm. Beim elastischen Dickschichtkleben sind hingegen Klebfugendicken von mehreren Millimetern bis hin zu sogar 10 bis 20 mm durchaus üblich.

Die **Klebschicht** ist entweder die nach der Klebstoffapplikation noch nicht abgebundene Klebstoffschicht oder die abgebundene Klebstoffschicht zwischen den Fügeteilen (Substraten).

Kleber ist ein umgangssprachliches Wort für Klebstoff. In Analogie zum Schweißer, der eine Verschweißung ausführt, ist der Kleber somit vielmehr die Person, die eine Klebung vornimmt, als der Klebstoff an sich.

1.2.3 Vor- und Nachteile des Klebens

Das Kleben bietet gegenüber klassischen Fügeverfahren zahlreiche Vorzüge. Teilweise ergeben sich mit der Anwendung der Klebtechnik überhaupt erst Möglichkeiten zum Fügen von Substraten, die sonst gar nicht sinnvoll zu verbinden sind.

Ein wesentlicher Vorteil des Klebens ist die Möglichkeit, höchst unterschiedliche Fügeteile sehr materialschonend und – wenn gewünscht – auch langzeitbeständig miteinander zu verbinden. Während beispielsweise beim Schweißen in der Regel nur gleiche oder zumindest sehr ähnliche Materialien (Stahl–Stahl, Aluminium–Aluminium, ...) stoffschlüssig miteinander gefügt werden können, eröffnet die Klebtechnik nun auch Verbindungsmöglichkeiten für nahezu beliebige Mischmaterialkombinationen. Metalle, Kunststoffe, Verbundwerkstoffe (zum Beispiel glasfaserverstärkte Kunststoffe (GFK), oder kohlenstofffaserverstärkte Kunststoffe (CFK), Keramiken, Gläser, Hölzer, ... können sowohl innerhalb ihrer Werkstoffgruppe als auch werkstoffgruppenübergreifend mittels Kleben gefügt werden.

Für nicht schmelzbare Kunststoffe, die sich aufgrund ihrer vernetzten chemischen Struktur überhaupt nicht schweißen lassen (Elastomere und Duroplaste), bietet das Kleben somit eine interessante Verbindungsmöglichkeit.

Auch sehr dünne Substrate (zum Beispiel Folien) und/oder extrem spröde Fügeteile (zum Beispiel Gläser) lassen sich klebtechnisch zuverlässig verbinden. Selbiges gilt für wärmeempfindliche Substrate, da viele Klebstoffe bei Raum- bzw. Umgebungstemperatur «kalt» verfestigen. Selbst warmhärtende Klebstoffe erfordern für die Aushärtung in der Regel nur sehr moderate Temperaturen (ca. 60...180 °C), die für den Großteil von allen denkbaren Substraten keine besondere Belastung darstellen.

Des Weiteren lassen sich Werkstoffe bzw. Metalle unterschiedlicher elektrochemischer Eigenschaften ohne Gefahr der Kontaktkorrosion problemlos fügen (siehe auch Abschnitt 6.2.1).

Ein weiterer bedeutsamer Vorteil der Klebtechnik ist die Möglichkeit zur (nahezu) «unsichtbaren» Verbindung, insbesondere bei transparenten Substraten, wie beispielsweise Acryl- oder Quarzglas. Während herkömmliche Fügeelemente (Nägel, Schrauben, Nieten, ...) nur in nichttransparenten Fügeteilen weitestgehend versteckt werden können, bleiben beim Kleben hier im Hinblick auf Ästhetik, Design und Funktion keine Wünsche offen.

Neben den optischen Eigenschaften spielen auch die Kraft- und Spannungsverteilungen innerhalb der Fügezone bzw. in der Fügeverbindung eine wichtige Rolle. Im Sinne einer möglichst spannungsarmen und verzugsfreien Fügesituation soll in einem Verbund eine bestenfalls gleichmäßige Kraft- und Spannungsverteilung angestrebt werden.

Bild 1.3 (links) zeigt exemplarisch eine Nietverbindung. Für Schraubverbindungen gelten die nachfolgenden Aussagen analog. Ein derartiger punktförmiger Teileverbund benötigt eine bestimmte Anzahl an Durchgangslöchern zum anschließenden Einbringen der Nieten bzw. Schrauben. Es existieren zwar auch im Bereich Schrauben und Nieten Verbindungsmethoden, die auf Vorlöcher komplett verzichten, zum Beispiel loch- und gewindeschneidende FDS (***F****low* ***D****rill* ***S****crews*) oder Stanz- und Blindnieten ohne Vorlochen, aber als Endresultat befinden sich doch Löcher in den Fügeteilen. Wie im rechten Teil von Bild 1.3 zu erkennen ist, ergeben sich bei mechanischer Belastung des Verbunds an den Bohrungsrändern ausgeprägte lokale Spannungsspitzen, während die Spannungen genau zwischen zwei Bohrungen ein lokales Minimum annehmen. Insgesamt ergibt sich also ein ungleichmäßiger, parabelförmiger Spannungsverlauf zwischen zwei Bohrungen. Kommt es zu einer unzulässig hohen mechanischen Belastung dieses Verbunds, sind eine Rissentstehung und Rissausbreitung an den Bohrungsrändern im Bereich der größten Spannungsspitzen sehr wahrscheinlich. Eine Materialaufdickung ist als Gegenmaßnahme zwar denkbar, für die konsequente Umsetzung des Leichtbaugedankens jedoch nicht zielführend. Zudem macht sich der relativ hohe Bearbeitungsaufwand bei der Herstellung der Durchgangslöcher im Zuge der Vorbereitung der Fügeteile negativ bemerkbar. Werden zudem zu viele Bohrungen zu dicht nebeneinandergesetzt, kommt dies einer Perforation und somit einer signifikanten Schwächung der Substrate gleich.

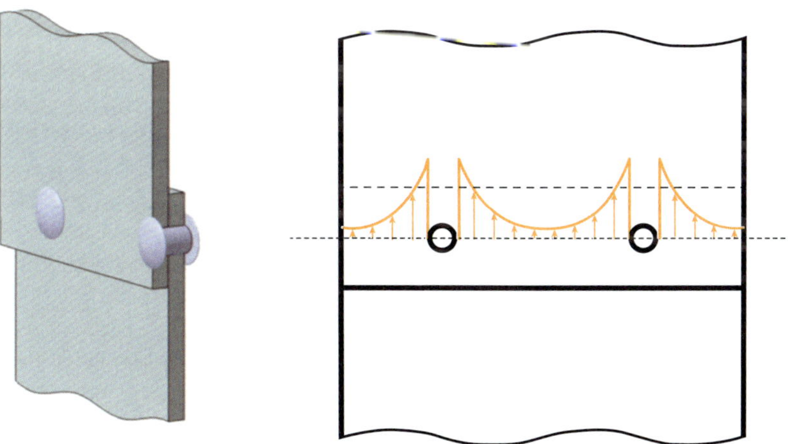

Bild 1.3 *Spannungsverteilung in einer mechanischen Verbindung* [Quelle: Christoph Haller in Anlehnung an 4; 15]

Eine deutliche Verbesserung der Situation im Hinblick auf die Kraft- bzw. Spannungsverteilung ergibt sich, wenn anstelle des mechanischen punktförmigen Teileverbunds ein thermischer Verbund in Form einer Schweiß- oder Lötverbindung gewählt wird. In Bild 1.4 (links) ist beispielhaft eine Schweißverbindung dargestellt. Einschränkungen ergeben sich hier automatisch aufgrund der Tatsache, dass sich ausschließlich identische oder zumindest (sehr) ähnliche Werkstoffe miteinander verschweißen lassen. Die Gleichmäßigkeit der Kraft- bzw. Spannungsverteilung steht und fällt allerdings mit der Gleichmäßigkeit der Schweißnahtausführung. Speziell bei händisch ausgeführten Schweißnähten sind gewisse Ungleichmäßigkeiten kaum zu vermeiden. Häufig treten während Schweiß- oder Lötvorgängen lokal sehr hohe Temperaturen auf, was zu Gefüge- und somit auch zu maßlichen Veränderungen führen kann. Hinzu kommen thermisch bedingte Eigenspannungen und Verzug, was auch heutzutage beim Schweißen im Wesentlichen unabwendbar ist.

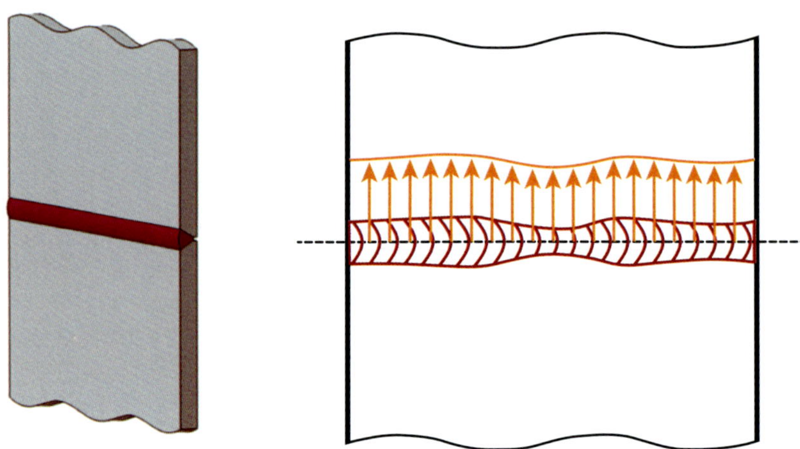

Bild 1.4 *Spannungsverteilung in einer thermischen Verbindung* [Quelle: Christoph Haller in Anlehnung an 4; 15]

Die in Bild 1.5 gezeigte Überlappungsklebung stellt einen Flächenverbund dar, bei dem die Fügeteileigenschaften optimal ausgenutzt werden. Bei einem richtig konstruierten Flächenverbund verteilt sich die angreifende Last gleichmäßig über eine Fläche und verhindert damit örtliche Überlastungen der Fügeteile. Unter der Voraussetzung einer gleichmäßig dicken Klebfuge ermöglicht der Flächenverbund somit bei klebgerechter Belastung der Klebung eine flächige Kraftübertragung sowie eine absolut gleichmäßige Spannungsverteilung ohne lokale Spannungsspitzen. Wie die konstante Klebfugendicke sichergestellt werden kann, wird in den nachfolgenden Abschnitten erläutert. Die klebgerechten Belastungsarten von Klebungen werden später in Abschnitt 5.1 detailliert behandelt.

Eine gleichmäßige und definierte Klebfugendicke (bei strukturellen Klebungen in der Regel ca. 0,1…0,3 mm) lässt sich folgendermaßen realisieren:

- Anbringen definierter Erhöhungen an den Substraten im Bereich der Klebfuge,
- Einlegen von Drähten mit definiertem Durchmesser als Abstandshalter in die Klebfuge,
- Verwendung von Klebstoffen mit kugelförmigen Füllstoffen mit definiertem Durchmesser als Abstandshalter.

Das Anbringen definierter Erhöhungen an den Fügeteilen kann unmittelbar mit der Herstellung der Substrate erfolgen. Bei spritzgegossenen Fügeteilen können in den Formteilkavitäten beispielsweise definierte Vertiefungen eingebracht werden, so dass an den gewünschten Stellen der Substrate – im Bereich der späteren Klebfugen – passende Erhöhungen direkt bei der Formgebung mit Kunststoff ausgespritzt und so definiert abgeformt werden. Das Modifizieren von Kavitäten ist in der Regel jedoch nur für eine spätere Serien- bzw. Massenproduktion sinnvoll.

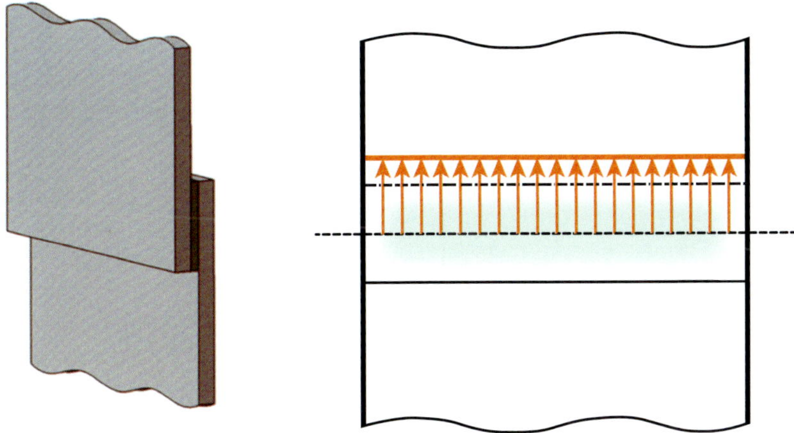

Bild 1.5 *Gleichmäßige Spannungsverteilung in einer chemischen Verbindung* [Quelle: Christoph Haller in Anlehnung an 4; 15]

Sollen Klebfugen optional in unterschiedlich definierten Dicken oder nur für kleine Losgrößen (ggf. auch Losgröße Eins) realisiert werden, so bietet sich das Einlegen von dünnen Drähten mit definiertem Durchmesser (zum Beispiel 100 µm, 200 µm oder 300 µm) als Abstandshalter in der Klebfuge an. Wie empirische Untersuchungen [17] gezeigt haben, sollen Drähte vorzugsweise mit ihrer Längsmittelachse in Belastungsrichtung und nicht quer dazu in der Klebfuge positioniert werden. Dies ist insbesondere dann vorteilhaft, wenn im Belastungsfall gewisse Schäl- und Biegebeanspruchungen in der Klebfuge (vgl. Abschnitt 5.1) später unvermeidbar sind.

Sind bereits kugelförmige Füllstoffe, zum Beispiel Glaskugeln, als Abstandshalter in dem flüssigen Klebstoff enthalten, so braucht der Anwender keine weiteren Vorkehrungen zum Erzeugen einer gleichmäßigen Dicke der Klebfuge mehr treffen. Die genaue Abstimmung von Füllstoffdi mensionen auf die für den jeweiligen Klebstoff optimale Klebfugendicke obliegt hier allein dem Klebstoffhersteller.

Zwar müssen die Fügeflächen für Klebungen zum Teil aufwendig vorbereitet werden, es entfällt allerdings die Notwendigkeit, Durchgangslöcher für Nieten oder Schrauben herzustellen. Somit kommt es zu keiner Materialverletzung durch Löcher. Darüber hinaus kommt die Klebung im Vergleich zur mechanischen Verbindung mit einer geringeren Anzahl erforderlicher Bauteile aus, da Nieten, Schrauben, Stifte usw. hier überflüssig werden. Ein positiver Nebeneffekt ist die zusätzliche Gewichts- und Energieersparnis, die das Kleben insbesondere für Leichtbaukonstruktionen interessant macht.

Beim Kleben treten aufgrund der relativ niedrigen Verarbeitungstemperaturen in der Regel keine thermischen Gefügebeeinflussungen und auch kein thermisch bedingter Fügeteilverzug auf. Somit kommt es nicht zu ungewünschten Gefüge- und Maßveränderungen oder gar zu Werkstoffschädigungen.

Insbesondere Dickschichtklebungen tragen darüber hinaus zu einer hohen dynamischen Festigkeit sowie einer hohen Schwingungsdämpfung bei. Klebschichten in einem Mehrschicht-Klebverbund können außerdem einen unerwünschten Rissfortschritt stoppen oder effektiv behindern (siehe Bild 1.6 rechts).

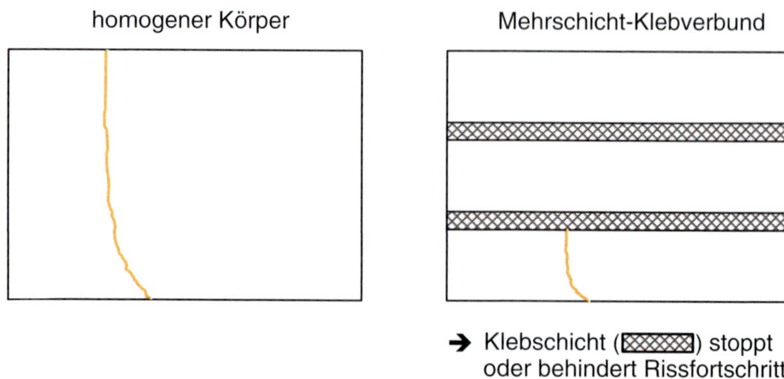

Bild 1.6 *Rissausbreitung in unterschiedlichen Körpern bzw. Verbunden* [4; 15]

Generell können Klebstoffe, neben der eigentlichen Hauptaufgabe «Fügen von Bauteilen», oftmals wichtige Zusatzfunktionen erfüllen:

- Toleranzausgleich,
- Dichtfunktion,
- Korrosionsschutz,
- Isolierung gegen Wärme,
- Isolierung gegen Elektrizität,
- gezielte Kontaktierung von elektronischen Bauelementen,
- Schwingungsdämpfung,
- Geräuschdämpfung,
- ...

Kleben in Kombination mit konventionellen Fügemethoden, wie beispielsweise Nieten, Clinchen, Schrauben, Bördeln / Falzen, Punktschweißen usw. (sogenanntes *redundantes Fügen*; siehe Kapitel 8), führt zudem häufig zu einer Festigkeitserhöhung sowie einer redundanten Sicherheit.

Den zahlreichen und vielfältigen Vorteilen von Klebungen stehen natürlich auch gewisse Nachteile entgegen.

Wie bereits weiter oben erwähnt, ist die Oberflächenvorbehandlung der Fügeteile für das Kleben zum Teil recht aufwendig. Dies gilt im besonderen Maße für *niederenergetische Kunststoffoberflächen* (siehe Abschnitt 2.1.1 und Kapitel 5).

Des Weiteren sind die vorgegebenen Prozessparameter (zum Beispiel definierte Verarbeitungs-, Applikations- und Aushärtebedingungen, ...) in der Regel genauestens einzuhalten, um qualitativ hochwertige und reproduzierbare Klebungen zu erreichen.

Bei einigen Klebstoffen macht sich der Einfluss der Zeit auf den Verfahrensablauf nachteilig bemerkbar. So erfordern beispielsweise Dispersionsklebstoffe oder warmhärtende Reaktionsklebstoffsysteme zum Teil recht lange Aushärtezeiten, die oftmals bis zu 24, 48 oder 72 Stunden betragen können. Diese Einschränkung gilt allerdings nicht allgemein für alle Klebstoffsysteme. UV-Licht-härtende Klebstoffe oder Cyanacrylate (Sekundenklebstoffe) erreichen Handling- oder Endfestigkeit bereits nach wenigen / einigen Sekunden, bei extrem reaktiven Klebstoffen sogar schon nach Sekundenbruchteilen.

Kunststoffe und verfestigte technische Klebstoffe unterscheiden sich von den chemischen Strukturen nicht oder nur unwesentlich. Insofern zeigen Kunststoffe und Klebstoffe hinsichtlich ihrer Eigenschaftsprofile viele Gemeinsamkeiten, wie beispielsweise eine begrenzte thermische Belastbarkeit bzw. Formbeständigkeit, Kriechneigung (Retardation), Alterungsabhängigkeit (durch Witterung und/oder andere Umgebungseinflüsse), …

Speziell bei mechanischer Belastung von Klebungen ist darauf zu achten, Schäl- und Spaltkräfte in der Klebfuge auf ein Minimum zu reduzieren oder besser gänzlich zu vermeiden. Dieses Ziel lässt sich unter anderem durch geschickte und klebgerechte Konstruktion der Baugruppen erreichen (siehe Kapitel 5).

Als weitere Nachteile im Zusammenhang mit Klebungen sind die gelegentlich begrenzten Reparaturmöglichkeiten und zum Teil aufwendige Kontrollverfahren zur Prüfung und Qualitätssicherung (siehe Kapitel 7) zu nennen.

Zudem ist der Nachweis der Gebrauchssicherheit einer Klebung im Vergleich zu dem Nachweis bei alternativen Fügeverfahren oftmals deutlich aufwendiger und schwieriger. Die Auslegung und Berechnung von Schraubverbindungen gelingen seit mehr als zwei Jahrzehnten sehr zuverlässig gemäß VDI-Richtlinie 2230 «Systematische Berechnung hochbeanspruchter Schraubenverbindungen» [18]. Es ist allerdings absolut notwendig, im Bereich der Klebtechnik genau einen solchen Nachweis zu führen, um nicht zuletzt beim Anwender das erforderliche Vertrauen und die nötige Akzeptanz für die Klebtechnik zu schaffen. Dies gilt insbesondere dann, wenn bislang auf alternative Fügetechniken gesetzt wurde und die Klebtechnik erst als neues Feld erschlossen werden soll. In diesem Zusammenhang gewinnt die neue Verarbeitungs- bzw. Anwendernorm, die DIN 2304-1 [19], zunehmend an Bedeutung. Auf diese neue Norm wird in Abschnitt 7.4.1 noch ausführlich eingegangen.

Zusammenfassend sind die technischen und wirtschaftlichen Vor- und Nachteile von Klebungen in der nachfolgenden Tabelle 1.6 noch einmal übersichtlich gegenübergestellt.

Tabelle 1.6 *Vor- und Nachteile des Klebens*

Vorteile	Nachteile
materialschonende und langzeitbeständige Verbindungsmöglichkeiten für vielfältige Mischmaterialkombinationen, sehr dünne Fügeteile, wärmeempfindliche Substrate sowie Werkstoffe unterschiedlicher elektrochemischer Eigenschaften	häufig aufwendige Oberflächenvorbehandlung der Fügeteile
«unsichtbare» Verbindungsmöglichkeit	genaue Einhaltung der Prozessparameter
gleichmäßige Spannungsverteilung	zum Teil lange Aushärtezeiten
keine oder nur geringe thermische Gefügebeeinflussungen	begrenzte thermische Belastbarkeit bzw. Formbeständigkeit
kein thermisch bedingter Bauteilverzug	Kriechneigung des Klebstoffs
Gewichts- und Energieeinsparungen	Alterungsabhängigkeit der Klebschicht
hohe dynamische Festigkeit	geringe Schäl-/Spaltfestigkeit
hohe Schwingungsdämpfung	begrenzte Reparaturmöglichkeiten
Zusatzfunktionen: Toleranzausgleich, thermische / elektrische Isolierung, Korrosionsschutz, Dichtfunktion, Kontaktierung, Schwingungsdämpfung, Geräuschdämpfung, …	komplizierte Festigkeitsberechnung
Festigkeitserhöhung durch redundantes Fügen	aufwendige Kontrollverfahren

2 Grundlagen des Klebens

2.1 Voraussetzungen für das Kleben

Um gewünschte Klebresultate erzielen zu können, ist eine Vielzahl von Einflussfaktoren zu berücksichtigen (Bild 2.1).

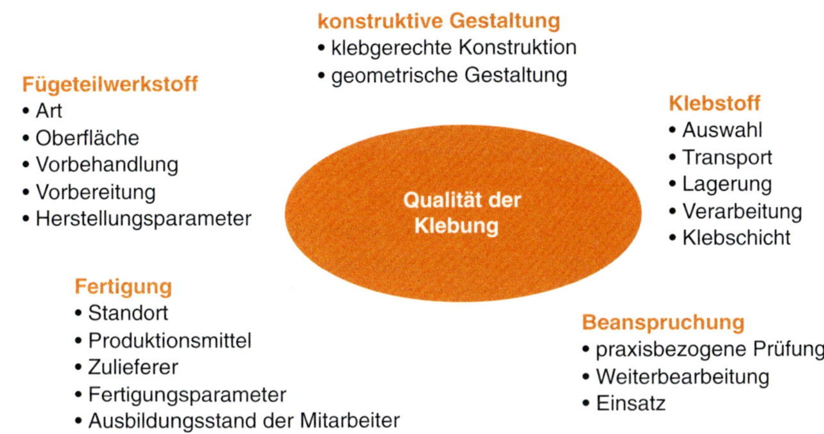

Bild 2.1 *Einflussfaktoren auf die Qualität bzw. Festigkeit einer Klebung*

Erwartungsgemäß hat der Klebstoff einen signifikanten Einfluss auf die Qualität bzw. Festigkeit einer Klebung. Zunächst einmal müssen die optimale Klebstoffart (Abschnitt 3.3) und aus dieser Gruppe der ideale Klebstofftyp für eine Klebaufgabe ausgewählt werden, was alleine aufgrund der etwa 30 000 am Markt erhältlichen Klebstoffe eine Herausforderung für sich darstellt.

Im Hinblick auf den oder die Fügeteilwerkstoffe hat die Qualität der Klebflächen für die Klebung herausragende Bedeutung.

MERKSATZ

Klebstoffe haften allgemein auf Oberflächen!

Somit ist es prinzipiell nicht ausschlaggebend, welche Materialien miteinander verklebt werden sollen, sondern vielmehr, wie die Klebflächen in Bezug auf Qualität, Rauigkeit, Oberflächenenergie usw. beschaffen sind. Bild 2.2 zeigt den schematischen Aufbau einer Klebung.

Für eine Verbindung entscheidend sind die klebstoff- und fügeteilseitigen Grenzschichten, die mitunter nur eine oder wenige Moleküllagen dick sind, sowie die Phasengrenzfläche zwischen dem Klebstoff und dem Fügeteilwerkstoff. Insbesondere bei nicht durchlässigen oder nicht saugfähigen Fügeteilen ist es einleuchtend, dass tieferliegende Substratschichten keinen maßgeblichen Einfluss auf die Klebung haben können.

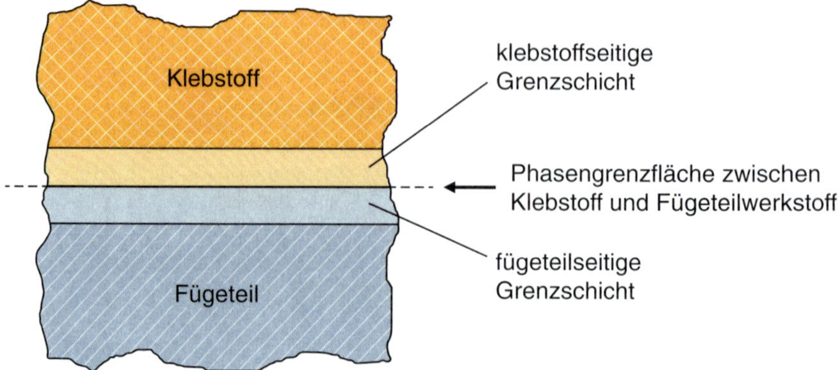

Bild 2.2 *Schematischer Aufbau einer Klebung* [Quelle: Christoph Haller in Anlehnung an 15]

Ein Paradebeispiel für Haftung auf vermeintlich «schwierigen» Oberflächen findet sich in der Natur: Miesmuscheln sind beispielsweise in der Lage, sich selbst an sehr glatten Oberflächen zu halten. Mit Hilfe ihres extrem starken biologischen «Muschel-Klebstoffs» aus Eiweißen und Proteinen sowie ihren so genannten Byssusfäden erreichen Miesmuscheln sogar auf PTFE-Oberflächen (Teflon) einen extrem guten Halt [20]. Teflon ist nicht zuletzt als ideale Antihaftbeschichtung bekannt, was zunächst einmal im Widerspruch zur Klebbarkeit steht. Dieses Beispiel untermauert somit die These, dass sich prinzipiell alles kleben lässt – auf die «richtige» Oberfläche kommt es an. Gegebenenfalls müssen die Klebflächen von Substraten im Vorfeld klebgerecht vorbereitet und/oder vorbehandelt werden (siehe Abschnitt 4.1). Grundsätzlich sollen Klebflächen definiert, reproduzierbar und (bei Kunststoffen) aktiviert sein.

Eine weitere wichtige Voraussetzung für qualitativ hochwertige und haltbare Klebungen ist die konstruktive Gestaltung. Auf die klebgerechte Konstruktion wird detailliert in Kapitel 5 eingegangen.

2.1.1 Oberflächenenergie, Oberflächenspannung und Benetzung

Oberflächenenergie

In einer Flüssigkeit bzw. in einem flüssigen, noch nicht verfestigten Klebstoff heben sich die zwischen den Molekülen wirkenden Kräfte im Inneren der Flüssigkeit auf, da jedes Molekül rundherum von gleichartigen Molekülen umgeben ist (siehe Bild 2.3). An der Oberfläche hingegen fehlen die nach außen gerichteten Kräfte, so dass sich eine resultierende Kraft in das Innere der Flüssigkeit ergibt.

DEFINITION

Moleküle an der Oberfläche einer Flüssigkeit besitzen eine potenzielle Energie – die so genannte **Oberflächenenergie** [4; 21; 22].

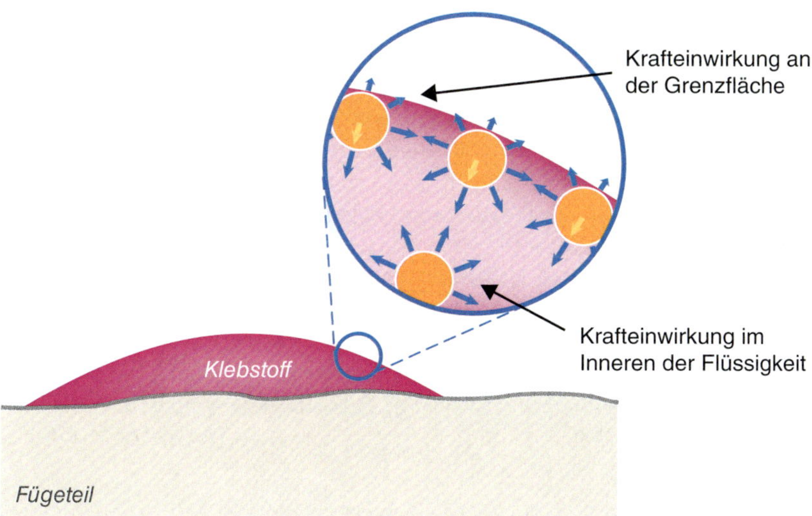

Bild 2.3 *Anziehungskräfte der Moleküle in einem flüssigen Klebstoff* [Quelle: DELO Industrie Klebstoffe, Windach, nach 22]

Oberflächenspannung

Die Oberflächenspannung ist die Ursache dafür, dass Flüssigkeiten immer das Bestreben haben, ihre Oberfläche zu verringern und so den Zustand der kleinstmöglichen potenziellen Energie einzunehmen. Aus diesem Grund sind Flüssigkeitsoberflächen stets Minimalflächen. Die Kugelform bietet minimale Oberfläche bei maximalem Volumen [21]. Demzufolge nimmt Wasser die energetisch günstige Tropfenform an, wenn keine weiteren Kräfte auf das Wasser wirken. Selbst schwere Flüssigkeiten, wie zum Beispiel Quecksilber, sind bekanntermaßen in der Lage, auf den meisten Oberflächen kleine und stabile Tropfen auszubilden.

Die Oberflächenspannung des Wassers verhindert beispielsweise auch das Einsinken von Wasserläufern oder anderen Insekten, wenn sie sich auf Wasseroberflächen befinden (Bild 2.4).

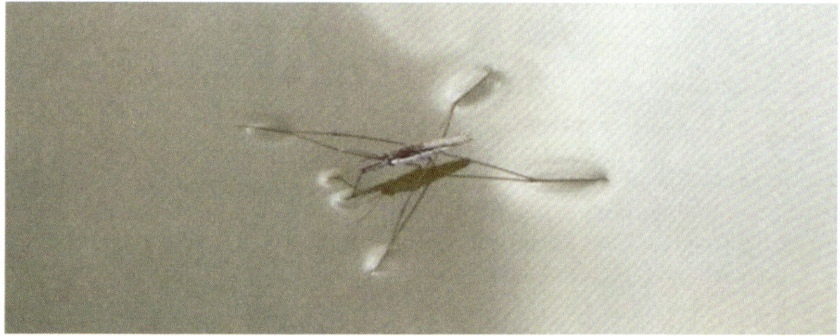

Bild 2.4 *Wasserläufer auf einer Wasseroberfläche*

Benetzung

Die Benetzung der Fügeflächen mit Klebstoff ist ein notwendiges Kriterium für die Ausbildung von Adhäsionskräften (siehe Abschnitt 2.1.3). Ein flüssiger Klebstoff muss die Fügeflächen der

Substrate im Idealfall vollständig benetzen, um die Voraussetzung für ein Maximum an Adhäsionspunkten in der Fügezone zu schaffen. Eine ausreichende Benetzung der Fügeteiloberflächen ist demnach die wichtigste Voraussetzung für die Ausbildung von Adhäsionskräften [4]. Entscheidend für die Benetzbarkeit ist das Verhältnis von Oberflächenenergien der zu benetzenden Substrate und der Oberflächenspannung des Klebstoffs.

Die Oberflächenenergie eines Festkörpers lässt sich mit Hilfe des Benetzungswinkels, häufig auch als Kontakt- oder Randwinkel bezeichnet, bestimmen. Der Benetzungswinkel α ist der Winkel, den ein waagerecht liegender Flüssigkeitstropfen auf einer Festkörperoberfläche zu dieser Oberfläche ausbildet (Bild 2.5). Diese Methode des liegenden Tropfens ist eine Standardanordnung für die optische Messung des Benetzungswinkels α. Der Klebstofftropfen ruht dabei auf der Substratoberfläche [21].

Der Zusammenhang zwischen der Oberflächenenergie der Fügeteile, der Oberflächenspannung des Klebstoffs und dem Benetzungswinkel α lässt sich mit der Youngschen Gleichung (nach Thomas Young) beschreiben [23].

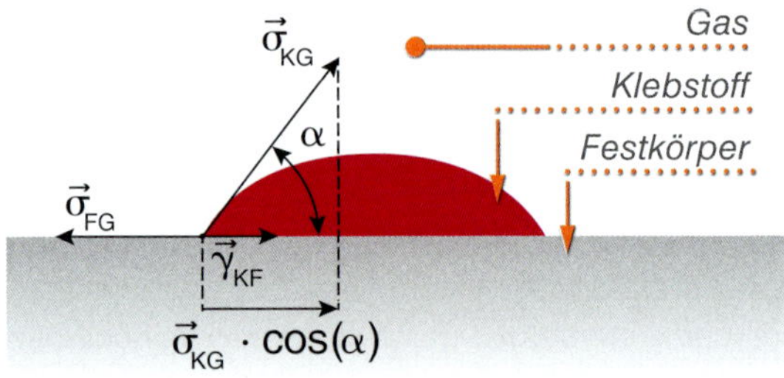

α = *Benetzungswinkel*
σ_{FG} = *Oberflächenenergie des Fügeteils*
σ_{KG} = *Oberflächenspannung des flüssigen Klebstoffs*
γ_{KF} = *Grenzflächenspannung zwischen Fügeteiloberfläche und dem flüssigen Klebstoff*

Bild 2.5 *Kräftegleichgewicht am liegenden Tropfen* [Quelle: DELO Industrie Klebstoffe, Windach, nach 4; 22]

$$\sigma_{FG} = \gamma_{KF} + \sigma_{KG} \cdot \cos\alpha \qquad \text{(Gl. 2.1)}$$

σ_{FG}	Oberflächenenergie des Fügeteils
γ_{KF}	Grenzflächenspannung zwischen der Fügeteiloberfläche und dem flüssigen Klebstoff
σ_{KG}	Oberflächenspannung des flüssigen Klebstoffs
α	Benetzungswinkel (Kontakt-/Randwinkel)
F	Fügeteil
G	Gasatmosphäre der Umgebung
K	Klebstoff (flüssig)

Um die für das Kleben erforderliche gute Benetzung der Substratoberflächen mit flüssigem Klebstoff zu ermöglichen, muss die Oberflächenspannung des flüssigen Klebstoffs σ_{KG} stets kleiner sein als die Oberflächenenergie des Fügeteils σ_{FG} (vgl. Bild 2.6).

$$\sigma_{KG} < \sigma_{FG} \qquad \text{(Gl. 2.3)}$$

Demzufolge werden Materialien mit hoher Oberflächenenergie relativ leicht durch Flüssigkeiten mit geringer Oberflächenspannung (zum Beispiel flüssiger Klebstoff) benetzt. Niederenergetische Festkörperoberflächen (zum Beispiel Kunststoffe) werden hingegen oftmals schlecht oder nur unvollständig vom flüssigen Klebstoff benetzt.

Bild 2.6 zeigt einen Klebstofftropfen, der auf der Substratoberfläche spreitet und demzufolge eine geringe Höhe annimmt. Der Benetzungswinkel α beträgt in diesem Fall nur ca. 30°, was die gute Benetzungsfähigkeit des Substrats durch den Klebstoff belegt (vgl. Bild 2.8). Die gute Benetzung erfolgt unter der Voraussetzung, dass die Oberflächenenergie des zu benetzenden Fügeteils (deutlich) größer ist als die Oberflächenspannung des Klebstoffs. Dieses Phänomen der vollständigen Benetzung trifft in der Regel beim Applizieren von flüssigem Klebstoff auf hochenergetischen Oberflächen, zum Beispiel metallischen Substraten, zu.

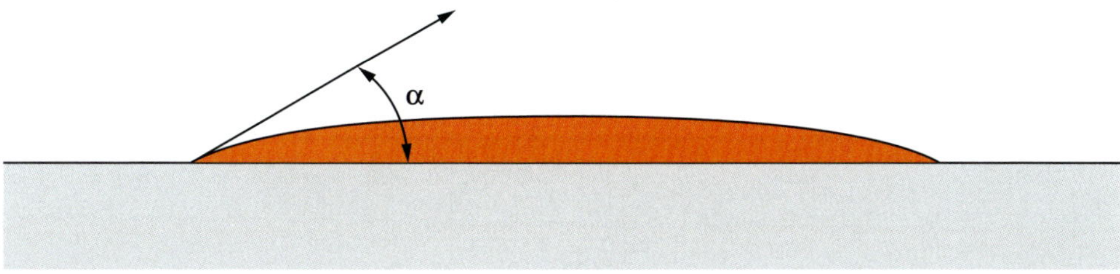

Bild 2.6 *Flacher Tropfen und vollständige Benetzung* [Quelle: Joachim Hummich]

Wenn die Oberflächenenergie des zu benetzenden Fügeteils kleiner ist als die Oberflächenspannung des Klebstoffs, ergibt sich ein hoher Tropfen auf der Fügeteiloberfläche, der das Substrat nur unvollständig benetzt. Ein solcher hoher Tropfen mit einem relativ großen Benetzungswinkel (hier $\alpha = 120°$) ist in Bild *2.7* gezeigt. Typischerweise ergibt sich die hier beschriebene Situation bei vielen niederenergetischen Oberflächen, zum Beispiel Kunststoffen, die eine geringere Oberflächenenergie als die Oberflächenspannung des Klebstoffs aufweisen.

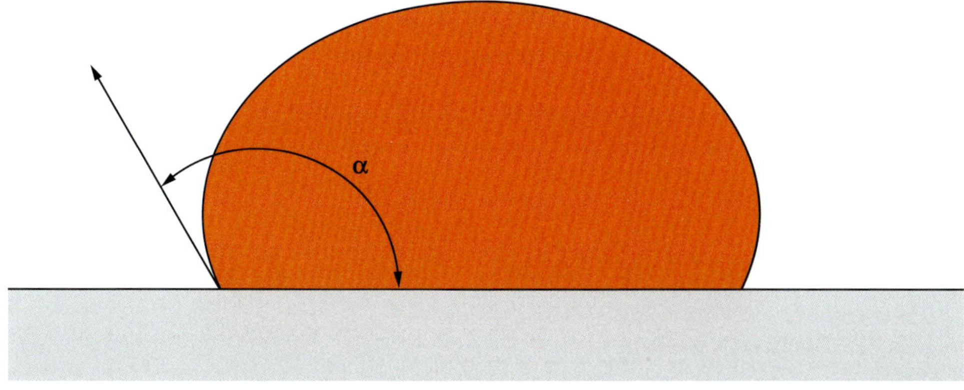

Bild 2.7 *Hoher, runder Tropfen und unvollständige Benetzung* [Quelle: Joachim Hummich]

Bild 2.8 zeigt den Zusammenhang zwischen Benetzungswinkel und Benetzungsverhalten am Beispiel unterschiedlicher Benetzungswinkel zwischen 0° (optimale Benetzung = Spreitung; Adhäsionsarbeit W_A > Kohäsionsarbeit W_K) und 180° (keine Benetzung; Adhäsionsarbeit W_A << Kohäsionsarbeit W_K). So ergibt beispielsweise Quecksilber auf einer Glasoberfläche einen Benetzungswinkel von ca. 140° [21], was einer sehr unvollständigen Benetzung gleichkommt. Gemäß der Youngschen Gleichung (vgl. Bild 2.5) soll im Sinne einer guten Benetzung beim Kleben der Benetzungswinkel α stets möglichst klein sein. Beim Kleben werden Benetzungswinkel zwischen 0° und 30° als geeignet für eine optimale bis gute Benetzung betrachtet [4; 15].

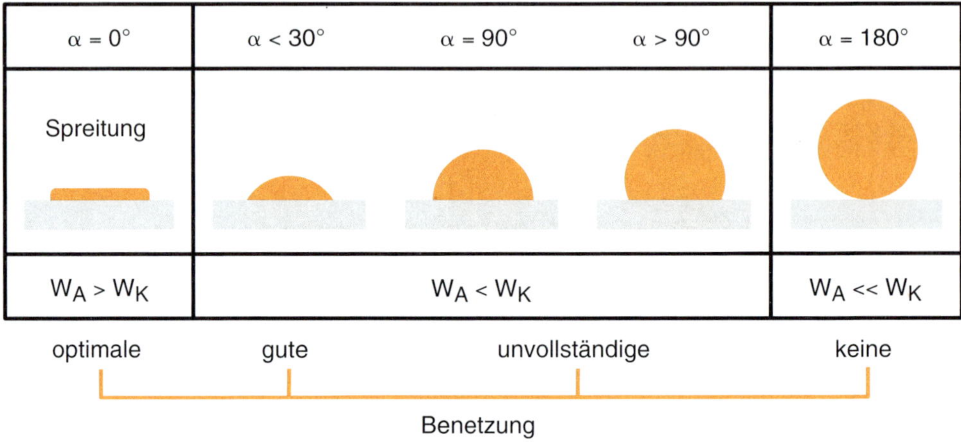

Bild 2.8 *Zusammenhang zwischen Benetzungswinkel und Benetzungsverhalten* (nach [4; 15; 22; 24])

Der Benetzungswinkel α lässt sich recht genau mit Hilfe eines Kontaktwinkelmessgeräts, einem so genannten DSA – ***D****rop* ***S****hape* ***A****nalyzer* (siehe Bild 2.9) bestimmen.

Hierzu wird deionisiertes Wasser in Tropfenform üblicherweise mit Hilfe einer speziellen Dosiernadel auf die gewünschte Oberfläche gegeben (siehe Bild 2.10).

Der sich einstellende Kontakt- bzw. Benetzungswinkel wird anschließend optisch gemessen. Daraus kann die Oberflächenenergie des Festkörpers über die bekannte Oberflächenspannung des Wassers und den gemessenen Kontakt- bzw. Benetzungswinkel berechnet werden. Bild 2.11 zeigt exemplarisch ein Tropfenbild mit Auswertung einer Messung von Wasser auf einer unbehandelten PP-Oberfläche. Die großen, hier gemessenen Kontakt- bzw. Benetzungswinkel von etwa 103…104° bedeuten eine Nicht-Benetzung der niederenergetischen Polypropylen-Oberfläche mit Wasser (vgl. dazu Bild 2.8).

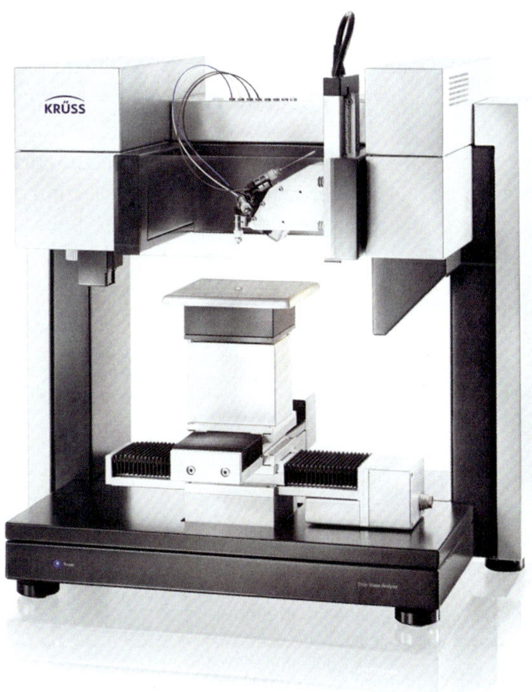

Bild 2.9 *Kontaktwinkelmessgerät (Drop Shape Analyzer – DSA100E)* [Quelle: Krüss GmbH, Hamburg]

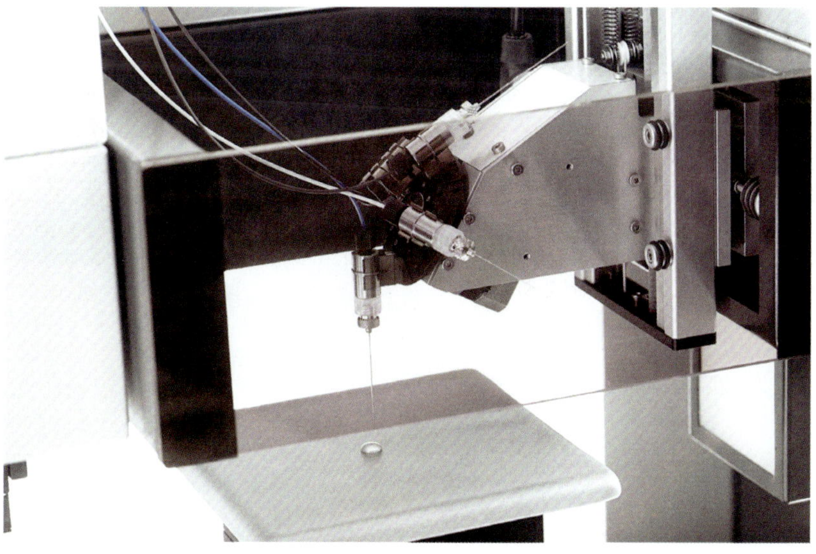

Bild 2.10 *Tropfendosierung beim Drop Shape Analyzer – DSA100E* [Quelle: Krüss GmbH, Hamburg]

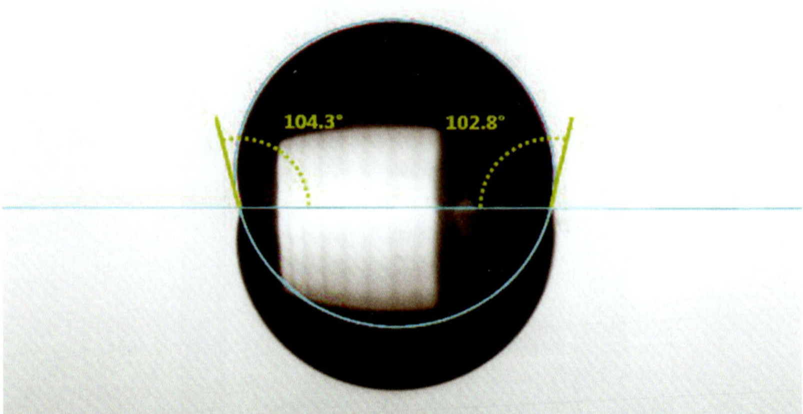

Bild 2.11 *Tropfenbild mit Auswertung einer Messung (Kontakt- bzw. Benetzungswinkel) von Wasser auf einer nicht behandelten PP-Oberfläche* [Quelle: Krüss GmbH, Hamburg]

Bild 2.12 zeigt im Vergleich dazu einen Wassertropfen auf der gleichen PP-Oberfläche, die diesmal jedoch vor der Applikation des Wassertropfens mit Hilfe eines Plasmas vorbehandelt bzw. aktiviert wurde (siehe dazu auch Abschnitt 4.1.2 – Physikalische Verfahren zur Vorbereitung niederenergetischer Substratoberflächen). Durch die Aktivierung der Substratoberfläche kommt es in diesem Fall zu einer signifikanten Reduzierung des Kontakt- bzw. Benetzungswinkels um ca. 35…38° auf Werte von ca. 66…68°. Kontakt- bzw. Benetzungswinkel kleiner als 90° deuten auf eine (relativ) gute Benetzbarkeit der aktivierten Polypropylen-Oberfläche mit Wasser hin (vgl. dazu Bild 2.8).

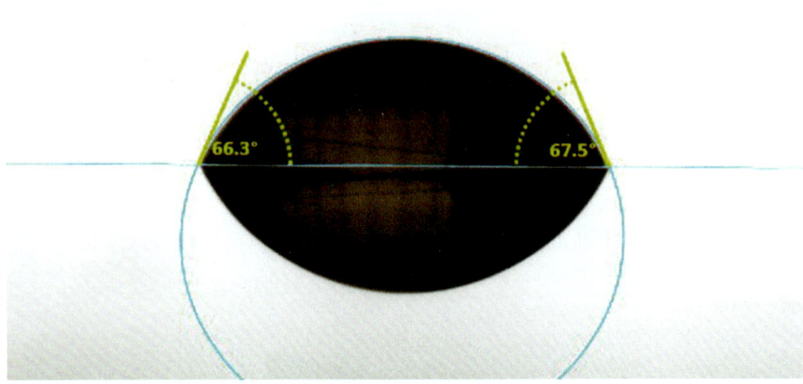

Bild 2.12 *Tropfenbild mit Auswertung einer Messung (Kontakt- bzw. Benetzungswinkel) von Wasser auf PP nach einer Plasmabehandlung* [Quelle: Krüss GmbH, Hamburg]

Für die Bestimmung des Kontaktwinkels kommt der Oberflächenspannung der Messflüssigkeit entscheidende Bedeutung zu. Zur Ermittlung der Oberflächenspannung (von Flüssigkeiten) können die in Tabelle 2.1 aufgeführten Messmethoden Anwendung finden [25]. Hierzu kommen in der Regel diverse Tensiometer (Benetzungswaagen) als Messgeräte zum Einsatz.

Tabelle 2.1 *Messmethoden zur Ermittlung der Oberflächenspannung von Fluiden*

Messmethode	Messablauf / Messprinzip
Quasi-statische Ringmethode nach du Noüy	Gemessen wird die an einem optimal benetzbaren Ring wirkende Kraft (Lamellenzugkraft), die beim Herausziehen des Rings durch die Spannung der herausgezogenen Flüssigkeitslamelle wirkt.
Statische Plattenmethode nach Wilhelmy	Gemessen wird die auf eine optimal benetzbare, senkrecht in die Flüssigkeit eingetauchte Platte wirkende Kraft.
Stabmethode	wie Plattenmethode, wobei für die Messung mit kleinerem Flüssigkeitsvolumen ein zylindrischer Stab mit kleinerer benetzter Länge verwendet wird
Blasendruckmethode	Gemessen wird der maximale Innendruck einer Gasblase, die über eine Kapillare in einer Flüssigkeit gebildet wird.
Tropfenvolumenmethode	Gemessen wird das Volumen eines an einer senkrechten Kapillare erzeugten Tropfens einer Flüssigkeit im Moment seines Abreißens; wird vorrangig zur Messung der Grenzflächenspannung eingesetzt.
Methode des hängenden Tropfens (Pendant Drop)	Die Form eines an einer Kanüle hängenden Tropfens wird durch die Oberflächenspannung und das Eigengewicht des Tropfens bestimmt. Aus dem Bild des Tropfens kann per Tropfenkonturanalyse die Oberflächenspannung ermittelt werden.

Eine weit verbreitete Messmethode zur Bestimmung der Oberflächenspannung einer Flüssigkeit ist die sogenannte **Ringmethode nach du Noüy**. Bei dieser Messung wird zunächst ein dünner Drahtring in die zu messende Flüssigkeit eingetaucht. Der Drahtring besteht in der Regel aus Platin-Iridium, einer Legierung mit sehr hoher Oberflächenenergie, so dass es in der Flüssigkeit zu einer optimalen Benetzung (bei Flüssigkeiten generell Kontaktwinkel 0°) des Drahtrings kommt. Beim anschließenden Herausziehen des Drahtrings wird mit diesem eine entsprechende Flüssigkeitsmenge angehoben. Gemessen wird die an dem Drahtring wirkende, auf die benetzte Länge bezogene Zugkraft, die beim langsamen Herausziehen mit dem Gewicht der angehobenen Flüssigkeitslamelle zunimmt. Zwischen dem Draht und der Flüssigkeit bildet sich ein Meniskus bzw. eine Flüssigkeitslamelle aus (Bild 2.13). Beim weiteren Herausziehen des Drahtrings wird die Lamelle zunehmend gedehnt, bis es schließlich zu einem Abriss kommt. Die Maximalkraft tritt meistens unmittelbar vor dem Abriss der Flüssigkeitslamelle vom Drahtring auf und ist zur Oberflächenspannung der Flüssigkeit proportional [26; 27].

Die Ringmethode nach du Noüy entspricht aufgrund der kontinuierlichen Bewegung des Drahtrings während des Messvorgangs einer quasi-statischen Methode. Aus diesem Grund wird bei Flüssigkeiten, die den Gleichgewichtswert der Oberflächenspannung nur langsam ausbilden, vorzugsweise die statische **Plattenmethode nach Wilhelmy** angewendet [27].

Die statische Plattenmethode nach Wilhelmy ist eine einfach anwendbare Methode zur Messung der Oberflächenspannung einer Flüssigkeit oder der Grenzflächenspannung zwischen zwei Flüssigkeiten. Bei der Messung wird zunächst eine aufgeraute Platte, üblicherweise aus Platin, senkrecht in die zu messende Flüssigkeit eingetaucht. Dabei benetzt die Flüssigkeit die Oberfläche der eingetauchten Platte. An der Eintauchstelle bildet sich zwischen Platte und Flüssigkeit ein Meniskus aus (Bild 2.14) [26; 28].

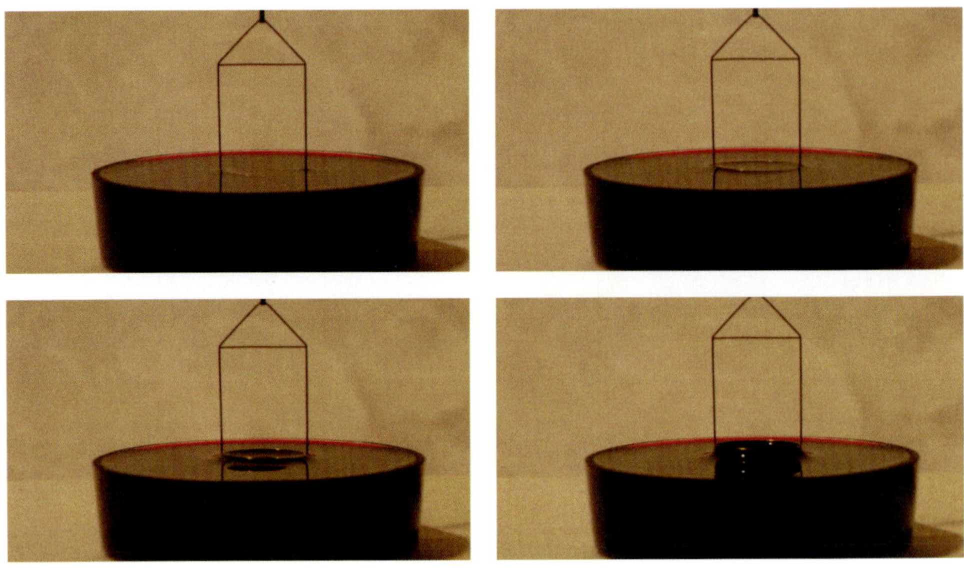

Bild 2.13 *Ringmethode nach du Noüy* [Quelle: IMETER – MSB Breitwieser, Augsburg]

Bild 2.14 *Plattenmethode nach Wilhelmy* [Quelle: IMETER – MSB Breitwieser, Augsburg]

Durch den Meniskus wirkt zwischen Platte und Flüssigkeit eine bestimmte Kraft. Gemessen wird diese an der eingetauchten Platte wirkende Kraft, die von der Benetzung herrührt. Unter der Voraussetzung, dass der eingetauchte Bereich der Platte vollständig von der Flüssigkeit benetzt ist, lässt sich so die Oberflächenspannung bestimmen, da die Kraft wiederum zur Oberflächenspannung der Flüssigkeit proportional ist [26; 28].

Wenn die Oberflächenspannung der Flüssigkeit bekannt ist, kann mit Hilfe der Plattenmethode nach Wilhelmy gegenüber dem Plattenmaterial der Kontaktwinkel gemessen werden [26].

Die wohl schnellste und preiswerteste Methode zur (ungefähren) Ermittlung der Oberflächenenergien von Werkstoffoberflächen ist die Verwendung spezieller Testtinten. Das einfache

Aufstreichen dieser Testtinten mit definierter Oberflächenspannung auf die zu untersuchende Substratoberfläche erfolgt entweder mittels besonderer Stifte (Bild 2.15) oder mit Hilfe von Pinseln (Bild 2.16). Die Testtinten werden für einen relativ breiten Bereich der Oberflächenspannung angeboten (ca. 18...105 mN/m (Millinewton pro Meter)) und gestatten so Aussagen über die Benetzbarkeit von Kunststoff-, Glas-, Keramik- oder Metalloberflächen mit Druckfarben, Lacken oder Klebstoffen.

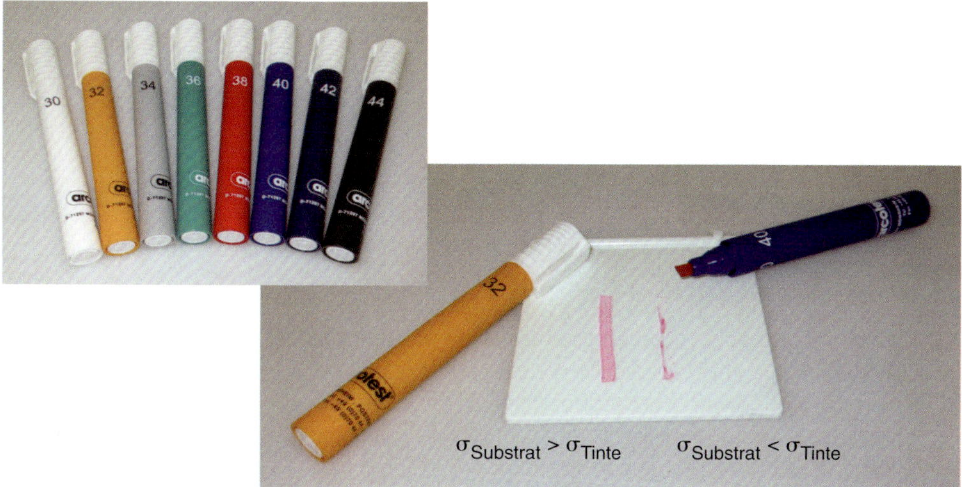

Bild 2.15 *Spezialstifte zur Ermittlung der Oberflächenspannung*

Bleibt die Testtinte unmittelbar nach dem Auftrag in einem Streifen liegen (siehe Auftrag auf die Testplatten in Bild 2.15 und Bild 2.16 links), so hat das Substrat wahrscheinlich eine höhere Oberflächenenergie als die Oberflächenspannung der Tinte ($\sigma_{\text{Substrat}} > \sigma_{\text{Tinte}}$). Wichtig ist in jedem Fall, dass die Beurteilung innerhalb der ersten Sekunden nach dem Auftrag der Testtinte durchgeführt wird, da die meisten Tinten leicht flüchtige Bestandteile enthalten. Beim Verdampfen zieht sich die Tinte allmählich zusammen, was bei einer späteren Beurteilung ähnlich wie eine schlechte Benetzung aussehen kann. Typische zulässige Ablesezeiten betragen max. 2 s.

Zieht sich die Testtinte hingegen schon direkt beim oder unmittelbar nach dem Aufstreichen zu Tropfen zusammen (siehe Auftrag auf die Testplatten in Bild 2.15 und Bild 2.16 rechts), so ist die Oberflächenenergie des Substrats geringer als die Oberflächenspannung der Testtinte ($\sigma_{\text{Substrat}} < \sigma_{\text{Tinte}}$).

Die Teststifte haben gegenüber den Tintenfläschchen die wesentlichen Vorteile, dass die Stifte besonders einfach in der Handhabung sind und ein Verschütten der Testtinte nicht möglich ist.

Mit Hilfe der oben beschriebenen Testtinten lässt sich je nach Feinheit der Abstufungen der Tinten ein mehr oder weniger genauer Bereich der kritischen Oberflächenspannung zur Benetzung der Substratoberflächen bestimmen. Die Ablesegenauigkeit beträgt bei den Teststiften üblicherweise ±1,0 mN/m und bei den Testtinten in Flaschen ±0,5 mN/m.

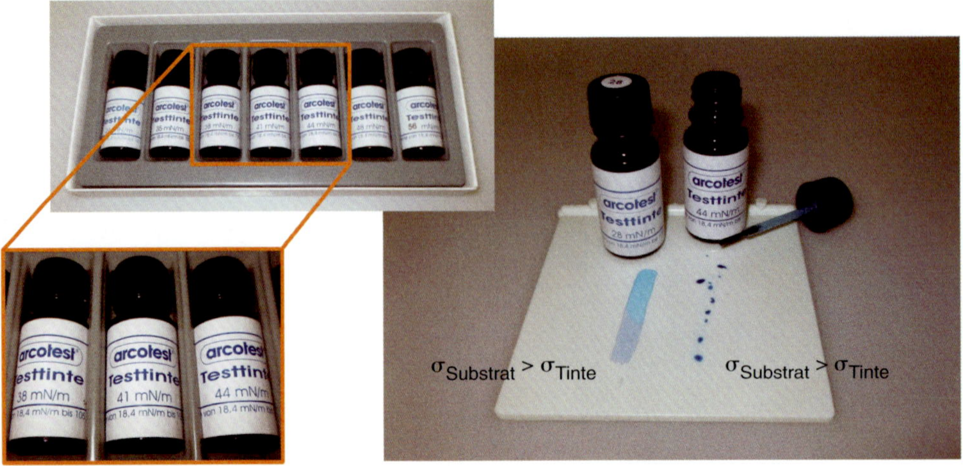

Bild 2.16 *Testtinten zur Ermittlung der Oberflächenspannung*

In Tabelle 2.2 sind die kritischen Oberflächenenergien ausgewählter Materialien und Werkstoffe aufgelistet. Die meisten Metalle besitzen sehr hohe Oberflächenenergien im vierstelligen mN/m-Bereich, wohingegen Kunststoffe allgemein die niedrigsten Werte im zweistelligen mN/m-Bereich aufweisen. Die niedrigste Oberflächenenergie von ca. 18…19 mN/m besitzt Polytetrafluorethylen (PTFE). Polyamid gehört mit max. 57 mN/m bereits zu den «hochenergetischen» Kunststoffen. Es rangiert im Hinblick auf die Oberflächenspannung dennoch ungefähr um den Faktor 20 bis 90 unterhalb der Metalle.

Die Oberflächenspannung gängiger Klebstoffe liegt bei ca. 35 mN/m [29]. Für das Kleben niederenergetischer Oberflächen ist die Oberflächenenergie folglich von zentraler Bedeutung. Polyolefine, zum Beispiel Polyethylen und Polypropylen, gelten als besonders schwierig zu klebende Werkstoffe, was bei der Betrachtung der niedrigen Oberflächenenergien (29…35 mN/m) plausibel erscheint. Für eine Benetzung der Polyolefinoberfläche mit Klebstoff muss die Oberfläche ggf. zunächst aktiviert werden (siehe Abschnitt 5.3.2), da eine ausreichende Benetzung nur gegeben ist, wenn die Oberflächenenergie des Substrats größer ist als die Oberflächenspannung des Klebstoffs ($\sigma_{Substrat} > \sigma_{Klebstoff}$).

Tabelle 2.2 *Kritische Oberflächenenergien* ausgewählter Materialien und Werkstoffe* [4; 15; 30–35]

Werkstoff		Oberflächenenergie σ (mN/m)
Metalle		ca. 1000…6800
	Wolfram (W)	6800
	Eisen (Fe)	2550
	Chrom (Cr)	2400
	Nickel (Ni)	2450
	Titan (Ti)	2050
	Kupfer (Cu)	1850
	Gold (Au)	1550
	Silber (Ag)	1250
	Aluminium (Al)	1200

Tabelle 2.2 *Kritische Oberflächenenergien* ausgewählter Materialien und Werkstoffe* [4; 15; 30–35] *– Fortsetzung*

Werkstoff		Oberflächenenergie σ (mN/m)
	Zink (Zn)	1020
	Zinn (Sn)	710
	Blei (Pb)	610
	Quecksilber (Hg)	484…610
Keramiken		500…1500
Gläser		300…500
Wasser		72,8
Kunststoffe		ca. 18…57
	Polyamid (PA)	43…57
	Polyamid 6.6 (Nylon)	46
	Epoxidharz (EP)	33…47
	Melaminharz (MF)	45
	Polybutylenterephthalat (PBT)	43…45
	Polyvinylchlorid (PVC)	40…45
	Polymethylmethacrylat (PMMA)	33…44
	Polyethylenterephthalat (PET)	41…43
	Polyoxymethylen (POM)	42
	Acrylnitril-Butadien-Styrol (ABS)	35…42
	Polystyrol (PS)	33…42
	Polycarbonat (PC)	34…39
	Polyethylen hoher Dichte (PE-HD)	35
	Polypropylen (PP)	29…32
	Polyethylen niedriger Dichte (PE-LD)	31
	Silikone	24
	Polytetrafluorethylen (PTFE)	18…19

* Die hohen Werte der Oberflächenenergien der Metalle sind hier allerdings eher als theoretische Literaturwerte der jeweiligen Reinstoffe zu verstehen. Im Realfall werden insbesondere die Oberflächen höherenergetischer Werkstoffe (Metalle) an der Umgebungsluft sehr schnell mit Adsorbat- oder Oxidschichten belegt, was die tatsächliche Oberflächenenergie zum Teil drastisch reduziert. Reinem Aluminium wird beispielsweise eine Oberflächenenergie von ca. 1200 mN/m [31; 15; 34; 35] zugeschrieben. Aluminiumoxidschichten (Al_2O_3) hingegen, die ohne besondere Behandlung des Aluminiums stets vorhanden sind, weisen mit ca. 30…50 mN/m [33] eine um mehr als eine Dekade geringere Oberflächenspannung auf. An dieser Stelle zeigt sich einmal mehr, dass für die Benetzung und somit das Kleben vielmehr die Substratoberfläche als der eigentliche Substratwerkstoff entscheidend ist.

Zu guter Letzt wird das Benetzungsverhalten auch von der Viskosität des Klebstoffs im Moment des Auftrags bestimmt. Wie bereits weiter oben erläutert, muss der Klebstoff die Materialoberfläche gut benetzen, um eine gute Haftung zu erzielen. Der Klebstoff muss demzufolge zum Zeitpunkt des Auftragens flüssig sein.

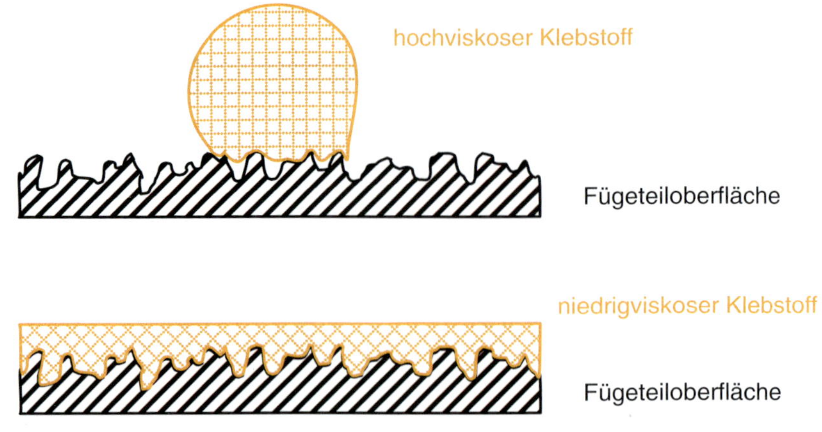

Bild 2.17 *Benetzungsverhalten hoch- und niedrigviskoser Klebstoffe*

Niedrigviskose Klebstoffe haben üblicherweise ein sehr gutes Fließverhalten. Sie können auch in engste Spalten und Vertiefungen fließen und somit die Substratoberfläche benetzen.

2.1.2 Oberflächenrauigkeit

Wie bereits zu Beginn dieses Kapitels beschrieben, spielen insbesondere die Substratoberflächen eine signifikante Rolle im Hinblick auf den Erfolg einer Klebung. So ist es naheliegend, dass neben den in Abschnitt 2.1.1 diskutierten Oberflächenenergien der Fügepartner auch die geometrische Struktur der Substrate grundsätzlich Einfluss auf die Klebung nimmt.

Für den CAD-Konstrukteur bzw. die CAD-Konstrukteurin ist es ein Leichtes, mit dem verwendeten CAD-System eine ideale Oberfläche zu erzeugen. So werden üblicherweise Oberflächen konstruiert, die in der Regel frei von jeglichen Gestaltabweichungen sind. Diese ideale Oberfläche wird als **geometrische Oberfläche** bezeichnet (Bild 2.18). Die geometrische Oberfläche beschreibt die Fläche ohne Berücksichtigung von Oberflächenrauheiten.

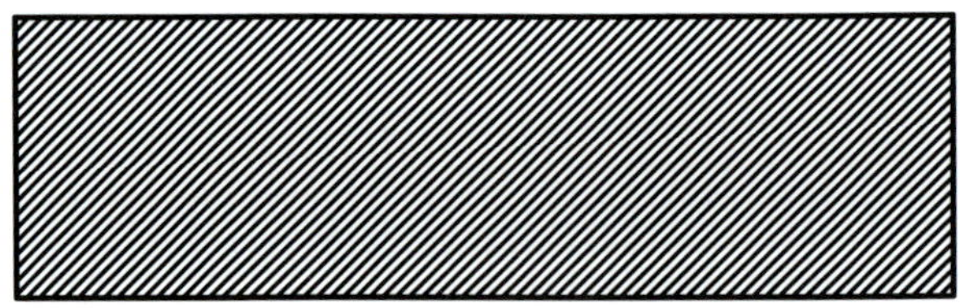

Bild 2.18 *Schematische Darstellung der geometrischen Oberfläche*

Die meisten Oberflächen sind jedoch – zumindest mikroskopisch betrachtet – so uneben wie ein Gebirge (Bild 2.19). Technische Oberflächen weisen demnach eine mehr oder weniger stark ausgeprägte Oberflächentopografie auf. Die Oberflächenrauheit wird durch die Gestaltabweichungen der 3. bis 5. Ordnung [36; 37] bestimmt. Die Gestaltabweichungen der 1. bis 4. Ordnung überlagern sich zur Ist-Oberfläche [37].

Tabelle 2.3 *Beispiele für Gestaltabweichungen* [36; 37]

Gestaltabweichung		Beispiele für die Art der Abweichung
1. Ordnung	Formabweichungen	Geradheits-, Ebenheits-, Rundheitsabweichungen
2. Ordnung	Welligkeit	Wellen
3. Ordnung	Rauheit	Rillen, Kratzer
4. Ordnung	Rauheit	Riefen Schuppen Kuppen
5. Ordnung	Rauheit (nicht mehr in einfacher Weise bildlich darstellbar)	Gefügestruktur
6. Ordnung	nicht mehr in einfacher Weise bildlich darstellbar	Gitteraufbau des Werkstoffs

Die effektive Substratoberfläche ist demnach in der Realität viel größer als die Oberfläche, die mit bloßem Auge zu erkennen ist. Somit ergibt sich die so genannte **wahre Oberfläche** (Bild 2.19).

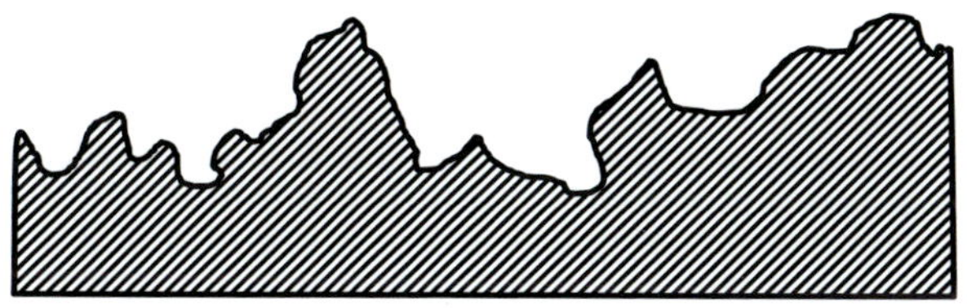

Bild 2.19 *Schematische Darstellung der wahren Oberfläche*

Für die Klebung bietet die wahre Oberfläche demzufolge eine zum Teil deutlich vergrößerte Oberfläche im Vergleich zur geometrischen Oberfläche. Dennoch handelt es sich bei der wahren Oberfläche eher um einen theoretischen Begriff [15], da in Abhängigkeit der Oberflächenenergien der Substrate, der Oberflächenspannung des Klebstoffs sowie der Viskosität des Klebstoffs in der Regel nie die gesamte wahre Oberfläche mit Klebstoff benetzt werden kann.

Dies führt zu dem in der Klebtechnik wichtigen Begriff der **wirksamen Oberfläche**. Die wirksame Oberfläche ist als Summe der Kontaktflächen zwischen Substrat und Klebstoff zu verstehen. Gewisse Bereiche der wahren Oberfläche werden jedoch nicht mit Klebstoff benetzt (Bild 2.20). Diese nicht benetzten Bereiche leisten somit keinen Beitrag zur Steigerung der Klebfestigkeit.

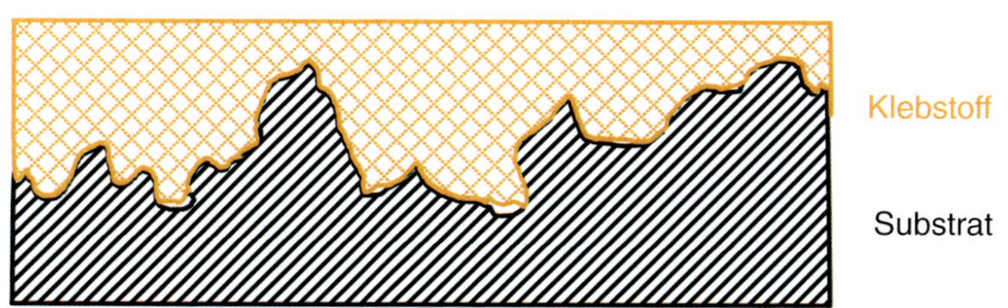

Bild 2.20 *Schematische Darstellung der wirksamen Oberfläche*

Zusammenfassend lässt sich für die drei vorgestellten Arten von Oberflächen Folgendes festhalten [15]:

wahre Oberfläche > wirksame Oberfläche > geometrische Oberfläche (Gl. 2.4)

2.1.3 Bindungskräfte in Klebungen

Die Betrachtung der Bindungskräfte in Klebungen führt zu zwei wichtigen Standardbegriffen in der Klebtechnik – **Adhäsion** und **Kohäsion** (siehe auch Abschnitt 1.1.1). Wie in Bild 2.21 dargestellt, bilden Adhäsions- und Kohäsionskräfte zusammen die bestimmenden Bindungskräfte in einer Klebung.

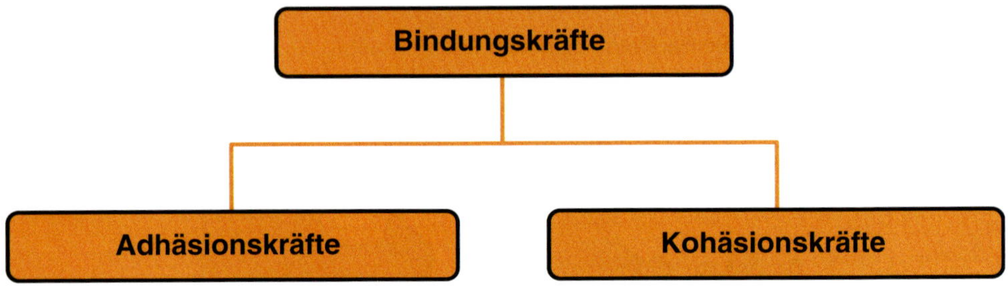

Bild 2.21 *Bindungskräfte in Klebungen* [4; 15]

Adhäsionskräfte sind für die Festigkeit der Grenzschicht zwischen Fügeteil und Klebschicht bestimmend. Kohäsionskräfte hingegen sind für die innere Festigkeit der Klebschicht selbst verantwortlich, wobei die Kohäsionskräfte die deutlich stärkeren Kräfte darstellen. Sie sind etwa 20- bis 100-fach stärker als die einzelnen Adhäsionskräfte [38].

Bild 2.22 zeigt schematisch die für die Klebfestigkeit in einer Klebung verantwortlichen Adhäsions- und Kohäsionskräfte.

Bild 2.23 zeigt im Vergleich zu Bild 2.22 eher den realen Fall für die Ausbildung einer Klebverbindung. Im rechten Bereich ist die Oberfläche von Fügeteil 1 mit Fremdstoffen, zum Beispiel mit Fetten, Ölen usw., verunreinigt (Bild 2.23). In diesem Bereich kann sich aufgrund der vorhandenen Fremdstoffe naturgemäß keine klebtechnische Verbindung zwischen Fügeteil und Klebstoff ausbilden. Auf die optimale Vorbereitung der Fügeteiloberflächen wird später in Abschnitt 4.1 noch detailliert eingegangen. Des Weiteren sind im rechten Bereich von Fügeteil 2 kleinere diskrete Bereiche zu erkennen, wo es aufgrund der Topografie des Substrats und/oder der hohen Viskosität des flüssigen Klebstoffs nicht zu einer Benetzung gekommen ist. Hier wird nochmals der bereits erläuterte Unterschied zwischen wahrer und wirksamer Substratoberfläche (vgl. Abschnitt 2.1.2) verdeutlicht.

Wie in Bild 2.23 dargestellt, lassen sich die beiden Wirkprinzipien des Klebens, Adhäsion und Kohäsion, noch weiter aufschlüsseln in [22]:

- physikalische Adhäsionskräfte,
- chemische Adhäsionskräfte,
- physikalische Kohäsionskräfte und
- chemische Kohäsionskräfte.

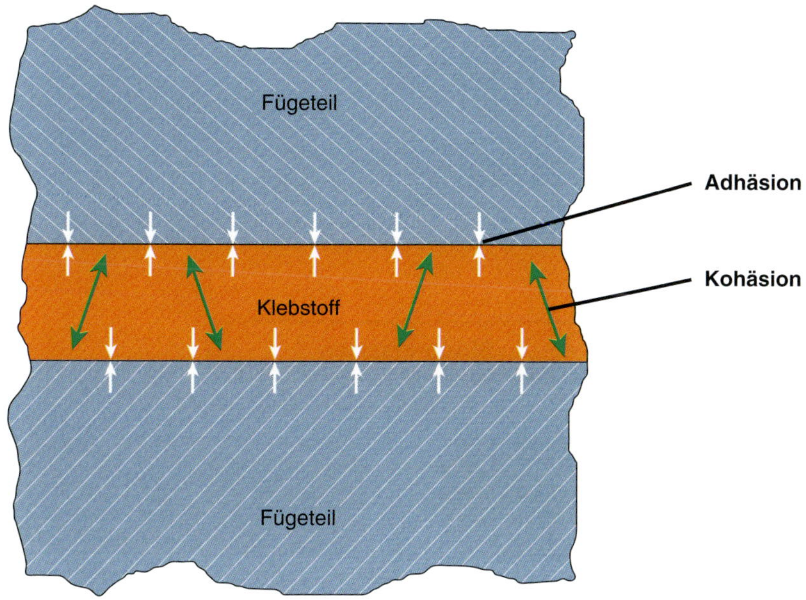

Bild 2.22 *Adhäsions- und Kohäsionskräfte in einer Klebung* [Quelle: Christoph Haller in Anlehnung an 34]

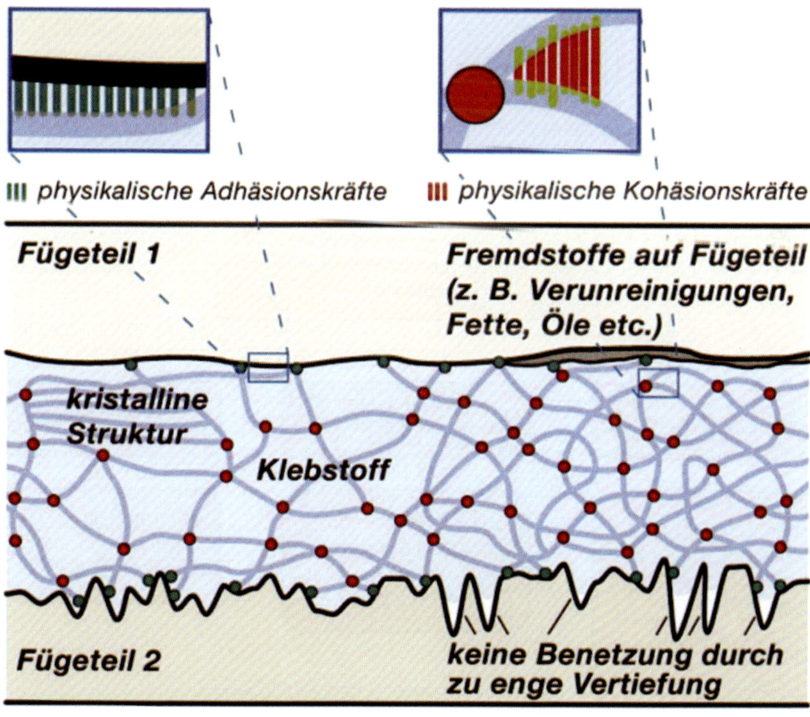

Bild 2.23 *Physikalische / chemische Adhäsions- und Kohäsionskräfte in einer Klebung* [Quelle: DELO Industrie Klebstoffe, Windach, nach 22]

Physikalische Kräfte basieren auf Nebenvalenzbindungen oder zwischenmolekularen Bindungen. Dazu gehören beispielsweise die so genannten Van-der-Waals-Kräfte (Dipol-, Induktions- und Dispersionskräfte) sowie Wasserstoffbrückenbindungen. Im Vergleich zu chemischen Kräften sind physikalische Kräfte eher schwach ausgeprägte Bindungskräfte [15].

Zu den stärkeren chemischen Kräften zählen zum Beispiel die Atombindungen (auch kovalente Bindungen oder Hauptvalenz-/Elektronenpaarbindungen genannt), Ionenbindungen und metallische Bindungen [15].

In Bild 2.24 ist die unterschiedliche Natur der Bindungsarten in Klebungen (physikalisch und chemisch) dargestellt.

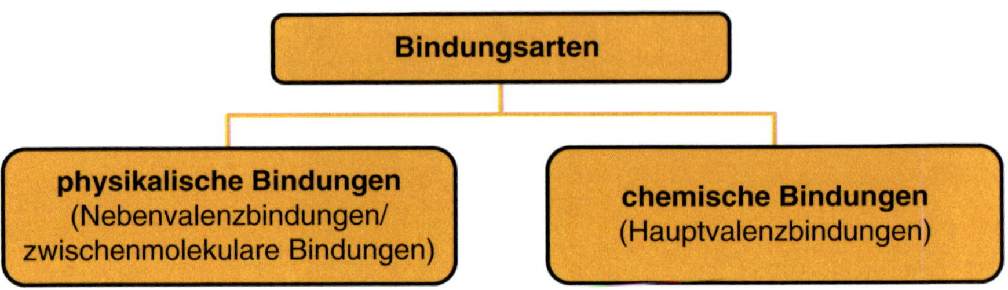

Bild 2.24 *Bindungsarten in Klebungen* [4; 15]

DEFINITION

Die **Adhäsion** (lateinisch: *adhaerere* = anhaften) bezeichnet die Flächenhaftung, die an der Oberfläche der klebstoff- und fügeteilseitigen Grenzschicht infolge von allgemeinen Anziehungskräften zwischen verschiedenartigen Stoffen wirksam wird.

Die Theorie der Adhäsion ist äußerst vielschichtig und komplex sowie bis zum heutigen Tag nicht vollständig erforscht. Heutzutage werden folgende drei Adhäsionsarten unterschieden [15; 22]:

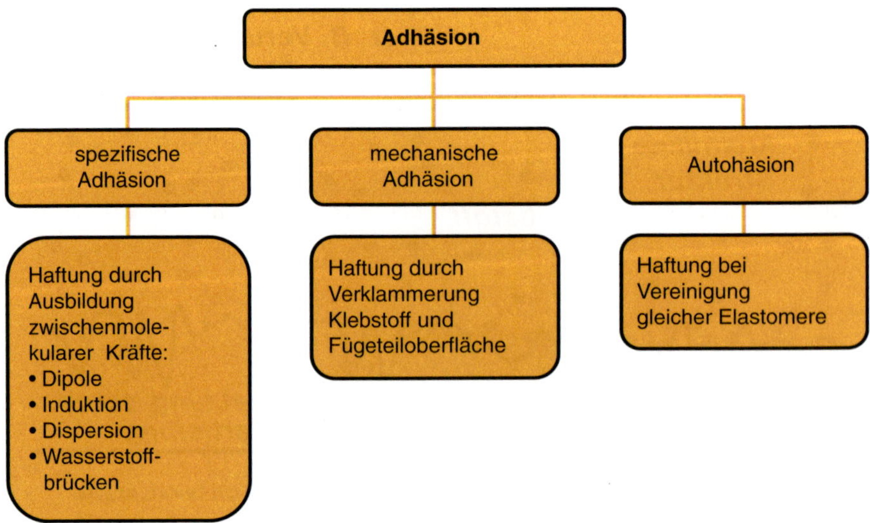

Bild 2.25 *Adhäsionsmechanismen* (in Anlehnung an [4; 15])

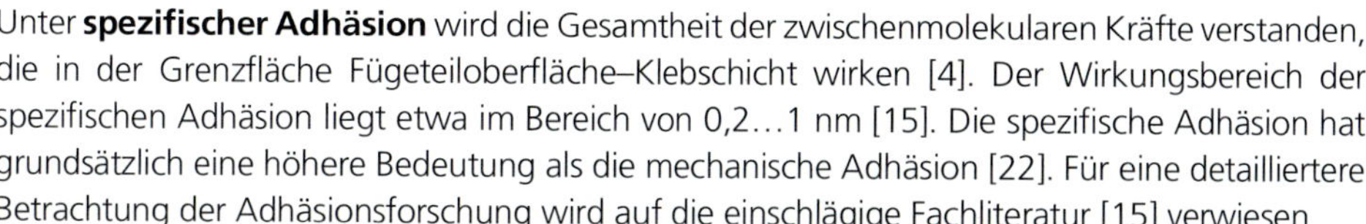

DEFINITIONEN

Unter **spezifischer Adhäsion** wird die Gesamtheit der zwischenmolekularen Kräfte verstanden, die in der Grenzfläche Fügeteiloberfläche–Klebschicht wirken [4]. Der Wirkungsbereich der spezifischen Adhäsion liegt etwa im Bereich von 0,2…1 nm [15]. Die spezifische Adhäsion hat grundsätzlich eine höhere Bedeutung als die mechanische Adhäsion [22]. Für eine detailliertere Betrachtung der Adhäsionsforschung wird auf die einschlägige Fachliteratur [15] verwiesen.

Die **mechanische Adhäsion** ist die Haftung durch mechanische bzw. formschlüssige Verklammerung und Verankerung der ausgehärteten Klebschicht in Poren, Kapillaren oder Hinterschneidungen der Substratoberflächen. Durch eine geeignete Oberflächenvorbehandlung – wie beispielsweise Druckluftstrahlen (mit ölfreier Druckluft!) – lässt sich die mechanische Adhäsion positiv beeinflussen [4; 15]. Die unterschiedlichen Methoden der Oberflächenvorbehandlung werden in Abschnitt 4.1.2 noch detailliert behandelt. Bei sehr glatten oder nur schwach aufgerauten Oberflächen ist der Anteil der so genannten mechanischen Adhäsion relativ unbedeutend, insbesondere für Metallklebungen. Für die Klebung von saugfähigen, sehr porösen und/oder offenporigen Oberflächen (Papier, Holz, Schäume, Textilien, …) spielt die mechanische Adhäsion hingegen sehr wohl eine wichtige Rolle.

Der Begriff **Autohäsion** wird fast ausschließlich im Zusammenhang mit dem Fügen gleicher kautschukelastischer Polymerschichten verwendet. Voraussetzung ist eine große Beweglichkeit der Makromoleküle, wie sie bei Elastomeren gegeben ist, die unter Druckanwendung zu einer gegenseitigen Diffusion mit anschließender Verklammerung von Kettensegmenten fähig sind [15]. Werden zwei Proben des gleichen Elastomers in Kontakt gebracht, so tritt **Haftung** (= Autohäsion) auf [39].

Für eine Klebung ist die Adhäsion ein notwendiges, aber kein hinreichendes Kriterium. Auf eine Fläche von einem Quadratzentimeter wirken etwa eine Billiarde Haftpunkte bzw. Adhäsionsbindungen [38]. Aber erst die Kombination aus Adhäsions- und Kohäsionskräften bietet eine wichtige Voraussetzung für dauerhaft haltbare und belastbare Klebungen. Diese Tatsache lässt sich am Beispiel des Wassers anschaulich erklären.

Eine gleichmäßig dünne Wasserschicht zwischen zwei Glasplatten, Folien oder konvex und konkav geschliffenen Linsen sorgt aufgrund der extrem hohen Anzahl an Adhäsionsbindungen in der Fügefläche zunächst einmal für einen Zusammenhalt der Substrate. Dieser Zusammenhalt ist jedoch relativ schwach und kann durch geringe Kräfte und eine ungünstige Belastungsrichtung sehr leicht wieder aufgehoben werden. Somit ist Wasser als Klebstoff eher ungeeignet, da dem flüssigen Wasser die Eigenschaft der Kohäsion gänzlich fehlt.

Auch bei einer Sandburg (Bild 2.26) sorgt das billiardenfache Zusammenwirken von Adhäsionsbindungen für einen ausreichenden Zusammenhalt des feuchten Sands. Trocknet der Sand aus, fehlen das Wasser und somit die nötigen Haftpunkte zwischen den Sandkörnern. Das Bauwerk fällt in sich zusammen. Auch bei einer unzulässig hohen mechanischen Belastung werden die Adhäsionskräfte überwunden und es kommt zu einer lokalen Beschädigung der Sandburg (Bild 2.26).

Nur gefrorenes Wasser hat signifikante Kohäsionskräfte, die für die innere Festigkeit sorgen.

DEFINITION

Unter **Kohäsion** wird allgemein das Wirken von Anziehungskräften zwischen gleichartigen Atomen bzw. Molekülen ein und desselben Stoffes verstanden. Im Unterschied dazu werden bei der Adhäsion Anziehungskräfte zwischen verschiedenen Stoffen wirksam, wie bereits in Abschnitt 2.1.3 erläutert wurde [4; 15].

Bild 2.26 *Praktisches Beispiel für Adhäsion bzw. Adhäsionskräfte: Feuchter Sand*

Die Kohäsion (lateinisch: *cohaerere* = zusammenhängen) bezeichnet hier normalerweise die innere Festigkeit des abgebundenen Klebstoffs. Jedes Substrat besitzt natürlich auch eine innere Festigkeit bzw. Kohäsionsfestigkeit. Auf die Kohäsionsfestigkeiten von Klebschicht und Substrat wird in Abschnitt 2.2.2 noch genauer eingegangen.

Die Kohäsionsfestigkeit ist im Wesentlichen eine werkstoff- und temperaturabhängige Größe [15]. Metalle haben in der Regel eine sehr viel höhere Kohäsionsfestigkeit als Kunststoffe. Bei den Kunststoffen weisen Duroplaste (zum Beispiel Epoxidharz – siehe Abschnitt 3.3.4) wiederum eine sehr viel höhere Kohäsionsfestigkeit gegenüber Thermoplasten (zum Beispiel Schmelzklebstoff – siehe Abschnitt 3.3.3) auf, was auf die räumlich engmaschig vernetzte Molekülstruktur der Duroplaste zurückzuführen ist.

Mit zunehmender Temperatur steigt die Molekülbeweglichkeit (Brownsche Molekülbewegungen). Die ohnehin recht schwachen Nebenvalenzbindungen lösen sich mit steigender Temperatur auf – der Molekülzusammenhalt sinkt. Demzufolge nimmt auch die Kohäsionsfestigkeit mit zunehmender Temperatur ab. Die Kohäsionsfestigkeit ist bei Klebschichten vor allem ein charakteristisches Merkmal für die Retardation von Kunststoffen [40] bzw. Klebstoffen. Unter Retardieren wird das Kriechen bzw. Fließen, also die Längenänderung, unter konstanter mechanischer Belastung verstanden [4].

2.2 Versagensarten von Klebungen (Brucharten)

Das mechanische Verhalten von Werkstoffen wird häufig mit Hilfe von standardisierten mechanischen Prüfverfahren ermittelt. Für Kunststoffe ist der Kurzzeit-Zugversuch nach DIN EN ISO 527 [41] eine sehr gebräuchliche Methode. Aus der charakteristischen Spannungs-Dehnungs-Kurve lassen sich anhand der Festigkeit, Dehnfähigkeit und Steifigkeit sowie der spezifischen Arbeitsaufnahme bis zum Bruch die mechanischen Eigenschaften des untersuchten Prüfkörpers ermitteln (Bild 2.27).

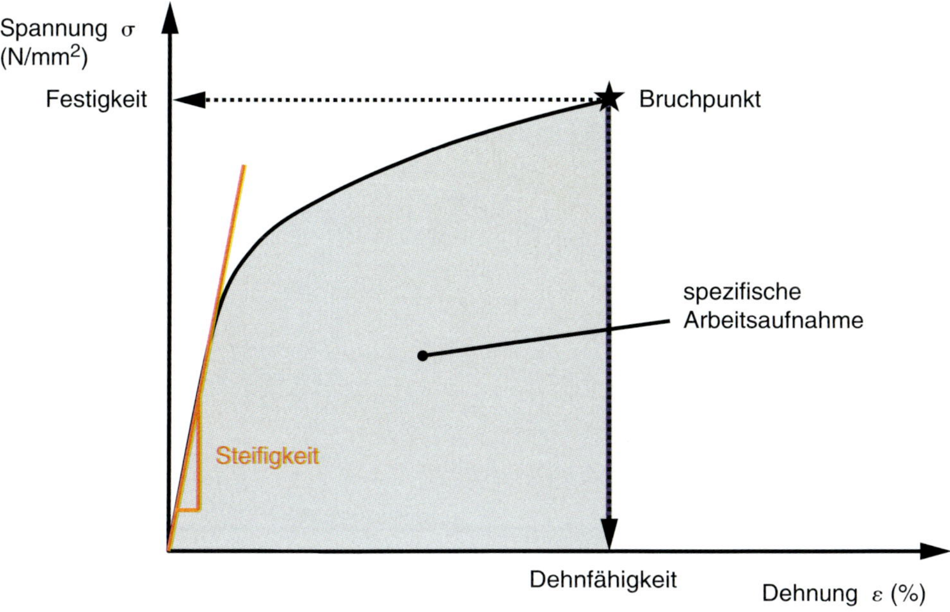

Bild 2.27 *Ermittelbare Kennwerte aus einer Spannungs-Dehnungs-Kurve – schematisch* [42]

Die Steifigkeit beschreibt hier den Widerstand des Prüfkörpers gegen Verformung. Sie lässt sich mit Hilfe des Ursprungsmoduls E_0 quantifizieren. Festigkeit bzw. Dehnfähigkeit sind die Kennwerte für die ultimative Belastbarkeit bzw. die maximale Verformungsfähigkeit der Probe. Das spezifische Arbeitsaufnahmevermögen ist das Integral unter der Spannungs-Dehnungs-Kurve und entspricht der zu verrichtenden Arbeit pro Volumeneinheit bis zum Bruch des Prüfkörpers [42].

Da verfestigte technische Klebstoffe nichts anderes als Kunststoffe sind (siehe Abschnitte 1.2.3 und 3.1), lässt sich das mechanische Eigenschaftsprofil der verfestigten Klebstoffe, wie beispielsweise das Spannungs-Dehnungs-Verhalten, in Anlehnung an die oben genannte Prüfnorm für Kunststoffe bestimmen. In Bild 2.28 ist das Verformungsverhalten für jeweils einen harten (Typ 1), einen zähelastischen (Typ 2) und einen gummielastischen Klebstoff (Typ 3) dargestellt.

Typ 1 repräsentiert einen harten Klebstoff, wie zum Beispiel hochvernetzte Produkte mit duroplastischer Basis (Phenolharze, Epoxidharze, ...). Diese Klebstoffe weisen hohe Festigkeitswerte sowie geringe Reißdehnungen auf und zeigen bei entsprechender mechanischer Belastung einen verformungsarmen, fast verformungslosen Sprödbruch mit sehr großer Ausbreitungsgeschwindigkeit [15]. Der Bruch erfolgt plötzlich und ohne ein vorausgegangenes Fließen des Klebstoffs. Bei spröden Klebstoffen entspricht somit die Bruchspannung σ_B der Zugfestigkeit σ_M und die Bruchdehnung ε_B der Dehnung bei Zugfestigkeit ε_M [42].

Werden technische Klebstoffe beispielsweise mittels innerer oder äußerer Weichmachung modifiziert, entstehen begrenzt verformungsfähige Klebstoffe [15], wie zum Beispiel Typ 2 in Bild 2.28 exemplarisch zeigt. Diese duktilen (zähen) Klebstoffe sind gekennzeichnet durch eine Spannungs-Dehnungs-Kurve mit (ausgeprägter) Streckgrenze mit Streckspannung σ_S bei Streckdehnung ε_S, Zugfestigkeit σ_M und Dehnung bei Zugfestigkeit ε_M sowie Bruchspannung σ_B und Bruchdehnung ε_B. Die Streckspannung σ_S ist die Zugspannung, bei der die Steigung der Spannungs-Dehnungs-Kurve zum ersten Mal «Null» wird (waagerechte Tangente). Oberhalb der Streckgrenze kommt es zum Fließen des Klebstoffs [42].

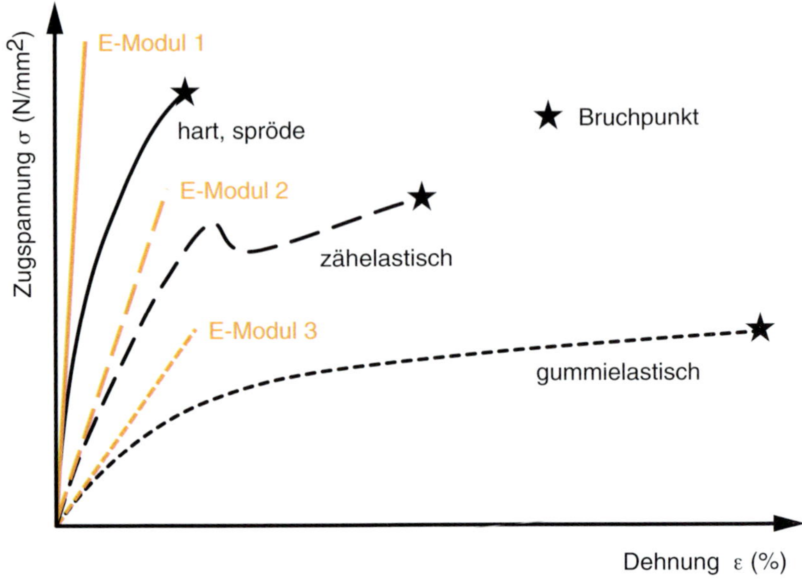

Bild 2.28 *Spannungs-Dehnungs-Kurven verschiedener Klebstoffe – schematisch* [40]

Die Spannungs-Dehnungs-Kurve des Typs 3 steht stellvertretend für gummielastische Klebstoffe mit relativ geringer Festigkeit und sehr hoher Reißdehnung. Die Dehnwerte können durchaus mehrere hundert Prozent betragen. Klassische Vertreter dieser Klebstoffgruppe sind beispielsweise Silikone oder elastische PUR-Klebstoffe.

Da Klebstoffe wie auch Kunststoffe nichtlineare viskoelastische Werkstoffe sind, ist ihr Elastizitätsmodul E (E-Modul) nicht konstant, sondern von der Dehnung bei gegebener Dehnrate abhängig [42]. Der E-Modul ist ein Maß für die Steifigkeit des Klebstoffs und kann unter anderem als Ursprungsmodul E_0 ermittelt werden.

Zunächst einmal erscheint es jedoch naheliegend, das Dehnverhalten eines Klebstoffs über die Bruchdehnung zu definieren. Der Bruchpunkt ist bei den meisten Klebungen jedoch von untergeordnetem Interesse, da die meisten Klebungen im praktischen Anwendungsfall gar nicht bis in den Bereich der hohen bzw. höchsten Dehnwerte belastet werden sollen. Der typische Lastbereich liegt vielmehr im Bereich kleinerer Dehnwerte, also im Bereich der Geraden des Ursprungsmoduls E_0. Demzufolge wird besser der E-Modul herangezogen, um das Dehnverhalten eines Klebstoffs im Bereich realer Belastungen zu bestimmen.

Um die Festigkeitswerte einer Klebung quantitativ zu ermitteln, müssen an einer vorher festgelegten Anzahl an Prüflingen gezielt zerstörende Prüfverfahren (siehe auch Abschnitt 7.1) durchgeführt werden. In diesem Zusammenhang, aber auch zum Zweck der Schadensanalyse bei Labortests, Kundenreklamationen usw., müssen die Bruchbilder genau beurteilt und in die im Folgenden erläuterten Brucharten eingeordnet werden.

Die Gesamtfestigkeit des Verbundsystems Klebung wird stets durch die in Bild 2.29 gekennzeichneten Einzelfestigkeiten bestimmt [4; 15]. Das sprichwörtliche «schwächste Glied in der Kette» (Fügeteilwerkstoff 1 oder 2, Klebstoff oder grenzschichtnahe Substrat- bzw. Klebstoffschichten) ist somit maßgeblich für die Gesamtfestigkeit der Klebung.

Bild 2.29 *Festigkeitskriterien des Verbundsystems Klebung* [4; 15]

Kommt es nun zur Überschreitung einer Einzelfestigkeit, so wird das Gesamtsystem an der schwächsten Stelle adhäsiv und/oder kohäsiv versagen – je nachdem, wie hoch Adhäsions- und Kohäsionsfestigkeit im Einzelnen ausfallen. Das Versagen des geklebten Verbunds kann bei mechanischer Beanspruchung demnach entweder nur im Klebstoff, ausschließlich im Fügeteilwerkstoff oder sowohl im Klebstoff als auch im Fügeteilwerkstoff erfolgen.

Bei der Beurteilung des Bruchverhaltens von Klebungen sind nach DIN EN ISO 10 365 unter anderem folgende Brucharten zu unterscheiden [15; 43]:

- Adhäsionsbruch an einem Fügeteil (AF: ***A****dhesive* ***F****ailure / Fracture*),
- Adhäsionsbruch an beiden Fügeteilen (AF: *Adhesive Failure / Fracture*),
- Kohäsionsbruch im Klebstoff (CF: ***C****ohesive* ***F****ailure / Fracture*),
- Fügeteilbruch (SF: ***S****ubstrate* ***F****ailure / Fracture*),
- Substratnaher spezieller Kohäsionsbruch (SCF: *Particular Cohesive Failure / Fracture near the Adhesive / Substrate Interface*),
- Adhäsions- und Kohäsionsbruch (Mischbruch) (ACFP),
- Delaminationsbruch einer aufgetragenen Schicht (DF: ***D****elamination* ***F****ailure / Fracture*),
- ...

  Kurzbezeichnungen in Klammern nach DIN EN ISO 10 365 [43]

Treten mehrere Brucharten gleichzeitig auf, so ist jeweils der ungefähre prozentuale Anteil mit anzugeben (siehe Mischbrüche).

In den nachfolgenden Abschnitten werden die wichtigsten bzw. häufigsten Bruchbilder in Form von Bruchskizzen vorgestellt und erläutert.

2.2.1 Adhäsionsbruch

Ein Adhäsionsbruch ist ein Bruch, der exakt entlang der Phasengrenzfläche zwischen Fügeteiloberfläche und Klebstoff verläuft (Bild 2.30). Es kommt bei dieser Bruchart zu einer vollständigen Trennung des Klebstoffs von der bzw. den Substratoberflächen. Nach einem 100%igen Adhäsionsbruch weisen das Fügeteil bzw. die Fügeteile keinerlei Klebstoffreste auf und auch die durch den Bruch freigelegten Klebstoffschichten müssen völlig frei von Fügeteilwerkstoffresten sein.

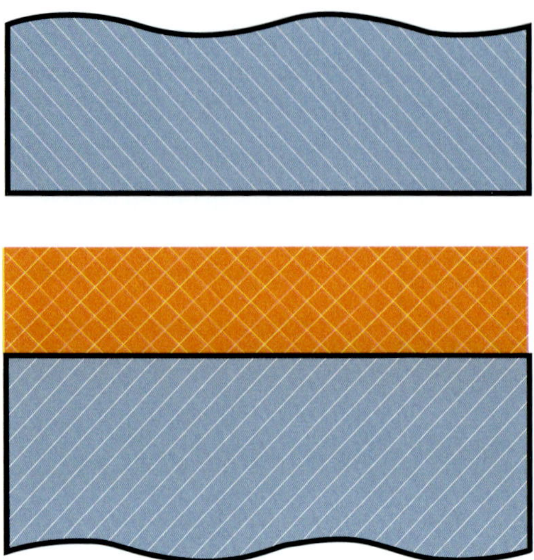

Bild 2.30 *Adhäsionsbruch* [44; 45]

Adhäsionsbrüche können an einem Fügeteil (siehe Bild 2.30) oder auch wechselseitig an beiden Fügeteilen auftreten.

Der Adhäsionsbruch ist jedoch eine eher idealisierte Form des Bruches und wird in der Praxis höchst selten beobachtet. Bei metallischen sowie anorganischen Klebflächen tritt der Adhäsionsbruch praktisch niemals auf. Strenggenommen reichen nämlich nach dem Bruch mikroskopische Reste oder sogar nur einzelne Atome bzw. Moleküle der beteiligten Phasen auf der jeweils anderen Phase aus, damit das Bruchbild nicht mehr als reiner Adhäsionsbruch klassifiziert wird. Demzufolge wird bei der Beurteilung von Bruchbildern in diesem Fall eher von einem «nahezu 100%igen Adhäsionsbruch» oder einem «im Wesentlichen adhäsiven Bruch» oder einem «makroskopischen Adhäsionsbruch» gesprochen, wenn die Bruchflächen im Anschluss nicht mikroskopisch bis auf die letzte Moleküllage untersucht werden.

Bei organischen Klebflächen, zum Beispiel bei besonders niederenergetischen Kunststoffoberflächen, einer schlechten Oberflächenvorbehandlung und/oder der falschen Klebstoffauswahl kann es hingegen durchaus zu einem reinen Adhäsionsbruch kommen.

Fast immer sind Adhäsionsbrüche auf eine unsachgemäße oder unzureichende Oberflächenvorbehandlung (siehe dazu auch Abschnitt 4.1.2) oder auf die falsche Klebstoffauswahl (siehe Abschnitt 3.3) zurückzuführen.

2.2.2 Kohäsionsbruch

Bei Kohäsionsbrüchen wird grundsätzlich zwischen dem Kohäsionsbruch im Klebstoff und dem Kohäsionsbruch im Fügeteilwerkstoff (Fügeteilbruch) differenziert.

Der Kohäsionsbruch im Klebstoff ist in Bild 2.31 schematisch dargestellt. Alle Fügeteiloberflächen sind nach dem Bruch noch gänzlich mit Klebstoff bzw. Klebstoffresten bedeckt. Beim Betrachten der Bruchflächen dürfen demzufolge die Substratoberflächen auch nicht ansatzweise freigelegt sein. Bei einem Kohäsionsbruch im Klebstoff ist die Festigkeit des Klebstoffs kleiner als die Eigenfestigkeit der Substrate, so dass es zu einem Versagen der Klebung im Klebstoff kommt. Hierbei handelt es sich allerdings um einen Bruchverlauf in dem Bereich des Klebstoffs, der nicht von der Phasengrenze beeinflusst wird (vgl. dazu klebstoffseitiger Grenzschichtbruch; Bild 2.33). Ein derartiger Kohäsionsbruch bei klebstofftypischen Festigkeitswerten ist ein sehr gutes Anzeichen für eine qualitativ hochwertige Klebung [46].

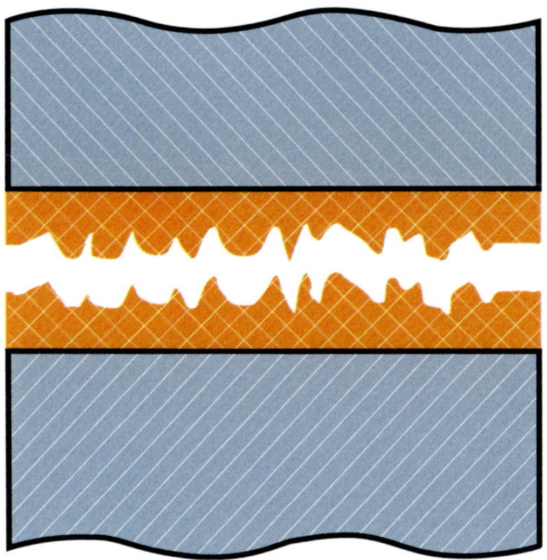

Bild 2.31 *Kohäsionsbruch im Klebstoff* [Quelle: Christoph Haller in Anlehnung an 44; 45]

Erfolgt der Bruch gänzlich außerhalb der Klebstoffschicht, so ist die Festigkeit des Klebstoffs größer als die Eigenfestigkeit der Fügeteile bzw. des gebrochenen Fügeteils. Dieser Bruch wird als Kohäsionsbruch im Fügeteilwerkstoff oder einfach nur als Fügeteilbruch bezeichnet (siehe Bild 2.32). In Abgrenzung zum fügeteilseitigen Grenzschichtbruch verläuft ein Fügeteilbruch vollständig durch das von der Klebung unbeeinflusste Material des Fügeteils, also in entsprechender Entfernung von der Phasengrenze Substrat Klebstoff (vgl. dazu fügeteilseitiger Grenzschichtbruch; Bild 2.34).

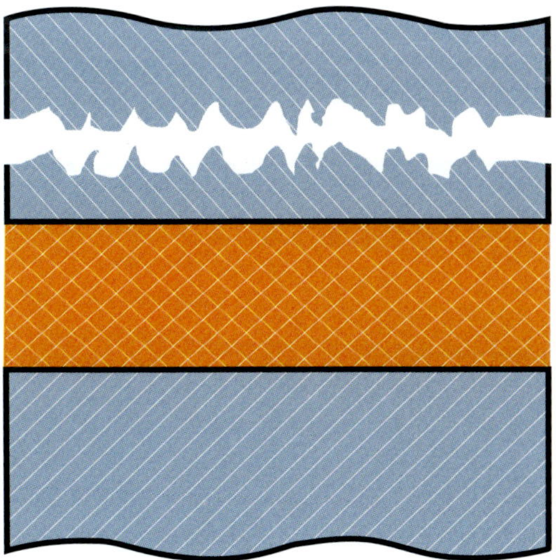

Bild 2.32 *Kohäsionsbruch im Fügeteilwerkstoff* [Quelle: Christoph Haller in Anlehnung an 44; 45]

Wenngleich ein Kohäsionsbruch im Fügeteilwerkstoff die besondere Leistungsfähigkeit des jeweiligen Klebstoffs unterstreicht, so ist dieses Bruchbild in der Regel nicht das erklärte Ziel bei der Bewertung von Klebungen mittels bruchmechanischer Untersuchungen. Letztendlich sind wiederholte Fügeteilbrüche nur ein Indiz dafür, dass der ausgewählte Klebstoff für den jeweiligen Anwendungsfall überdimensioniert ist. Ein etwas weniger leistungsfähiger Klebstoff ist in einem solchen Fall ausreichend. Alternativ können auch die Substratdicken gezielt verringert werden, um beispielsweise den Leichtbaugedanken konsequent weiterzutreiben.

2.2.3 Grenzschichtbruch

Grenzschichtbrüche lassen sich mit bloßem Auge nur sehr schwer eindeutig klassifizieren, da es hier um die Bewertung der extrem dünnen klebstoff- und/oder substratseitigen Phasengrenzen geht. Die Dicke dieser Schichten kann von einer Moleküllage bis zu mehreren Mikrometern reichen. Gelegentlich wird diese Bruchart fälschlicherweise mit Adhäsionsbruch bezeichnet, was jedoch für das Verständnis der Bruchursachen zu ungenau ist [44].

Bild 2.33 zeigt schematisch einen klebstoffseitigen Grenzschichtbruch. Hier ist die Trennung der beiden Substrate in unmittelbarer Nähe des Fügeteils im verfestigten Klebstoff erfolgt. Die Fügeteiloberfläche ist nach dem Bruch immer noch komplett mit einer sehr dünnen Klebstoffschicht bedeckt, so dass die formalen Voraussetzungen für einen Adhäsionsbruch (vgl. Bild 2.30) hier nicht gegeben sind. In der englischsprachigen Fachliteratur wird diese dünne Klebstoffschicht häufig als ***W**eak **B**oundary **L**ayer* (WBL) bezeichnet [47]. In der dünnen Schicht in der Phasengrenze zeigt der Klebstoff andere Eigenschaften als in den tieferliegenden Bereichen der Klebstoffschicht. Die Morphologie des Klebstoffs wird von der Phasengrenze in irgendeiner Weise beeinflusst [44].

Bild 2.33 *Klebstoffseitiger Grenzschichtbruch* [Quelle: Christoph Haller in Anlehnung an 44; 45]

In einer dünnen Schicht, die direkt an der Phasengrenze liegt, zeigt der Klebstoff demzufolge andere Eigenschaften als in jenen Bereichen, die tiefer im Klebstoff liegen.

In diesem kleinen, aber wichtigen Detail unterscheidet sich der klassische Kohäsionsbruch im Klebstoff, bei dem der Bruchverlauf vollständig durch den unbeeinflussten Bereich des Klebstoffs geht (vgl. Bild 2.31), von dem klebstoffseitigen Grenzschichtbruch, bei dem der Bruch absolut substratnah verläuft (Bild 2.33).

Bei höherfesten Klebungen sind substratnahe Kohäsionsbrüche nicht untypisch. Diese Bruchart ist dennoch durchaus akzeptabel, sofern die auf dem Substrat verbleibende Klebstoffschicht nicht zu dünn ausfällt [46].

In Analogie zum klebstoffseitigen Grenzschichtbruch ist in Bild 2.34 ein fügeteilseitiger Grenzschichtbruch dargestellt. Der Bruchverlauf erfolgt nun in unmittelbarer Nähe der verfestigten Klebschicht vollständig im Substrat. Wiederum scheidet der Adhäsionsbruch aus den zuvor genannten Gründen bei der Bruchbildbewertung aus.

Bild 2.34 *Fügeteilseitiger Grenzschichtbruch* [Quelle: Christoph Haller in Anlehnung an 44; 45]

In der dünnen Schicht, die direkt an der Phasengrenze liegt, zeigt diesmal der Fügeteilwerkstoff andere Eigenschaften als in den tieferliegenden Bereichen des Substrats. Die Morphologie des Fügeteilwerkstoffs wird in dieser dünnen Schicht von der Phasengrenze in irgendeiner Weise beeinflusst [44].

2.2.4 Mischbruch

Ein Mischbruch ist, wie der Name schon andeutet, das Versagen einer Klebung durch adhäsive und kohäsive Bruchanteile [34]. Darüber hinaus können zusätzlich lokale Grenzschichtbrüche auftreten. Das Bruchbild des Mischbruchs zeigt somit auf der geklebten Substratoberfläche örtlich verteilt sowohl (scheinbar) saubere Bereiche als auch Bereiche mit Klebstoffresten (Bilder 2.35 und 2.36). Die Klassifizierung der Bereiche als sauber bzw. mit Klebstoff unbedeckt wird nach einer optischen, makroskopischen Begutachtung meist recht willkürlich getroffen. Gelegentlich wird auch beobachtet, dass sich Materialreste des Substrats auf der Bruchfläche des Klebstoffs befinden [44].

Zur genauen Bezeichnung eines Mischbruchs sollen überdies folgende Präzisierungen getroffen werden:

- Bruchverlauf (im Wesentlichen durch den Klebstoff oder im Wesentlichen durch das Fügeteil),
- auftretende Brucharten (Adhäsions-, Kohäsions- und/oder Grenzschichtbruch),
- prozentuale Anteile der Brucharten in der Bruchfläche.

In Bild 2.35 ist demzufolge ein Mischbruch aus Kohäsionsbruch im Klebstoff (ca. 86%) und klebstoffseitigem Grenzschichtbruch bzw. Adhäsionsbruch (ca. 14%) dargestellt.

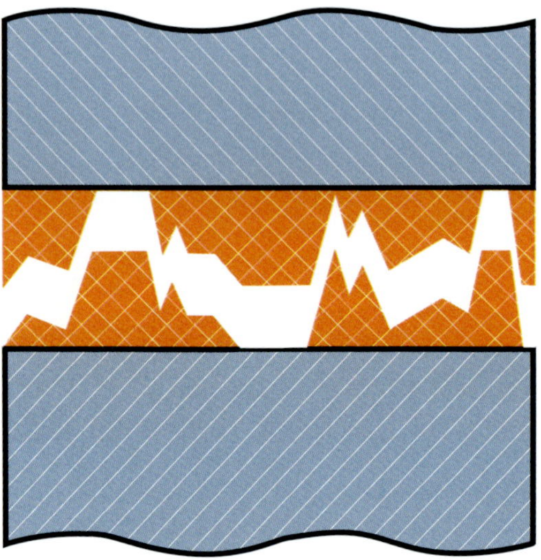

Bild 2.35 *Mischbruch des Klebstoffs* [Quelle: Christoph Haller in Anlehnung an 44; 45]

Bild 2.36 hingegen zeigt einen Mischbruch aus Kohäsionsbruch im Fügeteil (ca. 67%) und fügeteilseitigem Grenzschichtbruch bzw. Adhäsionsbruch (ca. 33%).

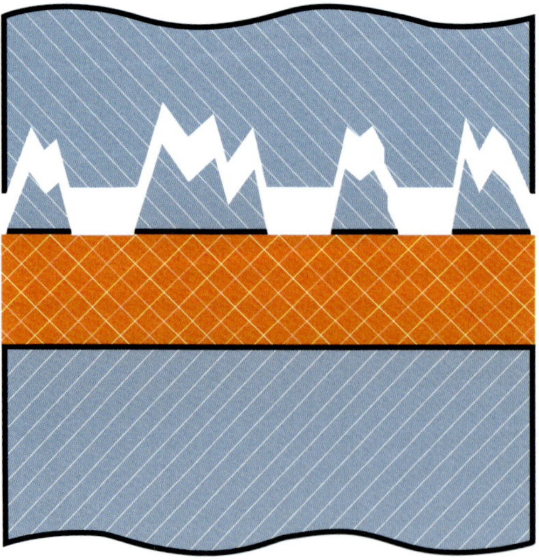

Bild 2.36 *Mischbruch des Fügeteils* [Quelle: Christoph Haller in Anlehnung an 44; 45]

Die Ursachen für Mischbrüche, speziell für die adhäsiven Bruchanteile, sind fast immer in einer unsachgemäßen oder unzureichenden Oberflächenvorbehandlung und/oder einer unsachgemäßen Klebstoffverarbeitung zu finden [34].

Ein weiteres Bruchbild stellt der so genannte Delaminationsbruch dar (Bild 2.37). Diese Bruchart kann beispielsweise auftreten, wenn beschichtete Substrate geklebt und anschließend belastet werden, die Beschichtungen (zum Beispiel Primer, Lacke, galvanische Schichten, ...) jedoch nicht ordnungsgemäß auf den Substraten anhaften. So kann es zu einer partiellen oder vollständigen Ablösung der Beschichtung von der Substrat- und/oder Klebstoffoberfläche kommen.

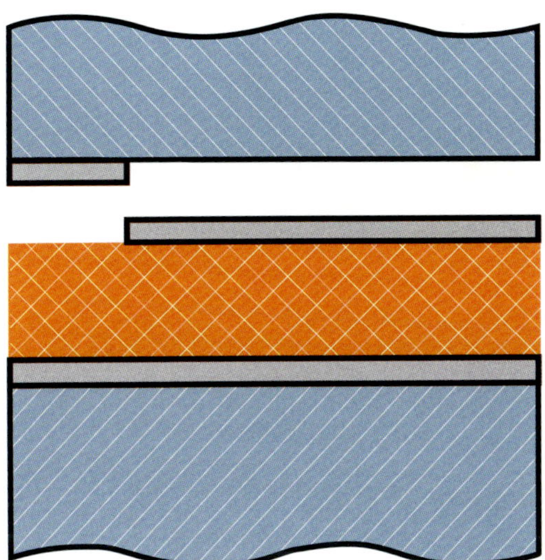

Bild 2.37 *Delaminationsbruch einer aufgetragenen Schicht* [43]

Speziell bei Metallklebungen kann auch der Alterungszustand einen großen Einfluss auf das Bruchverhalten haben. So kann es beispielsweise durch Unterwanderung der Klebschicht zu einem korrosiven Angriff der Substratoberflächen kommen. Dieser Vorgang wird als so genannte **Unterrostung** bezeichnet. Bruchanteile infolge von Unterrostung sind nicht auf ein direktes Versagen der Adhäsion zurückzuführen. Vielmehr handelt es sich hier um eine Materialzerstörung durch chemische oder elektrochemische Reaktionen [47].

3 Aufbau, Einteilung und Arten von Klebstoffen

Der nachfolgende Abschnitt 3.1 beschreibt zunächst einmal den grundsätzlichen Aufbau von Klebstoffen im Allgemeinen. Bei der Vielzahl an unterschiedlichen Klebstoffen, die heutzutage erhältlich sind (siehe auch Tabelle 1.4), ist eine geeignete Einteilung bzw. Gruppierung der Klebstoffe sehr sinnvoll oder sogar zwingend erforderlich. Nur so lassen sich der Überblick behalten sowie eine zielgerichtete und richtige Klebstoffauswahl für den jeweiligen Anwendungsfall vornehmen. Demzufolge beschäftigt sich Abschnitt 3.2 mit den unterschiedlichen Möglichkeiten, Klebstoffe nach ausgewählten Kriterien zu gruppieren. Den zentralen Mittelpunkt dieses Kapitels bildet schließlich Abschnitt 3.3, in dem die grundsätzlichen Klebstoffarten ausführlich vorgestellt und erläutert werden.

3.1 Aufbau von Klebstoffen

Der wesentliche Bestandteil eines Klebstoffs ist gemäß der DIN EN 923 [16] der sogenannte Grundstoff, der früher als Bindemittel bezeichnet wurde. Der Klebstoffgrundstoff ist der Klebstoffbestandteil, der die Eigenschaft der Klebschicht wesentlich bestimmt oder mitbestimmt.

Folgende Klebstoffgrundstoffe bilden das Grundgerüst der makromolekularen Struktur einer Klebschicht [15]:

- Monomere,
- Prepolymere (vorvernetzte Monomere als Polymervorstufe),
- Polymere.

Monomere oder Prepolymere reagieren in unterschiedlichen Polyreaktionen bzw. Synthesereaktionen zu polymeren Makromolekülen (Polymeren). In Tabelle 3.1 sind die Bezeichnungen der möglichen Polyreaktionen nach verschiedenen Konventionen gegenübergestellt. Entsprechend der aktuellen IUPAC-Regeln (IUPAC: ***I**nternational **U**nion of **P**ure and **A**pplied **C**hemistry* bzw. Internationale Union für reine und angewandte Chemie) werden alle Vorgänge zum Aufbau von synthetischen Makromolekülen als Polymerisationen bezeichnet. Da die IUPAC-Bezeichnungen jedoch recht lang und somit im allgemeinen Sprachgebrauch «unhandlich» und außerdem die alternativen Bezeichnungen nicht eindeutig sind, wird im Folgenden auf die allgemein bekannten und bislang gebräuchlichen prägnanten Bezeichnungen **Polymerisation**, **Polyaddition** und **Polykondensation** zurückgegriffen.

Tabelle 3.1 *Bezeichnungen der Polyreaktionen*

bisherige Bezeichnung	Polymerisation	Polyaddition	Polykondensation
Bezeichnung nach IUPAC	Additionspolymerisation als Kettenreaktion	Additionspolymerisation als Stufenreaktion	Kondensationspolymerisation
alternative Bezeichnung	Kettenpolymerisation	Stufenpolymerisation	Stufenpolymerisation

Bei **Polymerisationsklebstoffen** werden Kohlenstoff-Kohlenstoff-Doppelbindungen (C=C) innerhalb der monomeren Bestandteile aufgespalten und zu einer langen Kohlenstoffkette ausreagiert. In Bild 3.1 ist die Polymerisation von Monomeren zum Polymer schematisch dargestellt. Die Polymerisation kann entweder als radikalische oder als katalytische Polyreaktion erfolgen. Im Zuge dieser Reaktion von Monomeren zu Polymeren geht der im Ausgangszustand in aller Regel flüssige Klebstoff in den festen, chemisch ausreagierten Zustand über. Die ausreagierten Produkte haben typischerweise thermoplastischen Charakter.

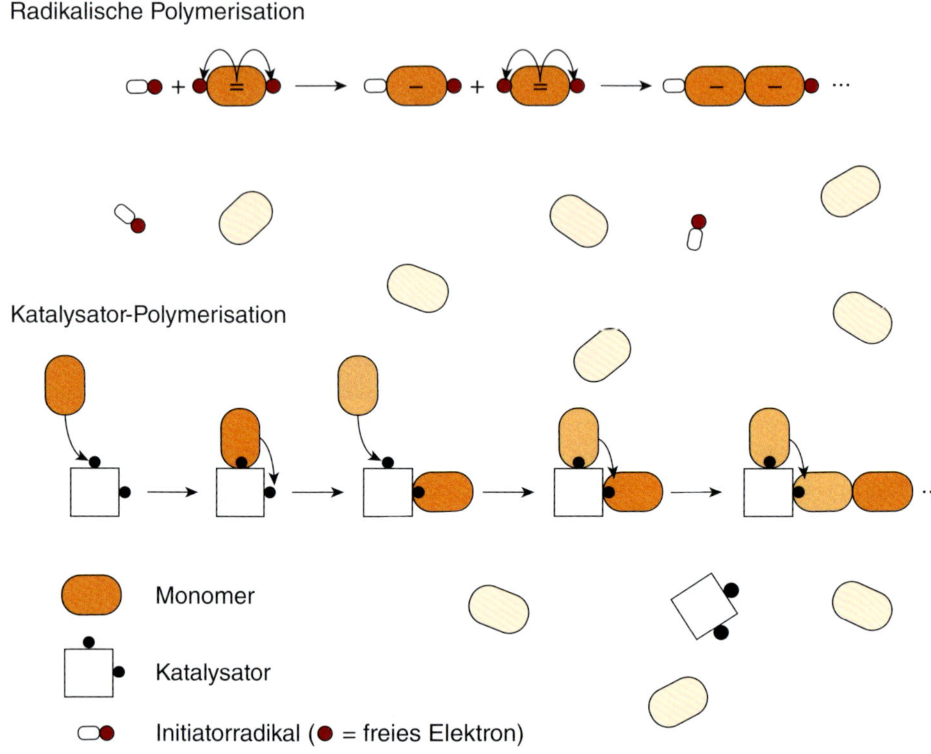

Bild 3.1 *Vom Monomer zum Polymer – Polymerisation (schematisch)* [Quelle: Joachim Hummich]

Die Polymerisationsklebstoffe lassen sich grundsätzlich in Ein- und Zweikomponenten-Polymerisationsklebstoffe einteilen. Zu den 1K-Polymerisationsklebstoffen zählen unter anderem die Cyanacrylate / Sekundenklebstoffe (siehe Abschnitt 3.3.4.2), die strahlungshärtenden Klebstoffe (siehe Abschnitt 3.3.4.3) und die anaeroben Klebstoffe (siehe Abschnitt 3.3.4.4). Die Methacrylatklebstoffe (siehe Abschnitt 3.3.4.5) sind hingegen ein wichtiger Vertreter der 2K-Polymerisationsklebstoffe.

Anders als bei Polymerisationsklebstoffen werden bei **Polyadditionsklebstoffen** keine C=C-Doppelbindungen aufgespalten und zu einer Polymerkette synthetisiert. Vielmehr werden hierbei verschiedene reaktive Monomermoleküle unter gleichzeitiger Wanderung eines Wasserstoffatoms (H-Atoms) von dem einen zum anderen Monomerbaustein aneinander angelagert [15]. Diese Synthesereaktion ist in Bild 3.2 schematisch gezeigt. Es entstehen bei dieser Polyreaktion keinerlei (niedermolekulare) Spaltprodukte (vgl. dazu Polykondensationsklebstoffe). Bei der Polyaddition ist wiederum der Übergang von flüssigen bzw. pastösen Klebstoffkomponenten im Ausgangszustand zu festen, chemisch ausreagierten Endprodukten charakteristisch. Diese Endprodukte haben typischerweise duroplastische Eigenschaften.

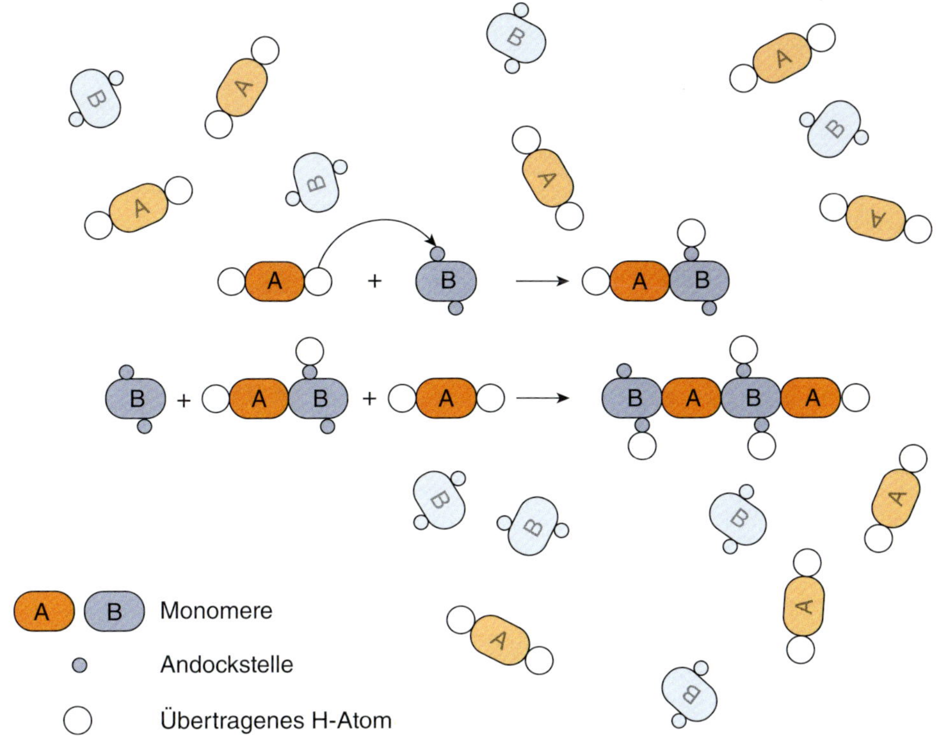

Bild 3.2 *Vom Monomer zum Polymer – Polyaddition (schematisch)* [Quelle: JOACHIM HUMMICH]

Die bedeutendsten Polyadditionsklebstoffe sind Epoxidharz- oder Polyurethanklebstoffe [15], die in Abschnitt 3.3.4.6 noch detailliert behandelt werden.

Polykondensationsklebstoffe sind dadurch gekennzeichnet, dass sich bei der Reaktion von zwei Monomermolekülen zum Polymermolekül niedermolekulare Spaltprodukte, zum Beispiel Wasser, Säure oder Alkohol, bilden [15]. Dieser Sachverhalt ist in Bild 3.3 schematisch illustriert. Hierbei handelt es sich um eine chemische Gleichgewichtsreaktion, bei der die niedermolekularen Nebenprodukte in der Regel abgeführt werden müssen, um die Reaktion weiter in Syntheserichtung durchzuführen. Das Abführen der Spaltprodukte muss üblicherweise über die Klebfläche und/oder die Klebfuge erfolgen, solange nicht eines oder beide Substrate saugfähig oder für das Spaltprodukt durchlässig sind.

Zu den bedeutendsten Polykondensaten für die Klebstoffindustrie zählen folgende Werkstoffe [15]:

- Formaldehydkondensate,
- Polyamide,
- ungesättigte Polyester und
- Silikone (Silikonkautschuke).

Formaldehydkondensate und ungesättigte Polyester sind im Wesentlichen der duroplastischen Werkstoffgruppe zuzurechnen. Im Gegensatz zu diesen stark vernetzten Raumnetzmolekülen besitzen die räumlich schwächer vernetzten Silikone elastomere bzw. kautschukähnliche Eigenschaften. Die Polyamide gehören wiederum der thermoplastischen Werkstoffgruppe an.

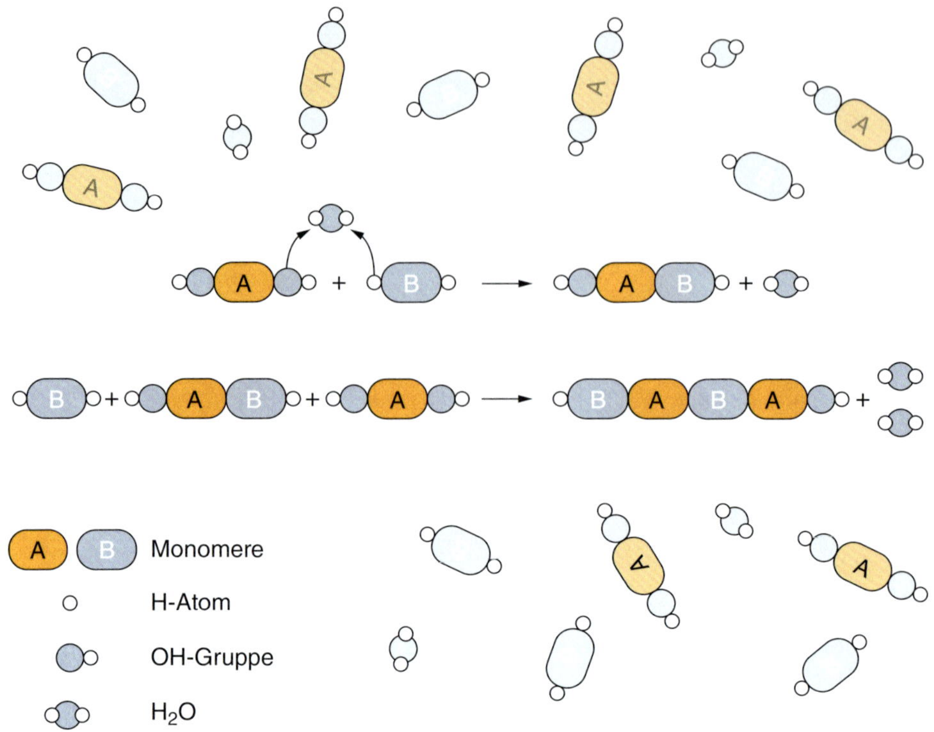

Bild 3.3 *Vom Monomer zum Polymer – Polykondensation (schematisch)* [Quelle: JOACHIM HUMMICH]

Wie aus den obenstehenden Ausführungen ersichtlich ist, sind moderne technische Klebstoffe vom chemischen Aufbau her im Wesentlichen Kunststoffen bzw. den entsprechenden Ausgangsprodukten für Polymere gleichzusetzen [15]. Selbst die ganz frühen natürlichen Klebstoffe in der Menschheitsgeschichte, zum Beispiel Birkenpech, Harz, Blut, Eiweiß / Glutin, Kasein, Zucker, Stärke, ... (siehe Abschnitt 1.2) zeigen grundsätzlich einen eng verwandten molekularen Grundaufbau.

Verfestigte oder ausreagierte Klebstoffe entsprechen somit (organischen) Polymerverbindungen. Je nach Funktionalität der reaktionsfähigen Gruppen in dem zugrundeliegenden Monomermolekül kommt es zur Ausbildung unterschiedlicher Polymerstrukturen [15].

Einerseits sind lineare (unverzweigte) oder verzweigte Makromoleküle möglich, die im endgültigen Verbund entweder eine vollkommen regellose (Zustand der größten Entropie (Unordnung); siehe Bild 3.4 links) oder zumindest eine in Teilbereichen streng geordnete Orientierung der Molekülketten aufweisen (siehe Bild 3.4 rechts). In der Kunststofftechnik entsprechen die vollkommen regellos angeordneten Makromoleküle den amorphen Thermoplasten. Bei den in Teilbereichen geordneten Makromolekülen, umgeben von einer amorphen Matrix, handelt es sich um die teilkristallinen Thermoplaste. Der Zusammenhalt der kristallinen Bereiche basiert auf physikalischen Nebenvalenzkräften (Dipol-, Dispersionskräfte oder Wasserstoffbrückenbindungen). Diese Nebenvalenzkräfte können sich überall dort besonders gut ausbilden, wo Molekülketten aufgrund fehlender sterischer Hinderung sehr nahe zusammenkommen können.

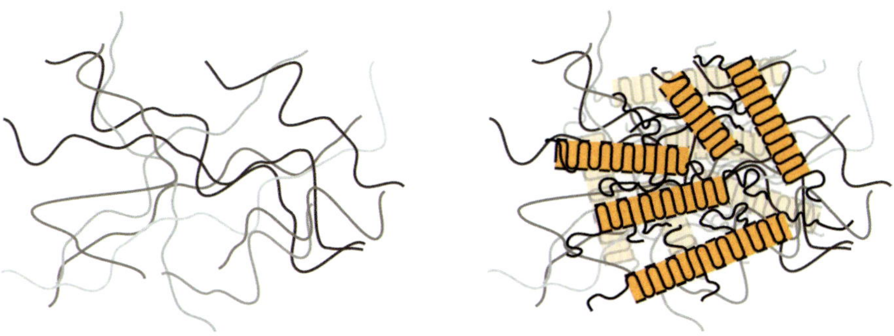

Bild 3.4 *Schematischer Aufbau thermoplastischer Polymerstrukturen* [Quelle: Joachim Hummich]

Andererseits führen reaktionsfähige Gruppen zwischen benachbarten Molekülketten zu einer chemischen Vernetzungsreaktion. Hierbei entstehen weitmaschige (siehe Bild 3.5 links) oder engmaschige Raumnetzmoleküle (siehe Bild 3.5 rechts). Anders als bei den Thermoplasten basiert der Zusammenhalt zwischen benachbarten Molekülketten hier nicht auf physikalischen Nebenvalenzkräften, sondern auf kovalenten, chemischen Verbindungsbrücken. In der Kunststofftechnik entsprechen die schwach vernetzten Verbindungen den Elastomeren (griech.: *elastós* = dehnbar und griech.: *méros* = Teil), die stark vernetzten Verbindungen dahingegen den Duroplasten (lat.: *duro* = härten, hart werden).

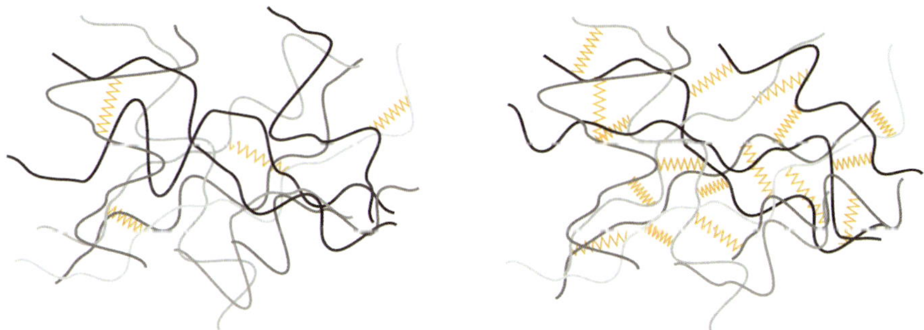

Bild 3.5 *Schematischer Aufbau elastomerer und duroplastischer Polymerstrukturen* [Quelle: Joachim Hummich]

Die Eigenschaften der Klebschichten werden im Wesentlichen durch die Molekülstrukturen bzw. den Aufbau der Polymerstrukturen bestimmt [15]. Für die Verwendung als Klebstoffe kommen in erster Linie diejenigen Basismonomere zum Einsatz, die thermoplastische oder duroplastische Klebschichten ausbilden können. Ausnahmen stellen spezielle Silikone, weichelastische Polyurethane oder flexibilisierte Klebstoffprodukte dar, die grundsätzlich eher elastomerer Natur sind.

3.2 Einteilung von Klebstoffen

Klebstoffe lassen sich anhand unterschiedlicher Kriterien in entsprechende Gruppen einteilen.

Ein sehr naheliegender Ansatz ist, Klebstoffe nach der chemischen Basis in organische und anorganische Verbindungen einzuteilen (Bild 3.6).

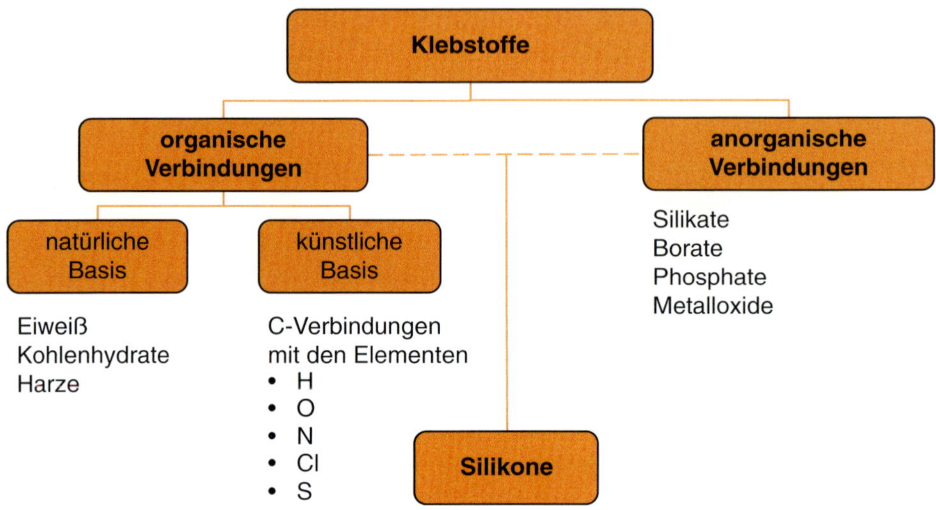

Bild 3.6 *Einteilung der Klebstoffe nach der chemischen Basis* [15]

MERKSATZ

Die **organischen Verbindungen** bestehen im Wesentlichen aus Kohlenstoffverbindungen und lassen sich wiederum weiter unterteilen in die Gruppen der Klebstoffe mit natürlicher und die mit künstlicher Basis. Letztgenannte Gruppe hat für den industriellen bzw. technischen Klebstoffbereich die größte Relevanz. Auf der anderen Seite stehen die **anorganischen Verbindungen**, also die mit wenigen Ausnahmen kohlenstofffreien Verbindungen.

Eine Sonderstellung nehmen bei dieser Einteilung die **Silikone** ein. Silikone sind synthetische Polymere, die so zunächst einmal nicht in der Natur vorkommen. Typischerweise weisen Silikone ein anorganisches Grundgerüst mit organischen Resten (in der Regel Methylgruppen) auf [15]. Aus diesem chemischen Aufbau ergibt sich grundsätzlich das besondere Eigenschaftsprofil dieses Werkstoffs [48]. In Reinform gelten Silikone als schwer entflammbar oder sogar als unbrennbar. Silikone können aber auch mit Hilfe von organischen, zum Beispiel ölbasierten Produkten gezielt modifiziert werden. Durch eine zunehmende Additivierung mit organischen Bestandteilen verlieren Silikone immer mehr ihren anorganischen Charakter. Auch dies erklärt die Zwitterstellung zwischen den rein organischen Polymeren und den anorganischen Verbindungen (insbesondere Silikate). Silikone mit einem hohen Anteil an Öl oder organischen Verbindungen sind schließlich nicht mehr unbrennbar.

Des Weiteren lassen sich Klebstoffe auch sinnvoll nach ihrem Abbindemechanismus einteilen [15]. Diese Einteilung nach chemisch reagierenden und physikalisch abbindenden Klebstoffen ist in Bild 3.7 dargestellt.

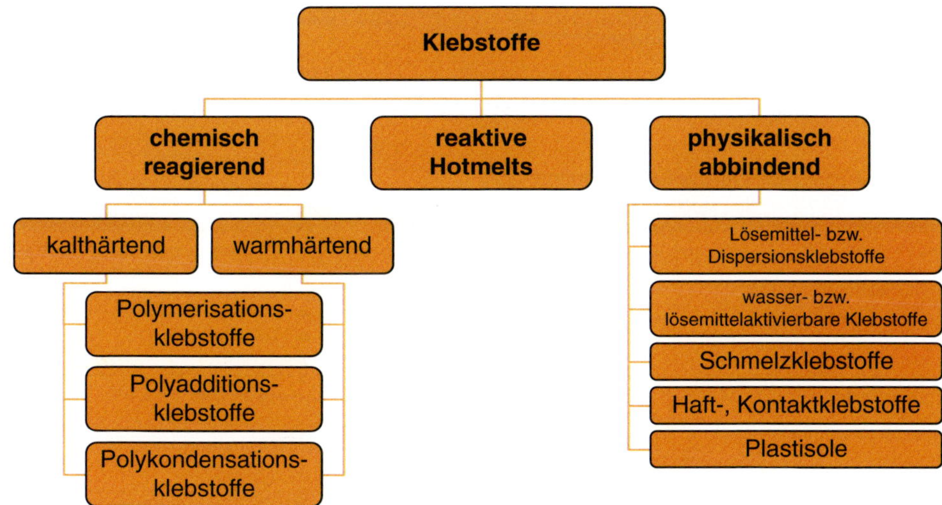

Bild 3.7 *Einteilung der Klebstoffe nach dem Abbindemechanismus* [15]

Bei den **chemisch reagierenden Klebstoffen** liegt eine der drei in Abschnitt 3.1 beschriebenen Synthesereaktionen (Polymerisation, Polyaddition oder Polykondensation) zugrunde. Die Ausreaktion der Klebstoffe erfolgt – wie oben beschrieben – ausgehend von Monomeren zu Polymeren. Dabei kann die Reaktion entweder kalt- oder warmhärtend sein. Von Kalthärtung wird gesprochen, wenn die Reaktion ohne gezielte Zufuhr von Wärme erfolgt, also beispielsweise bei Raumtemperatur. Im Gegensatz dazu erfordern warmhärtende Klebstoffsysteme zur Ausreaktion initial die Zufuhr einer bestimmten Wärmemenge. Anderenfalls verläuft die Polyreaktion sehr langsam.

Dem gegenüber stehen die **physikalisch abbindenden Klebstoffe**. Hier handelt es sich um Klebstoffsysteme, deren Polymerketten bereits im Klebstoff (vollständig) ausreagiert sind. Bei der Verfestigung dieser Klebstoffe findet demzufolge keine weitere chemische Reaktion mehr statt. Der Verfestigungsprozess basiert vielmehr auf rein physikalischen Prozessen, wie zum Beispiel dem Verdunsten von Lösemitteln bei Lösemittelklebstoffen (siehe Abschnitt 3.3.1) oder von Wasser bei Dispersionsklebstoffen (siehe Abschnitt 3.3.2). Relativ große Mengen an Lösemittel oder Wasser im Klebstoff halten hier die Polymerketten quasi «beweglich», bis das Lösemittel oder Wasser nach dem Applizieren gezielt ablüften kann. Bei Schmelzklebstoffen (siehe Abschnitt 3.3.3) wird die erforderliche Beweglichkeit der Polymerketten bei der Klebstoffapplikation durch gezielte Wärmezufuhr (Aufschmelzen) erreicht. Durch den anschließenden physikalischen Abkühlprozess wird erneut die verfestigte Ausgangssituation des Klebstoffs erreicht.

Plastisole sind lösemittelfreie physikalische Mischungen aus einem Thermoplastpulver (meist PVC) und Weichmacher sowie gegebenenfalls Additiven. Der Begriff Plastisol wird sowohl für die ungetemperte Mischung als auch für das ausgehärtete Produkt verwendet. Bei Raumtemperatur liegt das ungetemperte Plastisol als flüssige Paste vor. Die Aushärtung erfolgt durch einen mehrminütigen irreversiblen Gelierprozess bei ca. 160…180 °C, der zu einem dauerhaft zähelastischen Polymer führt [49].

Die **reaktiven Schmelzklebstoffe** (in der Regel PUR-Hotmelts) nehmen bei der Einteilung nach Abbindemechanismus eine Zwischenstellung ein. Wie konventionelle thermoplastische Schmelzklebstoffe erfolgt ein Aufschmelzen durch gezielte Wärmezufuhr und das Erstarren der Schmelze durch physikalisches Abkühlen. Der reaktive Hotmelt enthält jedoch zusätzlich reaktive

Gruppen, die im Fall von PUR-Hotmelts mit Wasser bzw. Feuchtigkeit zu einem nicht mehr schmelzbaren Endprodukt vernetzen.

In Tabelle 3.2 sind abschließend noch einmal Beispiele für Abbindemechanismen bei Reaktions-, Schmelz- und Lösemittelklebstoffen aufgeführt.

Tabelle 3.2 *Beispiele für Abbindemechanismen* [50]

Reaktionsklebstoff	Schmelzklebstoff	Lösemittelklebstoff
Reaktion eines Bindeharzes mit ▪ Härter ▪ Feuchtigkeit ▪ Wärme	durch Abkühlen und dem damit verbundenen Wiedererstarren	durch Verdunsten des Lösemittels, z. B. ▪ Benzin ▪ Toluol ▪ Aceton
chemische Reaktion zu Makromolekülen	physikalischer Vorgang	physikalischer Vorgang

Konkrete Klebstofftypen bzw. -arten werden in Tabelle 3.3 den beiden Hauptgruppen chemisch reagierend und physikalisch abbindend zugeordnet. Zudem erfolgt bei den chemisch härtenden Klebstoffen die Aufschlüsselung nach den drei zuvor beschriebenen Polyreaktionen: Polymerisation, Polyaddition und Polykondensation.

Tabelle 3.3 *Chemisch reagierende und physikalisch abbindende Klebstoffe* [51]

chemisch reagierend (härtend)			physikalisch abbindend
Polymerisation	Polyaddition	Polykondensation	
licht- und UV-härtende Acrylate und Epoxidharze	1K-Epoxidharze	1K-Silikone	Lösemittelklebstoffe
Cyanacrylate	2K-Epoxidharze	1K-Silikone (heißhärtend)	Dispersionsklebstoffe
anaerob härtende Klebstoffe	1K-Polyurethane	2K-Silikone	Schmelzklebstoffe
Methylmethacrylate	2K-Polyurethane	silanmodifizierte Polymere	Haftklebstoffe
ungesättigte Polyester	2K-Silikone	Phenolharze	Plastisole
		Polyimide	

Schließlich können Klebstoffe (und Dichtstoffe) auch in Abhängigkeit von der Klebschichtdicke sowie den erzielbaren mechanischen Eigenschaften (Klebfestigkeit, Schubmodul, Dehnung, …) eingeteilt werden, worauf im folgenden Abschnitt näher eingegangen wird.

3.3 Arten von Klebstoffen

In Tabelle 3.4 werden zunächst einmal Klebstoffe, Dickschichtklebstoffe und Dichtstoffe anhand der Attribute Klebfugendicke, Festigkeit und Dehnung einander gegenübergestellt. Speziell bei den erzielbaren Festigkeiten und den typischen Dehnwerten ergeben sich signifikante Unterschiede. Allgemein gilt, dass die Klebfestigkeiten mit zunehmenden Dehnfähigkeiten abnehmen. Dichtstoffe sind für das strukturelle Kleben nicht geeignet.

Tabelle 3.4 *Kleben, Dickschichtkleben und Dichten im Vergleich* [52]

	«steifes» Kleben	«elastisches» Dickschichtkleben	Dichten (Dichtkleben)
Klebfuge (mm)	<<3	3...20	>10
Festigkeit (MPa)	bis 45	3...10	<3
Dehnung (%)	0...70	70...300	300...700

«Steife» Klebungen sind durch dünne Klebschichten sowie steife Fügeteile und Klebfugen gekennzeichnet, die wiederum hohe Spannungen ertragen bzw. übertragen können. «Elastischen» Dickschichtklebungen hingegen liegen relativ dicke Klebschichten zugrunde. Die dicke Klebschicht wirkt spannungsausgleichend und gestattet kleine Relativbewegungen der Fügeteile zueinander [53].

Beim Kleben wird grundsätzlich zwischen **strukturellen Klebstoffen bzw. Klebungen** und **semistrukturellen Klebstoffen bzw. Klebungen** unterschieden (siehe Tabelle 3.5). Die Grenzen sind zum Teil fließend und außerdem länder- bzw. einheitenspezifisch. Die Mindestklebfestigkeiten für strukturelle Klebungen sind nicht klar definiert, liegen jedoch im Bereich von etwa 7...10 MPa. 1000 psi (***p****ound-force per* ***s****quare* ***i****nch*) entsprechen gerundet ca. 7 MPa (bzw. exakt 6,895 MPa), was in Amerika in der Regel als untere Grenze für strukturelle Klebungen angesetzt wird. In Europa wird üblicherweise von strukturellen Klebungen gesprochen, wenn eine Mindestklebfestigkeit von 10 MPa erreicht oder überschritten wird.

Beim Kleben von metallischen Werkstoffen, **F**aser**v**erbund**k**unststoffen (FVK) usw. wird üblicherweise zwischen strukturellen und semistrukturellen Klebungen unterschieden. Typische Klebstoffe für jeweils strukturelle und semistrukturelle Klebungen sind in Tabelle 3.5 gegenübergestellt. Auch die wesentlichen Unterschiede im Hinblick auf die gängige Klebstoffdicke und die erreichbaren mechanischen Kennwerte sind darin quantifiziert.

Tabelle 3.5 *Strukturelle und semistrukturelle Klebungen* [54]

	strukturelle Klebungen	semistrukturelle Klebungen
Klebstoffe	EP, Acrylate (CA, MMA), PUR (hochfest), ...	Silikone, silanmodifiziertes Elastomer (MS-Polymer), PUR (elastisch), ...
Klebschichtdicke (mm)	0,1...0,3	0,5...5
Klebfestigkeit (MPa)	≥7...10	≥1...5
Schubmodul (MPa)	50...1000	1...5

Strukturelle Klebstoffe basieren meist auf Epoxidharzen, Acrylaten oder auch hochfesten Polyurethanen. Sie werden in dünnen Schichtdicken (ca. 0,1...0,3 mm) appliziert und erreichen nach ihrer Verfestigung bzw. Aushärtung sehr gute mechanische Eigenschaften (hohe Festigkeits- und Steifigkeitswerte). Die Mindestklebfestigkeiten liegen bei 7...10 MPa. Strukturelle Klebstoffe verbinden die Substrate in der Regel im Bereich ihrer Eigenfestigkeit [55].

Semistrukturelle Klebstoffe sind beispielsweise Silikone, silanmodifizierte Elastomer-Klebstoffe oder elastische Polyurethan-Klebstoffe, die über einen großen Dickenbereich aufgetragen und verarbeitet werden können. Dickschichtklebungen im Bereich von ca. 5 mm sind in Abhängigkeit des Anwendungsfalls durchaus möglich und sinnvoll. Auch Dichtstoffe gehören in die Gruppe der semistrukturellen Werkstoffe. Im Vergleich zu den strukturellen Klebstoffen liegen die mechanischen Eigenschaften (geringe Festigkeit und Steifigkeit) bei semistrukturellen Klebungen auf einem niedrigen Niveau (ca. 1…5 MPa). Dafür können aufgrund der Flexibilität sehr hohe Dehnwerte erreicht werden. Der Schubmodul charakterisiert die Elastizität der Klebschicht. Eine elastische Klebschicht ist besonders bei semistrukturellen Klebungen zum Ausgleich von auftretenden Spannungen sehr hilfreich.

In Bild 3.8 sind die wichtigsten Klebstoffarten in Bezug auf die erzielbaren Klebfestigkeiten (von niedrig bis hoch) und die erforderlichen Fügezeiten (von schnell bis langsam) sowie die Unterscheidung nach strukturellen und semistrukturellen Klebungen qualitativ gegenübergestellt.

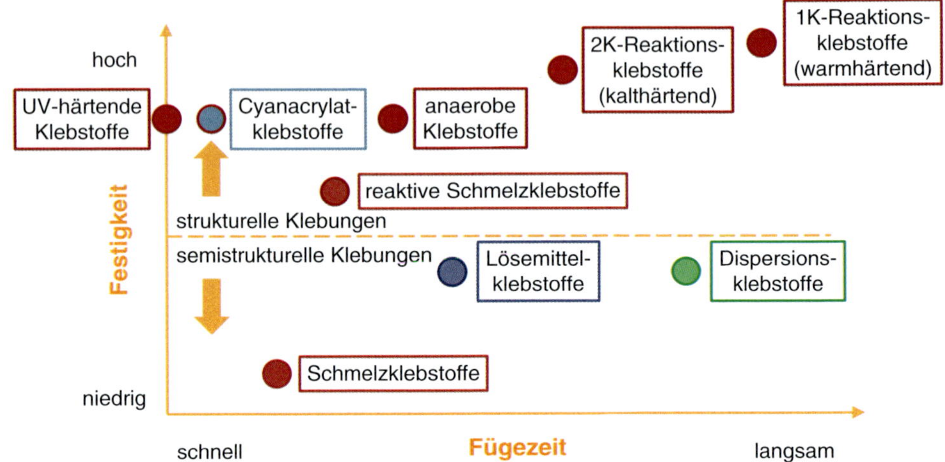

Bild 3.8 *Auswahlhilfe für Klebstoffe* [56]

Zu den **strukturellen Klebstoffen** zählen unter anderem strahlungshärtende Klebstoffe, Cyanacrylate, reaktive Hotmelts, anaerobe Klebstoffe sowie kalt- und warmhärtende 1K- oder 2K-Reaktionsklebstoffe, mit denen allesamt relativ hohe Klebfestigkeiten erreicht werden können. UV-lichthärtende Klebstoffe, insbesondere die radikalisch aushärtenden Systeme, gehören zu den Klebstoffen, die kürzeste Fügezeiten im einstelligen Sekundenbereich oder sogar darunter ermöglichen. Auch die Sekundenklebstoffe zählen zu den schnelleren Systemen, mit denen sich Fügezeiten im ein- bis zweistelligen Sekundenbereich realisieren lassen. Kalt- und warmhärtende 1K- oder 2K-Reaktionsklebstoffe benötigen mitunter mehrere Tage, um ihre Endfestigkeit zu erreichen, bieten dafür aber auch absolut gesehen höchste Festigkeiten.

Thermoplastische Hotmelts sowie Lösemittel- und Dispersionsklebstoffe gehören dagegen zu den **semistrukturellen Klebstoffen**. Schmelzklebstoffe erreichen tendenziell die geringsten Klebfestigkeiten, erstarren als lösemittelfreie Systeme dafür aber recht schnell. Bei Lösemittel- bzw. Dispersionsklebstoffen muss das Lösemittel respektive das Wasser ablüften oder ausdiffundieren, was zu längeren Fügezeiten führt. Da sich Wasser sehr viel langsamer verflüchtigt als die meisten Lösemittel, sind die Dispersionsklebstoffe in dieser Gruppe die langsamsten Systeme.

Auf die Details und Besonderheiten der Klebstoffarten wird in den nachfolgenden Abschnitten detailliert eingegangen.

3.3.1 Lösemittelhaltige Klebstoffe

Lösemittelhaltige Klebstoffe werden landläufig auch als sogenannte «Alleskleber» oder «Kraftkleber» bezeichnet. Der Name «Alleskleber» ist allerdings etwas irreführend, da diese Klebstoffe zwar eine Vielzahl an unterschiedlichen Werkstoffen, zum Beispiel Papier, Pappe, Textilien, Leder, Holz, Metalle, viele Kunststoffe, Glas, Keramik, ..., ausreichend gut verbinden, jedoch keinesfalls in der Lage sind, «alle» (beliebigen) Substrate zu verkleben, was ihr Name eigentlich verspricht. Insbesondere Kunststoffe mit sehr niedrigen Oberflächenenergien (PTFE, Silikone, PE, PP, ... – siehe auch Abschnitt 2.1.1) lassen sich mit Allesklebstoffen nicht oder nur unzureichend verkleben. Aus diesem Grund werden genau diese Materialien in der Regel im Kleingedruckten auf der Klebstofftube oder im Technischen Datenblatt [57] ausgeschlossen.

Bei den Lösemittelklebstoffen werden prinzipiell zwei Klebstoffhauptgruppen unterschieden:

In der ersten Hauptgruppe sind die **lösemittelhaltigen Kontaktklebstoffe** zu finden, zu denen konkret nachfolgende Klebstoffe gehören. Kontaktklebstoffe können sowohl Lösemittel- als auch Dispersionsklebstoffe (siehe Abschnitt 3.3.2) sein. Lösemittelhaltige Kontaktklebstoffe sind hier mit absteigender Bedeutung aufgeführt [58; 59]:

- CR-Kontaktklebstoffe (Polychloropren-Basis, Neoprene)
  (CR: Chloroprene Rubber)
- PUR-Kontaktklebstoffe (Polyurethan-Basis)
  (PUR: Polyurethan)
- SBR-/SBS-Kontaktklebstoffe (Styrol-Butadien-Basis, Styrol-Copolymere)
  (SBR: Styrol-Butadien Rubber)
  (SBS: Styrol-Butadien-Styrol)
- NBR-Kontaktklebstoffe (Nitrilkautschuk-Basis)
  (NBR. Nitril-Butadien Rubber)

Lösemittelhaltige Kontaktklebstoffe werden überall dort eingesetzt, wo sofort nach dem Fügen eine relativ hohe Festigkeit erforderlich ist. Sie sind sowohl geeignet bei Werkstoffen mit hohen Rückstellkräften als auch für Klebungen flexibler Werkstoffe, zum Beispiel Folien, Leder, Schaumstoffe, Textilien, ... [58].

Die zweite Klebstoffhauptgruppe enthält die **lösemittelhaltigen Kunststoff-Klebstoffe**, die sich insbesondere in ihrer Verarbeitung von der Hauptgruppe der lösemittelhaltigen Kontaktklebstoffe deutlich unterscheiden.

Wie bereits in Abschnitt 3.2 erläutert, halten große Mengen an Lösemitteln (bis zu 90%) die bereits ausreagierten Polymerketten eines Lösemittelklebstoffs vor der Klebstoffapplikation in einem flüssigen Ausgangs- bzw. Verarbeitungszustand. Das Verfestigen erfolgt durch Verdunstung bzw. Diffusion des Lösemittels, so dass der Klebstoff letztendlich einen festen Endzustand erreicht. Bild 3.9 veranschaulicht diese Zusammenhänge.

Der Festkörperanteil (ca. 10 bis 40%) repräsentiert den Anteil der klebaktiven Substanzen (Bindemittel) zuzüglich eventueller Füll- und Verstärkungsstoffe, Pigmente, Hilfsmittel, ... Entsprechend des Festkörperanteils ergibt sich der Anteil an Lösemittel (ca. 60 bis 90%). Bei dem Lösemittel oder dem Lösemittelgemisch handelt es sich um organische und meist schnellflüchtige Substanzen (engl: ***V**olatile **O**rganic **C**ompounds*, VOCs), die das Bindemittel im Ausgangs- bzw. Verarbeitungszustand gelöst halten und bei der Klebstoffapplikation die Benetzung der Klebflächen fördern [59]. Speziell bei lösemittelhaltigen Kunststoff-Klebstoffen löst das Lösemittel die Klebfläche der polymeren Substratoberfläche an, was für die spätere stoffschlüssige Verbindung mit dem anderen Polymersubstrat von entscheidender Bedeutung ist.

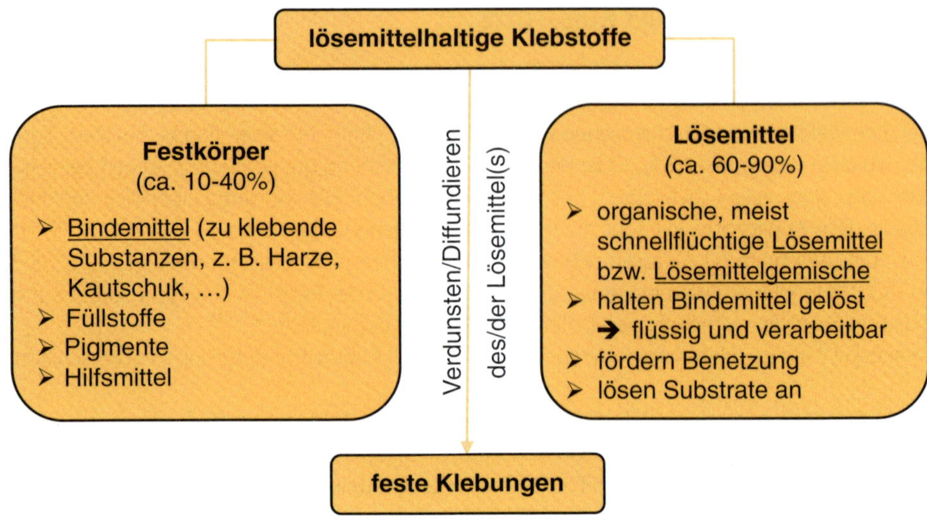

Bild 3.9 *Lösemittelhaltige Klebstoffe – Aufbau und Verfestigungsprinzip*

Ein typischer Allesklebstoff kann demzufolge aus ca. 30% Klebstoff (zum Beispiel Polyvinylacetat) und 70% Lösemittel / Lösemittelgemisch bestehen. Gemäß des Technischen Merkblatts ist beispielsweise der «UHU extra Alleskleber» [57] ein farbloser Kunstharzklebstoff auf Polyvinylester-Basis mit einem Festkörperanteil von ca. 32% und einem Lösemittelgemisch aus niedrigsiedenden Estern und Alkoholen. Der Klebstoff wird auf beide Fügeteile aufgetragen. Durch leichtflüchtige Lösemittel ist eine schnelle Trocknung möglich. Nach dem Verdampfen / Ablüften des Lösemittels können die Fügeteile mit fingertrockenen Klebstoffoberflächen unter kurzem und kräftigem Anpressdruck geklebt werden. Längere Anpresszeiten sind in der Regel nicht nötig. Es ergibt sich sofort eine gewisse Anfangsfestigkeit, so dass eine rasche Weiterbearbeitung und auch Klebungen an senkrechten Flächen oder überkopf möglich sind.

Anhand des hohen Lösemittelanteils bei lösemittelhaltigen Klebstoffen lässt sich bereits an dieser Stelle erahnen, dass diese Klebstoffart für fugenfüllende Klebungen vollkommen ungeeignet ist, da ja ein Großteil des applizierten Volumens in Form des Lösemittels restlos verdunstet bzw. ausdiffundiert. Übrig bleibt lediglich die klebaktive Substanz, die das (deutlich) kleinere Volumen ausmacht. Meistens ist bei der Verwendung von lösemittelhaltigen Kontaktklebstoffen ein beidseitiger Klebstoffauftrag erforderlich. Ein weiterer allgemeiner Nachteil ist in dem Lösemittel selbst zu sehen: Beim Ablüften müssen (leicht) flüchtige Bestandteile abgesaugt werden bzw. sie werden an die Umwelt abgegeben. Nach der Ablüftzeit ist ein exaktes Zusammenlegen der Substrate erforderlich – ein nachträgliches Korrigieren ist im Allgemeinen nicht mehr möglich. Ebenfalls als nachteilig anzuführen ist die Leichtentzündlichkeit des Lösemittels bzw. der Lösemittelgemische, die besondere Schutzmaßnahmen erforderlich macht. Aufgrund der hier aufgeführten Nachteile ist ein zunehmender Trend zu lösemittelfreien Klebstoffen zu beobachten.

Auf die spezifischen Vorteile der unterschiedlichen lösemittelhaltigen Klebstoffe sowie auf typische Anwendungen und Industriebereiche wird im Folgenden stichpunktartig eingegangen [58; 59].

Lösemittelhaltige CR-Kontaktklebstoffe
Vorteile:

+ sehr vielseitig einsetzbar
+ breites Adhäsionsspektrum zu unterschiedlichen Materialien
+ sofortige Anfangshaftung und sehr hohe Anfangsfestigkeit
+ schnelle Weiterbearbeitung der gefügten Teile
+ lange Klebspanne
+ gute Alterungs-, UV- und Feuchtigkeitsbeständigkeit
+ großer Temperatureinsatzbereich
+ gute Wärmebeständigkeit

Typische Anwendungen:

- Montageanwendungen
- Gummi-Leder-Klebungen (Schuhindustrie)
- Gummi-Metall-Klebungen (Dichtungen)
- Kunststoff-Stahlblech-Klebungen (auch an senkrechten Flächen)

Lösemittelhaltige PUR-Kontaktklebstoffe
Vorteile:

+ sehr vielseitig einsetzbar
+ bestes Adhäsionsspektrum zu unterschiedlichen Materialien (Ausnahme: blankes Metall)
+ rasche Trocknung
+ sofortige Anfangsfestigkeit
+ Weichmacherbeständigkeit
+ sehr gute Alterungsbeständigkeit
+ zum Teil sehr weiche Klebnähte

Typische Anwendungen:

- Klebung von weichmacherhaltigen Substraten untereinander (z.B. Weich-PVC)
- Klebung von weichmacherhaltigen Substraten (z.B. Weich-PVC) mit diversen anderen Werkstoffen
- mit Wärmeaktivierung
  - Polster-/Sitzmöbelklebungen
  - Schuhklebungen
  - Kaschieren von Formteilen mit flexiblen Deckschichten im Vakuumtiefziehverfahren

Speziellen lösemittelhaltigen CR- oder PUR-Kontaktklebstoffen kann bei der Verarbeitung ca. 3 bis 10% Härter (Vernetzer) zugesetzt werden mit dem primären Ziel, die erreichbaren Endfestigkeiten zu erhöhen. Aber auch die Wärmefestigkeit und die Weichmacherbeständigkeit können durch die Härterzugabe gezielt gesteigert werden. Durch das physikalische Abbinden wird sofort nach dem Fügen eine gewisse Anfangsfestigkeit erreicht. Die Endfestigkeit ergibt sich erst nach vollständigem Abschluss der chemischen Vernetzungsreaktion nach Ablauf von ca. 3 bis 5 Tagen [58; 59]. Strenggenommen werden aus diesen Produkten durch die Zugabe von Härtern oder Vernetzern chemisch reagierende 2K-Systeme. Da aber der physikalische Verdunstungsprozess der Lösemittel / Lösemittelgemische die Verfestigung im Wesentlichen charakterisiert, werden diese Klebstoffe weiterhin der Gruppe der lösemittelhaltigen Klebstoffe und nicht den Reaktionsklebstoffen hinzugerechnet [58].

Lösemittelhaltige SBR-/SBS-Kontaktklebstoffe [58; 59]
Vorteile:

+ vielseitig einsetzbar
+ gutes Adhäsionsspektrum zu unterschiedlichen Materialien
+ gute Kontaktklebrigkeit, auch bei feinstem Auftrag
+ gute Spritzbarkeit, auch bei relativ hohen Festkörperanteilen
+ geeignet für stark saugfähige Untergründe
+ ein- oder zweiseitiger Klebstoffauftrag
+ je nach Formulierung lange offene Zeit
+ hohe Anfangsfestigkeit
+ auch für Styropor geeignet (Bindemittel sind in Lösemitteln löslich, die Styropor nicht quellen, an- oder auflösen)
+ oftmals preisgünstige Klebstoffgruppe

Typische Anwendungen:

- Montage von Polstermöbeln
- Schaumkonfektionierung: Klebung von Polstermaterialien / Weichschäumen untereinander
- Klebung von Polstermaterialien / Weichschäumen mit Vliesen, Textilien, Dämmmaterialien, ...

Lösemittelhaltiger NBR-Kontaktklebstoffe [60]
Vorteile:

+ vielseitiger Mehrzweckklebstoff
+ hohe Festigkeiten → Steigerung durch Wärmebehandlung
+ gute Weichmacherbeständigkeit
+ gute Alterungs-, UV-, Feuchtigkeits- und Lösemittelbeständigkeit
+ sehr gute Öl- und Treibstoffbeständigkeit
+ großer Temperatureinsatzbereich bis ca. 120 °C

Typische Anwendungen:

- Kleben von Kunststoffen (PVC-U, PVC-P, ...), Gummi (Nitrilkautschuk, ...), Metall (Stahl, Aluminium, ...), Holz, Leder, Dichtmaterialien usw.
- Kleben von Kunststoffen und diversen Gummitypen mit Glas, Metall usw.
- Beschichten und Kleben von Metallschildern
- Kleben von Dekorfolien auf FVK, Gummi, Metalle, Gewebe, Schaumstoffe usw.

Eine besondere Darreichungsform von Lösemittelklebstoffen sind die sogenannten Sprühklebstoffe (Aerosole). Die Sprühdose stellt gleichzeitig das Lager- und Vorratsbehältnis, den Transportschutz sowie das Verarbeitungs- und Applikationsgerät dar.

Sprühklebstoffe (Aerosole)
Vorteile:

+ vielseitig einsetzbare «Alleskleber»
+ einfacher, schneller, mobiler, sauberer und gleichmäßiger Klebstoffauftrag «auf Knopfdruck»
+ gute Benetzungseigenschaften
+ schnelles Erreichen hoher Festigkeiten nach Verdunsten des Lösemittels
+ keine zusätzlichen Hilfsmittel (Pinsel, Spachtel, Rakel, Walzen, ...) nötig
+ keine nachträgliche Reinigung von Hilfsmitteln (Pinsel, Spachtel, Rakel, Walzen, ...)

Typische Anwendungen:

- wieder lösbare oder permanente Klebungen von unterschiedlichen Werkstoffen, z. B.
  - Papier
  - Pappe
  - Textilien
  - Folien
  - Filz
  - Holz / Kork
  - Leder
  - Metall
  - Glas / Keramik
  - Beton
  - Schaumstoffe / Isoliermaterialien
  - Kunststoffe/Gummi
  - ...

Lösemittelhaltige Kunststoff-Klebstoffe
Die lösemittelhaltigen Kunststoff-Klebstoffe enthalten – wie alle lösemittelhaltigen Klebstoffe generell – im flüssigen Ausgangszustand größere Mengen an Lösemitteln oder Lösemittelgemischen. Ein wesentlicher Unterschied im Vergleich zu den zuvor beschriebenen lösemittelhaltigen Klebstoffen besteht darin, dass bei der Verwendung lösemittelhaltiger Kunststoff-Klebstoffe die polymeren Fügepartner sofort nach der Klebstoffapplikation gefügt werden (müssen). Auf ein Ablüften bis zur Erzielung berührtrockener Fügeflächen wird ganz bewusst verzichtet. Das Zusammenlegen der polymeren Fügepartner erfolgt «nass», also zu einem Zeitpunkt, wo der Klebstoff noch ausreichend Lösemittel enthält. Hintergrund dieser Maßnahme ist, dass beim Benetzen der Kunststoffoberflächen ein Anlösen bzw. leichtes Quellen derselben stattfindet. Da «nass» gefügt wird, reicht in aller Regel ein einseitiger Klebstoffauftrag vollkommen aus [58]. Auf diese Weise erhalten die Molekülketten der zu fügenden Polymeroberflächen durch den Lösemitteleinfluss kurzzeitig eine gewisse Beweglichkeit. Bei den benachbarten und sich berührenden Fügeteilen kommt es somit zu einer Verschlaufung bzw. Verknäuelung der oberflächennahen Polymerketten über die Klebfuge hinweg. Nach dem Verflüchtigen des Lösemittels bleibt die klebfugenüberschreitende Verschlaufung bzw. Verknäuelung der Molekülketten erhalten. Diese Verbindungstechnik wird auch als «Kaltschweißen» bezeichnet.

Vorteile [58]:

+ in der Regel nur einseitiger Klebstoffauftrag erforderlich
+ kurze Applikationszeiten

+ sofort nass zusammenlegbar
+ Verlängerung der offenen Zeit durch beidseitigen Klebstoffauftrag
+ rasche Trocknung
+ Weiterverarbeitungsfestigkeit bereits nach wenigen Minuten erreicht

Nachteile [58]:

- kurze offene Zeit
- keine sofortige Anfangsfestigkeit
- Fixieren und Verpressen der Fügeteile bis zum Abbinden erforderlich
- Endfestigkeit erst nach Stunden oder Tagen
- begrenzte Größe der Klebfläche
- geringer Festkörperanteil
- geringe / keine Fugenfüllung

Typische Anwendungen [58]:

- Klebung von Kunststoff-Formteilen und Kunststoff-Halbzeugen (z.B. Kunststoff-Folien) miteinander
- Klebung von Kunststoff-Formteilen und Kunststoff-Halbzeugen (z.B. Kunststoff-Folien) mit anderen Werkstoffen (z.B. Papier, Holz, Metalle, ...)

Zusammenfassend werden in Tabelle 3.6 Eignung und Einsatzmöglichkeiten von lösemittelhaltigen Klebstoffen unterschiedlicher Basis für unterschiedliche Substrate qualitativ bewertet. Speziell bei Kunststoffklebungen muss im Vorfeld die Lösemittelbeständigkeit genauer betrachtet werden. Einerseits muss der ausgewählte lösemittelhaltige Kunststoff-Klebstoff überhaupt in der Lage sein, die Polymeroberflächen ausreichend anzulösen, um eine Klebung zu ermöglichen. Andererseits darf das Lösemittel dem Kunststoff keine gravierenden Schäden (Spannungsrisse, ...) zufügen, so dass es zu einer Zerstörung der geklebten Baugruppe kommen kann.

Tabelle 3.6 *Eignung und Einsatz von Lösemittelklebstoffen* [56]

Werkstoff / Basis	Neopren	SBR	Nitril	Copolymere
Metalle	++	++	++	++
Kunststoffe	++*	++	++*	++*
Elastomere / Gummi	++	+	++	+
Glas / Keramik	+	+	+	+
Leder / Gewebe / Filz	++	+	++	++
Holz / Kork / Pappe	++	++	++	++

++ sehr gut geeignet
+ gut geeignet
* Lösemittelbeständigkeit der Kunststoffe beachten

3.3.2 Dispersionsklebstoffe (Leime / Weißleime)

DEFINITION

Eine Dispersion ist ein Stoffgemisch, bei dem ein Feststoff feinverteilt in einer Flüssigkeit (zum Beispiel in Wasser) vorliegt.

Dispersionsklebstoffe sind wasserbasierte Nassklebstoffe. Der Feststoff entspricht hier den bereits vorhandenen Polymerketten im flüssigen Klebstoff – vergleichbar mit den klebaktiven Substanzen in Lösemittelklebstoffen. Die jeweilige Flüssigkeit stellt hingegen einen wesentlichen Unterschied zwischen Lösemittel- und Dispersionsklebstoffen dar. Bei Lösemittelklebstoffen besteht das Lösemittel in der Regel aus organischen, leichtflüchtigen Substanzen (siehe Abschnitt 3.3.1). Im Vergleich dazu ist das «Lösemittel» in Dispersionsklebstoffen Wasser. Strenggenommen löst das Wasser die klebaktiven Substanzen gar nicht an. Die festen Bindemittel sind in der wässrigen Phase lediglich dispergiert, also fein verteilt. Mitunter enthalten Dispersionsklebstoffe aber neben dem Wasser als Dispersionsmittel auch noch geringe Mengen an Lösemitteln (bis max. ca. 10%) [61; 62].

Dispersionsklebstoffe sind, was das Verfestigungsprinzip betrifft, den Lösemittelklebstoffen wiederum relativ ähnlich. Während sich bei Lösemittelklebstoffen das Lösemittel bzw. das Lösemittelgemisch im Zuge der Verfestigung verflüchtigen muss, erfolgt das Abbinden bei Dispersionsklebstoffen durch das Verdunsten des Wassers. Dadurch, dass das Verdunsten des Wassers zum Teil erheblich langsamer erfolgt als das Verflüchtigen eines Lösemittels, dauert das Abbinden eines Dispersionsklebstoffs entsprechend länger als der Trocknungsprozess bei lösemittelhaltigen Klebstoffen (vgl. Bild 3.8) [61].

MERKSATZ

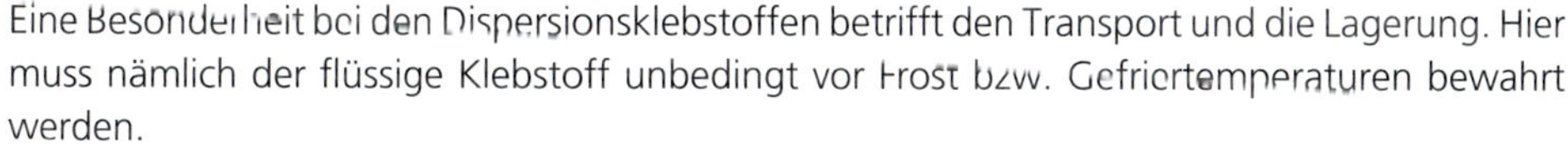

Eine Besonderheit bei den Dispersionsklebstoffen betrifft den Transport und die Lagerung. Hier muss nämlich der flüssige Klebstoff unbedingt vor Frost bzw. Gefriertemperaturen bewahrt werden.

Bei den Dispersionsklebstoffen existieren drei wichtige Untergruppen [61], auf die im Folgenden noch eingegangen wird:

- herkömmliche Dispersionsklebstoffe (Weißleime),
- Latex-Klebstoffe,
- Dispersions-Kontaktklebstoffe.

Herkömmliche Dispersionsklebstoffe (Weißleime)

Herkömmliche Dispersionsklebstoffe – auch Weißleime genannt – sind häufig auf Basis von Polyvinylacetat, Polyacrylat oder Copolymer-Dispersionen aufgebaut [61; 62]. Der Begriff Weißleim beschreibt die weiße Farbe des flüssigen Klebstoffs im Ausgangszustand oder kurz nach der Applikation. Im Zuge der Verfestigung erfolgt ein Farbwechsel von weiß auf transparent.

Der Festkörperanteil beträgt bei Dispersionsklebstoffen ca. 50 bis 75% und ist damit zum Teil erheblich größer als der Festkörperanteil bei Lösemittelklebstoffen (ca. 10 bis 40%) [61]. Dieser mitunter signifikante Unterschied ist unter anderem auch der Tatsache geschuldet, dass das Wasser sehr viel langsamer verdunstet und/oder durch die Substrate diffundiert als Lösemittel und damit die Abbindezeiten unmittelbar vom Flüssigkeitsanteil beeinflusst werden. Darüber hinaus sind die Abbindezeiten stark abhängig von der Saugfähigkeit bzw. der Durchlässigkeit der Substrate und den Umgebungsbedingungen (Temperatur, Luftfeuchtigkeit, ...). Anhand der Wasseranteile von immerhin ca. 25 bis 50% ist es selbsterklärend, dass Dispersionsklebstoffe zwar etwas besser, aber letztendlich wie lösemittelhaltige Klebstoffe auch nicht für Fugen füllende Klebaufgaben herangezogen werden können. Die Klebfuge schrumpft immerhin um etwa ein Viertel bis um die Hälfte – je nach Wassergehalt zu Beginn.

Bei der Applikation von Dispersionsklebstoffen genügt in der Regel ein einseitiger Klebstoffauftrag auf eine Substratoberfläche, da das Fügen anschließend «nass» erfolgt und damit die nicht aktiv benetzte Fügefläche ebenfalls zeitnah mit flüssigem Klebstoff in Berührung kommt. Grundvoraussetzung für eine Nassklebung mit Dispersionsklebstoff ist mindestens ein saugfähiger Fügepartner [61]. Oftmals sind beide Substrate saugfähig, zum Beispiel bei Holzverleimungen oder Papier-/Kartonklebungen. Somit muss der relativ hohe Wasseranteil nicht ausschließlich über die relativ dünne Klebfuge seitlich verdunsten. Der Übergang vom flüssigen Ausgangs- bzw. Verarbeitungszustand zum festen Endzustand erfolgt zu einem großen Teil über das Eindiffundieren des Wassers in die saugfähigen Substrate. Bei diesem Vorgang werden die klebaktiven Substanzen (Polymerketten des Klebstoffs) von dem diffundierenden Wasser teilweise mit in tiefer liegende Substratschichten transportiert. Die langen Klebstoffmolekülketten werden quasi gestreckt. So verbleiben diese nach dem Verdunsten des Wassers, was insgesamt zu höheren Klebfestigkeiten führt, als wenn sich die klebrelevanten Bindemittel ausschließlich im dünnen Fügespalt befinden.

Die Endfestigkeit einer Dispersionsklebung kann erst erreicht werden, wenn das gesamte Wasser von der Luft und/oder den Substraten aufgenommen wurde [61]. Die Abbindezeit kann durchaus 1 bis 2 Tage betragen und ist somit relativ lang. Währenddessen sind die Substrate zueinander zu fixieren.

Wie bereits in Abschnitt 2.1 erörtert, haften Klebstoffe auf Oberflächen. Dispersionsklebstoffe nehmen in diesem Zusammenhang demnach eine Sonderstellung ein, da in Abgrenzung zu den meisten anderen Klebstoffarten hier nicht nur die Oberflächen, sondern auch die tiefer liegenden Schichten und Strukturen der saugfähigen Substrate Einfluss auf die Haltbarkeit der Klebung nehmen.

Vorteile [61; 62]:

+ «Lösemittelfreiheit» (Ökologie)
+ geringe Emissionen
+ Unbrennbarkeit im Anlieferungszustand
+ gute Lagerstabilität
+ einfache Verarbeitung (Walzen, Spritzen, Gießen, ...)
+ Verarbeitung bei Raumtemperatur möglich
+ Verkürzung der Abbindezeit durch Wärmezufuhr
+ hohe Ergiebigkeit aufgrund von hohem Festkörperanteil (50 bis 75%)
+ Korrekturmöglichkeit – falls nötig
+ meist gute Wasserbeständigkeit nach dem Abbinden
+ relativ preiswerter Klebstoff (Produktionskosten)
+ einfache Reinigung
+ unkomplizierte Entsorgung von Spülwasser und Reinigungsflüssigkeiten

Nachteile [61]:

- Nassklebung nur möglich, wenn mindestens ein Fügepartner wasserdurchlässig ist
- Fixieren der Fügeteile bis zum Abbinden erforderlich

- relativ lange Abbindezeit (abhängig von der Durchlässigkeit der Substrate)
- bei wasserundurchlässigen Fügeteilen nur für kleine Klebflächen geeignet (seitliche Verdunstung)

Typische Anwendungen [61]:

- vergleichbar mit denen der Lösemittelklebstoffe
- Nassklebungen von porösen und offenporigen Substraten
- Klebungen von
  - Holz / Karton / Papier
  - Leder
  - Textilien
  - Schaumstoff
  - ...

Latex-Klebstoffe
Latex-Klebstoffe sind Dispersionsklebstoffe auf Kautschukbasis – üblicherweise Naturkautschuk oder synthetische Kautschuke (zumeist Polychloropren). Diese Klebstoffe sind allerdings weniger stabil und zudem scherempfindlich. Die dispergierten Kautschuk-Teilchen können unter größerer Scherbelastung oder im Kontakt mit nicht entsalztem Wasser beim Verdünnen oder Reinigen bereits koagulieren. Aus diesem Grund sind höhere Scherkräfte bei der Klebstoffapplikation zu vermeiden. Ein Klebstoffauftrag im engen Walzenspalt oder mittels Hochdruck-Spritzverfahren ist demzufolge nicht zielführend. Eine Verarbeitung mit speziellen Niederdruck-Spritzgeräten bietet sich hingegen an [61].

In Tabelle 3.7 sind Eignung und Einsatzmöglichkeiten von Dispersionsklebstoffen unterschiedlicher Basis für unterschiedliche Substrate qualitativ bewertet. Aufgrund des relativ großen Wasseranteils in Dispersionsklebstoffen kann es beim Kleben metallischer Substrate zur Korrosion kommen, sofern keine korrosionsbeständigen Metalle als Substratwerkstoffe eingesetzt werden.

Tabelle 3.7 *Eignung und Einsatz von Dispersionsklebstoffen* [56]

Werkstoff / Basis	Acrylate	Polychloropren
Metalle	+*	++*
Kunststoffe	++	++
Elastomere / Gummi	+	++
Glas / Keramik	+	+
Leder / Gewebe / Filz	++	++
Holz / Kork / Pappe	++	++

++ sehr gut geeignet
+ geeignet
* Korrosion auf unedlen Metallen möglich

Dispersions-Kontaktklebstoffe
Wie bereits zu Beginn von Abschnitt 3.3.1 erwähnt, können Kontaktklebstoffe sowohl als Lösemittel- wie auch als Dispersionsklebstoffe hergestellt werden.

Die Entwicklung von Dispersions-Kontaktklebstoffen wird aus ökologischen Gründen sowie aus Aspekten zur Arbeitssicherheit als umweltverträgliche und sichere Alternative zu lösemittelhaltigen Kontaktklebstoffen zunehmend forciert. Jedoch haben die Dispersions-Kontaktklebstoffe ein völlig anderes (viel langsameres) Trocknungsverhalten und andere Adhäsionseigenschaften, so dass diese Klebstoffe im Bereich der Dispersionsklebstoffe eine Sonderstellung einnehmen [61].

Das Ablüften des Wassers kann durch eine gezielte Wärmetrocknung beschleunigt werden. Des Weiteren ist für optimale Klebergebnisse ein möglichst gleichmäßiger Klebstoffauftrag wichtig, was durch automatisierte Auftragsverfahren sichergestellt werden kann [61].

3.3.3 Thermoplastische Schmelzklebstoffe (Hotmelts und Lowmelts)

Schmelzklebstoffe lassen sich allgemein, wie in Bild 3.10 zu sehen ist, in zwei Hauptgruppen einteilen. Dieser Abschnitt widmet sich ausschließlich den thermoplastischen Schmelzklebstoffen in Form von sogenannten Hotmelts und Lowmelts. Die Gruppe der reaktiven Hotmelts ist den Reaktionsklebstoffen zuzurechnen und wird deshalb in Abschnitt 3.3.4.1) separat behandelt.

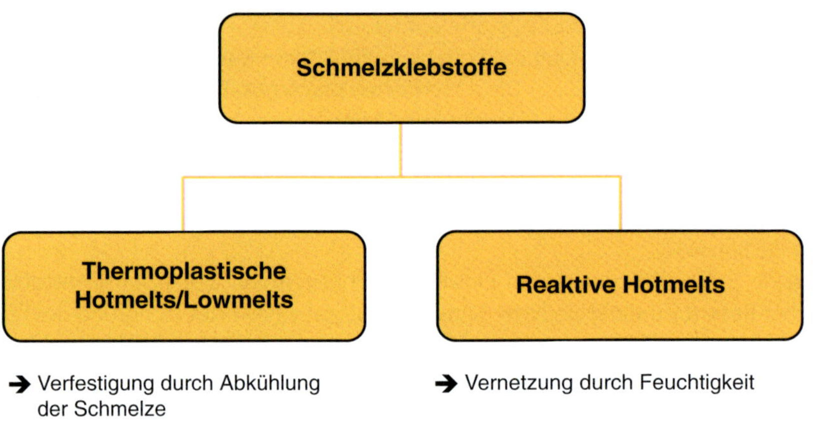

Bild 3.10 *Schmelzklebstoffe*

DEFINITION

Thermoplastische Schmelzklebstoffe sind (wiederauf-)schmelzbare Werkstoffe, die ausreichend unterhalb ihrer jeweiligen Schmelztemperatur, so zum Beispiel auch bei Raumtemperatur, als Feststoff bzw. Festkörper vorliegen. Damit unterscheiden sich Schmelzklebstoffe von den meisten anderen Klebstoffen, die im Ausgangszustand normalerweise eine mehr oder weniger flüssige bis pastöse Konsistenz aufweisen.

Schmelzklebstoffe werden gewöhnlich – je nach Dosier- und Applikationsgerät – in Stickform für Heißklebepistolen, in rieselfähiger Granulatform für Schneckenmaschinen, zum Beispiel Extruder oder Plastifizierzylinder, oder in Blockform bzw. Klebstoff-Pillows für sogenannte Tankschmelzgeräte angeboten. Auf die besondere Anlagentechnik für Hotmelts wird in Abschnitt 4.3.3 noch detailliert eingegangen. Tankschmelzgeräte können selbstverständlich auch mit Sticks oder Granulat gespeist werden, allerdings sind diese Darreichungsformen in der Regel deutlich teurer als die einfache Blockform des Schmelzklebstoffs, so dass allein wirtschaftliche Aspekte gegen die Verwendung von Sticks oder Granulat in Tankschmelzgeräten sprechen.

Ausgehend von dem festen Anlieferungszustand der Schmelzklebstoffe erfolgt die Herstellung eines schmelzeflüssigen Verarbeitungszustands in einem der oben genannten Dosier- und Applikationsgeräte bzw. Schmelzgeräte durch gezielte Wärmezufuhr. Typische Verarbeitungstemperaturen von Schmelzklebstoffen liegen im Bereich zwischen ca. 120 °C und 200 °C [63]. Je nach Höhe der Schmelztemperatur wird bei den Schmelzklebstoffen zwischen sogenannten Hotmelts und Lowmelts differenziert. **Hotmelts** werden meist bei Schmelztemperaturen zwischen 150 °C und 180 °C aufgetragen [63], wohingegen **Lowmelts**, wie ihr Name es bereits andeutet, bei niedrigeren Schmelztemperaturen (in der Regel lediglich ca. 120...130 °C) verarbeitet werden. Lowmelts sind somit prädestiniert für das Kleben besonders temperaturempfindlicher Materialien, wie zum Beispiel Styropor oder (dünne) thermoplastische Folien [64]. Auf das Styropor in Bild 3.11 wurde links ein Hotmelt und rechts ein Lowmelt aufgetragen.

Bild 3.11 *Hotmelt-Auftrag (links) und Lowmelt-Auftrag (rechts) auf Styropor* [Quelle: 3M Deutschland GmbH]

Durch die Verwendung von niedrigschmelzenden Lowmelts können ein Ab- bzw. Wegschmelzen, unerwünschte Verfärbungen oder ein übermäßiges Zusammenschrumpfen bzw. Verziehen der temperatursensitiven Substrate vermieden werden. Hinzu kommen der niedrigere erforderliche Energieeinsatz für und die reduzierte Verbrennungsgefahr bei der Verarbeitung aufgrund der deutlich geringeren Schmelztemperaturen bei den Lowmelts.

Das Auftragen des verflüssigten thermoplastischen Schmelzklebstoffs erfolgt in aller Regel nur auf eine Substratoberfläche, so dass ein sofortiges Fügen mit dem anderen (nicht benetzten) Klebepartner unmittelbar nach dem Klebstoffauftrag möglich ist [63]. Dies ist insbesondere von großer Bedeutung, wenn gut wärmeleitfähige Materialien mit Schmelzklebstoff verklebt werden sollen, da derartige Substrate aufgrund ihrer guten Wärmeleitfähigkeit eine schnelle Verfestigung des Klebstoffs durch physikalisches Erkalten bzw. Erstarren unterstützen. Hinzu kommt die Tatsache, dass niedrigviskose Klebstoffe tendenziell eine bessere Benetzung der Klebfläche ermöglichen – eine wichtige Voraussetzung zur Erzielung hochwertiger und haltbarer Klebungen (vgl. Abschnitt 2.1.1). Das Fügen der Klebepartner soll demzufolge immer sehr schnell, bei möglichst hoher Temperatur und möglichst geringer Viskosität des Klebstoffs erfolgen [63].

Bei der Klebung von Metallen oder anderen gut wärmeleitfähigen Substraten ist eine Vorwärmung der Fügepartner grundsätzlich empfehlenswert, da das Vorwärmen die offene Zeit verlängert und häufig auch die Adhäsion verbessert [63]. Das Vorwärmen hat darüber hinaus den Vorteil, dass so verzugs- und spannungsärmere Klebungen realisiert werden können, insbesondere wenn Substrate und Klebstoff stark unterschiedliche Wärmeausdehnungskoeffizienten aufweisen.

Nach dem physikalischen Erkalten bzw. Erstarren liegt der Schmelzklebstoff erneut in einem festen Zustand (Endzustand) vor. Dabei wird sehr schnell die (End-)Festigkeit der Klebung erreicht [63; 65].

Kennzeichnend für thermoplastische Kunststoffe bzw. Klebstoffe ist, dass die Vorgänge des Aufschmelzens und Erkaltens (fast) beliebig oft wiederholt werden können. Es handelt sich also um reversible Vorgänge. Schmelzklebstoffklebungen lassen sich somit durch gezielte Wärmezufuhr wieder lösen. Dementsprechend begrenzt ist somit die Warmfestigkeit einer Schmelzklebstoffverbindung [63].

Thermoplastische Schmelzklebstoffe sind frei von Löse- oder Dispersionsmitteln. Somit besteht der applizierte Hotmelt oder Lowmelt zu 100% aus klebaktiver Substanz (100% Festkörperanteil). Dies hat zur Folge, dass Schmelzklebstoffe – im Gegensatz zu den in den Abschnitten 3.3.1 und 3.3.2 vorgestellten Lösemittel- und Dispersionsklebstoffen – fugenfüllende Klebungen bzw. Dickschichtklebungen durchaus gestatten. Lediglich die temperaturbedingte Schwindung beim Erkalten des Schmelzklebstoffs verringert das eingebrachte Klebstoffvolumen geringfügig – in Abhängigkeit der grundsätzlichen Klebstoffeigenschaften und der gewählten Verarbeitungsparameter.

Von den Klebstoffherstellern wird heutzutage eine breite Palette an Schmelzklebstoffen angeboten, die sich in erster Linie in Bezug auf ihre chemische Basis unterscheiden [63; 64; 66]:

- EVA (Ethylen-Vinyl-Acetat),
- Polyester,
- Polyolefine und
- Polyamide / Copolyamide.

Lowmelts sind üblicherweise Klebstoffe auf EVA-Basis, da diese Copolymere mitunter einen relativ niedrigen Erweichungs- bzw. Schmelzbereich aufweisen. Hotmelts auf Basis von EVA werden unter anderem für das Kleben von Holzwerkstoffen, für Kartonagenverschlüsse oder für das Kleben von diversen Kunststoffen eingesetzt. Darüber hinaus finden Schmelzklebstoffe auf EVA- und Polyester-Basis vielfältige Einsatzmöglichkeiten beim Buchbinden (Heißleimbindungen), allgemein in der Verpackungsindustrie, in der Holz- und Möbelindustrie sowie in der Schuhindustrie]. Speziell entwickelte Hotmelts auf Polyolefin-Basis sind gut geeignet für das Kleben von niederenergetischen Kunststoffen, wie zum Beispiel den sonst so schwierig zu klebenden Polyolefinen PE und PP sowie für Kantenklebungen, Montageklebungen, Beschichtung / Kaschierung und Cap-Klebungen im Lebensmittelbereich. Polyamid-basierte Hotmelts werden unter anderem bei höheren Temperaturanforderungen und bei Metallklebungen oder für Anwendungen in der Elektro- und Elektronikindustrie, zum Beispiel auch zum Vergießen von elektrischen / elektronischen Bauteilen auf Leiterplatten eingesetzt [63; 65; 66].

In Tabelle 3.8 sind die grundsätzliche Eignung und mögliche Einsatzgebiete von thermoplastischen Schmelzklebstoffen qualitativ bewertet und gegenübergestellt. Gut wärmeleitfähige und ebenso voluminöse bzw. dickwandige Substrate (zum Beispiel Metalle und Gläser) sollen nach Möglichkeit unmittelbar vor der Klebung vorgewärmt werden.

Auffallend ist hierbei, dass aufgrund der breiten zur Verfügung stehenden Rohstoffpalette bei den thermoplastischen Schmelzklebstoffen für sehr viele unterschiedliche Substrate ein sehr gut geeigneter Schmelzklebstoff zur Verfügung steht. Auf die Notwendigkeit der Substratvorwärmung wurde bereits weiter oben eingegangen, aber auch so lassen sich grundsätzlich geeignete Hotmelts für gut wärmeleitfähige Fügepartner (Metall, Glas, ...) identifizieren und auswählen. Lediglich Elastomer- bzw. Gummiklebungen mit Polyamid-basierten Schmelzklebstoffen sind nicht zu empfehlen.

Tabelle 3.8 *Eignung und Einsatz von thermoplastischen Schmelzklebstoffen* [56]

Werkstoff / Basis	EVA	PE/PP	Polyamid
Metalle	+*	+*	+*
Kunststoffe	++	++	++
Elastomere / Gummi	++	++	-
Glas / Keramik	+*	+*	+*
Leder / Gewebe / Filz	++	++	++
Holz / Kork / Pappe	++	++	++

++ sehr gut geeignet
+ geeignet
– nicht zu empfehlen
* nur bei dünnen Platten oder mit Vorwärmung

Abschließend werden an dieser Stelle die wesentlichen Vorteile der thermoplastischen Schmelzklebstoffe zusammengefasst.

Vorteile [56; 63]:

+ Lösemittel- und Wasserfreiheit
+ physiologische Unbedenklichkeit
+ 100% Festkörperanteil
+ gute Festigkeit zu unterschiedlichen Werkstoffen
+ geeignet zum Vergießen und Ausfüllen von Hohlräumen und Fugen
+ einseitiger Klebstoffauftrag
+ schnelles Erstarren im Sekundenbereich
+ keine Fixiervorrichtungen erforderlich
+ hohe Anfangsfestigkeit
+ geringe Schwindung
+ relativ preiswerte Klebstoffe
+ Lowmelts für temperatursensitive Fügepartner

Nachteile [63]:

- spezielle Verarbeitungsgeräte (Heißklebepistolen, Schmelzedosiergeräte, Extruder, ...) zum Aufschmelzen und Applizieren erforderlich
- ggf. Vorwärmung gut wärmeleitfähiger Substrate
- Gefahrenpotenzial durch heiße Thermoplastschmelze
- begrenzte Wärmefestigkeit

Typische Anwendungen [63]:

- sehr schnelle Klebungen
- automatisierte Prozesse mit kurzen Taktzeiten
  - Holz-, Kunststoff-, Papier- und Pappeverarbeitung
  - Verpackungsbereich für den schnellen, sauberen und sicheren Kartonageverschluss
  - Display- und Musterkonfektionen
  - Messe- und Ladenbau
  - Fahrzeugindustrie

- Elektro- und Elektronikindustrie
- Spielzeug-, Souvenir- und Kunstgewerbe-Herstellung
- Kleben, Fixieren, Befestigen, Weichlagern, Vergießen und Reparieren

3.3.4 Reaktionsklebstoffe

Reaktionsklebstoffe bilden die wichtigste und mit Abstand vielseitigste Gruppe der Klebstoffe, insbesondere wenn es um die Realisierung struktureller Klebungen geht. Konstruktionsklebstoffe sollen schließlich nach dem Abbinden oftmals kraftübertragende Verbindungen ermöglichen. Sie werden somit neben den Fügeteilen selbst zu einem konstruktiven Element. Die Vielseitigkeit und die Unterschiedlichkeit der zahlreichen Reaktionsklebstoffe beruht im Wesentlichen auf zwei Aspekten:

Einerseits härten alle Reaktionsklebstoffe in einer der drei in Tabelle 3.1 aufgeführten chemischen Polyreaktionen aus [15]. Polymerisation, Polyaddition und Polykondensation unterscheiden sich bereits elementar in ihrem Reaktionsmechanismus und ihrem Reaktionsablauf (vgl. Abschnitt 3.1). Insbesondere Polymerisationsreaktionen sind im Allgemeinen hoch reaktiv und laufen wesentlich spontaner als Polyadditionsreaktionen ab [67].

Andererseits kann die Reaktion zur Aushärtung des Reaktionsklebstoffs je nach Klebstofftyp höchst unterschiedlich initiiert werden. So kann die chemische Verfestigung beispielsweise durch gezielte Wärmezufuhr, durch Anwesenheit von Feuchtigkeit, mittels Licht bzw. UV-Licht, unter Sauerstoffabschluss oder durch das Vermischen der reaktiven Komponenten im richtigen (stöchiometrischen) Mischungsverhältnis ausgelöst werden, um an dieser Stelle nur die wichtigsten Mechanismen zu nennen. Auch eine Kombination einzelner der hier genannten Mechanismen kann die Reaktion auslösen und/oder beschleunigen.

Trotz der enormen Diversität haben alle Reaktionsklebstoffe jedoch auch gewisse Gemeinsamkeiten [15; 67]:

Reaktionsklebstoffe sind prinzipiell lösemittel- und wasserfreie Systeme. Eine denkbare Ausnahme bilden die in Abschnitt 3.3.1 beschriebenen, speziellen lösemittelhaltigen CR- oder PUR-Kontaktklebstoffe mit Härterzugabe, die aber, wie zuvor erläutert, weiterhin der Gruppe der Lösemittelklebstoffe zugerechnet werden. Die Grenzen der Klebstoffarten sind an vielen Stellen fließend.

Der Festkörperanteil bei Reaktionsklebstoffen beträgt 100% [67; 53; 68]. Damit sind Reaktionsklebstoffe dafür prädestiniert, fugenfüllende Klebaufgaben zu realisieren. Die gute Fugenfüllung darf jedoch nicht automatisch mit Dickschichtklebungen gleichgesetzt werden. Einige Reaktionsklebstoffe, wie beispielsweise die klassischen Cyanacrylate (siehe Abschnitt 3.3.4.2) können ihre Leistungsfähigkeit ausschließlich in besonders dünnen Klebfugen (ca. 0,1...0,2 mm) entfalten. Andere Klebstoffe, wie zum Beispiel Silikone oder bestimmte Epoxide und Polyurethane, sind hingegen durchaus in der Lage, Klebfugen von mehreren Millimetern Dicke effektiv aufzufüllen und zu überbrücken.

Im Ausgangs- bzw. Verarbeitungszustand sind Reaktionsklebstoffe flüssig bis pastös. Durch die stattfindende chemische Reaktion erfolgt der Übergang in einen festen Endzustand [67].

Grundsätzlich sind an einer chemischen Reaktion stets mindestens zwei Reaktionspartner beteiligt. Bei 2-Komponenten-Klebstoffen ist es naheliegend, dass es sich bei den beiden Komponenten um die beiden Reaktionspartner (im Allgemeinen Harz und Härter) handelt. Bei speziellen, feuchtigkeitsvernetzenden Booster-Systemen, zum Beispiel geboosterte 2K-Polyurethane [53] oder 2K-Cyanacrylate, ist die zweite Komponente eine Wasserpaste. Die beiden Komponenten werden unmittelbar vor der klebtechnischen Verarbeitung im richtigen stöchiometrischen Verhältnis zusammengegeben und homogen vermischt (siehe auch Abschnitt 4.2).

Aber auch bei 1-Komponenten-Klebstoffen sind immer mindestens zwei Reaktionspartner für die Reaktion verantwortlich. Die zweite Komponente ist entweder bereits «verkappt» im Klebstoff enthalten und eine Reaktion wird erst unter bestimmten Umgebungsbedingungen (definierter Einfluss von Wärme, Feuchtigkeit, Strahlung, ...) erzielt; die zweite Komponente kann aber auch Wasser bzw. Feuchtigkeit sein, die über die Fügeteile oder aus der Umgebungsluft in die Klebfuge diffundiert [67].

Der wesentliche Unterschied zu den 2K-Reaktionsklebstoffen besteht also darin, dass bei 1K-Reaktionsklebstoffen das aktive Zusammengeben und Vermischen entfallen [15; 67]. Die Verwendung von 1K-Reaktionsklebstoffen bedeutet für den Verarbeiter demzufolge in aller Regel einen Zugewinn an Prozesssicherheit, da prinzipiell keine Fehler mehr im Hinblick auf das richtige Mischungsverhältnis und eine homogene Klebstoffvorbereitung gemacht werden können. Auf der anderen Seite ziehen 1K-Reaktionsklebstoffe oftmals kürzere Lagerzeiten nach sich oder erfordern besondere Lagerbedingungen (Lagerung bei kühlen oder Gefriertemperaturen, Schutz vor Feuchtigkeit oder UV-Licht / Licht, ...).

Die Lagerfähigkeit von Reaktionsklebstoffen ist allgemein begrenzt und stark abhängig von den Lagerbedingungen [67].

Im Folgenden werden unter anderem die durch Polymerisation härtenden Reaktionsklebstoffe ausführlich behandelt:

- Cyanacrylat-Klebstoffe (Abschnitt 3.3.4.2),
- strahlungshärtende Klebstoffe (Abschnitt 3.3.4.3),
- anaerob härtende Klebstoffe (Abschnitt 3.3.4.4),
- Reaktionsklebstoffe auf Methylmethacrylat-Basis (MMA, Abschnitt 3.3.4.5).

Zu den durch Polyaddition härtenden Reaktionsklebstoffen zählen unter anderem folgende Produkte (s. Abschnitt 3.3.4.6):

- 1K-Epoxid-Klebstoffe,
- 2K-Epoxid-Klebstoffe,
- 2K-Polyurethan-Klebstoffe,
- 2K-Silikone.

3.3.4.1 Reaktive Schmelzklebstoffe

Wie bereits in Bild 3.10 dargestellt, existiert bei den Schmelzklebstoffen neben den thermoplastischen Hotmelts und Lowmelts (siehe Abschnitt 3.3.3) noch die Gruppe der **reaktiven Hotmelts**. Somit sind auch bei den Schmelzklebstoffen die Grenzen zum Teil fließend. Die reaktiven Hotmelts werden aufgrund des finalen Verfestigungsmechanismus folgerichtig der Gruppe der Reaktionsklebstoffe zugeschlagen. Hierbei handelt es sich um feuchtigkeitsvernetzende Schmelzklebstoffe auf Basis von Polyurethan oder Polyolefinen [63; 69]. Damit diese Klebstoffe nicht schon vor der Verarbeitung mit Feuchtigkeit vernetzen, müssen diese in speziellen luft- und feuchtigkeitsdichten Gebinden bevorratet werden.

Zunächst einmal ist die Verarbeitung der reaktiven Schmelzklebstoffe der Verarbeitung von thermoplastischen Schmelzklebstoffen recht ähnlich. Mit einem geeigneten Schmelzedosiergerät (siehe auch Abschnitt 4.3) wird der anfangs feste Schmelzklebstoff aufgeschmolzen und im schmelzflüssigen Zustand appliziert. Der erste Festigkeitsaufbau bei den reaktiven Hotmelts erfolgt wie bei konventionellen Schmelzklebstoffen: Durch physikalisches Abkühlen erfolgt die Verfestigung des applizierten Klebstoffs.

Unter Feuchtigkeitseinfluss kommt es bei den reaktiven Schmelzklebstoffen darüber hinaus zu einer chemischen Vernetzungsreaktion [63; 69]. Die Feuchtigkeit wird entweder bei der Applikation gezielt eingebracht oder die geklebten Bauteile / Baugruppen werden nachträglich einer definierten Feuchtigkeitslagerung unterzogen. Durch diese chemische Vernetzung zu einem elastomeren Werkstoff verliert der Schmelzklebstoff zwar seine thermoplastischen Eigenschaften, er gewinnt aber die positiven Attribute eines Elastomers (siehe Abschnitt 3.1). Im Gegensatz zu den thermoplastischen Hotmelts (semistrukturelle Klebstoffe) können mit den reaktiven Schmelzklebstoffen (strukturelle Klebstoffe) tatsächlich konstruktive Festigkeiten erreicht werden (vgl. Bild 3.8).

Neben den allgemeinen Vorzügen von Reaktionsklebstoffen (siehe Abschnitt 3.3.4) bieten reaktive Schmelzklebstoffe nach der chemischen Vernetzung folgende spezifischen Vorteile [63; 69]:

+ breites und verbessertes Adhäsionsspektrum zu unterschiedlichen Materialien durch kovalente Bindungen an den Substratoberflächen
+ kurze Abbindezeiten
+ hohe Produktionsgeschwindigkeiten
+ niedrige Auftragstemperaturen
+ Eignung auch für thermisch empfindliche Substrate (thermoplastische Folien)
+ erhöhte Festigkeit im Vergleich zu thermoplastischen Hotmelts
+ sehr hohe Warmfestigkeit / Wärmebeständigkeit
+ höchste Wasser- und Wasserdampfbeständigkeit
+ extreme Kälteflexibilität
+ gute chemische Beständigkeit
+ Elastizität der Klebefuge

Die Eignung von reaktiven PUR-basierten Schmelzklebstoffen auf unterschiedlichen Substraten ist in Tabelle 3.9 qualitativ bewertet.

Tabelle 3.9 *Eignung und Einsatz von reaktiven Schmelzklebstoffen* [56]

Werkstoff / Basis	reaktive PUR
Metalle	+*
Kunststoffe	++
Elastomere / Gummi	+
Glas / Keramik	+
Leder / Gewebe / Filz	++
Holz / Kork / Pappe	++

++ sehr gut geeignet
+ geeignet
* nur auf geprimerten oder lackierten Oberflächen

3.3.4.2 Cyanacrylat-Klebstoffe (CA-Klebstoffe, «Sekundenkleber»)

Cyanacrylat-Klebstoffe werden landläufig auch als «Sekundenkleber» oder Sofortklebstoffe bezeichnet. Es handelt sich hierbei um einkomponentige Produkte, die im Ausgangs- bzw. Verarbeitungszustand flüssig bis pastös sind. Der schlagartige Übergang in den festen Endzustand wird durch eine hochdynamische Aushärtung in Form einer Polymerisationsreaktion durch die Anwesenheit von Feuchtigkeit (Wassermoleküle bzw. OH-Ionen) aus der Umgebungsluft und/oder auf den Fügeteiloberflächen erreicht [70–72].

Gemäß der Verarbeitungshinweise der Klebstoffhersteller sollen zu verklebende Oberflächen im Allgemeinen trocken und frei von Staub, Fett, Öl, Wachs, Silikon, Trennmitteln und anderen Verunreinigungen sein. Dadurch, dass Cyanacrylat-Klebstoffe jedoch eine gewisse Menge an Feuchtigkeit für die Verfestigungsreaktion zwingend benötigen, sind speziell bei dieser Klebstoffart vollständig trockene Fügeteiloberflächen für ein gutes Klebergebnis kontraproduktiv. Für (Reparatur-) Klebungen im Privat- oder Handwerksbereich ist es somit durchaus empfehlenswert, die vorbereiteten und sauberen Fügeflächen unmittelbar vor der Applikation mit Cyanacrylat kurz anzuhauchen. Alternativ kann die Lagerung des Cyanacrylat-Klebstoffs im Kühlschrank (bei ca. 7 °C) erfolgen, so dass sich etwas Luftfeuchtigkeit direkt nach dem Applizieren auf der kühlen Klebstoffoberfläche niederschlägt. Brillenträger kennen dieses grundlegende Phänomen, dass sich die Feuchtigkeit auf kalten Gegenständen sammelt, zum Beispiel wenn sich die Umgebungsfeuchte auf den kalten Brillengläsern niederschlägt, nachdem im Winter ein beheizter Raum betreten wird.

Mit zunehmender Luftfeuchtigkeit verkürzt sich die Aushärtezeit von Cyanacrylat-Klebstoffen und gleichzeitig steigt die relative Festigkeit der Klebung. Bei Luftfeuchtigkeitswerten größer 80% oder auch bei stark basischen Fügeteilen besteht allerdings die große Gefahr der Schockhärtung, was zu einer Verschlechterung des Klebresultats führt [6].

Für industrielle Prozesse ist ein solches Vorgehen (Anhauchen der Fügeflächen und/oder Kaltlagerung des Klebstoffs) selbstverständlich nicht anzuraten. Um bei der Verarbeitung von Cyanacrylat-Klebstoffen optimale Reproduzierbarkeit und maximale Prozesssicherheit zu gewährleisten, ist eine klimatisierte Fertigung mit konstanter Umgebungstemperatur und definierter Luftfeuchtigkeit (ca. 40 bis 60%) über das gesamte Jahr hinweg eine gute Voraussetzung. Zur Verbesserung der Prozesssicherheit einer Serienfertigung werden beispielsweise auch Luftbefeuchtungsanlagen eingesetzt.

Konventionelle Cyanacrylat-Klebstoffe erfordern sehr geringe Klebspalte. Typischerweise liegen die Maximalwerte der Klebschichtdicken zwischen 0,05 und 0,2 mm. Die Spaltdicke beeinflusst ebenfalls die Härtungszeit. Kleinere Spalte ermöglichen eine schnellere Aushärtung [6].

Die Mindestfestigkeit (Handling- oder Weiterbearbeitungsfestigkeit) wird meist schon nach wenigen Sekunden erreicht. Zum Erreichen der Endfestigkeit sind hingegen oftmals bis zu 24 Stunden erforderlich [71].

Im Folgenden werden die Vor- und Nachteile sowie die typischen Einsatzgebiete und Anwendungsbereiche der Cyanacrylat-Klebstoffe stichpunktartig aufgeführt [6; 70; 71; 73].

Vorteile:

+ «Lösemittelfreiheit»
+ breites Haftungsspektrum zu vielen unterschiedlichen Werkstoffen
+ sparsamer (minimaler) Klebstoffeinsatz
+ einfache Handhabung
+ schnelle Fixierung
+ sehr kurze Härtungszeiten bei Raumtemperatur
+ hohe Zug- und Zugscherfestigkeiten
+ gute Kälte- und Wärmebeständigkeit (–50 ... +100 °C)
+ kurzzeitige Temperaturbeständigkeit bis zu +120 °C
+ sehr gute Alterungsbeständigkeit

Nachteile:

- nur für kleine Klebspalte geeignet (bis max. 0,2 mm)
- Gefahrenpotenzial: Klebt in Sekunden auch Haut und Augenlider!
- geringe chemische Beständigkeit (z.B. gegenüber Aceton)

Typische Einsatzgebiete und Anwendungen:

- für schnelle Klebungen von kleinen Klebflächen mit sehr engem Fügespalt in folgenden Bereichen:
  - Elektrik / Elektronik
  - Spielzeug-/Spielwarenindustrie
  - holzverarbeitende Industrie
  - Feinmechanik
  - Optik
  - ...
- für folgende Werkstoffe geeignet:
  - Metalle
  - Kunststoffe / Gummi
  - Keramik
  - ...

3.3.4.3 Strahlungshärtende Klebstoffe

Strahlungshärtende Klebstoffe sind wie die in Abschnitt 3.3.4.2 beschriebenen Cyanacrylate einkomponentige Reaktionsklebstoffe. Weitere Gemeinsamkeiten liegen in dem jeweils flüssigen Ausgangs- bzw. Verarbeitungszustand sowie dem festen Endzustand nach erfolgter Polymerisation. Charakteristisch für die Polymerisationskettenreaktion ist ihre sehr hohe Dynamik, die für die zum Teil extrem kurzen Härtezeiten verantwortlich ist (vergleiche dazu Bild 3.8).

Bei strahlungshärtenden Klebstoffen erfolgt die Aushärtung allerdings nicht über den Einfluss von Feuchtigkeit, sondern über Photoinitiatoren im Klebstoff, die unter gezielter Einwirkung von Strahlung zu reaktiven Produkten (Radikale oder Ionen) zerfallen. Diese Reaktionsprodukte starten die extrem schnelle Kettenreaktion und sorgen so für eine nahezu sofortige Aushärtung «auf Knopfdruck» [22]. Die typischen Wellenlängenbereiche für sichtbares Licht ($\lambda = 380 \ldots 780$ nm) und nicht sichtbare Strahlung (beispielsweise UV-Licht, Röntgen- und Gammastrahlung im kurzwelligen Bereich sowie IR-Strahlung, Mikro- und Radiowellen im langwelligen Bereich) sind in Bild 3.12 dargestellt.

Den wichtigen Zusammenhang zwischen Wellenlänge, Strahlungs- bzw. Photoenergie und Eindringtiefe zeigt Bild 3.13 schematisch. Je kürzer die Wellenlänge ist, desto höher ist die Photoenergie, aber desto geringer ist wiederum die Eindringtiefe. Für einen Sonnenbrand ist die relativ kurzwellige und sehr energiereiche UV-B-Strahlung verantwortlich. Aufgrund der geringen Eindringtiefe des UV-B-Lichts werden nur die obersten Hautschichten betroffen und gerötet, was für den Sonnenbrand aber vollkommen ausreicht. Andererseits hat langwelliges IR-Licht eine recht geringe Photoenergie, jedoch gleichzeitig eine sehr hohe Eindringtiefe. Dieser Aspekt wird beispielsweise gezielt in Form der Tiefenwärme bei der Schmerztherapie oder der Tieraufzucht / Tierhaltung genutzt.

In der Klebtechnik geht eine hohe Photoenergie mit einer schnellen Aushärtung einher. Allerdings bedingt die hohe Strahlungsenergie aufgrund der begrenzten Eindringtiefe auch, dass nur relativ geringe Schichtdicken ausgehärtet werden können. Mit UV-C-Licht ($\lambda = 200 \ldots 280$ nm) können beispielsweise Klebschichtdicken bis nur ca. 100 µm ausgehärtet werden. Sichtbares Licht ($\lambda = 380 \ldots 780$ nm) hat eine geringere Photoenergie als UV-Strahlung, was automatisch längere Aushärtezeiten nach sich zieht. Vorteilhaft ist dabei jedoch, dass nunmehr Schichtdicken von bis zu 5 mm durchdrungen und ausgehärtet werden können [75]. Bei der Auswahl des optimalen strahlungshärtenden Klebstoffs ist somit auch die Klebfugengeometrie bzw. die Klebfugendicke mit in Betracht zu ziehen.

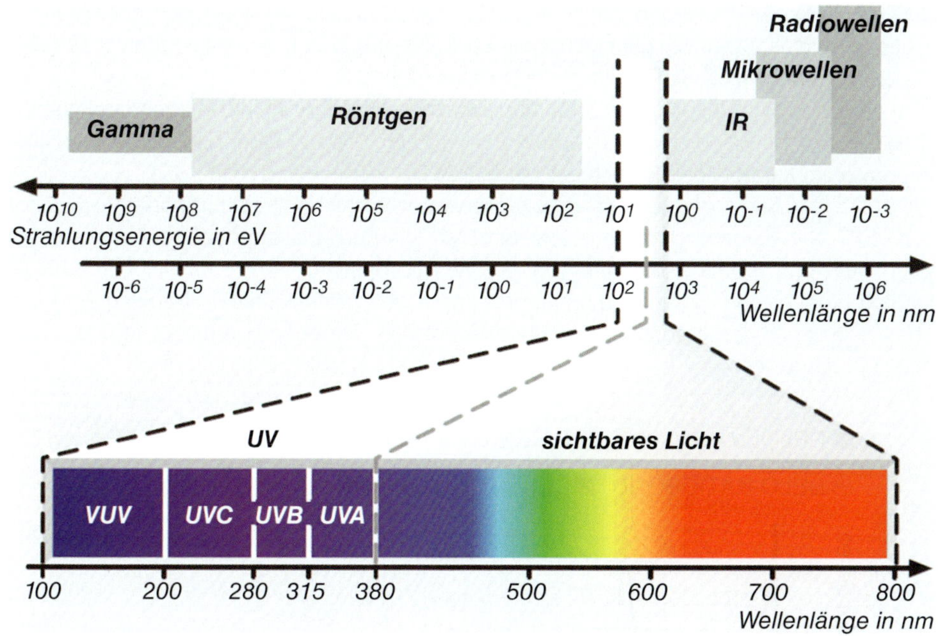

Bild 3.12 *Wellenlängenbereiche – UV-Licht und sichtbares Licht* [Quelle: DELO Industrie Klebstoffe, Windach, nach 74]

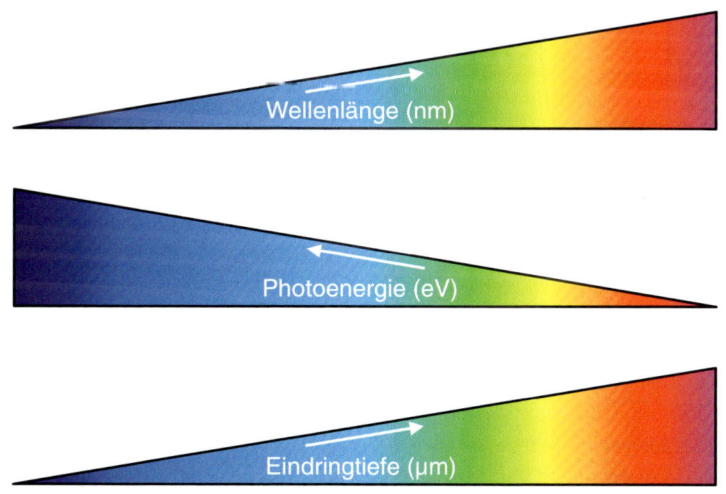

Bild 3.13 *Einfluss der Wellenlänge auf Photoenergie und Eindringtiefe* (in Anlehnung an [75])

Neben der weit verbreiteten Aushärtung von strahlungshärtenden Klebstoffen mit Hilfe von Licht oder UV-Licht stellen die Elektronenstrahlhärtung und die Laserstrahlhärtung weitere Möglichkeiten zur Radikalbildung und damit zur Verfestigung dazu passender Reaktionsklebstoffe dar [15]. Elektronen- und Laserstrahlen weisen im Vergleich zum sichtbaren Licht und UV-Licht deutlich höhere Strahlungsenergien und gleichzeitig wesentlich kürzere Wellenlängen auf (vgl. dazu Bilder 3.12 und 3.13).

In diesem Abschnitt werden jedoch ausschließlich licht- und UV-lichthärtende Acrylate und Epoxide behandelt. Bezüglich der elektronen- und laserstrahlhärtenden Klebstoffe wird an dieser Stelle auf die entsprechende Fachliteratur [15] verwiesen.

Die typischen Wellenlängen der Strahlung liegen bei UV-licht- und lichthärtenden Reaktionsklebstoffen üblicherweise im Bereich von 280 bis 400 nm, also im Bereich des UV-B- und UV-A-Lichts sowie im kurzwelligen Bereich des sichtbaren Lichts (siehe auch Bild 3.12).

Wie bereits zu Beginn dieses Abschnitts kurz erwähnt, enthalten strahlungshärtende Klebstoffe spezielle Photoinitiatoren. Diese unterscheiden sich – je nach Klebstofftyp – in ihrem Absorptionsverhalten [22]. Damit es zu einem Zerfall der Photoinitiatoren und damit überhaupt zum gewünschten Start der Kettenreaktion kommt, muss die Wellenlänge der Strahlung auf die kritische Wellenlänge der Photoinitiatoren abgestimmt sein. Dieser Sachverhalt ist in Bild 3.14 exemplarisch dargestellt.

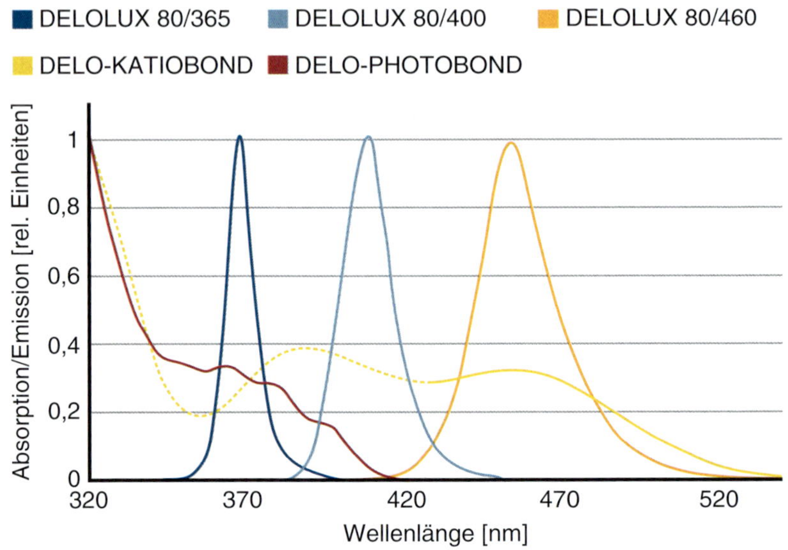

Bild 3.14 *Zusammenhang zwischen Photoinitiator und Wellenlänge* [Quelle: DELO Industrie Klebstoffe, Windach, nach 75]

In Bild 3.14 ist die Absorption bzw. Emission für fünf unterschiedliche strahlungshärtende Klebstoffe über der Wellenlänge aufgetragen. Für drei Produkte, nämlich DELOLUX 80/365, DELOLUX 80/400 und DELOLUX 80/460, sind sehr gut die relativ engen Absorptionsspektren im jeweiligen Wellenlängenbereich zu erkennen. So wird für den Klebstoff DELOLUX 80/365 idealerweise UV-A-Licht mit einer Wellenlänge von 365 nm benötigt, um die darin enthaltenen Photoinitiatoren zerfallen zu lassen und die Polymerisation zu starten. Bei dem Produkt DELOLUX 80/460 hingegen führt sichtbares Licht mit einer Wellenlänge von 460 nm zum Zerfall der Photoinitiatoren und damit zur Verfestigung des Klebstoffs. Je nach Klebstofftyp kann somit Licht in verschiedenen Wellenlängen unterschiedlich gut für die Aushärtung verwertet werden [22; 74].

Zur optimalen Aushärtung des Klebstoffs ist demnach die Wahl einer geeigneten Aushärtelampe, die die Strahlung im gewünschten Wellenlängenbereich bereitstellen kann, vonnöten. In diesem Zusammenhang kommen sowohl Gasentladungslampen als auch LED-Strahler (LED-Lampen) industriell zum Einsatz [15]. In Tabelle 3.10 sind die wichtigsten Eigenschaften von Gasentladungslampen und LED-Strahlern vergleichend gegenübergestellt. Welcher Lampentyp letztendlich für die jeweilige Klebanwendung sinnvollerweise zum Einsatz kommt, ist von mehreren Faktoren abhängig. In diesem Zusammenhang dient Tabelle 3.10 auch als Entscheidungshilfe, die optimale Strahlungsquelle für eine individuelle Klebanwendung auszuwählen.

Tabelle 3.10 *Gasentladungslampen und LED-Strahler im Vergleich* [75]

Eigenschaft	Gasentladungslampe	LED-Strahler
ausgesandte Strahlung	große Bandbreite, mehrere Peaks (Filter möglich)	schmalbandig (Peak ±5 nm)
Abwärme	mittel … hoch	keine
Intensität (W/cm^2)	bis 20	bis 12
Funktionsbereitschaft nach (s)	$>$ 60 (300)	0,1
getakteter Betrieb («ein/aus»)	nicht möglich, drastischer Rückgang der Lebenszeit des Brenners	möglich, kein Einfluss auf Intensität oder Lebensdauer der LED
Intensitätsregelung	durch Abstandsvariation indirekt möglich	einfach, genau (Strom ~ Intensität)
typische Lebenszeit (h)	ca. 1000 (5000)	$\geq$20 000 (50 000)
Alterung der Strahlungsquelle	unbestimmt	sehr stabil / kalkulierbar
Kühlung	Luft / Flüssigkeit	Luft / Flüssigkeit

Gasentladungslampen bieten zunächst einmal ein sehr breites Emissionsspektrum (zum Beispiel 315…500 nm oder 325…600 nm). Somit ermöglicht diese Lampentechnik einen universellen Einsatz, unabhängig vom exakten Absorptionsspektrum der Photoinitiatoren der jeweiligen Klebstofftypen. Für die Initiierung der Aushärtereaktion eines speziellen Klebstoffs reicht jedoch in der Regel ein sehr enges Spektrum (vgl. Bild 3.14), so dass der Großteil der von einer Gasentladungslampe emittierten Strahlung gar nicht zur Aushärtung beiträgt, sondern teilweise in einem Substrat absorbiert wird, was zu dessen Erwärmung führt [75]. Abhilfe können hier spezielle Filter bieten, die die spektrale Bandbreite gezielt reduzieren.

Im Gegensatz dazu emittieren LED-Strahler jeweils ein sehr schmalbandiges Strahlungsspektrum (±5 nm). Das System muss deshalb bezüglich der Wellenlänge für die Absorption des Klebstoffs (bzw. der Photoinitiatoren) und die Emission der LED-Lampe genau aufeinander abgestimmt werden. Sollen Klebstoffe mit deutlich unterschiedlichen Absorptionsspektren verarbeitet werden, müssen zwangsläufig unterschiedliche LED-Lichtquellen angeschafft und eingesetzt werden.

Da die Funktionsbereitschaft bei Gasentladungslampen im Allgemeinen erst mehrere Minuten nach dem Einschalten gegeben ist und zudem ein häufiges bzw. wiederholtes Ein- und Ausschalten der Lampe die Lebenszeit derselben erheblich reduziert, ist diese Lampenart in erster Linie für den Serien- und Dauerbetrieb geeignet. Die typische Lebenszeit für Gasentladungslampen liegt ohnehin deutlich unter der von LED-Strahlern (siehe Tabelle 3.10).

Ist die Klebstoffverarbeitung eher durch sporadische Belichtungen (zum Beispiel Versuchs- oder Labor-Betrieb) oder einen getakteten Betrieb gekennzeichnet, so können LED-Lampen an dieser Stelle ihre Vorteile voll ausspielen. Die Funktionsbereitschaft ist bei LED-Strahlern bereits nach 0,1 s und somit quasi mit dem Einschalten erreicht. Typische Lebenszeiten für LED-Lampen liegen zudem im Bereich von mehreren Jahren.

Beide Lampentechnologien werden sowohl als Punktstrahler für eine sekundenschnelle und punktgenaue Aushärtung als auch als Flächenstrahler für größere Klebflächen am Markt angeboten.

Um die vollständige Aushärtung des Klebstoffs und somit den Kleb- bzw. Fertigungsprozess zu sichern, ist es sehr wichtig, regelmäßig die Intensität der Strahler / Lampen zu überprüfen und zu dokumentieren. Insbesondere Gasentladungslampen sind einer starken und relativ schnellen Alterung unterworfen (siehe auch Tabelle 3.10), die unweigerlich mit einem Intensitätsverlust einhergeht. Ein Intensitätsabfall kann aber auch durch verschmutzte Linsenscheiben (Fingerabdrücke, Klebstoffreste, ...) der Strahlungsquelle hervorgerufen werden.

Die Intensitätsmessung kann mit Hilfe spezieller Messgeräte folgendermaßen durchgeführt werden [75]:

- diskontinuierliche Messung (z.B. 1× pro Schicht, Tag, ...),
- kontinuierliche Messung (Online-Kontrolle) oder
- Kombination aus diskontinuierlicher und kontinuierlicher Messung.

Im Folgenden werden **p**hoto**i**nitiiert (PI) härtende Acrylate und Epoxide genauer betrachtet und die Unterschiede zwischen beiden Systemen herausgearbeitet.

PI-Acrylate
Photoinitiiert härtende Acrylate reagieren in Sekundenschnelle in einer hochdynamischen radikalischen Polymerisationsreaktion aus. Der Reaktionsablauf ist schematisch in Bild 3.15 dargestellt.

1. Zerfall des Photoinitiators I in **freie Radikale** durch Bestrahlung mit UV-bzw. sichtbarem Licht

$$I \xrightarrow{\text{Licht}} R\bullet$$

2. Öffnung der Doppelbindung und Bildung von **Monomerradikalen**

$$R\bullet + C=C \rightarrow R-C-C\bullet$$

3. Kettenwachstum führt zur **Aushärtung** des Klebstoffs

$$R-C-C\bullet + nC=C \rightarrow R-[C-C]_n-C-C\bullet$$

Bild 3.15 *Radikalische Polymerisation von PI-Acrylaten* [Quelle: DELO Industrie Klebstoffe, Windach, nach 75]

Die im Klebstoff enthaltenen Photoinitiatoren (I) werden durch gezielte Belichtung mit Strahlung der richtigen Wellenlänge zum Zerfall gebracht. Es entstehen freie Radikale (R·), die die vorhandenen C=C-Doppelbindungen aufbrechen. Auf diese Weise entstehen Monomerradikale, die weiter reagieren. Die Bestrahlung muss bis zur vollständigen Aushärtung erfolgen, da anderenfalls Radikale untereinander abreagieren können und die Kettenreaktion so nicht weiter fortgesetzt wird. Aus diesem Grund muss wenigstens ein Fügepartner durchstrahlbar sein [22; 75].

Bild 3.16 zeigt die Transmissionsspektren unterschiedlicher anorganischer und organischer Gläser. Aufgetragen ist die Durchstrahlbarkeit über der Wellenlänge. Es ist klar zu erkennen, dass zum Beispiel Einscheibensicherheitsglas bzw. Floatglas von Strahlung mit einer Wellenlänge kleiner 325 nm (UV-B- oder UV-C-Licht) gar nicht durchdrungen wird. **V**erbund**s**icherheits**g**las (VSG) ist für

UV-Licht fast komplett undurchlässig und wird quasi nur von sichtbarem Licht durchdrungen. Eine Scheibe aus nicht eingefärbtem Polycarbonat (PC) hingegen lässt die Strahlung erst ab einer Wellenlänge von ca. 400 nm durch. Farb-, Füll- und Verstärkungsstoffe beeinflussen die Durchstrahlbarkeit darüber hinaus. Die Durchstrahlbarkeit der Substrate ist also bei der Auswahl eines geeigneten PI-Klebstoffs und der dazu passenden Lichtquelle unbedingt zu beachten.

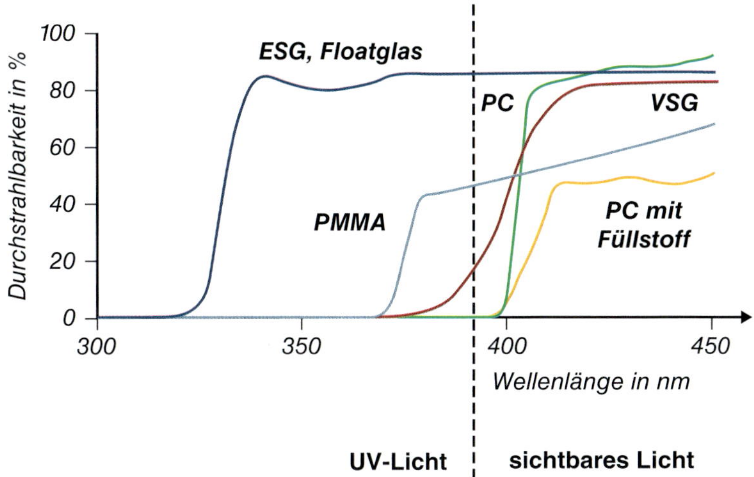

Bild 3.16 *Transmissionsspektren unterschiedlicher Materialien* [Quelle: DELO Industrie Klebstoffe, Windach, nach 75]

Zusammenfassend werden im Folgenden die Vor- und Nachteile sowie die Anwendungsmöglichkeiten und Einsatzgebiete der PI-Acrylate stichpunktartig aufgeführt [22; 72; 75].

Vorteile:

+ sehr kurze Taktzeiten durch schnelle Aushärtung (ca. 1 s)
+ hochtransparente Klebungen möglich
+ optisch stabil im Xenon-Test bei 10-facher Sonnenlichtintensität
+ weiter Elastizitätsbereich: 4 bis 300% Reißdehnung
+ große Schichtdicken bis 5 mm
+ kaum exotherme Wärmeentwicklung bei der Aushärtung
+ geeignet für temperaturempfindliche Substrate
+ Biokompatibilität → medizintechnische Zulassungen

Nachteile:

- begrenzte Aushärtung in Schichtdicken >5 mm
- keine Lichthärtung in Schattenzonen

Typische Einsatzgebiete und Anwendungen:

- transparente Glas-Glas-, Glas-Metall- oder Glas-Kunststoff-Klebungen
  - Glasmöbel
  - Duschkabinen

  - Trennwände
  - Sichtfenster / Linsen
  - Dental- und Medizintechnik
  - Elektrik / Elektronik
- Onsert-Technik (siehe Abschnitt 6.2.1)
- …

PI-Epoxide

Photoinitiiert härtende Epoxide reagieren dagegen in einer kationischen Polymerisationsreaktion aus. Der Reaktionsablauf ist schematisch in Bild 3.17 dargestellt.

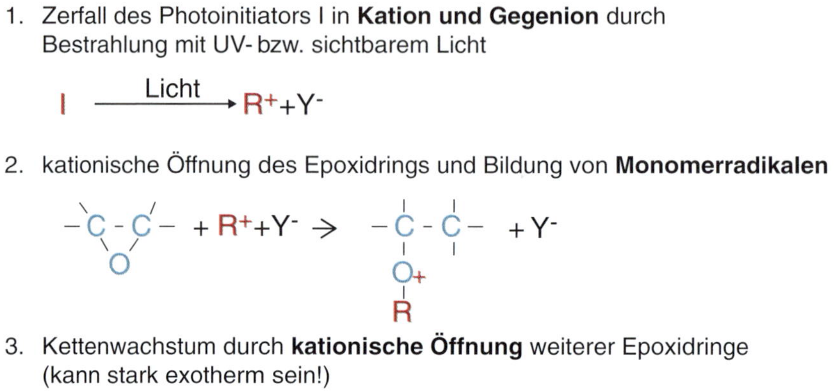

1. Zerfall des Photoinitiators I in **Kation und Gegenion** durch Bestrahlung mit UV- bzw. sichtbarem Licht

$$I \xrightarrow{\text{Licht}} R^+ + Y^-$$

2. kationische Öffnung des Epoxidrings und Bildung von **Monomerradikalen**

$$-\underset{\diagdown O \diagup}{C - C}- \; + R^+ + Y^- \rightarrow -\underset{\underset{R}{|}}{\underset{O^+}{\overset{|}{C}}} - \overset{|}{\underset{|}{C}} - \; + Y^-$$

3. Kettenwachstum durch **kationische Öffnung** weiterer Epoxidringe (kann stark exotherm sein!)

Bild 3.17 *Kationische Polymerisation von PI-Epoxiden* [Quelle: DELO Industrie Klebstoffe, Windach, nach 75]

Wie bei den PI-Acrylaten werden die im Klebstoff enthaltenen Photoinitiatoren (I) durch Bestrahlung mit der geeigneten Wellenlänge zum Zerfall gebracht. Dabei entstehen diesmal Kation (R^+) und Gegenion (Y^-). Das Kation bewirkt die sogenannte kationische Öffnungsreaktion des Epoxidrings, die sich als Kettenreaktion weiter fortsetzt, bis die Aushärtung vollständig abgeschlossen ist und der Klebstoff seine Endfestigkeit erreicht hat [22; 75].

Bei den PI-Epoxiden muss zwar zur sicheren und vollständigen Aushärtung die gesamte Klebstoffmenge bestrahlt werden, aber die Belichtung muss nicht bis zur vollständigen Aushärtung des Klebstoffs erfolgen. Dies ist ein signifikanter Unterschied zu den PI-Acrylaten und ermöglicht, dass mit PI-Epoxiden auch nicht durchstrahlbare Substrate problemlos miteinander verklebt werden können [22; 75].

Somit ergeben sich für PI-Epoxide zwei grundsätzlich unterschiedliche Verarbeitungsmöglichkeiten (Bild 3.18), nämlich die konventionelle Methode und das Verkleben mit Voraktivierung.

Die konventionelle Methode entspricht der Vorgehensweise, die auch bei der Verarbeitung von PI-Acrylaten angewandt wird. Nach dem Dosieren des Klebstoffs werden die Substrate zusammengelegt und lagerichtig positioniert. Anschließend erfolgt die Belichtung des Klebstoffs durch ein durchstrahlbares Fügeteil hindurch.

Die Methode mit Voraktivierung gestattet überdies das Kleben von strahlungsundurchlässigen Fügeteilen. Hier wird der PI-Epoxid-Klebstoff nach dem Applizieren mit einer geeigneten Strahlungsquelle belichtet und dadurch aktiviert. Unmittelbar nach der Aktivierung wird das zweite Substrat aufgelegt und ausgerichtet. Die Aushärtung läuft automatisch ab.

An dieser Stelle werden noch die Vor- und Nachteile sowie Anwendungsmöglichkeiten und Einsatzgebiete der PI-Epoxide stichpunktartig aufgelistet [22; 75].

konventionell

Dosieren | Fügen | Aushärten | Fertige Klebung

voraktiviert

Dosieren | Aktivieren | Fügen und Aushärten ohne weitere Belichtung | Fertige Klebung

Bild 3.18 *Verarbeitungsmöglichkeiten für PI-Epoxide* [Quelle: DELO Industrie Klebstoffe, Windach]

Vorteile:

+ kurze Taktzeiten durch schnelle Aushärtung (bis ca. 60 s)
+ eingefärbte Klebungen möglich
+ niedriger Ionengehalt
+ Temperatureinsatzbereich bis +150 °C
+ nicht durchstrahlbare Fügeteile mit Voraktivierung klebbar
+ spannungsausgleichend mit Reißdehnungen bis 50%
+ trockene Oberfläche
+ Biokompatibilität
+ medizintechnische Zulassungen

Nachteil:

– (sehr starke) exotherme Aushärtung

Typische Einsatzgebiete und Anwendungen:

- Klebungen in der Elektronik / Elektrotechnik
- Spulenklebungen
- ...

3.3.4.4 Anaerob härtende Klebstoffe

DEFINITION

Anaerob härtende Klebstoffe sind einkomponentige und lösemittelfreie Reaktionsklebstoffe, die – wie ihr Name bereits andeutet – unter Ausschluss von Sauerstoff polymerisieren.

Neben der Bedingung des Sauerstoffabschlusses sind zwei weitere Voraussetzungen für die Aushärtung zu erfüllen: Die Reaktion findet erst in dünnen Schichten bis maximal ca. 0,2 mm und unter dem katalytischen Einfluss von freien Metallionen oder von Aktivator statt [15; 76].

Speziell bei passiven Substratoberflächen, wie zum Beispiel Edelstahl, Aluminium (mit Oxidschicht), Chrom, Nickel, Zink, Silber, Gold, beschichteten Metallen oder Kunststoff, kann der Einsatz eines Aktivators erforderlich sein, um die Aushärtung zu initiieren oder zu beschleunigen. Passive Oberflächen geben nämlich nur wenige oder gar keine Ionen ab, die für die Klebstoffaushärtung jedoch erforderlich sind. Im Vergleich dazu geben aktive Oberflächen sehr leicht Ionen ab. Zu den aktiven Oberflächen gehören beispielsweise Stahl und Eisen sowie Buntmetalle, wie Kupfer, Messing und Bronze. Werden bei Aluminiumsubstraten die Passivschicht (Al_2O_3) sowie eventuelle Verunreinigungen der Oberfläche unmittelbar vor der Klebung entfernt, so liegen wiederum aktive Oberflächen vor, so dass auf den Einsatz von Aktivator verzichtet werden kann [76-78].

Eine Alternative zur nasschemischen Oberflächenaktivierung durch den Einsatz eines Aktivators stellt das manuelle oder automatisierte Bürsten der Klebflächen mit Messingbürsten dar. Dabei kommt es zur Abtragung von aktiven Messingpartikeln (Messing = aktive Oberfläche), die auf die passive Oberflächen übertragen werden [76]. Auf die für eine Klebung optimale Vorbereitung der Fügeteiloberflächen wird in Abschnitt 4.1 ausführlich eingegangen.

Anaerobe Klebstoffe sind kalthärtend. Sie reagieren somit auch schon bei Raumtemperatur aus. Durch Wärmezufuhr kann die Polymerisation jedoch grundsätzlich beschleunigt werden [15; 76].

Als ausreagierte Produkte zeichnen sich anaerob härtende Klebstoffe durch sehr hohe Druck- und Druckscherfestigkeiten aus. Sie sind außerdem vibrationsfest und somit beständig gegen dynamische Dauerbelastung, was speziell für Schraubensicherungen von besonderer Bedeutung ist. Des Weiteren ermöglichen anaerob ausgehärtete Klebstoffe einen sehr breiten Temperatureinsatzbereich (–60 °C bis +150 °C – bei Spezialanwendungen bis +200 °C) und eine hohe Temperaturfestigkeit [76]. Zu guter Letzt bieten sie eine gute chemische Beständigkeit.

Die anaerob härtenden Klebstoffe finden heutzutage vielseitigen Einsatz als Schraubensicherungen, Gewinde- und Flächendichtungen sowie für kraftschlüssige Welle-Nabe-Verbindungen (Bild 3.19).

Bild 3.19 *Anwendungsmöglichkeiten anaerober Klebstoffe* [Quelle: Henkel AG & Co. KGaA, Düsseldorf]

Schraubensicherungen sind die traditionellen Anwendungen der anaerob härtenden Klebstoffe. Sie werden eingesetzt, um bei Schraubverbindungen das ungewollte selbstständige Losdrehen unter dynamischer Belastung (Vibrations- und/oder Stoßbelastung) zu verhindern [77]. Die Produkte unterscheiden sich im Wesentlichen in ihrer Viskosität und in der Festigkeitsklasse. Tabelle 3.11 stellt die drei gängigsten Festigkeitsklassen für Schraubensicherungen sowie die Möglichkeit und den Aufwand für eine Demontage gegenüber.

Tabelle 3.11 *Standard-Festigkeitsklassen für Schraubensicherungen* [72; 76; 77]

Festigkeitsklasse	Demontage	Losbrechfestigkeit (MPa)
niedrigfest	mit normalem Handwerkzeug leicht lösbar	1...4
mittelfest	mit normalem Handwerkzeug lösbar	4...8
hochfest	mit normalem Handwerkzeug schwer lösbar; ggf. im erwärmten Zustand (>250 °C) demontierbar	8...15

Neben den zuvor genannten üblichen Festigkeitsklassen bieten die Klebstoffhersteller noch diverse Spezialprodukte an, zum Beispiel hoch- und warmfeste (200 °C) oder hochfeste anaerob, UV- bzw. lichthärtende Systeme [76], Schraubensicherungen für passive Oberflächen, für hohe Temperaturen, mit Öltoleranz oder mit Kapillarwirkung für nachträgliche Auftragung [77].

Neben der Verwendung von anaeroben Klebstoffen gibt es noch eine weitere, am Markt weit verbreitete Möglichkeit der chemischen Gewindesicherung und -dichtung, die auf Basis von 2K-Acrylaten und Mikroverkapselung basiert. Auf dieses sogenannte precote®-System wird im Folgenden noch eingegangen.

Bei den Gewindedichtungen im Gas- und Wasserbereich werden zum Teil spezielle Produkte mit DVGW-Zulassung (DVGW: **D**eutscher **V**erein des **G**as- und **W**asserfaches e.V.) erforderlich. Dichten ist im Vergleich zum Kleben die deutlich anspruchsvollere Aufgabe (vgl. Abschnitt 1.1). Eine mögliche Fehlstelle in einer Klebfuge führt nicht zwangsläufig zum Versagen der Klebung. Eine Fehlstelle in einer Abdichtung hingegen macht diese nicht nur unbrauchbar, sondern kann, zum Beispiel bei einer undichten Gasleitung, katastrophale Folgen nach sich ziehen.

Bei den Flächendichtungen steht ebenfalls die Dichtfunktion im Fokus. Darüber hinaus müssen diese Produkte oftmals eine gute Medienbeständigkeit mit sich bringen. Die Klebkraft darf hier eher gering ausfallen, damit die Verbindung auch leicht wieder gelöst werden kann [76]. Außerdem werden Gehäuse- oder Flanschverbindungen in vielen Fällen redundant gefügt, also zusätzlich noch mit zum Beispiel Schrauben fixiert, so dass der anaerobe Klebstoff dann keine lasttragende Funktion übernimmt.

Klebungen bei kraftschlüssigen Welle-Nabe-Verbindungen kommen immer dann zum Einsatz, wenn Wälzlagerinnenringe oder Zahnräder auf Wellen respektive Wälzlageraußenringe in Räder / Scheiben oder Gehäuse geklebt werden sollen. In diesen Fällen geht es in der Regel immer um redundantes Fügen, nämlich Schrumpfen / Pressen und Kleben (siehe dazu auch Abschnitt 8.7).

Da anaerobe Klebstoffe unter Sauerstoffabschluss ausreagieren, sollen sie bei der Lagerung bzw. Aufbewahrung stets mit (Luft-)Sauerstoff in Kontakt stehen. Aus diesem Grund werden anaerobe Klebstoffe in speziellen Flaschen aus sauerstoffdurchlässigem Kunststoff gelagert. Außerdem werden diese Produkte in max. halbvollen Original-Gebinden ausgeliefert, so dass die Flasche bereits zu etwa der Hälfte mit Luft gefüllt ist [76]. Bild 3.20 zeigt eine Auswahl unterschiedlicher Original-Gebinde von anaeroben Klebstoffen.

Bei trockener Lagerung sind anaerobe Klebstoffe in der Regel 12 Monate bei Raumtemperatur lagerfähig [76].

Die Anwesenheit von aktiven Metallionen ist eine wichtige Voraussetzung für das Aushärten von anaeroben Klebstoffen; deshalb ist die Anwendung dieser Klebstoffart vorwiegend der Klebung von

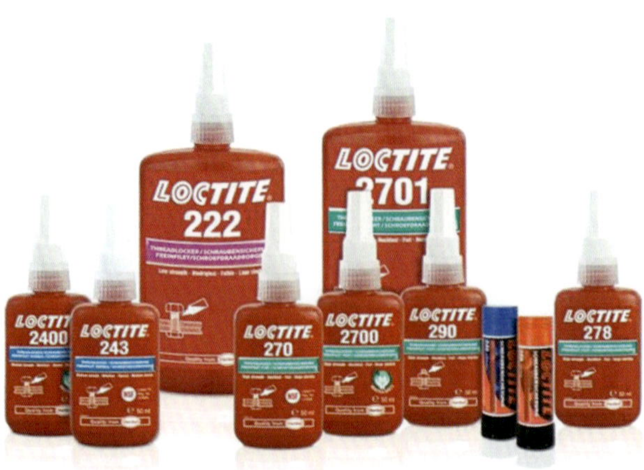

Bild 3.20 *Original-Gebinde von anaeroben Klebstoffen* [Quelle: Henkel AG & Co. KGaA, Düsseldorf]

metallischen Substraten vorbehalten. Kunststoffe lassen sich so praktisch nicht verkleben. In Ausnahmefällen kann der Einsatz von Aktivatoren zu klebtechnischen Verbindungen führen, die dann aber in der Regel keine hohen Klebfestigkeiten aufweisen [76]. Zur Sicherung von Kunststoffschrauben muss auf andere Klebstoffsysteme zurückgegriffen werden, zum Beispiel auf precote®-Beschichtungen.

Anaerobe Klebstoffe kommen außerdem an ihre Anwendungsgrenzen, wenn beispielsweise bei einer kraftschlüssigen Welle-Nabe-Verbindung das Klebspiel zu groß wird (>0,25 mm) oder wenn die Fügepartner stark unterschiedliche Wärmeausdehnungskoeffizienten aufweisen und gleichzeitig im Gebrauch bzw. Betrieb großen Temperaturschwankungen ausgesetzt werden. Anaerobe Produkte sind im Allgemeinen für mehrachsige Spannungszustände ungeeignet.

3.3.4.5 Reaktionsklebstoffe auf Methylmethacrylat-Basis (MMA)

Methylmethacrylat-Klebstoffe sind zweikomponentige Reaktionsklebstoffe auf MMA-Basis. Wie alle Reaktionsklebstoffe handelt es sich um lösemittelfreie Systeme, die jedoch monomeres MMA enthalten. Eine gut belüftete Arbeitsumgebung und eine gezielte Absaugung an der Applikationsstelle sind somit empfehlenswert [34; 67]. Um die Geruchsbelastung auf ein Minimum zu reduzieren, haben Klebstoffhersteller spezielle geruchsarme («low odor» oder «no smell») MMA-Klebstoffe [79] entwickelt und auf den Markt gebracht.

Im Ausgangs- und Verarbeitungszustand sind MMA-Klebstoffe flüssig bis pastös – oftmals nicht fließend. Die Topfzeit beträgt üblicherweise 1 bis 10 Minuten [67] – abhängig von der Latenz bzw. Dynamik des Klebstofftyps.

i

DEFINITION

Als Topfzeit ist die Zeitspanne, in der ein Reaktionsklebstoffansatz nach dem homogenen Vermischen der Komponenten für eine bestimmte Verwendung «brauchbar» ist, definiert [34]. Damit ist prinzipiell die Zeitspanne (Verarbeitungszeit) gemeint, in der der gemischte Klebstoff bei Raumtemperatur grundsätzlich (noch) verarbeitbar ist.

Die Topfzeit wird mitunter auch als die Zeitspanne angenommen, innerhalb der sich die Viskosität des Klebstoffansatzes verdoppelt, um einen eindeutigen und konkreten Messwert zu haben, der etwas über die Reaktivität des Systems aussagt.

Bis zum Erreichen der Hand- bzw. Weiterverarbeitungsfestigkeit müssen Fixierhilfen die relative Position der Fügeteile zueinander unter dem sogenannten Fixierdruck (ca. 2…7 MPa) sicherstellen. Als Fixierhilfen kommen zum Beispiel konkrete Vorrichtungen bzw. Bauteilaufnahmen, Klemmen und Klammern oder auch Klebebänder zum Einsatz [80].

Nach Abschluss der Radikalkettenpolymerisation liegt der Klebstoff in einem festen, meist zähelastischen Endzustand vor [34; 67]. Für das Erreichen der Endfestigkeit werden – je nach Produkt – Zeiten zwischen ca. 20 Minuten bis hin zu 24 Stunden benötigt. Eine Warmhärtung kann die Aushärtezeit verkürzen. Allerdings sollen dabei – aufgrund des Lösemittelcharakters des monomeren MMAs – Temperaturen von ca. 60…70 °C nicht überschritten werden [80].

2K-MMA-Klebstoffe lassen sich auf unterschiedliche Weisen verarbeiten. Folgende Verarbeitungssysteme kommen grundsätzlich in Betracht [15]:

- Härterlack-Verfahren («No-Mix»-Verfahren),
- direkter Härterzusatz («Mix-System»),
- A-B-Verfahren.

Beim Härterlack-Verfahren («No-Mix»-Verfahren) wird ein sogenannter «Härterlack» aus Härter und leichtflüchtigem Lösemittel hergestellt und unmittelbar danach auf eine Fügeteiloberfläche aufgetragen. Zum Zeitpunkt der Klebung wird auf das andere Fügeteil die MMA-Beschleuniger-Komponente appliziert. Direkt im Anschluss werden die beiden Substrate gefügt. Diese Technik funktioniert jedoch nur bei relativ geringen Klebschichtdicken von max. 0,3…0,4 mm [15; 80; 67].

Alternativ kann die Härterkomponente dem MMA inklusive Beschleuniger unmittelbar vor der Verarbeitung zugegeben werden. Da meist nur ca. 1 bis 3% Härter benötigt werden, ist hier die besondere Herausforderung, in möglichst kurzer Zeit eine homogene Mischung herzustellen. Extrem reaktive Systeme lassen sich auf diese Weise nicht verarbeiten [15].

Zu guter Letzt bietet noch das A-B-Verfahren verschiedene Optionen der Verarbeitung, wie in Bild 3.21 schematisch dargestellt.

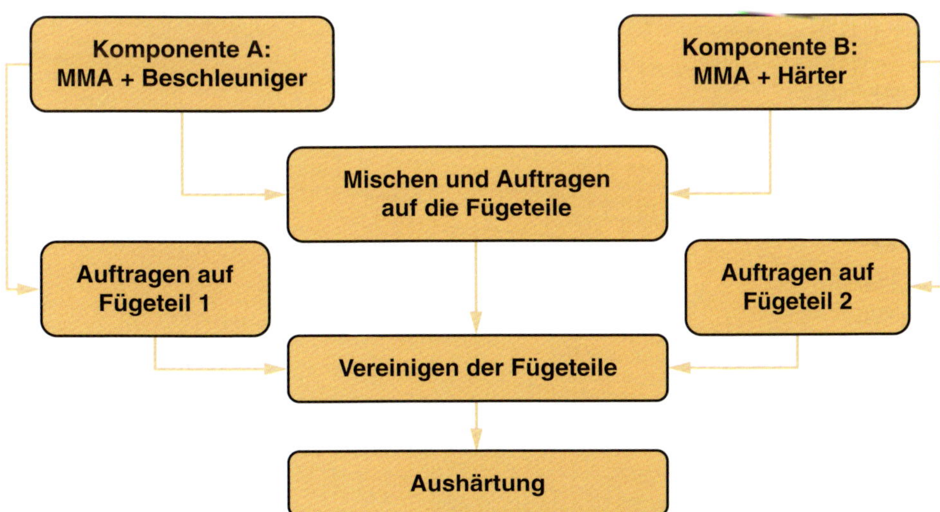

Bild 3.21 *Verarbeitung von MMA-Klebstoffen nach dem A-B-Verfahren* [15]

Beim sogenannten A-B-Verfahren werden die beiden Komponenten (A: MMA + Beschleuniger und B: MMA + Härter) getrennt auf je eine Fügeteiloberfläche aufgetragen. Das «Mischen» der beiden Komponenten erfolgt dann durch das Zusammenlegen der beiden mit Klebstoff benetzten Substratoberflächen und den Anpressdruck. Optional können die Komponenten A und B zunächst miteinander vermischt und dann auf beide Fügeteile appliziert werden. Direkt im Anschluss werden die Fügeteile vereinigt. Nach dem Vereinigen der Substrate erfolgt jeweils die Aushärtung des Klebstoffs [15; 80; 67].

Beim Mischen der beiden Komponenten A und B ist stets das richtige Mischungsverhältnis einzuhalten. Außerdem ist eine optimale (homogene) Vermischung zu realisieren. Wenn die Komponenten händisch abgewogen, dosiert und zusammengemischt werden, ist deshalb mit besonderer Sorgfalt vorzugehen. Reproduzierbarkeit und Prozesssicherheit sind dabei dennoch fraglich, da Fehler beim stöchiometrischen Verhältnis gemacht werden können und beim manuellen Mischen die Homogenität nicht sichergestellt ist.

Das Problem der Stöchiometrie kann mit speziellen Beutelsystemen [80] einfach gelöst werden. Hierbei handelt es sich um Zwei-Kammer-Beutel oder sogenannte Doppelkammerbriefe, in denen die richtigen Mengen der Komponenten A und B in zunächst voneinander getrennten Kammern isoliert deponiert sind. Durch Entfernen des Separators können nun die beiden Komponenten im korrekten Mischungsverhältnis im Beutel vermischt werden. Es bleibt jedoch die Herausforderung, in möglichst kurzer Zeit eine homogene Mischung zu erzeugen.

Eine sehr anwenderfreundliche, prozesssichere und deshalb mittlerweile weit verbreitete Lösung für das stöchiometrische und homogene Mischen der beiden Komponenten sind sogenannte Doppelkammerkartuschen, die mit Hilfe von Handpistolen (alternativ: pneumatisch oder elektrisch betriebenen Austragssystemen) und statischen Mischrohren gezielt entleert werden [15; 67]. Für die Serienfertigung erfolgt die Verarbeitung des Klebstoffs auf speziellen 2K-Misch- und Dosieranlagen [67; 80]. Auf die Misch- und Dosiertechnik wird in den Abschnitten 4.2 und 4.3 näher eingegangen.

MMA-Klebstoffe zeigen ein sehr breites Haftungsspektrum auf unterschiedlichen Werkstoffen, insbesondere auf Metallen und Kunststoffen. Folgende Substrate können mit MMA-Klebstoffen strukturell geklebt werden [79–81]:

- Metalle:
  - (verzinktes) Stahlblech
  - Aluminium
  - Edelstahl
  - …
- Kunststoffe:
  - ABS
  - PC
  - PMMA
  - PVC
  - PE
  - PP
  - TPE
  - Elastomere
  - FVK (GFK, CFK)
- pulverlackierte Oberflächen
- Glas
- Holz

Für Kunststoffklebungen werden üblicherweise Acrylat-Klebstoffe mit deutlich höherem MMA-Anteil eingesetzt, da das MMA Lösemittelcharakter aufweist [80].

Reaktionsklebstoffe auf MMA-Basis bieten folgende Vorteile [79–81]

+ sehr breites Haftungsspektrum
+ sehr kurze Verarbeitungszeit
+ relativ schnelle Reaktion bei Raumtemperatur
+ hohe konstruktive Festigkeiten
+ zähelastische Klebstoffeigenschaften
+ hohe Schlagfestigkeit
+ hohe Temperaturbeständigkeit (–55 °C …+100 °C – bei Spezialprodukten bis +160 °C)
+ sehr gute UV-Beständigkeit
+ teilweise öltolerant (ölfilmkompatibel)
+ …

Die Eignung von 2K-Acrylat-Klebstoffen auf unterschiedlichen Substraten ist in Tabelle 3.12 qualitativ bewertet.

Tabelle 3.12 *Eignung und Einsatz von 2K-Acrylat-Klebstoffen* [56]

Werkstoff/Basis	2K-Acrylate
Metalle	++
Kunststoffe	++
Elastomere / Gummi	+
Glas / Keramik	++
Leder / Gewebe / Filz	+
Holz / Kork / Pappe	++

++ sehr gut geeignet
+ geeignet

Eine Sonderform der Acrylat-basierten Klebstoffe stellen sogenannte **mikroverkapselte, modifizierte 2K-Acrylate** dar, wie sie beispielsweise bei der chemischen Schraubensicherung und Gewindeabdichtung mit dem precote®-System [82] Anwendung finden. Die Beschichtungen sind lösemittelfrei, trocken, grifffest und eignen sich für jede Art von Montageprozessen, insbesondere Serienfertigungen. Diese Art der Schraubensicherung benötigt im Vergleich zu den anaeroben Schraubensicherungen (vgl. Abschnitt 3.3.4.4) zum Aushärten weder Sauerstoffabschluss noch freie Metallionen. Dies ermöglicht unter anderem den Einsatz in Verbindung mit Kunststoffschrauben [82].

precote® ist ein vorbeschichteter acrylbasierter 2K-Klebstoff, bei dem sich die flüssigen Klebstoff-Tröpfchen in kleinen Mikrokapseln befinden, die wiederum in ein lackähnliches Bindersystem eingebettet sind. Dieses System wird gezielt auf Gewinde aufgetragen und getrocknet. In dieser Form bleibt das System bis zur erstmaligen bestimmungsgemäßen Verwendung des beschichteten Gewindeteils inaktiv [82].

Die Mikrokapseln werden durch Druck- und Scherbeanspruchung bei der Montage der beschichteten Gewindeteile zerstört, die freigesetzten Klebstoffkomponenten vermischen sich und härten aus [82].

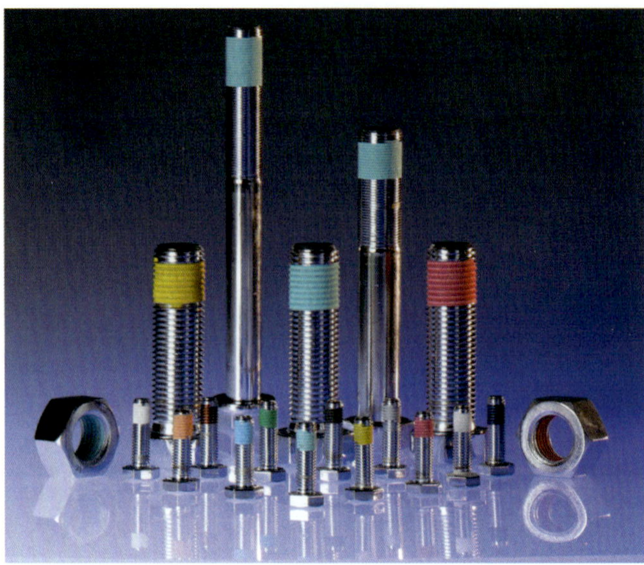

Bild 3.22 Diverse Gewindebeschichtungen mit dem precote®-System [Quelle: omniTECHNIK Mikroverkapselungs GmbH, München]

precote®-vorbeschichtete Gewindeteile bieten unter anderem folgende Vorteile [82]:

+ unverlierbare Schraubensicherung und Gewindeabdichtung
+ Verzicht auf zusätzliche mechanische Sicherungs- und Dichtelemente
+ korrosionshemmend
+ einfache, problemlose Lagerhaltung und Handhabung dank äußerlich «trockener», grifffester Beschichtung
+ eingestellte Gewindereibzahl
+ gleichbleibende Montageeigenschaften
+ Einsatzbereich bis +170 °C (DIN 267-27)
+ gute thermische und chemische Beständigkeit
+ keine Nachhärtung bei wiederholten Tempervorgängen
+ Abdichtung gegen Drücke bis 400 bar
+ leichte Demontage nach dem Losbrechen

3.3.4.6 Durch Polyaddition härtende Reaktionsklebstoffe

Epoxidharz-Klebstoffe und Polyurethan-Klebstoffe sind die beiden wichtigsten Vertreter der durch Polyaddition härtenden Reaktionsklebstoffe. Beide Klebstofffamilien finden üblicherweise Einsatz für anspruchsvolle strukturelle oder semistrukturelle Klebungen. In Tabelle 3.13 werden EP- und PUR-Klebstoffe anhand ausgewählter Eigenschaften qualitativ gegenübergestellt. Aufgrund der hohen Diversität bei diesen Klebstoffen fällt es jedoch schwer, allgemeingültige Aussagen zu treffen und damit eine eindeutige Zuordnung vorzunehmen. Dies erklärt die zum Teil breiten Eigenschaftsspektren in Tabelle 3.13. Zudem lassen sich die Klebstoffeigenschaften über die Rezeptierung und über gezielte Additivierung in weiten Bereichen individuell einstellen. Durch gezielte Zugabe von Füll- und/oder Verstärkungsstoffen lassen sich beispielsweise folgende Produkteigenschaften modifizieren [83]:

- Kosteneinsparung durch Einsatz preiswerter Füllstoffe,
- Verbesserung der mechanischen Eigenschaften (Festigkeit, Steifigkeit, Härte, ...),
- Reduzierung / Minimierung der Schwindung,
- Verbesserung der Wärmeleitfähigkeit,
- Anpassung der Wärmeausdehnung,
- gezielte Einstellung der elektrischen Eigenschaften (isolierend bis elektrisch leitend),
- gewünschte Farbeinstellung,
- ...

Tabelle 3.13 *Gegenüberstellung von EP- und PUR-Klebstoffen* [80; 68; 53]

Eigenschaften	EP	PUR
Viskosität	(niedrig bis) hoch	mittel
Aushärtung	tendenziell langsam	relativ schnell
Festigkeit	sehr hoch	niedrig bis mittel
Klebfuge	hart, zähelastisch oder flexibel	flexibel
Anwendungen	vorwiegend Metalle, FVK, ...	Metalle, Kunststoffe, ...

Des Weiteren sind Epoxidharz- und Polyurethan-Klebstoffe als 1K- wie auch als 2K-Systeme erhältlich. Ob letztendlich ein (warmhärtender) 1K- oder ein (kalthärtender) 2K-Klebstoff für die jeweilige Anwendung zum Einsatz kommt, hängt unter anderem von folgenden Faktoren ab:

- Größe der Bauteile bzw. der Baugruppen,
- Losgröße der Bauteile (Einzel- oder Chargenklebung),
- Größe und Länge der Klebfuge(n),
- Menge des zu applizierende Klebstoffs,
- Zeiten für Verarbeitung, Weiterverarbeitung, ...,
- ...

In den nachfolgenden Abschnitten wird auf die Eigenschaften, Besonderheiten, Vor- und Nachteile sowie die Anwendungsmöglichkeiten und Einsatzgebiete für 1K-Klebstoffe und 2K-Klebstoffe näher eingegangen.

1K-Klebstoffe

1K-Epoxidharz-Klebstoffe sind warmhärtende Systeme, die entweder als Klebstoffe oder als Gießharze Verwendung finden. Die Härterkomponente ist somit bereits im 1K-Produkt enthalten (vgl. Abschnitt 3.3.4) und muss zur Aushärtung nur noch thermisch aktiviert werden. Die Geschwindigkeit der Aushärtereaktion ist hauptsächlich von dem Klebstofftyp bzw. dem eingesetzten Härtersystem (z.B. Amine, Kationen oder Säureanhydride), der Klebstoffmenge und der Aushärtetemperatur abhängig [6; 83].

Die wesentlichen Vor- und Nachteile sowie die Anwendungsmöglichkeiten und Einsatzgebiete der 1K-EP-Klebstoffe werden im Folgenden stichpunktartig aufgeführt [6; 68; 83; 84].

Vorteile:

\+ einfache Verarbeitung
\+ kein Abwiegen und Vermischen der Komponenten vor der Verarbeitung
\+ hoher E-Modul (>2500 MPa)

+ geringe Schwindung (0,5 bis 1%)
+ spalt- und fugenfüllend
+ sehr hohe Zugfestigkeiten (>40 MPa) und Zugscherfestigkeiten
+ höchste Verbundfestigkeit auf vielen Materialien
+ kraftübertragende Funktion
+ hohe Temperaturbeständigkeit
+ großer Dauertemperatureinsatzbereich –55 °C bis +150 °C
+ sehr gute Chemikalienbeständigkeit
+ gute Alterungsbeständigkeit
+ sehr breites Anwendungsspektrum
+ teilweise öltolerant (ölfilmkompatibel)

Nachteile:

- Fixierhilfen erforderlich bis zum Erreichen der Handfestigkeit
- Wärmequelle (ca. 100...200 °C) zur Aushärtung erforderlich
- geringe Reißdehnung (<2%; mit Ausnahmen)
- kühle Lagerung zur Einhaltung der Lagerstabilität
- Anklimatisieren vor der Verarbeitung erforderlich

Im Allgemeinen bestimmt die Größe der mit warmhärtenden Reaktionsklebstoffen gefügten Bauteile die Mindestgröße des Wärmeschranks bzw. Härteofens. Speziell bei großen Bauteilen können so jedoch schnell das Kammervolumen oder die maximalen Abmessungen des zur Verfügung stehenden Wärmeschranks / Ofens erreicht oder sogar überschritten werden. In solchen Fällen muss nicht notwendigerweise eine größere Wärmequelle angeschafft oder auf kalthärtende 2K-Reaktionsklebstoffe gewechselt werden. Mit Hilfe von Heißluftgebläsen, IR-Strahlern oder sogenannten Thermoden lässt sich auch dann eine Warmhärtung realisieren.

DEFINITION

Thermoden sind stromdurchflossene Werkzeuge, die im Bereich der Fügezone direkt auf die (nach Möglichkeit gut wärmeleitfähigen) Fügeteile aufgesetzt werden.

Die Thermode erzeugt die erforderliche Wärme und überträgt sie mittels Wärmeleitung in die Fügezone und somit auf den warmhärtenden Klebstoff.

Typische Einsatzgebiete und Anwendungen:

- strukturelle Klebungen im Maschinenbau, in der Automobilindustrie, ...
  - Gehäuseklebungen
  - Rohranschlüsse
  - Karosseriebau
  - ...
- (elektrisch leitfähige) Elektronikklebungen und -kontaktierungen
- Elektronikverguss
- Matrixharz für FVK
- ...

1K-Polyurethane

Neben den bereits in Abschnitt 3.3.4.1 behandelten reaktiven PUR-Schmelzklebstoffen sind auch die **1K-Polyurethan-Klebstoffe** feuchtigkeitsvernetzende Systeme. Sie bestehen aus vorreagierten Prepolymeren. Die Aushärtung erfolgt durch die Zufuhr von Feuchtigkeit in Form von Wasser oder Luftfeuchtigkeit in der Klebfuge. Um eine ausreichende bzw. optimale Vernetzung zu gewährleisten, soll die relative Umgebungsfeuchte nicht unter 40% betragen [15; 53].

Die absolute Feuchte bestimmt die Durchhärtung. Die Diffusion der Feuchtigkeit erfolgt bei diesem Klebstoffsystem von außen nach innen – durch die bereits ausreagierte Klebstoffschicht hindurch. Es bildet sich mit Beginn der Aushärtungsreaktion eine feste Außenhaut aus PUR, während das Material im Inneren der Klebfuge noch nicht ausreagiert ist. Mit Zunahme der vernetzten Klebstoff-Schichtdicke nehmen die Diffusionsgeschwindigkeit der Feuchtigkeit und damit die Reaktionsgeschwindigkeit immer weiter ab. Bis zur endgültigen Aushärtung können so – in Abhängigkeit der Klebfugenbreite – mehrere Tage vergehen. Die Härtungsgeschwindigkeit beträgt in der Regel nur wenige Millimeter pro Tag. Um die Reaktionszeiten in einem sinnvollen Rahmen zu halten, sind deshalb Klebschichtbreiten über 30 mm nicht üblich [6; 53].

Im Folgenden werden die Vor- und Nachteile sowie die Anwendungsmöglichkeiten und Einsatzgebiete der 1K-PUR-Klebstoffe stichpunktartig aufgelistet [6; 15; 53; 85].

Vorteile:

+ einfache Handhabung
+ gut geeignet für kleine Stückzahlen und Handauftrag
+ geringe Anlageninvestitionen
+ oftmals geringe Klebstoffauftragsmenge ausreichend
+ Aushärtung bei Raumtemperatur
+ elastische, spannungsausgleichende Klebfugen
+ Reaktionsbeschleunigung durch Erhöhung von Temperatur und relativer Luftfeuchtigkeit

Nachteile:

- max. Klebschichtbreite: 30 mm
- bei großflächigen und feuchtigkeitsundurchlässigen Substraten ohne Modifikation nicht einsetzbar
- klimaabhängige Durchhärtung
- unter 5 °C kaum noch Aushärtung
- unterhalb 30% rel. Feuchte kaum noch Aushärtung

Typische Einsatzgebiete und Anwendungen:

- (tragender) Holzleimbau
- Montageanwendungen im Handwerk
- Sandwichelemente
- Außenanwendungen
- Boots- und Yachtbau
  - Verbinden von GFK-Elementen
  - Kleben und Dichten der Schottwände
  - Innenausbau
  - ...

2K-Klebstoffe

Bei **durch Poladdition härtenden 2K-Klebstoffen** werden die beiden im Ausgangs- bzw. Verarbeitungszustand flüssig bis pastös vorliegenden Komponenten unmittelbar vor der klebtechnischen Verarbeitung in einem definierten Mischungsverhältnis möglichst homogen vermischt. Nach dem Vermischen muss die Verarbeitung innerhalb der Topfzeit (vgl. Abschnitt 3.3.4.5) erfolgen. Ein einseitiges Applizieren des Klebstoffs ist in der Regel ausreichend. Polyadditionsklebstoffe sind als fugenfüllende Klebstoffe durchaus geeignet, finden vielfach aber auch für hochfeste konstruktive Klebungen mit den typischerweise damit einhergehenden dünnen Klebschichten (0,1…0,3 mm) ihren Einsatz. Eine Fixierung der gefügten Substrate ist bis zum Erreichen der Mindestfestigkeit (Hand- oder Weiterbearbeitungsfestigkeit) erforderlich [6; 53; 67].

In Bild 3.23 ist der Aushärtungsverlauf für einen strukturellen 2K-Reaktionsklebstoff schematisch dargestellt. Aufgetragen ist die Festigkeit über der Zeit. Nach dem homogenen Mischen der beiden Komponenten schließt sich die Verarbeitungs-, Topf- bzw. Gelzeit an. In dieser Phase kommt es noch zu keiner spürbaren Härtung des Klebstoffs. Der erste Festigkeitsaufbau erfolgt erst nach Beendigung der Verarbeitungszeit. Die Handfestigkeit ist bei einer Festigkeit von ca. 1 MPa erreicht, Funktionsfestigkeit bei ca. 10 MPa (vgl. Tabelle 3.5). Die Endfestigkeit (>10 bis ca. 50 MPa) wird in der Regel erst nach mehreren Stunden oder sogar erst nach Tagen erreicht.

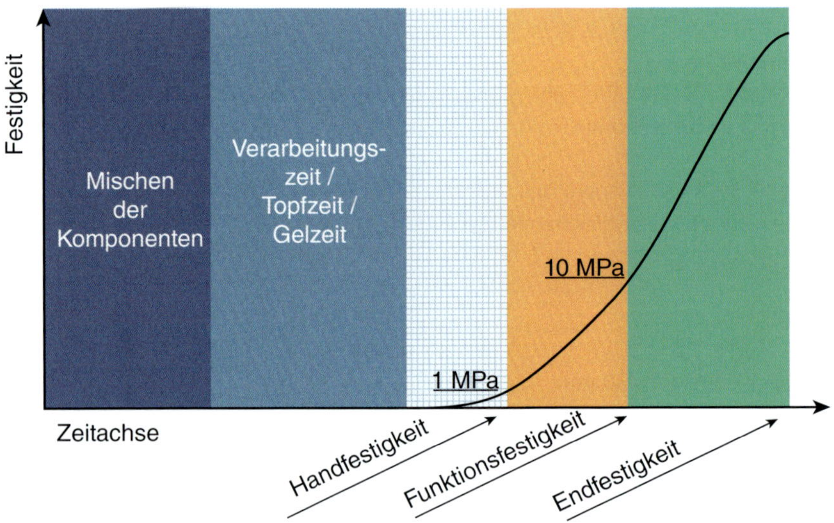

Bild 3.23 *Begriffe zum Aushärtungsverlauf am Beispiel eines strukturellen 2K-Reaktionsklebstoffs* [Quelle: DELO Industrie Klebstoffe, Windach, nach 86]

Die wichtigsten Begriffe im Zusammenhang mit dem Aushärtungsverlauf werden nachfolgend noch einmal erörtert:

Die **Topfzeit** wurde bereits als die Zeitspanne definiert, in der ein Reaktionsklebstoffansatz nach dem homogenen Vermischen der Komponenten für eine bestimmte Verwendung «brauchbar» ist. Diese Definition wird von Klebstoffherstellern und Verarbeitern allerdings nicht einheitlich übernommen. Die Topfzeit wird mitunter auch als die Zeitspanne angenommen, in der ein definierter Ansatz eine gewisse exotherme Reaktionswärme erreicht [86]. In der industriellen Praxis kann das zum Beispiel als Verdopplung der Viskosität ausgelegt werden, um einen eindeutigen und konkreten Messwert zu haben, der etwas über die Reaktivität des Systems aussagt.

Bei 2K-Klebstoffen entspricht die Topfzeit prinzipiell der **Verarbeitungszeit**, also der Zeitspanne, in der ein Ansatz verarbeitet (aufgetragen und gefügt) werden muss.

Bei 2K-Gießharzen hingegen wird die Topfzeit auch als **Gelzeit** bezeichnet. Sie entspricht der Zeitspanne, in der der Zustand des Gießharzansatzes von fließfähig in gelartig übergeht.

Die **Handfestigkeit** einer Klebung ist mit Erlangen einer Festigkeit von 1 MPa erreicht. Sie wird vielfach auch als Mindest- oder Weiterbearbeitungsfestigkeit bezeichnet. Sie beträgt meist nur 20 bis 30% der Endfestigkeit [67].

Die **Funktionsfestigkeit** wird erreicht, sobald die Klebung einen Festigkeitswert von ca. 7...10 MPa (siehe Tabelle 3.5) aufweist.

Die **Endfestigkeit** eines Klebstoffs wird in der Regel vom Klebstoffhersteller im jeweiligen Datenblatt konkret angegeben. Sie beträgt bei vielen (Reaktions-)Klebstoffen 24 Stunden. Abweichungen zu (deutlich) kürzeren oder (wesentlich) längeren Härtezeiten sind durchaus möglich. Insofern sind die Datenblattwerte unbedingt zu beachten.

Die Reaktionsgeschwindigkeit und somit auch die Härtezeit sind insbesondere temperaturabhängig. In Anlehnung an den Arrhenius-Ansatz in der chemischen Reaktionskinetik [87] gilt folgende Faustregel [67]:

MERKSATZ

Eine Temperaturerhöhung um 10 °C bewirkt eine Verdopplung der Reaktionsgeschwindigkeit respektive eine Halbierung der Härtezeit.

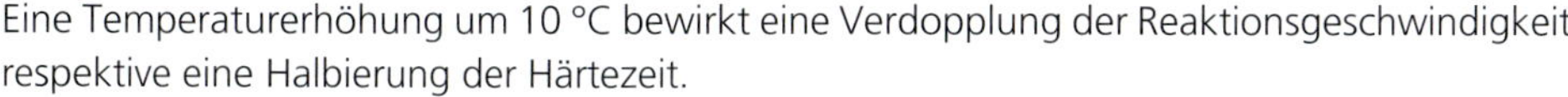

2K-Epoxide

2K-Epoxidharz-Klebstoffe sind typischerweise kalthärtende Systeme. Die Aushärtung lässt sich jedoch, wie zuvor beschrieben, durch nachträgliches Erwärmen oder durch Warmaushärten gezielt beschleunigen. Gleichzeitig können dadurch die Temperaturbeständigkeit und/oder die Kraftübertragung erhöht werden [6; 67; 86]. Außerdem entsteht bei der chemischen Vernetzungsreaktion von EP-Klebstoffen eine gewisse, zum Teil recht große Exothermie. Die exotherme Aushärtereaktion ist somit quasi selbstbeschleunigend.

Die Wärmeentwicklung infolge der Exothermie ist im Wesentlichen von der Ansatzmenge des 2K-Epoxidharzes abhängig. Dieser Sachverhalt ist in Bild 3.24 grafisch dargestellt. In dem Diagramm ist die Temperatur über der Zeit für drei unterschiedliche Ansatzmengen aufgetragen.

Deutlich zu erkennen ist in Bild 3.24 der exponentielle Anstieg der Temperatur, nachdem die Aushärtungsreaktion nach einer gewissen isothermen Zeitspanne (hier ca. 2 bis 3 Minuten) eine bestimmte Reaktionskinetik erreicht hat. Mit zunehmender Ansatzmenge nimmt dann die Temperatur im weiteren Verlauf überproportional zu, bis sich das Temperaturniveau dem jeweiligen Maximalniveau asymptotisch annähert. In Abhängigkeit der Ansatzmenge und der daraus resultierenden Temperatur ergeben sich folglich auch unterschiedliche Härtezeiten. Dies ist bei der Verarbeitung entsprechend zu berücksichtigen.

Zwei sehr wichtige Voraussetzungen für das Erreichen optimaler Klebstoffeigenschaften sind zum einen die Anwendung des richtigen Mischungsverhältnisses und zum anderen eine möglichst homogene Vermischung der beiden Grundkomponenten – Harz und Härter – unmittelbar vor der Verarbeitung [6; 67; 86]. Auf die unterschiedlichen Möglichkeiten zum Vermischen wird in Abschnitt 4.2 eingegangen.

2K-Epoxid-Klebstoffe gestatten in der Regel eine Abweichung im Mischungsverhältnis von maximal 5% [6; 86]. Dass die exakte Einhaltung der Stöchiometrie dennoch empfehlenswert ist, illustriert Bild 3.25 sehr anschaulich. In dem Diagramm ist die Klebfestigkeit über dem Mischungsverhältnis grafisch dargestellt. Die höchste Klebfestigkeit wird erreicht, wenn das Mischungsverhältnis exakt gemäß Datenblattvorgabe eingehalten wird. Wird hingegen

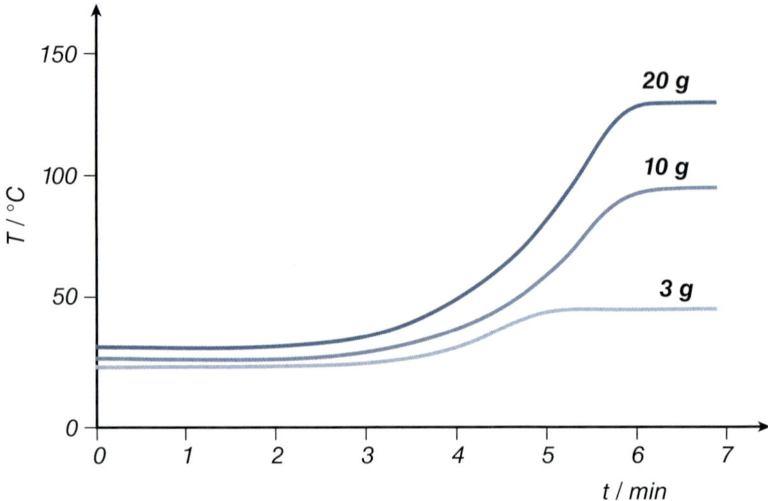

Bild 3.24 *Wärmeentwicklung in Abhängigkeit der Ansatzmenge* [Quelle: DELO Industrie Klebstoffe, Windach, nach 22]

vom vorgegebenen Mischungsverhältnis abgewichen, wird also mehr oder weniger Harz oder Härter verwendet, sinkt die Klebfestigkeit, da dann unweigerlich nicht ausgehärtete Harz- oder Härterreste in der Klebschicht verbleiben [67; 86]. Zudem kann ein schlecht eingestelltes Mischungsverhältnis auch die chemische Beständigkeit des Klebstoffs negativ beeinflussen [86].

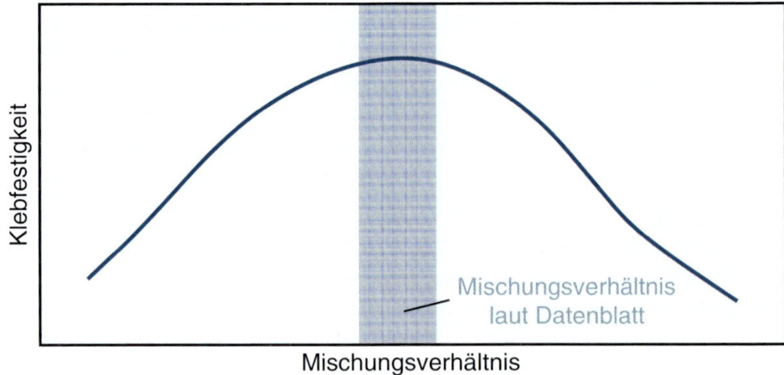

Bild 3.25 *Bedeutung des Mischungsverhältnisses bei 2K-Reaktionsklebstoffen* [Quelle: DELO Industrie Klebstoffe, Windach, nach 86]

Andere 2K-Klebstoffe, wie zum Beispiel die im Anschluss thematisierten 2K-Polyurethane, sind sogar weniger tolerant, was Abweichungen vom idealen Mischungsverhältnis betrifft [67].

Zusammenfassend werden hier die Vor- und Nachteile sowie die Anwendungsmöglichkeiten und Einsatzgebiete der 2K-EP-Klebstoffe stichpunktartig aufgeführt [67; 86].

Vorteile:

+ einfache Verarbeitung
+ lösemittelfreie Systeme

+ spalt- und fugenfüllend
+ hohe Festigkeiten (gute Zugscherfestigkeiten)
+ gute Alterungsbeständigkeit
+ meist gute Wärmefestigkeiten und Medienbeständigkeit

Nachteile:

- keine sekundenschnelle Aushärtung möglich
- keine Anfangsfestigkeit
- Fixieren über längere Zeit notwendig
- Nachhärtung über die Lebensdauer oder bei Wärmeeinfluss
- besonders hohe Anforderungen an die Wärme- und Chemikalienbeständigkeit nur bei Warmhärtung (>80 °C) erfüllt

Typische Einsatzgebiete und Anwendungen:

- (hochfeste) konstruktive Klebungen im Maschinenbau, in der Automobilindustrie, ...
- Spachtelmassen für den Baubereich
- Gießharze für die (Mikro-)Elektronik (z.B. ICs, Spulen, Transformatoren usw.)
- ...

Mit Hilfe von **2K-EP-Gießharzen** werden oftmals elektrische / elektronische Komponenten unter Atmosphärendruck oder im Vakuum vergossen (Bild 3.26), um sie somit vor mechanischen, thermischen und/oder chemischen Einflüssen im Einsatz zu schützen.

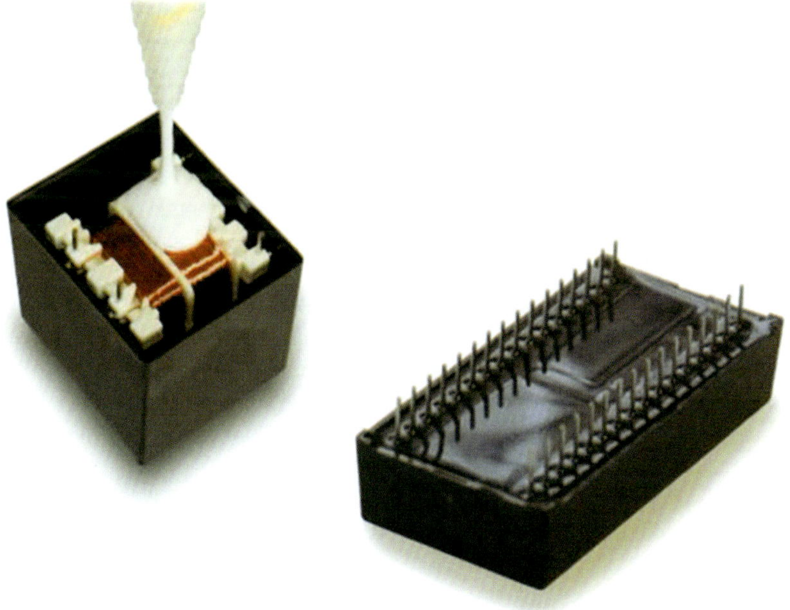

Bild 3.26 *Elektronikverguss* [Quelle: Scheugenpflug AG, Neustadt an der Donau]

Voraussetzungen für einen optimalen Elektronikverguss sind im Wesentlichen eine vergussgerechte Bauteilkonstruktion sowie ein einwandfreier Prozessablauf.

Die Geometrie des zu vergießenden Elektronikbauteils bestimmt wesentlich den Vergussablauf und die Vergussqualität [88]. Ziel ist es, vor allem ein luftblasenfreies Vergießen und Ausreagieren der Gießharzmasse zu realisieren. Dies zu erreichen wird umso schwerer, je komplexer das Bauteil ist. Insbesondere stark verwinkelte oder zerklüftete Bauteile erfordern einen hohen Programmier- und Parametrisieraufwand, damit die Vergussmasse jeden Hohlraum eines Bauteils erreicht und ausfüllt [88].

In Bild 3.27 sind schlechte (links) und gute vergussgerechte Bauteilkonstruktionen (rechts) für Elektronikkomponenten schematisch dargestellt.

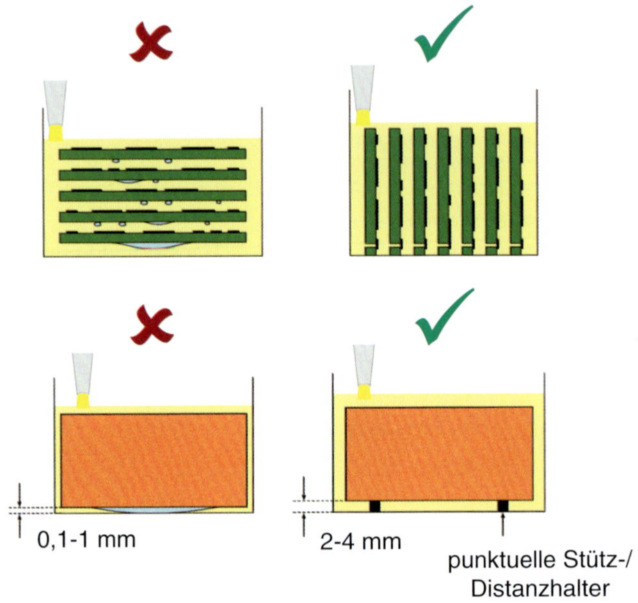

Bild 3.27 *Vergussgerechte Bauteilkonstruktion* [Quelle: Scheugenpflug AG, Neustadt an der Donau]

Oben links in Bild 3.27 sind Bauteilkomponenten im Wesentlichen in horizontaler Lageorientierung in der Vergussform positioniert. Horizontal ausgerichtete Bauteile stellen für aufsteigende Luftblasen allerdings Hindernisse dar. Die Vergussmasse kann darunter angebrachte Kontakte somit nicht vollständig umschließen [88]. Bei vertikaler Bauteilausrichtung (siehe Bild 3.27 oben rechts) können beim Vergießen eventuell eingebrachte Luftblasen hingegen bis zur Oberfläche der Vergussmasse aufsteigen, solange die Viskosität der Vergussmasse noch ausreichend gering ist.

Werden flächige Bauteilkomponenten mit zu geringem Abstand (<2 mm) zu den Gehäusewänden vergossen, so können sich insbesondere unter dem Bauteil Lufteinschlüsse bilden (siehe Bild 3.27 unten links). Die eingeschlossene Luft lässt sich in der Regel nicht über die engen Spalte zwischen Bauteilkomponente und Gehäusewand evakuieren, so dass es zu einem unvollständigen Verguss kommt. Aus diesem Grund sollen flächige Bauteilkomponenten stets mit ausreichendem Abstand (ca. 2…4 mm) zum Gehäuse vergossen werden, wie in Bild 3.27 unten rechts zu sehen ist. Die Vergussmasse kann so besser und schneller einfließen und alle Zwischenräume vollständig ausfüllen. An diskreten Punkten eingebrachte Stütz-/Distanzhalter sorgen für definierte Fließ- und Entlüftungsspalte. Die Dicke der umhüllenden Vergussschicht soll mindestens 2 mm betragen, um Spannungsrissen bei größeren Temperaturwechseln vorzubeugen [88].

2K-Polyurethan-Klebstoffe sind die am häufigsten eingesetzten Reaktionsklebstoffe für technische Anwendungen mit sehr breitem Anforderungsprofil [67]. Es handelt sich dabei um entweder feuchtigkeits- oder raumtemperaturhärtende Klebstoffsysteme. Der Reaktionsstart erfolgt durch das Zusammengeben und das Vermischen der beiden Komponenten. Dosieren und Mischen müssen sehr exakt erfolgen. Eine Verkürzung der Härtezeit ist wiederum durch gezielte Wärmezufuhr möglich. Die Reaktionsgeschwindigkeit ist zudem mit Hilfe von Katalysatoren oder Beschleunigern über einen weiten Zeitbereich gezielt beeinflussbar [6; 53].

Feuchtigkeitsvernetzende 2K-Polyurethan-Klebstoffe funktionieren mit einem sogenannten Booster-System. Der Booster entspricht einer Wasserpaste, die bei der Applikation der Klebstoffkomponente als zweite Komponente in einem definierten Mischungsverhältnis (z.B. PUR zu Wasser – 100 : 2) zudosiert wird. Während bei feuchtigkeitsvernetzenden 1K-PUR-Klebstoffen ausschließlich die von außen in die Klebschicht eindiffundierende Luftfeuchtigkeit die Aushärtung bewirkt, trägt bei den geboosterten 2K-PUR-Klebstoffen zusätzlich das Wasser des Boosters zur Aushärtung (von innen nach außen) bei. Somit kommt es durch die Wasserpaste zu einer beschleunigten Durchhärtung, die unabhängig von Bauteilgeometrie und Umgebungsfeuchte abläuft [6; 53].

Die konventionellen **raumtemperaturhärtenden 2K-Polyurethan-Klebstoffe** sind klassische PUR-Systeme, die aus den beiden funktionellen Komponenten Polyol und Isocyanat zum Polyurethan reagieren [6; 53]. Das Polyol entspricht hier der Harzkomponente, das Isocyanat der Härterkomponente. Polyol ist flüssig bis pastös, Isocyanat (dünn-)flüssig und somit meist deutlich niedrigviskoser als das Polyol [67]. Das vollständig ausreagierte PUR ist ungiftig; dagegen ist das Isocyanat zumindest als atemwegssensibilisierender Stoff physiologisch bedenklich [86]. Mit Hilfe geeigneter Absauganlagen am Arbeitsplatz ist eine Verarbeitung gefahrlos möglich. Da das Isocyanat zudem stark hygroskopisch ist, muss diese Komponente unbedingt feuchtigkeitsgeschützt gelagert werden.

Die wesentlichen Vor- und Nachteile sowie die Anwendungsmöglichkeiten und Einsatzgebiete der 2K-PUR-Klebstoffe werden im Folgenden stichpunktartig aufgeführt [6; 53; 67; 85; 86].

Vorteile:

+ einfache Verarbeitung
+ sehr gute Adhäsion zu unterschiedlichen Werkstoffen
+ sehr breites Eigenschaftsprofil
+ gummielastisch flexible Systeme bis harte, hochfeste Systeme
+ Kaltaushärtung bei Raumtemperatur
+ spalt- und fugenfüllend
+ gute Zugscherfestigkeiten
+ gut geeignet für große Stückzahlen und Automation
+ höhere Prozesssicherheit als bei 1K-PUR-Systemen
+ Reparatur auf aufgeschnittenen PUR-Raupen möglich

Nachteile:

- absolute Festigkeitswerte bei Metallklebungen geringer als bei EP-Klebstoffen
- begrenzter Temperatureinsatzbereich bis +125 °C
- bedingte Chemikalienbeständigkeit
- geringe UV-Beständigkeit
- bei feuchtigkeitshärtenden Systemen relativ langsame Aushärtung (einige Stunden bis Tage) bei Raumtemperatur
- Isocyanat physiologisch bedenklich

Typische Einsatzgebiete und Anwendungen:

- Kombinationsklebungen und konstruktive Klebungen verschiedenster Werkstoffe
- Fahrzeugbau
  - Montageklebungen
  - Scheiben einkleben
  - Aufbauten kleben
- Kunststoffteile ankleben
- Holz- und Möbelindustrie
- Bauanwendungen
  - Fugendichtungen
- Verwendung als gummielastischer Kleb- und/oder Dichtstoff
  - im Maschinen- und Apparatebau
  - im Automobilbau
  - für Abdichtung von Leuchten, Schaltschränken und Elektronikgehäusen
  - in der Hausgeräte- und Medizintechnik
  - für Filterelemente
  - in der Verpackungsindustrie
  - ...
- Rotorblattklebungen
- Sandwichelemente
- Gießharze
- ...

In Tabelle 3.14 sind Eignung und Einsatzmöglichkeiten von EP- und PUR-Reaktionsklebstoffen für unterschiedliche Substrate abschließend gegenübergestellt und qualitativ bewertet. EP-Klebstoffe sind im Allgemeinen nicht für Elastomer- oder Gummiklebungen zu empfehlen. Ansonsten zeigen beide Klebstofffamilien auf EP- und PUR-Basis allgemein ein sehr breites Adhäsionsspektrum zu verschiedenen Materialien.

Tabelle 3.14 *Eignung und Einsatz von EP- und PUR-Reaktionsklebstoffen* [56]

Werkstoff / Basis	1K- und 2K-EP	2K-PUR
Metalle	++	++*
Kunststoffe	++	++
Elastomere / Gummi	-	+
Glas / Keramik	++	++
Leder / Gewebe / Filz	+	+
Holz / Kork / Pappe	++	++

++ sehr gut geeignet
+ geeignet
– nicht zu empfehlen
* nur auf geprimerten oder lackierten Oberflächen

Flexibilisierte 1K- und 2K-Epoxid-Formstoffe

Im Allgemeinen sind EP-Formstoffe durch ein hartes und sprödes Werkstoffverhalten charakterisiert. Sehr hohe Festigkeiten und ein hoher E-Modul gehen mit sehr geringen Dehnwerten des ausreagierten Epoxidharzes einher (vgl. Bild 2.28). Diese Materialeigenschaften beruhen auf der engmaschigen Vernetzung des duroplastischen Werkstoffs. Sind zum Beispiel höchste Klebfestigkeiten bei minimaler Kriechneigung unter statischer Langzeitbelastung gefordert, so können klassische EP-Klebstoffe ihre Stärken voll ausspielen [15].

Bei (hoch-)dynamischer oder impulsartiger Belastung sowie bei starker Deformation der Klebschicht sind hingegen flexible Klebschichten von Vorteil, die einen gewissen Spannungsausgleich oder -abbau der in der Klebschicht auftretenden Spannungsspitzen ermöglichen [15]. An dieser Stelle kommen flexible Dickschichtklebstoffe, wie zum Beispiel elastische Polyurethane, Silikone oder **hochflexible, temperaturstabile 1K- oder 2K-EP-Formstoffe** in Betracht.

Es gibt verschiedene Möglichkeiten, starre polymere Werkstoffe zu flexibilisieren:

- äußere Weichmachung,
- innere Weichmachung,
- Zähelastifizierung.

Das wesentliche Problem der **äußeren Weichmachung** ist, dass der Weichmacher nicht kovalent, sondern nur über physikalische Nebenvalenzkräfte in das EP-Netzwerk eingebunden ist. Somit können die weichmachenden Substanzen, insbesondere unter Einfluss von Zeit und Temperatur, migrieren. Es kommt so allmählich zu einer Versprödung der EP-Matrix.

Das Problem der Weichmacherwanderung wird durch die Methode der **inneren Weichmachung** gelöst. Hier wird der Weichmacher über chemische Bindungen Bestandteil des Copolymers. Er ist somit chemisch gebunden und kann demzufolge nicht mehr diffundieren. Eine Flexibilisierung des Epoxidharzes kann beispielsweise durch den gezielten Einbau von längerkettigen Aminen, Säureanhydriden oder Sauren / Estern in die Epoxid-Matrix erreicht werden [89].

Bei der **Zähelastifizierung** können zum Beispiel Kautschukpartikel in die Epoxid-Matrix eingebaut werden. Die elastomeren Partikel wirken – vergleichbar mit den Butadienpartikeln im schlagzähen Kunststoff ABS – rissstoppend und erhöhen damit die Reißdehnung des Materials [89].

In Bild 3.28 ist eine hochflexible Vergussmasse für die Automobiltechnik und die Mikroelektronik abgebildet. Derartige Materialien sind besonders geeignet für den spannungsarmen Verguss von druck- und vibrationsempfindlichen elektronischen Komponenten [90]. Aufgrund der geringen Shore-Härte, der niedrigen Glasübergangstemperaturen im Bereich von zweistelligen Gefriertemperaturen und der hohen Reißdehnung von zum Teil mehreren hundert Prozent sind diese hochflexiblen EP-Systeme in vielen ihrer Eigenschaften den Silikonen recht ähnlich. Speziell für Produktionsbereiche, in denen die Verwendung von Silikonen ausdrücklich verboten ist, also wo Bauteile geklebt, lackiert, galvanisiert, bedruckt oder anderweitig veredelt werden, stellen diese EP-Systeme eine durchaus interessante Alternative dar.

Im Folgenden werden die wichtigsten Vor- und Nachteile sowie die Anwendungsmöglichkeiten und Einsatzgebiete der flexibilisierten 1K- und 2K-Epoxid-Formstoffe stichpunktartig aufgelistet [89]

Vorteile:

+ stufenlose Flexibilisierung
+ breites Eigenschaftsspektrum von zähelastisch (schwach flexibel) bis hochflexibel möglich
+ geringe Exothermie
+ niedrige Glasübergangstemperaturen bis ca. –50 °C
+ Shore-A-Härten <<50 möglich
+ Reißdehnung von bis zu mehreren hundert Prozent
+ verringerte Rissanfälligkeit
+ großer Dauertemperatureinsatzbereich von –40 °C bis +80 °C/+150 °C – je nach Type

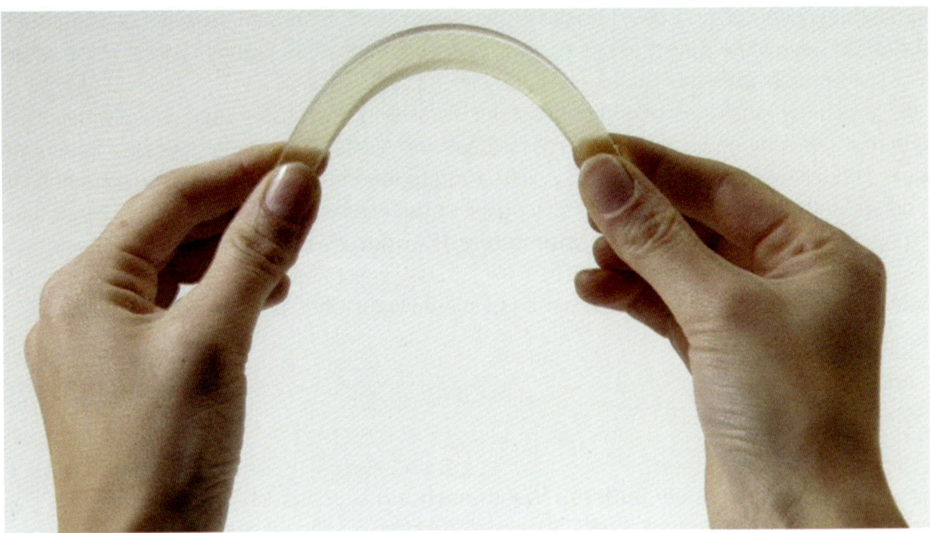

Bild 3.28 *Hochflexibler EP-Formstoff* [Quelle: EPOXONIC GmbH Reaktionsharzsysteme, Landsham/Pliening]

+ sehr gute Temperaturwechselbeständigkeit
+ Fügen von Bauteilen mit (stark) unterschiedlichen Wärmeausdehnungskoeffizienten
+ teilweise transparent
+ nahezu beliebig einfärbbar
+ Silikonfreiheit

Nachteile:

- geringe Zugfestigkeiten von ca. 1…2 MPa
- hohe thermische Dehnung
- begrenzte Medienbeständigkeit (z.B. höhere Wasseraufnahme) mit zunehmender Flexibilisierung
- reduzierte Chemikalienbeständigkeit (bei erhöhten Temperaturen)
- höhere dielektrische Verluste

Typische Einsatzgebiete und Anwendungen:

- Dickschichtklebstoffe für riss- und bruchempfindliche Substrate (z.B. Glas, Piezokeramiken bei US-Sensoren, …)
- Bördelnahtklebungen im Automobil-Rohbau
- flexible Vergussmassen (z.B. Einbetten von Ferritkernen bei Übertragerbauelementen)
- flexible Beschichtungen
- …

3.3.4.7 Silikone

Silikone unterscheiden sich von allen anderen organischen Polymeren bzw. Klebstoffen grundsätzlich in ihrem molekularen Aufbau. Das Grundgerüst der Silikone ist nämlich rein anorganisch. Es wird lediglich über den Einbau organischer Gruppen ergänzt [15] (vgl. Abschnitt 3.2 und Bild 3.6). Wie bei den Epoxiden und Polyurethanen existieren auch bei den Silikonen 1K- und 2K-Systeme [15; 53; 67].

1K-Silikone härten in der Regel unter dem Einfluss von (Luft-)Feuchtigkeit aus und geben bei der stattfindenden Polykondensationsreaktion niedermolekulare Spaltprodukte (zum Beispiel Amine, Essigsäure, Oxime oder Alkohole) ab. Die Durchhärtung erfolgt wie bei den in Abschnitt 3.3.4.6 behandelten feuchtigkeitsvernetzenden 1K-Polyurethanen von außen nach innen und beansprucht insbesondere bei dicken Silikonschichten in der Regel viele Stunden oder sogar mehrere Tage Zeit [6; 15]. Dies hängt mit der mit zunehmender Aushärtung immer weiter abnehmenden Diffusionsgeschwindigkeit zusammen. Ab ausreagierten Schichtdicken von ca. 8...10 mm ist die Diffusionsgeschwindigkeit vernachlässigbar klein, so dass es bei noch dickeren Kleb- oder Dichtfugen aus Silikon nicht mehr zu einer vollständigen Durchhärtung kommt [6]. Ansonsten sind feuchtigkeitsvernetzende 1K-Silikone, was die Härtungsbedingungen betrifft, relativ tolerant. Eine Vernetzung kann zwischen +5 °C und +40 °C sowie zwischen 5% und 95% relativer Feuchte stattfinden. Höhere Umgebungstemperaturen und erhöhte Luftfeuchtigkeitswerte begünstigen erwartungsgemäß eine schnellere Reaktion [6; 15].

Bei **2K-Silikonen** erfolgt die Aushärtung durch das Mischen der Einzelkomponenten. Je nachdem, welche Ausgangskomponenten zum Einsatz kommen, kann die Vernetzung in Form einer Polykondensationsreaktion unter Bildung niedermolekularer Spaltprodukte oder in Form einer Polyadditionsreaktion (ohne Bildung niedermolekularer Nebenprodukte) erfolgen [15].

Neben der Unterscheidung von 1K- und 2K-Systemen wird bei den Silikonen zusätzlich zwischen kalt- und warm- bzw. heißvernetzenden Systemen differenziert. Die bei Raumtemperatur vernetzenden Systeme werden als sogenannte RTV-Silikone (RTV: **R**aum-**T**emperatur-**V**ernetzung) bezeichnet. Zu den warm- bzw. heißhärtenden Silikon-Systemen zählen folgende Materialgruppen, die zum Beispiel mittels Spritzgießen verarbeitet werden [91; 92]:

- 1K-Festsilikonkautschuke (HTV: **H**och-**T**emperatur-**V**ulkanisation),
- 2K-Flüssigsilikonkautschuke (LSR: **L**iquid **S**ilicone **R**ubber).

Bild 3.29 *Silikon-Kleb- und Dichtstoff* [Quelle: Henkel AG & Co. KGaA, Düsseldorf]

Abschließend werden hier noch die Vor- und Nachteile sowie die Anwendungsmöglichkeiten und Einsatzgebiete der Silikon-Kleb- und Dichtstoffe (Bild 3.29) stichpunktartig beschrieben. Aufgrund der anorganischen Grundstruktur ermöglichen Silikon-Kleb- und Dichtstoffe zum Teil herausragende Eigenschaften, speziell im Hinblick auf den sehr großen, nutzbaren Temperaturbereich und ihre Beständigkeit [6; 15; 53; 67].

Vorteile der Silikone:

+ niedrige Oberflächenspannung und damit gute Benetzung vieler Substrate
+ kalt- (bei Raumtemperatur) oder warm-/heißhärtend
+ relativ schnelle Hautbildung
+ sehr breiter Dauertemperatureinsatzbereich von –100 °C bis +200 °C – bei Spezialanwendungen oder kurzzeitig sogar bis ca. +320 °C
+ sehr niedrige Glasübergangstemperaturen bis ca. –120 °C
+ hervorragende Flexibilität auch bei sehr niedrigen Temperaturen
+ Reißdehnung bis 600%
+ hohes Rückstellvermögen
+ ausgezeichnete Witterungsbeständigkeit
+ nahezu unbegrenzte UV-Beständigkeit
+ Brandeigenschaften unkritisch (wenn anorganisch)

Nachteile der 1K-Silikone:

- langsame Durchhärtung (ca. 1…2 mm pro Tag)
- nicht überlackierbar
- «Ausfetten» von nichtreaktiven Silikonölen
- im Allgemeinen relativ niedriges Festigkeitsniveau
- geringe Zugscherfestigkeiten
- schlechte Weiterreißfestigkeit
- geringe Hydrolysebeständigkeit
- durch den Einsatz von Fremdweichmachern (Streckmittel) hohe Schwindung
- Elastizitätsverlust mit zunehmendem Alter
- Ausschwitzen / Weichmachermigration
- Reparatur auf aufgeschnittenen Silikonraupen nicht möglich

Typische Einsatzgebiete und Anwendungen:

- Hochtemperaturanwendungen in Automobilindustrie (Motorraum), …
- Bauindustrie (Fassadenklebungen)
  - Structural-Glazing-Klebungen
  - Abdichtungen / Versiegelungen
- Hausgerätetechnik
- Elektro-/Elektronikindustrie
- Basiswerkstoff für Dichtstoffe und Haftklebstoffe
- …

Weitere silikonbasierte Kleb- und Dichtstoffe, wie zum Beispiel **silanmodifizierte MS-Polymere** (MS: **m**odified **s**ilane) bzw. SMP (**s**ilan**m**odifizierte **P**olymere) oder STP (**s**ilyl**t**erminierte **P**olymere), werden an dieser Stelle nicht behandelt. In diesem Zusammenhang wird auf die einschlägige Fachliteratur [15] verwiesen.

3.3.5 Haftklebstoffe

Haftklebstoffe sind wiederum physikalisch abbindende, hochviskose und dauerhaft oberflächenklebrige Substanzen, die typischerweise für die Herstellung von diversen Klebebändern und selbstklebenden Etiketten benötigt werden [34; 93; 94]. Die Oberflächenklebrigkeit wird als «Tack» bezeichnet. Der Tack basiert auf den sogenannten «Tackifiern». Dies sind klebrige, polymere Zusatzstoffe mit geringer Molmasse, z.B. Harze oder Weichmacher [34].

Für die gebrauchsgemäße Applikation von Klebebändern oder selbstklebenden Etiketten genügt in der Regel ein kurzes, kräftiges Anpressen (Überschreiten des Mindest-Anpressdrucks). Deshalb wird diese Klebstoffart im englischsprachigen Raum als ***P**ressure **S**ensitive **A**dhesives* **(PSA)** bezeichnet [15]. Die Haftung kann in der Regel durch Steigerung des Anpressdrucks verbessert werden [94].

Haftklebstoffe werden für die Verwendung als Klebebänder oder Etiketten fast ausnahmslos auf geeignete Trägermaterialien aufgetragen, auf denen sie auch nach der Applikation meist verbleiben. Klebebänder werden üblicherweise auf Wickelkernen aus Karton oder Kunststoff zu entsprechenden Klebebandrollen aufgerollt. In Tabelle 3.15 sind unterschiedliche Trägermaterialien für Haftklebstoffe und exemplarische Anwendungsbeispiele aufgeführt.

Tabelle 3.15 *Verschiedene Trägermaterialien und ausgewählte Anwendungsbeispiele* [34; 95]

Trägermaterialien	Anwendungsbeispiele
Kunststofffolien (PVC, PP, ...)	Standard-Klebebänder / Klebefilme (z.B. tesa®, Scotch®), Paketbänder, Folien-Etiketten
faserverstärkte Kunststofffolien	Gafferband
Schaumstoff	ein- oder zweiseitige Klebebänder mit Schaumstrukturträger aus artfremdem Material
Metallfolien	(Weich-)Aluminium-, Kupfer- und Bleiklebebänder
Textilgewebe	(Rollen-)Heftpflaster, Teppichklebebänder, Universalklebebänder / Panzerklebebänder (z.B. Duck Tape®, Duct Tape)
Zellulose / Papiere	Abdeck-/Abklebebänder («Malerkrepp»), Papier-Etiketten
abtrennbare Träger (z.B. gewachstes Transferpapier oder silikonisierte Papiertrennlagen)	Transferklebebänder, z.B. doppelseitige Montageklebebänder
ohne artfremden Träger	(Acrylat-)Schaumklebebänder (z.B. VHB-Tape)

Transferklebebänder, doppelseitige Klebebänder und Schaumklebebänder erfordern beim Aufrollen auf den Rollenwickel zum Schutz vor ungewolltem Zusammenkleben silikonisierte Papiertrennlagen. Bei der Lagerung schützen die Trennlagen die Klebflächen zusätzlich vor Staubanhaftungen und sonstigen Verschmutzungen. Sie gestatten ein einfaches und rückstandsfreies Abrollen der Klebebänder [34; 93].

Eine Sonderstellung unter den Haftklebstoffen nehmen die (Acrylat-)Schaumklebebänder ein, da sie als quasi «trägerfreie» Systeme ganz auf artfremde Trägermaterialien verzichten. Kern- und Außenschichten bestehen hier aus einem einzigen Material (meist ein Acrylat), das im Kernbereich als geschlossenzellig geschäumte Klebschicht und an den Außenflächen als daueradhäsive Klebschicht vorliegt [15; 34]. Nach dem Applizieren wird der max. Festigkeitsaufbau erst nach ca. 48 bis 72 Stunden erreicht [80]. Unter entsprechendem Anpressdruck kriecht das Klebeband in kleinste Vertiefungen und Hinterschnitte in der Substratoberfläche und passt sich so der zu klebenden Oberfläche optimal an [96]. Mit hochleistungsfähigen Acrylat-Schaumklebebändern lassen sich im Allgemeinen absolut höhere Festigkeitswerte als mit silikon- oder gummibasierten Haftklebebändern erzielen [80].

Darüber hinaus existieren drei weitere grundsätzliche Arten von Haftklebstoffen [93]:

- lösemittelhaltige Haftklebstoffe,
- Dispersionshaftklebstoffe
- Schmelzhaftklebstoffe

Lösemittelhaltige Haftklebstoffe haben den Vorteil, dass die Lösemittel aufgrund ihrer Leichtflüchtigkeit eine sehr schnelle Trocknung ermöglichen. Nachteilig sind die leichte Entflammbarkeit der Lösemittel sowie deren negative Einflüsse auf Gesundheit und Umwelt (vgl. Abschnitt 3.3.1), was den Einsatzbereich entsprechend begrenzt [93].

Eine gute Alternative zu den lösemittelhaltigen Haftklebstoffen stellen die **Dispersionshaftklebstoffe** dar, insbesondere bei Warmlufttrocknung oder wenn die (deutlich längeren) Trockenzeiten bei Raumtemperatur unkritisch sind [93].

Schmelzhaftklebstoffe werden hier aufgrund ihrer Dauerklebrigkeit ausschließlich in Blockform oder als Pillows (Kissen) angeboten. Somit ist eine Verarbeitung nur mit speziellen Schmelz- und Auftragsgeräten möglich, die in Abschnitt 4.3 vorgestellt werden. Mit der entsprechenden Anlagen- und Gerätetechnik lohnt sich jedoch in vielen Fällen ein großindustrieller Einsatz [93].

Prinzipiell lassen sich alle Haftklebstoffe (Klebebänder, Etiketten usw.) mit mehr oder weniger großem Aufwand wieder rückstandsfrei ablösen, ohne dass es zu einer Beschädigung oder der Zerstörung der Fügeteile kommt. Sie werden gezielt für den jeweiligen Anwendungsfall eingestellt und ausgewählt.

Oberflächenschutzfolien, die vorübergehend auf Class-A-Oberflächen aufgebracht sind, oder Maskierklebebänder für präzise Maler- und Lackierarbeiten sollen beizeiten leicht und gänzlich ohne Klebstoffrückstände auf den Oberflächen von den Substraten abgelöst werden können. Auch beispielsweise Haftnotizzettel bzw. Klebezettel müssen einfach (wieder) ablösbar und später ggf. erneut aufklebbar (repositionierbar) sein. Zum Ablösen reicht in diesen Fällen eine für die Klebung ungünstige Schälbelastung (siehe auch Kapitel 5) aus.

Viele Etiketten sollen sich allerdings nur schwer oder nur mit größerem Aufwand von ihren Untergründen trennen lassen. Dazu gehören beispielsweise selbstklebende Etiketten für die Warenauszeichnung (Preisschilder) oder selbstklebende Kennzeichnungssysteme für Labor und Diagnostik, die unbedingt auf den jeweiligen Probenbehältnissen haften müssen, bis die Proben analysiert und bearbeitet wurden. Andere Etiketten, wie zum Beispiel die Aufkleber für den Reifenluftdruck auf der Innenseite von Tankklappen oder im Türinnenrahmen von Pkw sind prinzipiell gar nicht für ein Ablösen vorgesehen. Sie sollen mitunter dauerhaft über viele Jahre und ggf. sogar Jahrzehnte in Position bleiben. Durch gezielte Wärmezufuhr (>50...60 °C) und/oder den Einsatz von Lösemitteln (speziellen Etikettenentfernern / Etikettenlösern) lässt die Klebfestigkeit der Haftklebstoffe im Allgemeinen schnell nach und so ist eine (rückstandsfreie) Entfernung ebenfalls möglich.

Bei einer weiteren Gruppe von selbstklebenden Etiketten geht es in erster Linie darum, dass sich diese beabsichtigt nicht zerstörungsfrei ablösen lassen. Konkrete Beispiele dafür sind TÜV-Plaketten, Umwelt-/Feinstaubplaketten, Vignetten oder amtliche Siegel (Bild 3.30).

Die wichtigsten Vor- und Nachteile sowie die Anwendungsmöglichkeiten und Einsatzgebiete der Haftklebstoffe werden im Folgenden stichpunktartig aufgeführt [15; 34; 93; 94].

Bild 3.30 *Nicht zerstörungsfrei ablösbare Klebe-Etiketten*

Vorteile:

+ Klebfilm haftet meist schon unter geringem Druck
+ breites Adhäsionsspektrum zu unterschiedlichen Materialien
+ Haftung auch auf «schwierig» zu klebenden Substraten (PE, PP, ...)
+ Elastizität der Klebefuge
+ leicht wieder ablösbar / verklebbar bis schwer bzw. nicht zerstörungsfrei ablösbar – je nach Anwendungsfall

Nachteile:

- begrenzte Festigkeit
- begrenzte Wärmebeständigkeit

Typische Einsatzgebiete und Anwendungen:

- Haftklebebänder
  - Transferklebebänder
  - einseitige Klebebänder
  - zweiseitige / doppelseitige Klebebänder
  - geschäumte Klebebänder
- Klebefolien
  - Oberflächenschutzfolien
  - Klebefolien für Kennzeichnungssysteme

3.3.6 Zusatzprodukte (Haftvermittler und Primer)

Insbesondere bei schwierig bzw. schlecht klebbaren Substraten kommen spezielle Zusatzprodukte, wie zum Beispiel Haftvermittler und/oder Primer zum Einsatz, um die Klebfestigkeit wesentlich zu verbessern. Sie wirken als Haftbrücke zwischen der Fügeteiloberfläche und dem Klebstoff [24; 97; 98]. Die Begriffe Haftvermittler und Primer werden häufig synonym verwendet. Aus klebtechnischer Sicht wird jedoch üblicherweise folgende grundsätzliche Unterscheidung vorgenommen:

DEFINITIONEN

Haftvermittler sind chemische Substanzen, die meist als Klebstoffadditive die Adhäsionseigenschaften und/oder die Alterungsbeständigkeit von Klebungen verbessern sollen. Sie werden typischerweise bereits vom Klebstoffhersteller dem (flüssigen) Klebstoff zugeschlagen [34; 98; 24].

Primer werden in der Regel direkt vom Verarbeiter auf die vorbereiteten und gereinigten Substratoberflächen aufgetragen – mit der gleichen Zielsetzung, nämlich die Adhäsion zwischen Fügeteil und Klebstoff sowie die Alterungsbeständigkeit zu verbessern [34]. Darüber hinaus soll der Primerauftrag den für eine spätere Klebung vorbereiteten Oberflächenzustand der Fügeteile konservieren [24; 98; 99].

Um optimale Ergebnisse zu erzielen, müssen Primer stets auf den Substratwerkstoff bzw. die Substratoberfläche und auf den Klebstoff abgestimmt sein [99]. In Tabelle 3.16 sind verschiedene organische und anorganische Primerarten aufgeführt.

Tabelle 3.16 *Organische und anorganische Primerarten* [99]

organisch	anorganisch
Acrylate	Silane
Synthese-Kautschuke	Titanate
(stark) mit Lösemittel oder Wasser verdünnte Klebstoffe	Phosphorsäure
	Chromschwefelsäure*

* Chromschwefelsäure hat stark oxidierende Wirkung und enthält hochgiftiges sechswertiges Chrom. Zum einen wirkt Chrom(VI)-oxid auf den (menschlichen) Organismus krebserregend und zum anderen hat es ein stark umweltschädigendes Potenzial. Aus diesen beiden Gründen soll nach Möglichkeit auf Chromschwefelsäure als Primer verzichtet und auf physiologisch und ökologisch unbedenklichere Primer zurückgegriffen werden.

Anorganische Primer, wie zum Beispiel Silane und Phosphorsäure, können auch als Haftvermittler direkt in den Klebstoff integriert werden [99]. Einige Glasklebstoffe enthalten beispielsweise Silane als passende Haftvermittler.

Vor dem Auftragen von Primer müssen die Fügeteiloberflächen stets ordnungsgemäß vorbereitet werden (vgl. Abschnitt 4.1). Die Verwendung von Primer erübrigt somit keine Reinigung der Klebflächen.

Um größte Wirksamkeit zu erzielen und um eine möglichst schnelle Trocknung zu ermöglichen, sollen Primer stets dünn aufgetragen werden. Die empfohlenen Mindest-Trocknungszeiten sind anschließend unbedingt einzuhalten [98; 99].

Nach dem Ablüften des Primerauftrags wirkt der Primer zunächst einmal als Oberflächenkonservierung. Werden also geprimerte Fügeteile anschließend vor Staub und Schmutz geschützt gelagert, kann die Klebung auch mit größerem zeitlichen Versatz zum Primerauftrag ohne weitere Oberflächenbehandlung erfolgen, da getrocknete Primer meist über einen langen Zeitraum noch wirksam sind [98; 97]. Dies ist ein Alleinstellungsmerkmal im Vergleich zu den alternativen physikalischen Methoden der Oberflächenvorbehandlung (siehe Abschnitt 4.1.2), die in der Regel nur eine sehr begrenzte Wirkdauer haben.

Ein Primerauftrag auf die Klebflächen stellt immer einen zusätzlichen Arbeitsgang dar, was bei der Ausführung der Klebung zeitlich und kalkulatorisch mit berücksichtigt werden muss.

Haftvermittler und Primer sind allerdings keine Allheilmittel. Bei vielen schwierig bzw. schlecht klebbaren Werkstoffen, zum Beispiel bei verschiedenen (niederenergetischen) Kunststoffen, können diese Zusatzprodukte durchaus positive Effekte bewirken. Das Kleben von Werkstoffen, wie beispielsweise **P**oly**t**etra**f**luor**e**thylen (PTFE), Edelstahl und Glas stellt auch trotz Vorbehandlung weiterhin eine große Herausforderung dar.

3.4 Klebstoff(vor-)auswahl

Aufgrund der vielen unterschiedlichen Klebstoffarten (siehe Abschnitt 3.3) und der nahezu unüberschaubaren Anzahl der am Markt erhältlichen Klebstofftypen (vgl. Tabelle 1.4) erfordert die Auswahl des idealen Klebstoffs für den jeweiligen Anwendungsfall in der Regel eine systematische Vorgehensweise. Fundiertes Erfahrungswissen ist in jedem Fall hilfreich bei der Klebstoff(vor-) auswahl. In Abhängigkeit der zu erwartenden Beanspruchungsbedingungen (Art und Ausmaß der mechanischen, physikalischen und/oder chemischen Einflüsse) ist zunächst ein möglichst detailliertes Anforderungsprofil zu erstellen, das dann wiederum mit dem Leistungsprofil der grundsätzlich in Frage kommenden Klebstoffe abzugleichen ist.

Bevor jedoch konkrete Klebstoffarten oder Klebstofftypen vorausgewählt werden, bietet sich oftmals die Anwendung des Ausschlussverfahrens an. Auf diese Weise können einige Klebstoffarten und Klebstofftypen aufgrund bestimmter Eigenschaften schon im Vorfeld ausgeklammert werden, so dass sich die Menge der in Betracht kommenden Produkte entsprechend reduziert.

Durch den systematischen Vergleich technischer Datenblattwerte lassen sich die Klebstoffvorauswahl weiter vorantreiben und die Klebstoffe so weiter eingrenzen. Ergänzend müssen mit passenden Klebstoffmustern empirische, anwendungstechnische Versuche mit anschließender Prüfung der Klebungen durchgeführt werden zwecks Nachweisführung der technischen Machbarkeit [6].

Im Anschluss daran erfolgt die Bewertung der grundsätzlich für den Anwendungsfall in Frage kommenden Klebstoffe. Hierbei kann eine Bewertungsmatrix helfen, in der die unterschiedlichen Klebstoffeigenschaften aufgelistet, gewichtet und somit insgesamt bewertet werden. Neben den technischen Attributen können zum Teil auch nicht-technische Kriterien, wie zum Beispiel die Kosten für oder die Verfügbarkeit der Klebstoffe mit berücksichtigt werden.

Im Folgenden sind einige wichtige Bewertungskriterien stichpunktartig aufgeführt:

- Aufwand für die Vorbereitung der Fügeteile (Verfahren / Methoden, …)
- Aufwand für die Vorbereitung des Klebstoffs (Lagerfähigkeit / Mindesthaltbarkeit, ggf. erforderliche Mischsysteme, …)
- Aufwand für den Auftrag des Klebstoffs (Invest für Anlagentechnik, Dosiersysteme, …)
- Aufwand für die Fixierung der Fügeteile (ggf. Fixierhilfen, …)
- Aufwand und Möglichkeiten für das Abbinden / Aushärten des Klebstoffs (Verarbeitungszeit / Topfzeit, Weiterverarbeitungszeit, Abbindezeit / Aushärtezeit, ggf. erforderliche Hilfsmittel zum Abbinden / zur Aushärtung, …)
- Aspekte zur Arbeitssicherheit und zum Umweltschutz
- Klebstoffkosten
- Klebstoffverfügbarkeit
- …

Neben dieser hier beschriebenen anwendungsspezifisch geprägten Klebstoffauswahl kann die (Vor-)Auswahl von geeigneten Klebstoffen auch rechnergestützt erfolgen [15]. So bietet beispielsweise die unabhängige und firmenübergreifende Dienstleistungsplattform SUBSTRATEC [100] unter anderem die Möglichkeit zur gezielten Klebstoff- [101] und Unternehmenssuche [102].

Der Klebstoffnavigator von SUBSTRATEC [101] verlangt zunächst einmal die Auswahl der allgemeinen Substratgruppe und dann eine Detaillierung innerhalb dieser Gruppe für beide zu verklebenden Fügeteile. Zusätzlich können optional diverse weitere Kriterien zum Klebstoff allgemein, zur Klebstoffverarbeitung und/oder zur Klebstoffperformance festgelegt werden. Als Ergebnis wird unmittelbar eine Liste von potenziell geeigneten Klebstofftypen mit prozentual absteigender Wertung generiert und ausgegeben. Die zuvor getroffenen Auswahlkriterien werden zudem qualitativ mit einem Punktesystem bewertet. Die Listeneinträge enthalten außerdem die Angaben zu den jeweiligen Klebstofflieferanten sowie weiterführende Details, wie zum Beispiel (Technische) Produktinformationen. Auf diese Weise wird eine schnelle Klebstoff(vor-)auswahl unterstützt.

4 Technologie des Klebens

In diesem Kapitel werden die wesentlichen Arbeitsgänge des Klebens in chronologischer Reihenfolge behandelt. Wie aus Kapitel 3 ersichtlich ist, existiert eine Vielzahl an unterschiedlichen Klebstoffarten, die sich unter anderem in Ausgangs-, Verarbeitungs- und Endzustand sowie im Hinblick auf ihre Applikation und beispielsweise auch in ihren Fügezeiten zum Teil erheblich voneinander unterscheiden. Insofern fällt es schwer, ein konkretes und gleichzeitig allgemeingültiges Ablaufschema für die Durchführung einer Klebung zu formulieren, das für alle Klebstoffarten in allen Aspekten gleichermaßen zutreffend ist.

Dennoch lässt sich der Arbeitsablauf beim Kleben grundsätzlich in folgende vier Schritte einteilen:

1. Vorbereitung der Fügeteile
2. Vorbereitung des Klebstoffs
3. Klebstoffauftrag und ggf. Fixierung der Fügeteile
4. Abbinden / Aushärten des Klebstoffs

Aufwand, Umfang und Zeitdauer der vier oben genannten Schritte werden im Wesentlichen von der Klebstoffart und ferner auch von der konkreten Klebstofftype maßgeblich beeinflusst.

So gestatten beispielsweise öltolerante Reaktionsklebstoffe bis zu 3 g Öl pro m^2 Substratfläche [103] – vorausgesetzt, das Öl ist einigermaßen gleichmäßig über die gesamte Fläche verteilt. Demzufolge muss hier das Säubern und Entfetten der Klebflächen im Rahmen der Oberflächenvorbereitung nicht ganz so gründlich erfolgen wie beispielsweise bei der Verwendung nicht öltoleranter Klebstoffe. Die Vorbereitung der Fügeteile variiert zudem erheblich in Abhängigkeit der Oberflächenenergie der Substrate. Die Klebung von niederenergetischen Oberflächen setzt häufig eine ausreichende Aktivierung der Klebflächen voraus (vgl. Abschnitt 2.1.1), die hingegen bei hochenergetischen Oberflächen entfallen kann. Auf die ordnungsgemäße Vorbereitung der Fügeteile wird in Abschnitt 4.1 eingegangen.

Auch im Hinblick auf das Vorbereiten des Klebstoffs (siehe Abschnitt 4.2) gibt es bei den unterschiedlichen Klebstoffarten teilweise signifikante Unterschiede. Haftklebstoffe in Form von Klebebändern usw. (siehe Abschnitt 3.3.5) können quasi direkt und ohne jegliche Klebstoffvorbereitung appliziert werden. Auch Lösemittel-, Dispersionsklebstoffe, Cyanacrylate und anaerob härtende Klebstoffe liegen anwenderfreundlich und gebrauchsfertig im Klebstoffgebinde vor und können ohne weitere Vorbereitung der Klebstoffe direkt appliziert werden. 1K-Reaktionsklebstoffe können ebenfalls verarbeitungsfertig im Aufbewahrungsbehältnis vorliegen. Werden sie aber bei Kühl- oder Gefriertemperaturen gelagert, müssen die Klebstoffe rechtzeitig vor der Verwendung anklimatisiert werden (siehe auch Abschnitt 3.3.4.6). Dieser Arbeitsschritt wird wiederum der sachgerechten Klebstoffvorbereitung zugerechnet. Der Fokus von Abschnitt 4.2 liegt auf der Bevorratung und Lagerung, der Förderung im Allgemeinen sowie dem Mischen von Klebstoffen bzw. Klebstoffkomponenten.

Abschnitt 4.3 behandelt den Klebstoffauftrag, speziell die Dosierung, sowie eine ggf. erforderliche Fixierung der Fügeteile bis zum Erreichen der Mindest-, Hand- oder Weiterbearbeitungsfestigkeit. Der Klebstoffauftrag erfolgt entweder manuell, teil- oder vollautomatisiert, teilweise mit Hilfe geeigneter Applikationswerkzeuge, zum Beispiel Pinsel, Spachtel, Rakel, Walzen, Sprühdosen, manuelle oder automatisierte Austragsgeräte, Dosieranlagen usw. Klebstoffe mit kurzen Füge- bzw. Härtezeiten erfordern in der Regel auch nur eine kurzzeitige Fixierung der Fügeteile. Bei bestimmten Klebstoffsystemen, zum Beispiel bei schnell ausreagierenden strahlungshärtenden Klebstoffen oder auch bei konventionellen Lösemittelklebstoffen, kann auf Fixierhilfen gänzlich verzichtet werden. Im Vergleich dazu ziehen beispielsweise klassische Dispersionsklebstoffe oder warmhärtende 1K-Reaktionsklebstoffe eine Fixierung der Fügeteile über mitunter mehrere Stunden nach sich.

Auf das Verfestigen, also das Abbinden oder Aushärten der Klebstoffe (siehe auch Abschnitt 4.4), wurde bereits bei der Vorstellung der unterschiedlichen Klebstoffarten (vgl. Abschnitt 3.3) eingegangen.

4.1 Vorbereitung der Fügeteile

Wie bereits in Abschnitt 2.1 erwähnt, haften Klebstoffe allgemein auf Oberflächen. Insofern spielt das Grundmaterial, aus dem das Fügeteil besteht, nur eine sekundäre Rolle. Von größerer Bedeutung sind die Klebflächen im Hinblick auf ihre Größe und Beschaffenheit (Qualität, Sauberkeit, Rauigkeit und Oberflächenenergie).

Eine adäquate Vorbereitung der Fügeteile bzw. vielmehr der Fügeteiloberflächen ist eine wesentliche Voraussetzung für das Herstellen von leistungsfähigen und dauerhaften Klebungen. Um optimale Klebergebnisse zu erreichen, bedarf es somit zunächst einer geeigneten Oberflächenbehandlung, bei der stets definierte und reproduzierbare Oberflächen in den Fügezonen der Substrate erzeugt werden sollen.

In Bild 4.1 sind die Verfahren zur Oberflächenbehandlung aufgeführt, um diese zuvor genannten Attribute in geeigneter Güte bzw. Ausprägung zu realisieren. Differenziert wird in diesem Zusammenhang zwischen Maßnahmen zur Vorbereitung, Vorbehandlung und Nachbehandlung der Oberflächen.

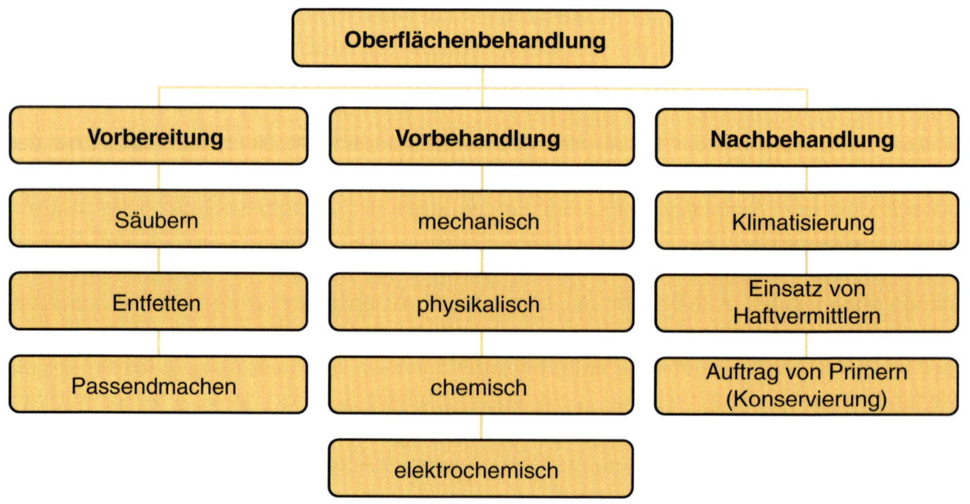

Bild 4.1 *Einteilung der Verfahren zur Oberflächenbehandlung* [15]

4.1.1 Oberflächenvorbereitung

Bei der Oberflächenvorbereitung geht es in erster Linie darum, die Fügeteile für die bevorstehende Klebung optimal vorzubereiten. Zuerst werden die Fügeteiloberflächen durch Säubern und Entfetten gereinigt. Damit sollen optimale Voraussetzungen für die spätere Adhäsion an der Substratoberfläche geschaffen werden. Anschließend müssen die Fügeteile für die Klebung noch passend gemacht werden.

4.1.1.1 Säubern und Entfetten

Zu klebende Flächen sollen meist trocken und grundsätzlich sauber, also frei von Staub, Fett, Öl, Wachs, Silikon, Trennmitteln und sonstigen Verunreinigungen sein.

Durch Bürsten oder Schmirgeln oder den Einsatz von Schleif- und Strahlmitteln können (grobe) Verschmutzungen und adhäsionsmindernde Schichten, wie zum Beispiel Zunder, Rost oder sonstige Oxidations- und Fremdschichten, von den Fügeteiloberflächen mechanisch entfernt und die Flächen so gesäubert werden [15].

In Ergänzung zu dieser mechanischen Säuberung werden zum Entfetten geeignete Lösemittelreiniger (Tabelle 4.1) oder wässrige Reiniger verwendet, die mehr oder weniger gut unpolare oder polare Verunreinigungen von den Fügeteiloberflächen entfernen können [15; 104; 105]. Als Lösemittel kommen prinzipiell diverse Kohlenwasserstoffe, Ester, Ketone oder Alkohole in Frage, die sich im Hinblick auf ihre Polarität zum Teil signifikant unterscheiden.

Tabelle 4.1 *Ausgewählte Lösemittelreiniger und deren Lösemittelpolarität* [105]

Lösemittelreiniger	chemische Basis	Lösemittelpolarität (0: unpolar ... 1: polar) Zirka-Angaben
n-Heptan (Waschbenzin)	Kohlenwasserstoff	0,00
Benzol	Kohlenwasserstoff	0,10
Essigsäureethylester (Ethylacetat)	Ester	0,25
Aceton	Keton	0,35
Methylethylketon (MEK)	Keton	0,50
Isopropanol (IPA)	Alkohol	0,60
Ethanol	Alkohol	0,65
Methanol	Alkohol	0,75
Glycerin	Alkohol	0,80

Nach dem chemischen Leitsatz «Gleiches löst sich in Gleichem» soll die Auswahl des geeigneten Lösemittelreinigers in Abhängigkeit der Polarität der Verunreinigung erfolgen. Bei stark unterschiedlichen unpolaren / polaren Verschmutzungen müssen somit ggf. auch nacheinander verschiedene Reiniger eingesetzt werden. Weit verbreitet sind mitunter Reiniger-Mischungen, zum Beispiel eine 1:1-Mischung aus Isopropanol (IPA) und Wasser. Diese Mischung ist unbrennbar und kann sowohl unpolare Verunreinigungen (Fette und Öle) als auch polare Verunreinigungen (Tenside und Salze) recht gut von den Substratoberflächen abreinigen.

Als Silikon-Entferner eignen sich vor allem Kohlenwasserstoffe, wie zum Beispiel n-Alkane (unverzweigte Alkane), iso-Alkane (verzweigte Alkane) oder aromatische Kohlenwasserstoffe (zyklische Verbindungen).

Mit wässrigen Reinigern (saure Reiniger, Neutral-Reiniger oder alkalische Reiniger) gelingt besonders gut das Entfernen von salzigen Verunreinigungen [105]. Bei der Reinigung von korrosionsempfindlichen Substraten soll der Reinigung eine Trocknung der Substrate folgen, um unerwünschte Korrosion zu vermeiden.

Das Entfernen loser Anhaftungen von Bauteiloberflächen sowie das Reinigen und Entfetten der Substrate können außerdem über eine gewisse Einwirkzeit in speziellen Bädern erfolgen. Eine allseits bekannte und weit verbreitete Methode ist der Einsatz von Ultraschallbädern. Diese Bäder können entweder mit lösemittelhaltigen oder mit tensidhaltigen, wässrigen Flüssigkeiten befüllt sein [105]. Das Reinigen und Entfetten erfolgt hierbei sowohl mechanisch (durch den Ultraschall) als auch chemisch (durch die Badflüssigkeit).

Eine etwas neuere und noch weniger bekannte Methode ist die industrielle Teilereinigung mit tensidhaltigen, wässrigen und biologisch abbaubaren Reinigern. Abgereinigte Fette und Öle werden in der Badflüssigkeit beispielsweise durch Bakterien zersetzt, so dass eine kostspielige Entsorgung der Abwässer umgangen werden kann [105; 106].

Besonders wichtig bei der Verwendung von Reinigern ist, dass diese möglichst rückstandslos von der Oberfläche ablüften. Anderenfalls entstehen durch zurückbleibende Reinigerreste bzw. Additive wieder adhäsionsmindernde Filme bzw. Fremdschichten auf den Substraten. Gegebenenfalls müssen die Fügeteile abschließend mit deionisiertem Wasser gereinigt werden. Die jeweiligen Ablüftzeiten sind in jedem Fall einzuhalten [24; 104].

Eine sehr interessante Alternative zu den mechanischen und nasschemischen Reinigungsverfahren stellt zunehmend das kryogene Strahlreinigen dar. Hierbei wird CO_2 als Strahlmittel in tiefkalter, fester Form als sogenanntes Trockeneis oder Trockeneisschnee eingesetzt.

Trockeneis bzw. Trockeneisschnee ist CO_2 im festen Aggregatzustand und hat in fester Form eine konstante Temperatur von –78,5 °C. Es ist somit ein ungiftiger eisähnlicher Feststoff (es enthält kein Wasser!), der jedoch auf der Erde natürlich nicht vorkommt und deshalb künstlich hergestellt werden muss. CO_2-Schnee (Trockeneisschnee) entsteht automatisch, wenn flüssiges CO_2 auf Atmosphärendruck entspannt wird. Wird der entstandene Trockeneisschnee anschließend verpresst, zum Beispiel in Pelletform, so entsteht Trockeneis [107]. Trockeneisstrahlen und Schneestrahlen unterscheiden sich somit hauptsächlich in der Form, Herstellung und Zuführung des Strahlmittels (Tabelle 4.2).

Tabelle 4.2 *CO_2-Trockeneis- und CO_2-Schneestrahlen im Vergleich* [108; 109]

	Trockeneisstrahlen	**Schneestrahlen**
Lieferform	verpresste Pellets (Durchmesser: ca. 3 mm)	flüssiges CO_2 in Steigrohr-Stahlflaschen
Strahlmittelherstellung	ex situ (beim CO_2-Lieferanten)	in situ (unmittelbar beim Reinigungsprozess)
Zuführung des Strahlmittels	batchweise in fester Form aus Vorratstank	kontinuierlich in flüssiger Form aus Steigrohr-Stahlflaschen

Das Strahlmittel (Trockeneis bzw. Trockeneisschnee) wird mit einem definierten Druckluftstrom und hoher Geschwindigkeit auf die zu reinigenden Werkstückoberflächen geleitet. Die Reinigungswirkung beruht hier auf einem thermischen und einem mechanischen Effekt. Das tiefkalte CO_2 bewirkt einerseits ein schockartiges Einfrieren und damit eine Versprödung der oberflächlichen Verunreinigungen bzw. Anhaftungen [108]. Andererseits sorgt die kinetische Aufprallenergie des Strahlmittels für ein regelrechtes Absprengen der versprödeten Verunreinigungen bzw. Anhaftungen von der Substratoberfläche. In Bild 4.2 ist beispielhaft das Reinigen bzw. Entlacken eines Metallblech-Substrats mit Hilfe des CO_2-Trockeneisstrahlens dargestellt.

Bild 4.2 *Reinigen / Entlacken einer Substratoberfläche mittels CO_2-Trockeneisstrahlen* [Quelle: CARBO Kohlensäurewerke GmbH & Co. KG, Bad Hönningen]

Eine Besonderheit dieser Strahlverfahren ist, dass das Strahlmittel nach dem Auftreffen auf den Werkstückoberflächen restlos zu gasförmigem CO_2 sublimiert, also direkt von der festen in die gasförmige Phase übergeht, ohne dabei den flüssigen Aggregatzustand zu durchlaufen. Damit sind CO_2-Trockeneisstrahlen und CO_2-Schneestrahlen sehr materialschonende und vollkommen trockene Reinigungsverfahren, die für die Reinigung sowohl von hochsensiblen als auch von feuchteempfindlichen Substratoberflächen verwendet werden können. Insbesondere bei der Verwendung von nicht verpresstem CO_2-Schnee ergibt sich die geringste Substratbelastung. Das Schneestrahlen stellt somit eine extrem sanfte Reinigungsmethode dar. Dafür ist die Reinigungswirkung beim Trockeneisstrahlen erwartungsgemäß größer, da die verpressten Trockeneis-Pellets sehr viel härter sind als der weichere CO_2-Schnee [108; 109].

Trockeneis und CO_2-Schnee sind aufgrund der Sublimation des CO_2 Einwegstrahlmittel. Abgesehen von den abgereinigten Verschmutzungen bleiben weder (Ab-)Wasser noch Strahlmittel zurück [110].

Bei der Anwendung von lösemittelbasierten wie auch kryogenen Reinigungsverfahren ergibt sich eine gemeinsame Herausforderung. Umgebungsfeuchte schlägt sich bevorzugt auf kalten Substratoberflächen nieder (vgl. Abschnitt 3.3.4.2). Beim Ablüften von Lösemittelreinigern entsteht Verdunstungskälte, die auch die Oberflächentemperatur der Substrate absenkt. Beim Trockeneis- oder Schneestrahlen bewirkt das tiefkalte Strahlmittel eine Abkühlung der Substratoberflächen. Kältere Substrate fördern wiederum eine verstärkte Feuchtigkeitsadsorption an den Fügeteiloberflächen. Diese Problematik muss berücksichtigt und gelöst werden, wenn trockene Fügeflächen für die Klebung gefordert sind (siehe auch Abschnitt 5.3.3). Das Vorwärmen der Substrate oder das Kleben in klimatisierten Fertigungsbereichen sind hierfür mögliche Ansatzpunkte (vgl. auch Abschnitt 4.1.3.1).

4.1.1.2 Passendmachen

Beim Passendmachen wird schließlich das Ziel verfolgt, die Voraussetzungen für eine gleichmäßig dicke Klebfuge zu schaffen. Hierfür müssen einerseits Fügeteile gezielt angepasst werden, zum Beispiel durch gezielte Gehrungsschnitte oder durch Richten bzw. Glätten bei größeren Klebflächen. Zudem müssen störende Grate von den Trennkanten der Substrate entfernt werden, die im ungünstigsten Fall zu ungewollten Abstandshaltern in der Klebfuge werden können [15].

4.1.2 Oberflächenvorbehandlung

Der Oberflächenvorbereitung folgt eine Oberflächenvorbehandlung, die entweder mechanischer, physikalischer, chemischer oder elektrochemischer Natur sein kann [15; 111].

4.1.2.1 Mechanische Oberflächenvorbehandlung

Oftmals werden spanabhebende Bearbeitungsverfahren, zum Beispiel Sägen, Drehen oder Fräsen, zur Konfektionierung der Fügeteile eingesetzt. In Abhängigkeit des Fertigungsverfahrens, der verwendeten Span- oder Schneidwerkzeuge und des Prozessablaufs ergibt sich auf den bearbeiteten Flächen bzw. an den Schnittkanten bereits eine gewisse Oberflächentopografie [15]. Da jedoch die bearbeiteten Flächen bzw. Schnittkanten nicht notwendigerweise mit den späteren Fügeflächen übereinstimmen und da die infolge der spanabhebenden Bearbeitung erzeugte Oberflächenstruktur nicht unbedingt für die Klebung optimal sein muss, kann eine zusätzliche mechanische Oberflächenvorbehandlung für definierte und reproduzierbare Fügeflächen sorgen.

Wie bei der Oberflächenvorbereitung können auch hier Bürsten, Schmirgelpapiere mit definierter Korngröße sowie Schleif- oder Strahlverfahren eingesetzt werden, diesmal jedoch, um eine definierte Oberflächentopografie zu erzeugen und durch das Aufrauen der Oberfläche die wahre Substratoberfläche signifikant zu vergrößern [15; 24; 105]. Als für Metallklebungen geeignete Rautiefen werden R_Z-Werte von 10 µm ± 5 µm [111] bzw. 10...20 µm [112] empfohlen. Die gemittelte Rautiefe R_Z ist der arithmetische Mittelwert aus den Einzelrautiefen von fünf aufeinander folgenden Einzelmessstrecken [37].

Grundsätzlich soll ein Entfetten der Oberflächen stets vor und bei Bedarf auch nochmals nach der mechanischen Oberflächenvorbehandlung erfolgen [15; 112]. Anderenfalls besteht die Gefahr, dass fettige oder ölige Verunreinigungen beim Aufrauen der Oberfläche in die tiefen Talgründe der Strukturen transportiert werden, wo sie sich nur mit größerem Aufwand wieder entfernen lassen.

Das Strahlen ist ein Oberflächenbearbeitungsverfahren, bei dem körnige Stoffe als Strahlmittel mit hoher Geschwindigkeit auf das Strahlgut (hier: Substratoberflächen) geleitet werden. Der umgangssprachliche Begriff Sandstrahlen wird zunehmend seltener verwendet, da Quarzsand aufgrund des hohen Anteils an freier kristalliner Kieselsäure (siliziumhaltiger Staub) und dem daraus resultierenden gesundheitsschädigenden Potenzial mittlerweile in vielen Ländern verboten ist oder nur noch in Ausnahmefällen verwendet werden darf [113]. Beim Druckluftstrahlen mit festem Strahlmittel kommen heutzutage vielmehr die in Tabelle 4.3 aufgeführten Substanzen zur Anwendung.

Tabelle 4.3 *Gruppen von Strahlmitteln und Beispiele* [15; 112]

Gruppen von Strahlmitteln	Beispiele
metallische Strahlmittel	Hartguss, Stahl, ...
mineralische Strahlmittel	Korund, Glas / Glasperlen, ...
organische Strahlmittel	Kunststoffgranulate, Nussschalen, ...
besondere Strahlmittel	SACO-Strahlmittel, Trockeneis / Trockeneisschnee*, ...

* keine abrasive oder oberflächenvergrößernde Wirkung

Das Druckluftstrahlen soll generell nur mit ölfreier Druckluft erfolgen, um die Werkstückoberflächen nicht bei dem Strahlvorgang mit Öl zu kontaminieren.

Beim Strahlen erfolgt in aller Regel kein Materialauftrag [113]. Eine Ausnahme stellt das so genannte SACO-Verfahren (SACO: ***Sa****ndblast* ***Co****ating*) dar, das auf einer Kombination aus Abtragen durch Sandstrahlen und Beschichten (Coating) der Strahlgutoberfläche beruht. Hierbei werden spezielle, mit Silikat beschichtete Korundkörner als Strahlmittel verwendet. Beim Aufprall des beschleunigten Strahlmittels auf der Substratoberfläche wird diese, wie bei allen abrasiven Strahlmitteln, gereinigt und zugleich wird die Rautiefe vergrößert. Gleichzeitig wird hierbei jedoch ein Teil der Kornbeschichtung infolge der lokalen Erwärmung beim Aufprall in die Substratoberfläche durch den tribochemischen Effekt eingebaut, so dass eine (vergrößerte) beschichtete Substratoberfläche entsteht [22; 112].

Trockeneis bzw. Trockeneisschnee sind der Vollständigkeit halber ebenfalls als besondere Strahlmittel in Tabelle 4.3 aufgeführt. Beide Strahlmittel zeigen aber keine abrasive oder oberflächenvergrößernde Wirkung. Aus diesem Grund werden das Trockeneisstrahlen und das Schneestrahlen zum Zweck des Reinigens (Säubern und Entfetten) der Substratoberflächen weiter oben bei der Oberflächenvorbereitung eingeordnet.

4.1.2.2 Physikalische Oberflächenvorbehandlung

Die nachfolgenden Verfahren zur physikalischen Oberflächenvorbehandlung basieren auf verschiedenen physikalischen Grundprinzipien. Wenngleich sie bei den Substraten eine chemische Veränderung der Oberfläche bewirken, zählen sie in Abgrenzung zu den rein chemischen Verfahren zur Oberflächenvorbehandlung (siehe Abschnitt 4.1.2.3) zu den physikalischen Methoden der Oberflächenvorbehandlung [15]. Im Einzelnen finden folgende physikalische Verfahren in der industriellen Praxis Anwendung [15; 29; 105]:

- Laser,
- Beflammung,
- Corona-Entladung,
- Niederdruckplasma,
- Atmosphärendruckplasma.

Laser

Lasersysteme werden bevorzugt für die Vorbehandlung von metallischen Substraten eingesetzt. Dabei werden mit Hilfe von leistungsstarken, aber kurzen Laserpulsen Staub-, Fett-, Schmutz- oder sonstige Deckschichten auf den Fügeteilen materialschonend und rückstandsfrei verdampft bzw.

nach der Ablösung von der Substratoberfläche gezielt abgesaugt [105; 114; 115]. In Bild 4.3 ist das Abtragprinzip durch den Laserstrahl schematisch dargestellt.

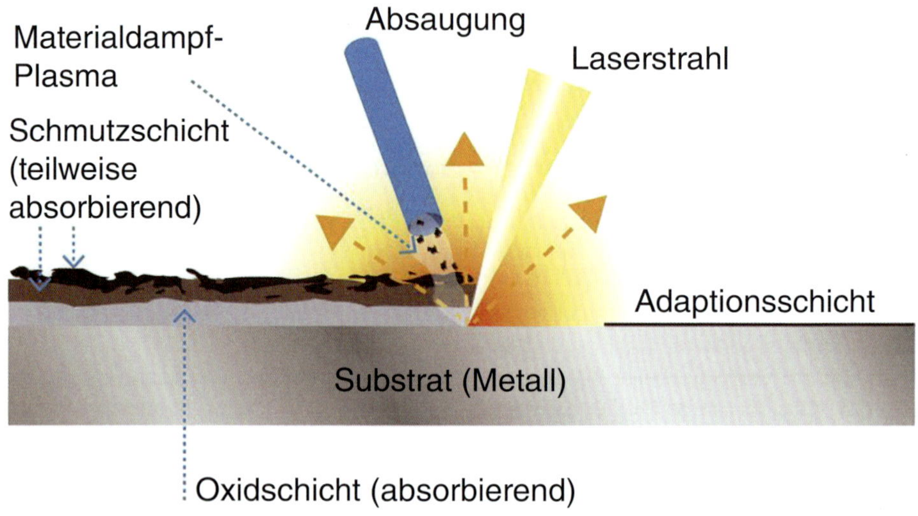

Bild 4.3 *Abtragprinzip durch Laserstrahl* [Quelle: Clean-Lasersysteme GmbH, Herzogenrath]

Speziell bei Leichtmetallen (Aluminium, Magnesium) werden durch den Laserstrahl zudem nicht nur adhäsionsmindernde Oxidschichten abgetragen, die Bauteiloberflächen können durch den Laser ferner korrosionsstabil modifiziert werden [105; 114; 115].

In bestimmten Fällen können Lasersysteme auch für die Vorbehandlung von Kunststoffen eingesetzt werden. Eine Oberflächenaktivierung gelingt mit Laser allerdings nur, wenn die Kunststoffe auch laserabsorbierend pigmentiert sind [116].

Da bei der PUR-Verarbeitung stets mit Formtrennmitteln gearbeitet wird, sind die Oberflächen von vorgeformten PUR-Bauteilen in der Regel mit Trennmittel kontaminiert. Sollen diese PUR-Bauteile später verklebt werden, können die störenden Trennmittelrückstände durch eine flächige Laservorbehandlung effizient entfernt werden [116].

Darüber hinaus gewinnt die Laservorbehandlung im Kunststoffbereich zunehmend mehr an Bedeutung, wenn es um die Vorbehandlung für CFK-Reparaturklebungen geht. Durch den in jüngster Zeit immer größer werdenden Anteil von CFK im Flugzeugbau und in der Automobilindustrie besteht ein zunehmend steigender Bedarf nach einer effizienten CFK-Vorbehandlungstechnik, die eine Vorbehandlung zum strukturellen Kleben ermöglicht [117]. Rumpf- und Tragflächenstrukturen von modernen Langstrecken-Großraumflugzeugen, wie zum Beispiel dem Airbus A350 XWB oder der Boeing 787 (Dreamliner), bestehen zum Großteil aus CFK (siehe Abschnitt 6.1.1). Auch die Fahrgastzellen des BMW i3 und BMW i8 bestehen fast ausschließlich aus CFK (siehe Abschnitt 6.2.1).

Im Gegensatz zu den zuvor beschriebenen Lasersystemen werden die nachfolgenden physikalischen Verfahren vornehmlich zur Oberflächenvorbehandlung von Kunststoffen eingesetzt. Die Plasma-Verfahren können jedoch ebenfalls für die Reinigung von Metalloberflächen verwendet werden. Die allgemeinen Ziele der Oberflächenbehandlung von Kunststoffen sind folgende [29]:

- Reinigen der Substratoberflächen,
- Aufbrechen unpolarer C–H-Gruppen an der Oberfläche,
- Bildung einer möglichst polaren Oberfläche mit hoher Oberflächenspannung (vgl. Abschnitt 2.1.1).

Diese Ziele können erreicht werden durch [29]:

- Zufuhr elektrischer, kinetischer und/oder thermischer Energie und
- ionisierte Luft / ionisiertes Prozessgas, das mit der Oberfläche reagiert.

An dieser Stelle kommen somit einfache und gut automatisierbare Verfahren wie zum Beispiel das Beflammen, die Corona-Entladung oder verschiedene Plasma-Behandlungen zum Einsatz.

Beflammung

Das Beflammen ist ein thermisches Verfahren zur Oberflächenvorbehandlung. Unter dem Namen «Kreidl-Verfahren» ist diese Methode bereits seit 1952 bekannt [15]. Gearbeitet wird hier mit einer Gasbrennerflamme mit Sauerstoffüberschuss (Bild 4.4) und einem definierten Mischungsverhältnis aus Gas und Luft. Als Brenngase kommen beispielsweise Erdgas oder Propan zum Einsatz. Der Sauerstoffüberschuss ist gut an einer deutlichen Blaufärbung der Flamme zu erkennen [29; 105].

Bild 4.4 *Brenner und Brennerflamme mit Sauerstoffüberschuss* [Quelle: Arcotec GmbH, Mönsheim]

Durch das kurzzeitige Überstreichen einer unpolaren Kunststoffoberfläche mit der sauerstoffreichen Gasbrennerflamme (ca. 200…400 °C; teilweise bis 1800 °C) werden oberflächennahe Moleküle aufgespalten (Cracken) und gleichzeitig wird Sauerstoff in die Oberfläche eingebaut. Auf diese Weise entstehen auch bei ausgeprägt unpolaren Kunststoffen, zum Beispiel bei Polyethylen (PE) oder bei Polypropylen (PP), polare und damit gut benetz- bzw. klebbare Oberflächen. Der Vorbehandlungseffekt kann, je nach Substrat, von mehreren Minuten bis sogar mehreren Wochen anhalten [118]. Wenn das Polarisieren der Oberflächen relativ kurzlebig (<15 Minuten) ist, muss das Verkleben der Substrate unmittelbar nach der Oberflächenaktivierung durch Beflammen erfolgen. Als ein Nachteil ist die Gefahr einer möglichen Substratschädigung durch die Flamme anzuführen [15; 29; 105].

Corona-Entladung

Im Gegensatz zur Beflammung verursacht die Corona-Entladung eine sehr viel geringere thermische Belastung der Fügeteile bzw. der Fügeteiloberflächen [105].

Bei der Corona-Entladung kommt es in normaler Luftatmosphäre unter Atmosphärendruck bei einer Wechselspannung von ca. 10...20 kV und Frequenzen zwischen etwa 10...40 kHz zu elektrischen Hochspannungsentladungen auf der Substratoberfläche [15; 29]. Bild 4.5 zeigt eine Corona-Entladung zwischen zwei Elektroden. Es wird grundsätzlich zwischen direkten und indirekten Corona-Verfahren unterschieden [15].

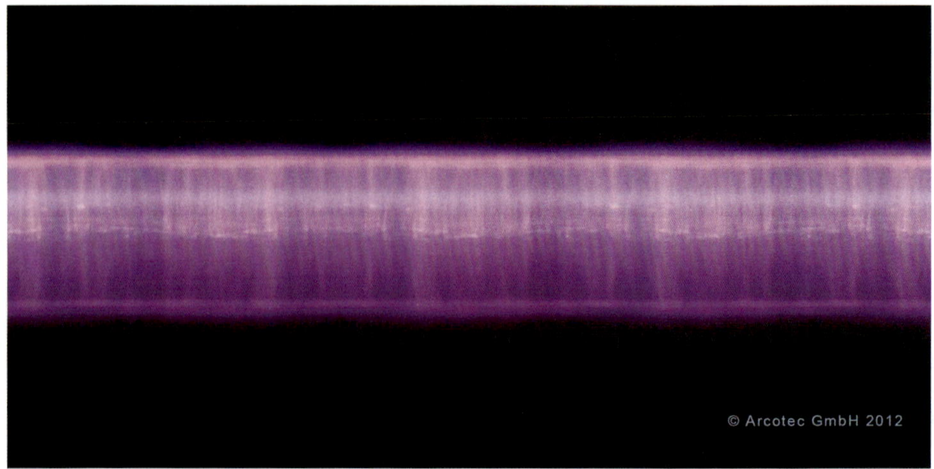

Bild 4.5 *Corona-Entladung zwischen zwei Elektroden* [Quelle: Arcotec GmbH, Mönsheim]

Bei der so genannten **direkten Corona-Behandlung** kommen in der Regel nur relativ dünne Kunststoffsubstrate, zum Beispiel Folien mit Dicken kleiner als 500 µm, zum Einsatz. Das zu behandelnde Substrat befindet sich zwischen der Elektrode mit hohem elektrischen Potenzial und der Gegenelektrode auf Massepotenzial [15].

Im Gegensatz dazu liegen die beiden Elektroden bei den **indirekten Corona-Verfahren** auf einer Seite des Bauteils und gestatten somit auch die Oberflächenvorbehandlung von dickeren Substraten (>0,5...1 mm). Die Bauteiloberfläche wird entweder tangential dem entstehenden Lichtbogen ausgesetzt (Freistrahl-Corona) oder ein definierter Luftstrom lenkt den Lichtbogen gezielt auf die zu behandelnde Substratoberfläche aus (Sprüh-Corona) [15; 29].

Durch die elektrische Hochspannungsentladung auf der Fügeteiloberfläche kommt es wie bei der Beflammung zur Spaltung von oberflächennahen Molekülen der behandelten Substrate, die dann allerdings mit Ozon (O_3), Sauerstoff oder Stickoxiden abreagieren. Die Luft in unmittelbarer Umgebung wird ionisiert und polare Oberflächen werden erzeugt [15; 29].

Die Corona-Entladung hat keine reinigende Wirkung, so dass auf eine adäquate Oberflächenvorbereitung nicht verzichtet werden kann. Im Vergleich dazu hat ein Plasma neben der polarisierenden Wirkung auf die Substratoberfläche durchaus auch einen zusätzlichen Reinigungseffekt [105; 29].

Niederdruckplasma

Ein Plasma wird allgemein als 4. Aggregatzustand der Materie bezeichnet. Hierbei handelt es sich um ein teilweise oder vollständig ionisiertes Gas. Bei der Ionisation werden Atome und Moleküle durch die Energieanregung in freie Elektronen und die korrespondierenden Kationen aufgespalten [15], zum Beispiel:

$$\begin{aligned} &Ar \rightarrow Ar^{+} + e^{-} \\ &O_2 \rightarrow 2\,O \rightarrow 2\,O^{+} + 2\,e^{-} \end{aligned} \qquad \text{(Gl. 4.1)}$$

Die Niederdruckplasma-Vorbehandlung ist ein Vakuumverfahren. Es werden hierbei Gase als reaktive Medien eingesetzt und keine flüssigen Chemikalien – wie beispielsweise bei der chemischen Oberflächenvorbehandlung (siehe Abschnitt 4.1.2.3). Die Plasmaanregung im Vakuum erfolgt mittels hochfrequenter Energiezufuhr, zum Beispiel mittels Mikrowellenanregung. Es kommt zu elektrischen Spannungsentladungen. Die Reaktivgase werden dabei, wie eingangs beschrieben, ionisiert und reagieren anschließend mit den Substratoberflächen [15; 29]. Vorteilhaft ist, dass es beim Niederdruckplasma zu einer nur geringen thermischen Belastung der Substratoberflächen kommt [105].

Als Prozessgase können neben den in Tabelle 4.4 aufgeführten Fluiden unter anderem auch noch Edelgase oder fluorierte Kohlenwasserstoffe eingesetzt werden [15]. Tabelle 4.4 stellt eine Auswahlhilfe dar, anhand der für verschiedene polymere Substrate grundsätzlich geeignete Prozessgase ausgewählt werden können.

Tabelle 4.4 *Grundsätzliche Eignung ausgewählter Prozessgase für diverse Polymere für die Niederdruckplasma-Vorbehandlung* [29]

	PE	PP	PET	PUR	PC	PTFE	PVC	PMMA	PS	ABS	PA6.6
Sauerstoff	+	+	+	+	+		+	– –		– –	+
Stickstoff	+	+	+						+		+
Ammoniak	+	+		+	+	+					
Wasserstoff	–					+					
Wasser								+			

\+ deutliche Erhöhung der Oberflächenspannung
– keine wesentliche Erhöhung der Oberflächenspannung
– – Schädigung

Zu beachten ist, dass es bei der Niederdruckplasma-Vorbehandlung mitunter auch zu einer Überaktivierung und somit einer Schädigung der Substrate kommen kann [29; 105].

Wesentliche Nachteile des Niederdruckplasmas sind die hohen Investitionskosten für die Vakuumanlage sowie die allgemein komplexe Prozessführung. Die Größe der Vakuumkammer limitiert zudem die maximale Größe der zu behandelnden Substrate.

Atmosphärendruckplasma

Das **A**tmosphären**d**ruckplasma (AD-Plasma) funktioniert, wie der Name es verrät, bei Atmosphärendruck. Es umgeht somit die zuletzt genannten Nachteile des Niederdruckplasmas. Die Wirkungsweisen ähneln sich jedoch grundsätzlich [29].

In der atmosphärischen Plasmadüsentechnik wird durch Ladungstrennung ein potenzialreduzierter Partikelstrom ionisierter Luft erzeugt und gezielt auf die Substratoberfläche geleitet. Auf diese Weise kommt es zu einer ortsselektiven Behandlung der Bauteiloberfläche [119]. Dabei wirkt das Plasma auf der Fügeteiloberfläche in dreierlei Hinsicht [29]:

- kinetisch,
- chemisch,
- thermisch.

Durch die hohe kinetische Energie und das Auftreffen der hochbeschleunigten Teilchen wird die behandelte Oberfläche im Mikrobereich reaktiv verändert [119].

Chemisch betrachtet, werden C–C- und C–H-Bindungen aufgebrochen. Die dabei entstehenden freien Valenzen reagieren mit den reaktiven gasförmigen Plasmateilchen unter Bildung polarer Verbindungen [29].

Im Gegensatz zum Niederdruckplasma kommt es bei der Anwendung des Atmosphärendruckplasmas sehr wohl zu einer thermischen Veränderung der Substratoberfläche, da im Zentrum des Plasmastrahls ca. 300 °C herrschen [29]. Entweder wird die Plasmadüse bzw. der Plasmastrahl mit hoher definierter Geschwindigkeit über das Substrat geführt oder das Substrat wird mit Geschwindigkeiten von bis zu mehreren hundert Metern pro Minute am Plasmastrahl einer ortsfesten Plasmadüse vorbeibewegt. Aufgrund der hohen Relativgeschwindigkeit zwischen der Plasmaquelle und dem zu behandelnden Fügeteil bzw. Halbzeug ist hier, anders als bei einer Vorbehandlung im Niederdruckplasma, die Erwärmung der Materialoberfläche nur gering. Eine Beeinträchtigung oder Schädigung der Substratoberfläche wird damit ausgeschlossen. Die Erwärmung beträgt bei Kunststoffen typischerweise weniger als 30 °C [119].

In Bild 4.6 (links) ist eine Rotationsdüse zur großflächigen Vorbehandlung von Kunststoffoberflächen mit Atmosphärendruckplasma dargestellt. Bild 4.6 (rechts) zeigt eine weitere Normaldruckplasma-Anwendung für Polymere am Beispiel der allseitigen Vorbehandlung von Kautschuk-Profilen mit einem Düsentool der Openair®-Plasma-Technik.

Bild 4.6 *Atmosphärendruckplasma-Rotationsdüse (links) und allseitige Atmosphärendruckplasma-Vorbehandlung von EPDM-Profilen (rechts)* [Quelle: Plasmatreat GmbH, Steinhagen]

4.1.2.3 Chemische Oberflächenvorbehandlung

Die chemische Oberflächenvorbehandlung kann in geeigneten stromlosen Tauchbädern nasschemisch erfolgen. Hierbei werden die Substratoberflächen – vorzugsweise von Eisen- und Nichteisen-Metallen – mit Hilfe geeigneter Beizlösungen gereinigt, aufgeraut und/oder zur Verbesserung der adhäsiven Eigenschaften gezielt modifiziert.

Mit dem Einsatz von nicht oxidierenden Beizlösungen, zum Beispiel Salzsäure, verdünnte Schwefelsäure, ... wird das Ziel verfolgt, Substrate mit metallisch blanken Oberflächen zu erzeugen. Adhäsionsmindernde Schichten, wie beispielsweise unerwünschte Oxidschichten, werden in flüssiger Phase unter Einwirkung einer nicht oxidierenden Säure von den Substratoberflächen vollständig abgetragen. Gleichzeitig findet ein submikroskopisches Aufrauen der Oberflächen statt.

Mit einer Lösung von metallischem Natrium in Tetrahydrofuran (THF; organisches Lösemittel) oder Naphthalin (bicyclischer aromatischer Kohlenwasserstoff) kann beispielsweise PTFE mit einer klebgerechten Oberfläche ausgestattet werden.

Alternativ können auch oxidierende Säuren, beispielsweise Salpetersäure, konzentrierte Schwefelsäure, Phosphorsäure, Chromsäure, ..., oftmals unter Zusatz oxidierender Salze wie Natrium- oder Kaliumdichromat, verwendet werden. Neben der reinigenden bzw. abtragenden Wirkung der Säure findet zusätzlich eine Oxidation der metallischen Werkstückoberflächen bzw. die Bildung von festanhaftenden Phosphat-, Chromat- oder Oxidschichten statt. Auf diese Weise werden neue, definierte Grenzschichten auf der Substratoberfläche gebildet.

In weiteren Sonderfällen können auch Kunststoffoberflächen chemisch vorbehandelt werden. Diese Oberflächenvorbehandlung wird jedoch in der Regel nicht in flüssiger Phase, sondern als «trockener» Prozess in Gasatmosphäre durchgeführt. Die polymeren Substratoberflächen lassen sich gezielt mit Hilfe von reaktiven Gasen (z.B. Ozon oder Fluor) aktivieren.

Chemische Verfahren zur Oberflächenvorbehandlung sind aus Sicht der Arbeitsmedizin, der Arbeitssicherheit und des Umweltschutzes nicht unumstritten. Ein weiterer Nachteil ist die beizeiten zum Teil aufwendige bzw. kostenintensive Chemikalienentsorgung [15; 47; 112]

4.1.2.4 Elektrochemische Oberflächenvorbehandlung

Die elektrochemische Oberflächenvorbehandlung funktioniert nach den Prinzipien der Galvanik oder des Eloxierens. Durch gezielte Strombeaufschlagung eines chemischen (elektrolytischen) Flüssigkeitsbades werden die gewünschten Oberflächenschichten auf den eingetauchten Substraten festanhaftend abgeschieden.

Im Vergleich zu den Methoden der chemischen Oberflächenvorbehandlung (siehe Abschnitt 4.1.2.3) kommen hier neben der Säureeinwirkung noch zusätzliche Einflussparameter durch den Stromkreis hinzu. Mit folgenden Parametern lassen sich die Dicke und Zusammensetzung der Oberflächenschichten gezielt beeinflussen [15; 112]:

- Säurekonzentration,
- Einwirktemperatur,
- Einwirkzeit,
- Stromdichte und
- Stromstärke.

Die Generierung der gewünschten Oberflächenschichten gelingt mit Hilfe der elektrochemischen Oberflächenvorbehandlung reproduzierbarer und in der Regel auch schneller als mit rein chemischen Verfahren [15; 47].

4.1.3 Oberflächennachbehandlung

Es ist naheliegend, dass das Kleben im Idealfall im direkten Anschluss an die Oberflächenvorbehandlung (siehe Abschnitt 4.1.2), also unmittelbar zu dem Zeitpunkt, wenn die Substratoberflächen für die Klebung optimal vorbereitet sind, erfolgen soll [15]. Zum einen ist beispielsweise die Wirkdauer der physikalischen Methoden der Oberflächenvorbehandlung zum Teil sehr begrenzt (z.B. beim Beflammen – siehe Abschnitt 4.1.2.2). Zum anderen sollen optimal vorbereitete Klebflächen natürlich nicht unter ungünstigen oder widrigen Umgebungsbedingungen wieder kontaminiert werden, bevor die Klebung durchgeführt wird.

In bestimmten Fällen ist die sofortige Klebung nach der Oberflächenvorbehandlung jedoch nicht erwünscht oder gar nicht möglich, so dass es zu einer räumlichen und/oder zeitlichen Trennung zwischen diesen beiden Verfahrensschritten kommt. In solchen Fällen wird eine Oberflächennachbehandlung erforderlich.

4.1.3.1 Klimatisierung

Eine gezielte Klimatisierung der vorbehandelten Substrate verhindert, dass sich nach der Oberflächenvorbehandlung Umgebungsfeuchte auf den Fügeflächen niederschlagen kann (vgl. Abschnitte 4.1.1.1 und 5.3.3) oder sich erneut unerwünschte (adhäsionsmindernde) Oxidschichten ausbilden [15]. Speziell in der kalten Jahreszeit sollen Substrate, die von nicht klimatisierten Lagerorten in die Fertigungsumgebung eingebracht werden, für mindestens 12 Stunden anklimatisiert werden, um die Kondensation von Luftfeuchtigkeit auf den Substratoberflächen zu vermeiden.

4.1.3.2 Einsatz von Haftvermittlern

Wie bereits in Abschnitt 3.3.6 erläutert, sind Haftvermittler Zusatzprodukte, die in den meisten Fällen zur Erhöhung der Klebfestigkeit und zur Verbesserung der Alterungsbeständigkeit beitragen sollen. Werden diese Haftvermittler nicht als Additive dem flüssigen Klebstoff zugesetzt, müssen sie – ähnlich wie Primer – in einem zusätzlichen Arbeitsschritt auf die Fügeflächen aufgetragen werden [15].

4.1.3.3 Auftrag von Primern

Primer werden üblicherweise mittels Tauchen, Sprühen oder Pinseln dünn auf die Substratoberflächen aufgebracht [29]. Sie dienen einerseits der Aktivierung sowie andererseits der Konservierung und dem Schutz der Klebflächen für den Fall, dass die Substrate nach der Vorbehandlung nicht innerhalb kurzer Zeit verklebt werden bzw. verklebt werden können [15; 24] (siehe auch Abschnitt 3.3.6).

Getrocknete Primer sind über einen langen Zeitraum hinweg noch wirksam [98]. Dies ist ein wesentlicher Vorteil gegenüber den Verfahren zur physikalischen Oberflächenvorbehandlung (siehe Abschnitt 4.1.2.2), bei denen die Wirkung schon nach mehreren Minuten, nach einigen Stunden oder spätestens nach wenigen Tagen deutlich nachlässt. Mit Primer konservierte Substrate müssen dennoch vor entsprechenden Umgebungseinflüssen (Staub, Fett, Öl, Wachs, Silikon, Trennmitteln, Schmutz, …) geschützt gelagert werden. Anderenfalls können die geprimerten Oberflächen so stark mit Fremdstoffen kontaminiert werden, dass sich für eine spätere Klebung im Hinblick auf die Adhäsion sehr ungünstige Voraussetzungen ergeben.

Von den Klebstoffherstellern werden teilweise auch so genannte «Waschaktivatoren» angeboten. Hierbei handelt es sich um «All-in-one»-Produkte, die das Reinigen und das Primern in einem Arbeitsgang versprechen. Derartige Produkte sollen jedoch nur bei Substraten mit geringen Verschmutzungen angewendet werden [99].

4.1.3.4 Applikation von Oberflächenschutzfolien

Bei Metallen bzw. Blechen werden oftmals Konservierungsöle zum Schutz vor Korrosion vollflächig auf die Oberflächen aufgetragen. Nach langer Lagerung können diese Öle mitunter verharzen, so dass dann meist besonders aggressive Lösemittel und hohe (mechanische) Kräfte für die Entkonservierung erforderlich sind [105]. Spezielle Oberflächenschutzfolien können in diesem Fall eine interessante Alternative darstellen.

Selbstklebende Oberflächenschutzfolien sind meist auf Basis von Polyethylen (PE) und werden speziell für den temporären Schutz von Metallen (Edelstahl, Aluminium, ...), Kunststoffen (Polycarbonat, Plexiglas, ...), Glas und sonstigen empfindlichen Werkstoffoberflächen vor Kratzern, Verschmutzungen, Feuchtigkeit oder Strahlung verwendet. Nach der Lagerung, dem Transport und der Montage bzw. unmittelbar vor dem Kleben lassen sich diese Schutzfolien gut entfernen [120].

Die Verwendung von selbstklebenden Oberflächenschutzfolien kann allerdings auch problematisch sein, wenn sie sich ggf. nicht völlig rückstandsfrei von den Fügeflächen entfernen lassen [15].

4.2 Vorbereitung des Klebstoffs

Wie zu Beginn dieses Kapitels angesprochen, liegen diverse Klebstoffe bereits gebrauchs- und verarbeitungsfertig in ihren jeweiligen Klebstoffgebinden vor. Abgesehen von einer geeigneten Bevorratung und einer ordnungsgemäßen Lagerung müssen diese Klebstoffe lediglich noch passend für den anschließenden Klebstoffauftrag (siehe Abschnitt 4.3) aus ihren Gebinden gefördert werden.

Bei diversen anderen Klebstoffen bzw. Klebstoffkomponenten bedarf es zum Teil intensiver zusätzlicher Schritte zur ordnungsgemäßen Vorbereitung, bevor diese schließlich dosiert bzw. appliziert werden können. In Tabelle 4.5 sind ausgewählte Beispiele für erforderliche vorbereitende Maßnahmen aufgeführt.

Tabelle 4.5 *Maßnahmen zur Vorbereitung von Klebstoffen / Klebstoffkomponenten* [15]

Klebstoffe / Komponenten	vorbereitende Maßnahmen
füllstoffhaltige Klebstoffe	Rühren zwecks homogener Füllstoffverteilung
lösemittelhaltige Klebstoffe	Viskositätseinstellung (Zugabe von Verdickungsmitteln zur Viskositätserhöhung oder von Lösemitteln zur Viskositätserniedrigung)
thermoplastische Schmelzklebstoffe	Aufschmelzen durch Aufheizen
reaktive Schmelzklebstoffe	batchweises Aufschmelzen durch Aufheizen
1K-Reaktionsklebstoffe	Anklimatisieren auf Verarbeitungstemperatur nach Lagerung bei Kühl-/Gefriertemperaturen
Haftklebstoffe	Konfektionieren durch Zuschneiden

4.2.1 Bevorraten und Lagern

Klebstoffe bzw. Klebstoffkomponenten werden von den Klebstoffherstellern in zum Teil sehr verschiedenen Gebinden angeboten. Die Gebinde unterscheiden sich zum Beispiel im Hinblick auf das Material (Metall, Kunststoff, ...), aus dem sie hergestellt sind, sowie die grundsätzliche Form (siehe Tabelle 4.6) und die Größe der Behältnisse. Das Gebinde bzw. die Verpackung hat die primäre Aufgabe, das Klebstoffprodukt optimal beim Transport sowie während des Bevorratens und Lagerns zu schützen.

Tabelle 4.6 Gebindeformen für ein- und zweikomponentige Klebstoffe [121]

Gebindeformen für	
1K-Klebstoffe	**2K-Klebstoffe**
Kleintüten, Beutel	Kleintüten, Doppelkammerbriefe
Kleinkartuschen, Eurokartuschen (310 ml) / Silikonkartuschen	Doppelkammerkartuschen (ca. 2,5 ... 1500 ml)
(Weißblech-)Dosen	(Weißblech-)Dosen
Hobbocks	Hobbocks
Fässer	Fässer
Kanister	Kanister
(Klein-)Flaschen	
Tuben	

MERKSATZ

Klebstoffe sollen stets ordnungsgemäß laut Herstellerangaben und in geschlossenen Originalgebinden gelagert werden. Die empfohlenen bzw. vorgeschriebenen Lagertemperaturen sind unbedingt einzuhalten.

So müssen Dispersionsklebstoffe beispielsweise zu jeder Zeit vor Gefriertemperaturen geschützt verwahrt werden. Anderenfalls kann durch Frost und das anschließende Auftauen die Dispersion zerstört werden [15], so dass der Klebstoff unbrauchbar wird. Überdies können das Einfrieren des wässrigen Anteils in der Dispersion und die damit einhergehende Volumenexpansion zu einem ungewollten Aufplatzen des Gebindes führen.

Im Gegensatz dazu sollen insbesondere warmhärtende 1K-Reaktionsklebstoffe immer bei den empfohlenen Kühl- bzw. Gefriertemperaturen gelagert werden, da die Reaktionsgeschwindigkeit gemäß der Arrhenius-Gleichung [87] stark temperaturabhängig ist.

Gewisse SMD-Klebstoffe (SMD: ***S****urface* ***M****ounted* ***D****evices*) – in der Regel elektrisch leitfähige Klebstoffe mit sehr hohem Metall- bzw. Silbergehalt – sollen mitunter idealerweise in sehr engen Temperaturbereichen, zum Beispiel zwischen –35 °C und –40 °C (122), gelagert werden. Eine Lagerung unter –40 °C kann hingegen die Produkteigenschaften negativ beeinflussen. Beim Auftauen des Klebstoffs können so zum Beispiel für die anschließende Verarbeitung unerwünschte Lufteinschlüsse entstehen. Transport und Lagerung erfordern bei derartigen Spezialprodukten ein besonderes Augenmerk. Die ausreichende Kühlung beim Transport wird üblicherweise mit Trockeneis (–78,5 °C) sichergestellt. Mit Hilfe von speziellen Temperaturindikatoren am Klebgebinde kann zudem überprüft werden, ob die Kühlkette lückenlos eingehalten wurde. Eine Lagerung kann je nach Produkttyp ggf. nicht mehr in konventionellen Gefrierschränken erfolgen. Für geringere Lagertemperaturen als die üblichen minimalen Gefriertemperaturen von ca. –20 bis –25 °C müssen spezielle Kälteschränke bzw. Kältekammern eingesetzt werden.

Für Klebstoffprodukte, deren Lagerfähigkeit begrenzt ist, wird vom Klebstoffhersteller eine maximale Lagerdauer (bei optimalen Lagerbedingungen zum Beispiel 6 oder 12 Monate) angegeben. Die Lagerdauer ist wiederum abhängig von Klebstoffart und Klebstofftyp.

Bei warmhärtenden 1K-Reaktionsklebstoffen beeinflusst außerdem die Temperaturdifferenz zwischen Lagertemperatur und der minimalen Aushärtetemperatur die Reaktionsgeschwindigkeit. Je kleiner diese Differenz ist, umso schneller reagieren die Komponenten miteinander und umso kürzer ist grundsätzlich die Lagerdauer [123]. Im Sinne einer möglichst langen Lagerfähigkeit sind deshalb bei nicht beeinflussbarer minimaler Aushärtetemperatur einer Klebstofftype tendenziell niedrigere Lagertemperaturen zu wählen.

4.2.2 Fördern

Klebstoffe bzw. Klebstoffkomponenten lassen sich manuell, halbautomatisch oder vollautomatisch fördern und dosieren [121]. Das Fördern, also das reine Transportieren des Klebstoffs bzw. der Klebstoffkomponenten aus den Originalgebinden, wird in diesem Abschnitt behandelt. Die direkt an die Förderung anschließende Dosierung hingegen wird dem eigentlichen Klebstoffauftrag hinzugerechnet und deshalb erst in Abschnitt 4.3 thematisiert. Die Grenzen zwischen beiden Prozessschritten sind jedoch fließend.

Das Fördern der Klebstoffe bzw. Klebstoffkomponenten kann entweder rein manuell, manuell bzw. halbautomatisch mit Unterstützung von handgetriebenen bzw. pneumatischen, hydraulischen oder elektrischen Förder- und Austragsgeräten oder aber mit vollautomatisierten Systemen und Anlagen erfolgen [121]. Teilweise kann das Mischen der Komponenten in die Prozessschritte des Förderns und des Dosierens bereits integriert werden. Das Mischen wird hier jedoch als eigenständiger Vorgang im Rahmen der Klebstoffvorbereitung in Abschnitt 4.2.3 ausführlich behandelt.

Der Automatisierungsgrad hängt unter anderem von folgenden Aspekten ab:

- Anzahl der durchzuführenden Klebungen (Losgröße),
- Menge des zu fördernden Klebstoffs,
- geforderte Präzision bei der Applikation,
- …

Speziell im Heim- und Handwerksbereich rentiert sich eine tiefgreifende Automation in der Regel nicht. Klebungen müssen hier zum Teil nur sporadisch oder als einmalige Reparaturklebung durchgeführt werden. Auch sind die Umstände im Hinblick auf die jeweilige Klebaufgabe von Klebung zu Klebung oftmals viel zu unterschiedlich, so dass eine Automation gar nicht sinnvoll möglich ist. Somit werden Klebstoffe in diesen Bereichen eher manuell, im Handwerksbereich ggf. noch mit Hilfe von pneumatisch, hydraulisch oder elektrisch angetriebenen Handaustragsgeräten (siehe auch Abschnitt 4.2.3.1) verarbeitet.

In der industriellen Großserienfertigung hingegen ist die Anzahl der identisch durchzuführenden Klebungen sehr groß. Die Klebstoffe müssen dabei oftmals in exakter Menge punkt- bzw. positionsgenau appliziert werden, um reproduzierbar gute Klebergebnisse zu erreichen. Ein vollständig automatisierter Prozess unterstützt somit auch die ggf. notwendige Qualifizierung der Klebung (vgl. Kapitel 7, insbesondere Abschnitt 7.2), so dass eine entsprechende Automation nicht nur in Hochlohnländern sinnvoll ist.

Als automatische Fördermittel kommen unter anderem die nachfolgenden Pumpen bzw. Systeme zum Einsatz [15; 121]:

- Zahnradpumpen,
- Kolbenpumpen,
- Membranpumpen,
- Schlauchpumpen / Schlauchquetschpumpen,

- Exzenterschneckenpumpen und
- Extruder.

Zahnradpumpen arbeiten nach dem volumetrischen Verdrängerprinzip mit einem geometrisch definierten Kammervolumen. Wie in Bild 4.7 schematisch dargestellt, sind zwei gleich große außenverzahnte Zahnräder in ein entsprechendes Gehäuse eng eingepasst und rotieren im Betrieb dichtkämmend sowie in entgegengesetzter Richtung [15; 124].

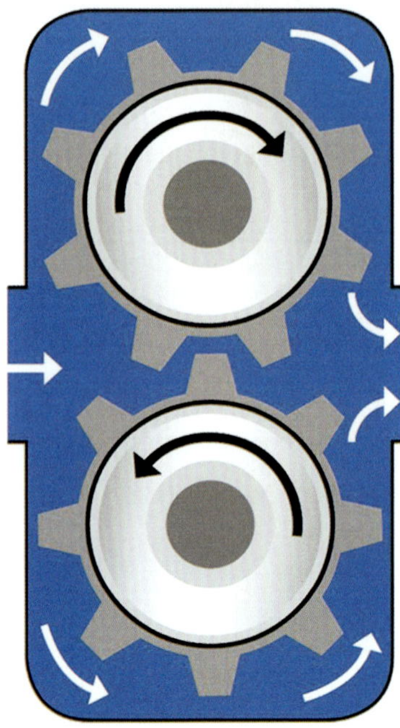

Bild 4.7 *Funktionsprinzip der Zahnradpumpe* [Quelle: Scheugenpflug AG, Neustadt an der Donau]

Die elektrisch angetriebenen Zahnräder ermöglichen einen kontinuierlichen Volumenstrom und somit einen konstanten, gleichmäßigen und weitestgehend pulsationsfreien Durchsatz. Aufgrund der konstruktiv bedingten Dichtspalte ist ein viskositäts- und drehzahlabhängiger Leckagestrom jedoch unvermeidbar. Davon abgesehen sind die Förder- und Austragsgeschwindigkeit sowie die Dosiermenge über die Drehzahl der Zahnräder gezielt regelbar. Hohe Dosiergeschwindigkeiten sind möglich. Hoch abrasive Medien können allerdings schnell zu einer Beeinträchtigung der Dichtspalte und/oder der Zahnflanken führen Abrasive Füllstoffe stellen sprichwörtlich das «Sandkorn im Getriebe» dar und sollen deshalb besser mit anderen Systemen gefördert werden [15; 121; 124].

In Bild 4.8 ist ein Zahnraddosierer dargestellt. Der Aufbau ist einfach und damit relativ preiswert sowie gleichzeitig robust. Drücke bis ca. 300 bar sind realisierbar. Somit ist die Zahnradpumpe grundsätzlich auch für sehr hochviskose Medien geeignet [124]. Im unteren Teil von Bild 4.8 ist im Bereich des Auslasses des Zahnraddosierers die Dosiernadel zu sehen.

Im Gegensatz zur Zahnradpumpe arbeitet die **Kolbenpumpe** als oszillierende Verdrängerpumpe diskontinuierlich und dabei sehr präzise [15; 124]. Je Komponente wird ein Dosierzylinder mit dazu passendem Kolben verwendet (Bild 4.9). In Abhängigkeit der Kolbengeschwindigkeiten

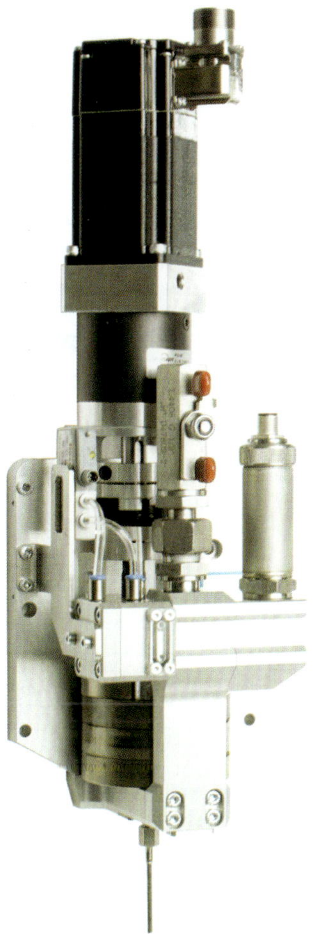

Bild 4.8 *Zahnraddosierer* [Quelle: Scheugenpflug AG, Neustadt an der Donau]

können mitunter hohe Strömungsgeschwindigkeiten und dadurch auch hohe Scherraten in den Klebstoffkomponenten erzeugt werden. Kolbenpumpen sind somit gleichermaßen für hochviskose und hochgefüllte Medien geeignet. Aufgrund der Pumpengeometrie (Zylinderrohre und Kolben) ist es naheliegend, dass mit diesem System auch hoch abrasive Klebstoffkomponenten relativ problemlos gefördert werden können. Das Mischungsverhältnis der beiden Komponenten kann gezielt über den Kolbendurchmesser und/oder den Kolbenhub eingestellt werden. In Bild 4.9 ist im Bereich des Auslasses des 2K-Kolbendosierers der Ansatz eines statischen Helix-Mischers erkennbar. Die beiden reaktiven Komponenten kommen somit vor dem statischen Mischer nicht miteinander in Berührung, so dass keine weitere Komponente zum Reinigen des Dosierkopfes notwendig ist. Auf das Mischen und insbesondere die statischen Mischer wird noch in den Abschnitten 4.2.3 und 4.2.3.1 detailliert eingegangen [121; 124].

Membranpumpen ermöglichen zumindest im Volumen einer Kammerfüllung eine kontinuierliche Dosierung und dabei ebenfalls sehr hohe Dosier- bzw. Wiederholgenauigkeiten. Wie bei den Kolbenpumpen können auch hier infolge hoher Strömungsgeschwindigkeiten entsprechend hohe Scherraten in den Fluid-Komponenten realisiert werden [121]. Membranpumpen sind für Drücke bis ca. 700 bar anwendbar [15].

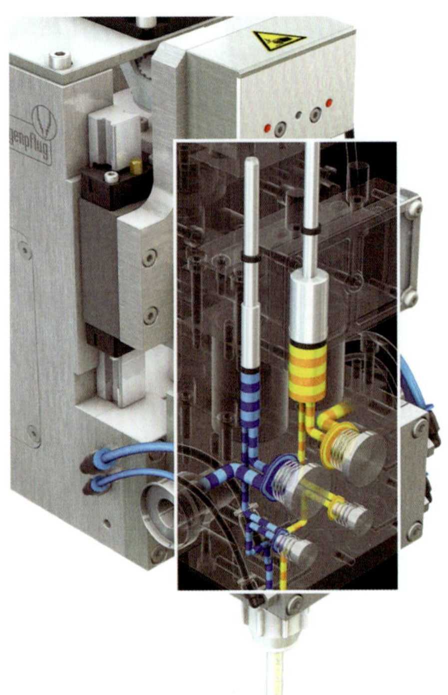

Bild 4.9 *2K-Kolbendosierer* [Quelle: Scheugenpflug AG, Neustadt an der Donau]

Ein recht kostengünstiges Fördersystem stellen so genannte **Schlauchpumpen / Schlauchquetschpumpen** dar. Ihr Einsatz ist insbesondere dann vorteilhaft, wenn schnelle und/oder häufige Materialwechsel vollzogen werden müssen. Im Gegensatz zu den zuvor beschriebenen Pumpensystemen erübrigt sich hier nämlich ein Reinigen des Systems gänzlich, da für einen Materialwechsel einfach nur der preiswerte Schlauch komplett getauscht bzw. ersetzt wird [121]. Bei den Schlauchpumpen / Schlauchquetschpumpen kommen – außer der Schlauchinnenseite – keine anderen Komponenten mit dem flüssigen Klebstoff direkt in Berührung. Die Materialförderung erfolgt diskontinuierlich mittels eines drehenden, exzentrischen Rotors. Die Dosiergenauigkeit ist relativ gering [15]. Schlauchpumpen / Schlauchquetschpumpen sind für abrasive Medien bedingt geeignet [121].

Exzenterschneckenpumpen bestehen aus einem Rotor in Form einer Förderschnecke, der sich in einem passenden Zylinderrohr dreht. Sie gehören zu den volumetrisch fördernden Pumpen [15]. Ein kontinuierliches Fördern des Klebstoffs ist durch eine konstante Drehzahl der Pumpe sehr genau möglich. Für die Verarbeitung von sehr hochviskosen, pastösen oder abrasiven Medien sind Exzenterschneckenpumpen gleichermaßen gut geeignet [15; 121].

Extruder gehören ebenfalls zu den kontinuierlich arbeitenden Fördersystemen. Sie werden außerhalb der klassischen urformenden Kunststoffverarbeitung unter anderem in der Klebtechnik für die Verarbeitung von Schmelzklebstoffen eingesetzt [15]. Die Anlagentechnik ist vergleichsweise komplex und demzufolge sind Extrusionsanlagen dementsprechend teuer. In Abschnitt 4.3 wird noch auf weitere und zum Teil deutlich preiswertere Anlagen und Geräte zur Applikation von Hotmelts eingegangen.

Wenn Klebstoffe in großen Mengen bezogen und verarbeitet werden, bieten sich Großgebinde, wie zum Beispiel großvolumige Dosen, Fässer, Kanister oder so genannte Hobbocks als Lager- und Transportbehälter an (vgl. Tabelle 4.6). Hobbocks sind spezielle, verschließbare und eimerförmige Lager- bzw. Transportbehälter mit seitlichen Griffen. Hobbocks werden beispielsweise in Größen von 30 oder 60 l Füllvolumen angeboten.

Die Förderung von meist hochviskosem (pastösem) Klebstoff aus dem Hobbock erfolgt mit Hilfe von so genannten **Fassfolgeplatten**, die üblicherweise in Kombination mit einer der folgenden Pumpen betrieben und dann allgemein mit dem Begriff Fassfolgeplattenpumpen bezeichnet werden [121]:

- Kolbenpumpen (Schöpfkolbenpumpen, Doppelkolbenpumpen),
- Exzenterschneckenpumpen oder
- Zahnradpumpen.

In Bild 4.10 sind ein Kunststoff-Hobbock und eine Fassfolgeplattenpumpe abgebildet. Zeitgleich mit der Materialentnahme aus dem Hobbock über die mittig liegende Pumpe wird die Fassfolgeplatte, an der Innenwandung des Hobbocks abdichtend, immer weiter nach unten abgesenkt. Der Klebstoff wird so luftblasenfrei aus dem Behälter gefördert und über eine geeignete Dosiereinheit weiterverarbeitet. Die Fassfolgeplatte «folgt» quasi der zylindrischen Innenwandung des «Fasses», bis der Boden des Behältnisses erreicht wird und das Gebinde damit sauber entleert ist.

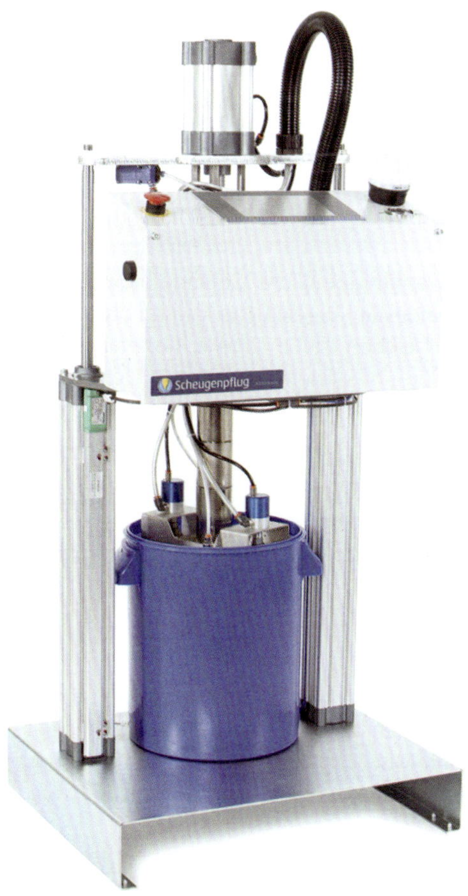

Bild 4.10 *Klebstoffförderung aus dem Hobbock mittels Fassfolgeplattenpumpe* [Quelle: Scheugenpflug AG, Neustadt an der Donau]

4.2.3 Mischen

Bis auf wenige Ausnahmen, zum Beispiel dem Härterlack- bzw. «No-Mix»-Verfahren (siehe Abschnitt 3.3.4.5) oder der Variante des A-B-Verfahrens, bei der die Klebstoffkomponenten getrennt auf jeweils ein Fügeteil aufgetragen werden (vgl. Bild 3.21), stellt das Mischen einen elementaren Prozessschritt bei der Verarbeitung von Mehrkomponenten-Klebstoffen dar. Das primäre Ziel beim Mischen ist, aus zwei (oder mehr) Einzelkomponenten ein möglichst homogenes Mischmaterial herzustellen.

Die besondere Herausforderung bei der Verarbeitung von zweikomponentigen MMA-, EP-, PUR- und Silikon-Reaktionsklebstoffen ist das homogene Vermischen der beiden Komponenten im stöchiometrischen Mischungsverhältnis und in möglichst kurzer Zeit, unmittelbar vor der klebtechnischen Verarbeitung. Die Topfzeiten (hier: die max. möglichen Verarbeitungszeiten) sind abhängig von der Reaktivität des Klebstoffs sowie der Ansatzmenge (vgl. Bild 3.24) und deshalb unbedingt einzuhalten. Speziell bei Klebstoffprodukten mit sehr kurzen Topfzeiten ist ein schnelles Erreichen eines homogenen Klebstoffansatzes zwingend erforderlich.

Das Mischen der reaktiven Komponenten kann neben dem manuellen Verrühren auch mittels statischer, statisch-dynamischer oder dynamischer Mischung erfolgen [15; 121]. Bei der Verarbeitung aus Doppelkammerkartuschen werden in der Regel statische oder statisch-dynamische Mischer eingesetzt. Statische oder dynamische Mischer werden in Verbindung mit halb- oder vollautomatischen volumen- oder durchflussgeregelten Misch- und Dosieranlagen verwendet [22].

4.2.3.1 Statisches Mischen

Beim statischen Mischen werden die beiden Einzelkomponenten des Klebstoffs mit Hilfe einer geeigneten Förder- bzw. Vorschubeinheit aus dem/den Gebinde(n) ausgetragen und dabei in laminarer Strömung durch einen statischen Mischer geleitet. Da sich die Mischerelemente dabei selbst nicht bewegen, handelt es sich um eine statische Vermischung [121].

Als sehr praktische und anwenderfreundliche Gebinde haben sich für die Verarbeitung von diversen 2K-Klebstoffen, zumindest im Bereich von kleinen bis mittleren Klebstoffmengen, so genannte **Doppelkammerkartuschen** (siehe Tabelle 4.6) etabliert. In Bild 4.11 ist mit einer 2K-Doppelspritze [125] eines der einfachsten Systeme für Doppelkammerkartuschen abgebildet. Systeme für Doppelkammerkartuschen bestehen im Allgemeinen aus

- ggf. einem separaten Austragsgerät,
- einer Doppelkammerkartusche,
- zwei zu den Kartuschenkammern passenden Kolben,
- einem einteiligen, wiederverwendbaren Vorschubkolben (Kolbenstange),
- einem Verschlussstopfen sowie
- einem statischen Mischer.

Die beiden Kammern der Doppelkammerkartusche besitzen – je nach gewünschtem Mischungsverhältnis – entweder den gleichen Durchmesser (Mischungsverhältnis 1 : 1) oder unterschiedliche Durchmesser (zum Beispiel für Mischungsverhältnis 2 : 1, 3 : 1, 4 : 1 oder 10 : 1). Bei sachgerechter Handhabung der Doppelkammerkartusche ist das richtige Mischungsverhältnis somit stets fest vorgegeben.

Die Kolben in der Doppelkammerkartusche werden üblicherweise direkt nach dem Füllen der Kartusche in die beiden Kartuschenkörper eingesetzt [126]. Sie übernehmen prinzipiell dieselbe Aufgabe wie die Fassfolgeplatte in einem Hobbock (vgl. Abschnitt 4.2.2). Ziel ist das saubere Abstreifen des Materials von den Innenwandungen der beiden Kartuschenkammern sowie das

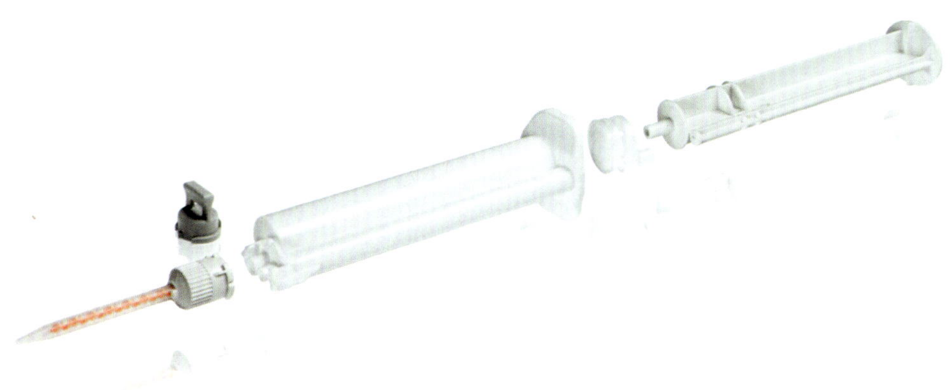

Bild 4.11 *2K-Doppelspritze (2,5 / 5 / 10 / 25 ml) mit statischem Mischer* [Quelle: Sulzer Mixpac AG, Haag, Schweiz]

Vorwärtstransportieren der Klebstoffkomponenten innerhalb der Kartusche. Insofern müssen die Kolben vom Durchmesser her genau auf die Kammerdurchmesser abgestimmt sein und dabei umlaufend abdichten, so dass keine Leckageströmung entsteht.

Der planparallele und gleichzeitige Vorschub der beiden Kolben innerhalb der Doppelkammerkartusche wird über eine Kolbenstange in Form eines einteiligen Vorschubkolbens ermöglicht. Der Vorschubkolben muss wiederum zu den beiden Kammerdurchmessern, also zum Mischungsverhältnis, passen (vgl. Bild 4.11).

Der Verschlussstopfen dient lediglich dazu, die mit Klebstoffkomponenten gefüllte Doppelkammerkartusche ordnungsgemäß zu verschließen. Dieser muss zur Klebstoffapplikation entfernt bzw. gegen den statischen Mischer ausgetauscht werden. Sowohl der Verschlussstopfen als auch der statische Mischer werden typischerweise mittels identischem Bajonettanschluss durch Aufsetzen und Verdrehen am Auslass der Doppelkammerkartusche befestigt. Eine Verdrehsicherung verhindert ein falsches Aufsetzen von Stopfen oder Mischer und damit eine ungewollte Querkontamination am Kartuschenauslass.

Innerhalb der **Topfzeit** des jeweiligen 2K-Klebstoffs lässt sich immer wieder frisch gemischter Klebstoff durch denselben statischen Mischer austragen. Nachdem die Topfzeit überschritten ist, ist der Klebstoff im statischen Mischer jedoch soweit ausreagiert, dass er sich aufgrund des damit einhergehenden Viskositätsanstiegs nicht mehr durch den Mischer transportieren lässt. Der zugesetzte Mischer muss gegen einen neuen statischen Mischer ausgetauscht werden. Das im Mischer verbleibende Material stellt das unvermeidbare Verlustvolumen dar. Ein Reinigen der statischen Mischer ist grundsätzlich nicht vorgesehen. Die Mischer sind als Einweg- bzw. Wegwerfartikel konzipiert [121].

In Abhängigkeit der zu verarbeitenden Klebstoffkomponenten ergibt sich ein für die Mischaufgabe optimaler statischer Mischer (Herstellerempfehlung beachten!). Statische Mischer unterscheiden sich unter anderem bezüglich ihrer Größe (Länge, Durchmesser), der Mischrohr- und Auslassgeometrie sowie der Mischelementgeometrie und der Anzahl der hintereinandergeschalteten Mischelemente. Bild 4.12 zeigt eine Auswahl unterschiedlicher statischer Mischer.

Alle statischen Mischer haben einen einfachen und kompakten Aufbau gemein [121]. Innerhalb des Mischrohres befindet sich die eigentliche Mischgeometrie, die aus mehreren identischen, hintereinanderliegenden und miteinander verbundenen Mischelementen besteht. Die Fluidströme der beiden Komponenten werden im Mischrohr zusammengeführt und beim Durchströmen der Mischelemente aufgeteilt, gestaucht / gedehnt und homogen vermischt.

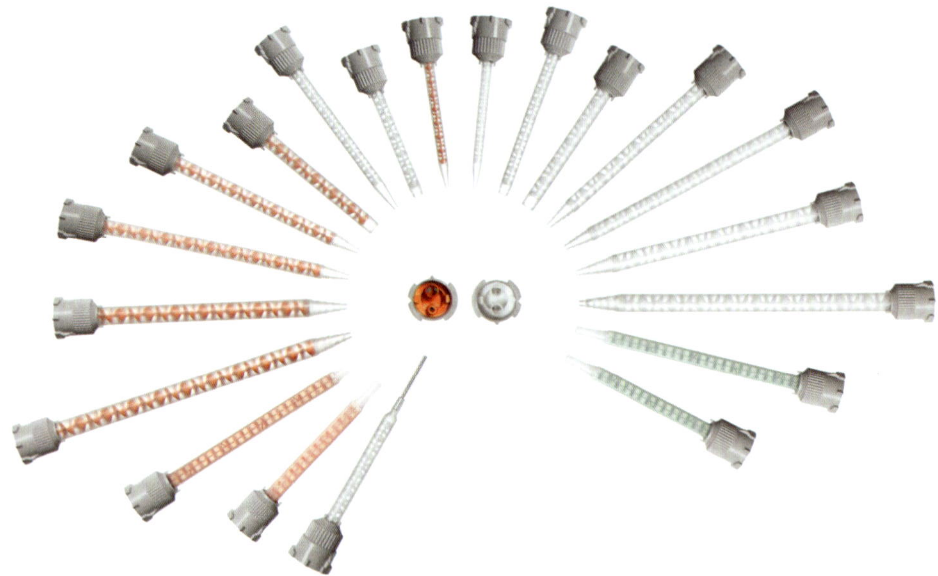

Bild 4.12 Verschiedene statische Mischer [Quelle: Sulzer Mixpac AG, Haag, Schweiz]

In Bild 4.13 sind die drei grundsätzlichen Bauformen von statischen Mischern dargestellt, die sich wiederum in ihrem Mischprinzip unterscheiden:

- Helix-Mischer,
- Quadro-Mischer und
- T-Mischer.

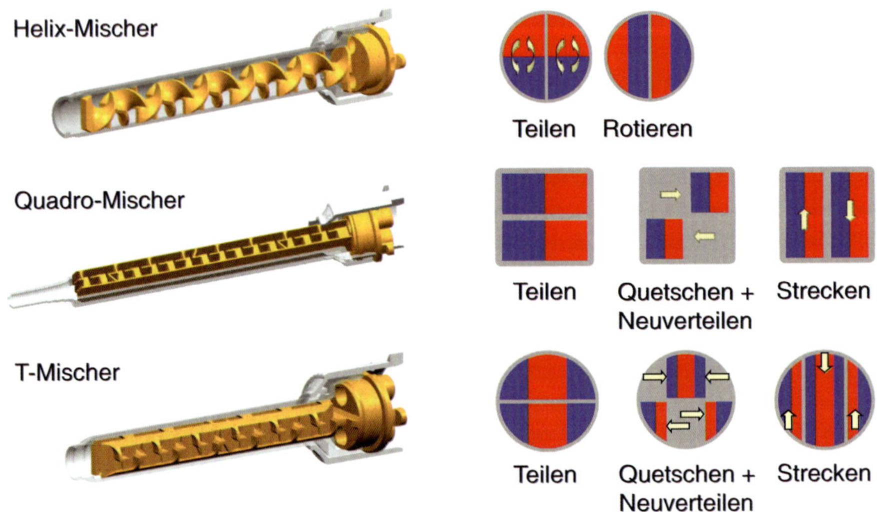

Bild 4.13 Grundlegende Bauformen von statischen Mischern und deren Mischprinzipien [Quelle: Sulzer Mixpac AG, Haag, Schweiz]

Helix-Mischer

Helix-Mischer weisen einen runden Mischrohrquerschnitt und helixförmige Mischelemente bzw. ein helixförmiges Mischteil auf. Hier werden die Komponentenströme beim Passieren des ersten Mischelements in zwei gleich große Teilströme aufgeteilt und ab dann von jedem weiteren Mischelement erneut aufgeteilt. Aufgrund der schrauben- bzw. helixförmigen Geometrie wird das Mischgut zusätzlich in Rotation versetzt und jeweils wechselweise rechts- und linksdrehend um 180° umgewälzt [121] (Bilder 4.13 und 4.14).

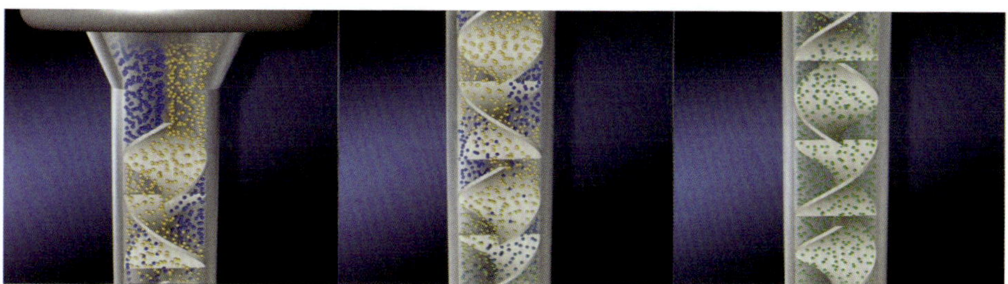

Bild 4.14 *Mischwirkung eines statischen Mischers* [Quelle: Scheugenpflug AG, Neustadt an der Donau]

Nach dem Passieren einer gewissen Anzahl von Mischelementen liegt schließlich ein homogen gemischtes Fluid vor. Tabelle 4.7 verdeutlicht die gute Mischwirkung von Helix-Mischern ab einer bestimmten Anzahl von Mischwendeln. Nach der zehnten Wendel liegen bereits mehr als 1000, nach der 20. Wendel sogar schon mehr als 1 Millionen Fluidschichten vor.

Tabelle 4.7 *Mischwirkung eines statischen Helix-Mischers mit n Wendeln*

Anzahl der Wendel n	Anzahl der Schichten S	
1	2^1	2
2	2^2	4
3	2^3	8
4	2^4	16
5	2^5	32
10	2^{10}	1024
15	2^{15}	32.768
20	2^{20}	1 048 576
25	2^{25}	33 554 432

Allgemein lässt sich die Anzahl der Schichten *S* (englisch: *layers*) in Abhängigkeit der Wendelanzahl *n* gemäß der folgenden Formel berechnen.

$$S = 2^n \qquad \text{(Gl. 4.2)}$$

S Schichtenanzahl
n Wendelanzahl (Anzahl der Mischelemente)

Problematisch ist, dass zwar mit steigender Wendelzahl die Mischwirkung signifikant verbessert wird, gleichzeitig aber auch das Verlustvolumen infolge der längeren Bauform des Helix-Mischers deutlich zunimmt.

Des Weiteren können sich insbesondere bei größeren Viskositätsunterschieden zwischen beiden zu mischenden Komponenten gewisse Mischungenauigkeiten bzw. Mischabweichungen einstellen, was mit der unterschiedlichen Wandhaftung der Komponenten im statischen Mischer und dem Phänomen «Channeling» zusammenhängt. Beim Channeling folgt eine Komponente nicht, wie eigentlich vorgesehen, dem idealen Verlauf der Helix, sondern bahnt sich den energetisch günstigsten Weg («Weg des geringsten Widerstands») durch das Mischrohr hindurch [127], was die Mischqualität zwangsläufig verschlechtert.

Quadro-Mischer

Im Gegensatz zu den klassischen Helix-Mischern besitzen Quadro-Mischer einen quadratischen Mischrohrquerschnitt und ein darin liegendes quaderförmiges bzw. labyrinthähnliches Mischteil. Quadro-Mischer sind so genannte Kammermischer, die ihre Mischwirkung durch wiederholtes Teilen, Quetschen und Neuverteilen sowie Strecken der Komponentenströme entfalten (siehe Bild 4.13).

Aufgrund der verbesserten Mischwirkung können im Quadro-Mischer im Vergleich zum Helix-Mischer eventuelle Mischungenauigkeiten bzw. Mischabweichungen deutlich reduziert werden. Gleichzeitig kann die gewünschte Mischgenauigkeit bzw. Homogenität in kürzer bauenden statischen Mischern realisiert werden. Das Abfallvolumen wird somit bauartbedingt um bis zu 50% reduziert [126].

T-Mischer

T-Mischer sind eine technologische Weiterentwicklung der Quadro-Mischer. Sie haben wie die Helix-Mischer einen runden Mischrohrquerschnitt, worin sich das Mischteil mit T-förmigen Mischelementen befindet. Diese besondere Geometrie der Mischelemente bewirkt, dass die Komponenten initial in drei Schichten aufgeteilt werden [128]. Quadro-Mischer ermöglichen die höchste Mischleistung bei geringem Druckverlust [126].

Im direkten Vergleich zu Helix-Mischern kann das Verlustvolumen um bis zu 40% reduziert werden, da die Baulänge entsprechend verkürzt ist. Trotz der verkürzten Mischteilgeometrie wird im Allgemeinen dennoch ein noch homogeneres Mischergebnis erzielt. Dieser Vorteil macht sich speziell bei der Verarbeitung von besonders teuren Materialien positiv bemerkbar. Insofern finden T-Mischer unter anderem Einsatz für medizintechnische bzw. klinische Anwendungen, zum Beispiel in der Zahnmedizin [129].

Neben der Auswahl des optimalen statischen Mischers kommt dem Austraggerät eine sehr große Bedeutung im Klebeprozess zu [130]. Während bei der 2K-Doppelspritze die Kolbenstange – so wie der Kolben bei einer konventionellen Spritze – mit dem Druck des Daumens vorgeschoben wird (vgl. Bild 4.11), ist der Vorschubkolben für ein einfaches Handaustragsgerät (Bild 4.15) gleichzeitig auch eine Zahnstange, die über eine entsprechende Mechanik im Handaustragsgerät durch Betätigung des Kartuschenpistolengriffs per Handkraft ihren Vorschub erfährt.

Aufgrund der üblichen Stick-Slip-Effekte zwischen den Kolben und den Innenwandungen der Kartuschenkammern ist die Dosiergenauigkeit bei der 2K-Doppelspritze erwartungsgemäß am geringsten. Hier stellt die Doppelkartuschenpistole bereits eine Verbesserung dar, da die Zahnstange einen schlupffreien und relativ gleichmäßigen Vorschub ermöglicht. Dennoch ist ein vollständiges Entleeren der Doppelkammerkartusche kontinuierlich nicht möglich. Das Material muss auch bei dem Applizieren größerer Klebstoffmengen durch mehrmaliges «Pumpen» ausgetragen werden. Hieraus können bereits gewisse Misch- und Dosierungenauigkeiten resultieren.

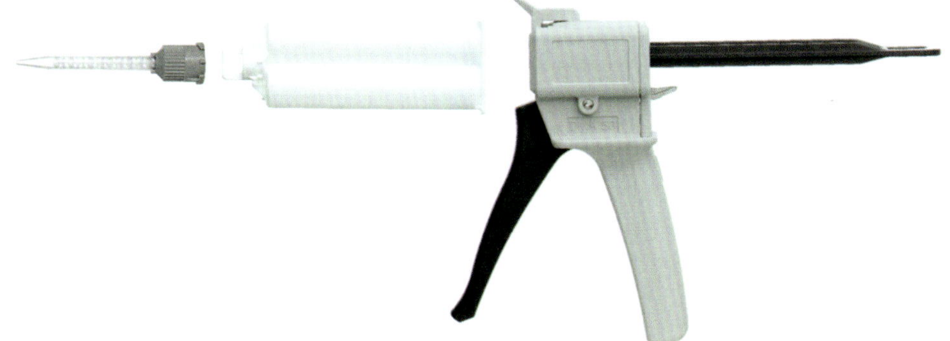

Bild 4.15 *Handaustragsgerät, Doppelkammerkartusche (50 / 75 ml) und statischer Mischer* [Quelle: Sulzer Mixpac AG, Haag, Schweiz]

Die Vorschubkolben (mit Zahnstange) werden wiederum nach dem richtigen Mischungsverhältnis, passend zur vorgesehenen Doppelkammerkartusche, ausgewählt.

Nach der Inbetriebnahme soll der erste Mischrohrinhalt verworfen und nicht für die Klebung verwendet werden. Eventuelle Füllunterschiede in den Kartuschenkammern können so egalisiert werden [121]. Das nachfolgende Material weist dann in jedem Fall das optimale Mischungsverhältnis und eine ausreichende Homogenisierung auf.

Nach Beendigung des Dosiervorgangs kann das Mischrohr vorerst auf der Doppelkammerkartusche belassen werden. Härtet das in dem statischen Mischer befindliche Material wegen Überschreitung der Topfzeit aus, so wirkt der gebrauchte Mischer wie der Verschlussstopfen selbst. Für eine erneute Dosierung muss dann jedoch ein neuer statischer Mischer aufgesetzt werden.

In Bild 4.16 sind die grundsätzlichen sowie vielfältigen Möglichkeiten mit einem Doppelkammerkartuschen-System schematisch dargestellt.

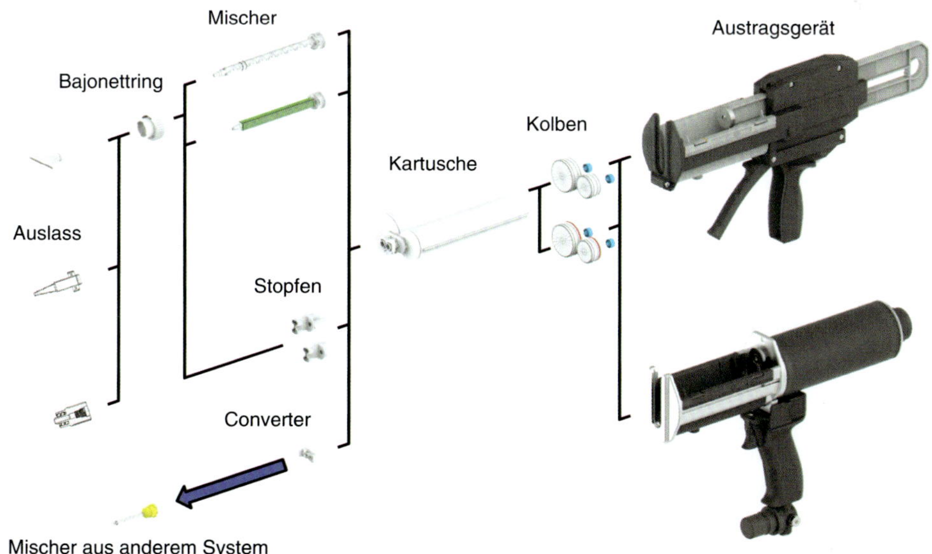

Bild 4.16 *Möglichkeiten des Dosierens, Mischens und Austragens* [Quelle: Sulzer Mixpac AG, Haag, Schweiz]

Neben den hier zuvor bereits vorgestellten 2K-Doppelspritzen (vgl. Bild 4.11) und dem einfachen manuellen Handaustragsgerät (vgl. Bild 4.15), die vorzugsweise im Heim- und Handwerksbereich eingesetzt werden, sind in Bild 4.16 robustere und industrietaugliche Austragsgeräte dargestellt. Das obere der beiden abgebildeten Austragsgeräte arbeitet nach dem exakt gleichen Prinzip (Doppelkartuschenpistole und Vorschubkolben mit Zahnstange – manuell mit Handkraft betätigt) wie das Handaustragsgerät in Bild 4.15. Es stellt im Wesentlichen einen Scale-up des Handaustragsgeräts in Bild 4.15 dar.

Im Gegensatz dazu wird das darunter gezeigte Austragsgerät in Bild 4.16 pneumatisch betätigt und ist auf die zulässigen Systemdrücke abgestimmt [130]. Dieses pneumatische System gestattet einen absolut stetigen und gleichmäßigen (pulsationsfreien) Klebstoffaustrag und verursacht damit die geringsten Mischungenauigkeiten.

Darüber hinaus existieren elektrisch betätigte Austragsgeräte am Markt, die als akkubetriebene Systeme einen kabellosen Einsatz ermöglichen. Pneumatisch oder elektrisch betriebene Austragsgeräte gestatten auch über viele Dosierungen hinweg ein ermüdungsfreies sowie ein sehr präzises und wiederholgenaues Arbeiten.

Werden die Doppelkammerkartuschen nicht vom Verarbeiter selbst mit den gewünschten Klebstoffkomponenten befüllt, so werden die Kolben in der Regel direkt nach der Abfüllung beim Klebstoffhersteller in die Kartuschenkammern eingesetzt, um diese rückwärtig zu verschließen. Sie sind somit quasi integraler Bestandteil der Doppelkammerkartuschen. Je nach Klebstoffkomponente unterscheiden sich aber auch die Kolben. Für niedrigviskose Komponenten sind spezielle, mit doppelter Lippendichtung oder einem O-Ring abdichtende Kolben vorgesehen [131] (siehe Bild 4.15).

Die Verschlussstopfen sowie die Varianten der statischen Mischer wurden bereits zu Beginn dieses Abschnitts ausführlich behandelt. Manche Systemanbieter stellen darüber hinaus passende Adapterstücke (Converter) bereit, um eine Adaption auf Mischer von anderen Anbietern und damit größtmögliche Flexibilität zu ermöglichen (siehe Bild 4.16).

Wie schon in Bild 4.12 beim genaueren Betrachten zu erkennen ist, unterscheiden sich die Mischrohre unter anderem in ihrer Auslassgeometrie (verschiedene Auslassdurchmesser, konische oder zylindrische Spitzen, Kunststoff- oder Stahlrohrspitzen, ...). Schließlich sind in Bild 4.16 noch optionale aufsteckbare Auslassdüsen für spezifische Klebstoffapplikationen abgebildet, zum Beispiel spezielle Fugenapplikatoren oder Breitschlitzdüsen für einen Flächenauftrag [130].

Abschließend werden im Folgenden die wichtigsten Vorteile sowie die Grenzen von statischen Mischern zusammengefasst.

Vorteile [121; 125; 129–131]:

- einfacher Aufbau,
- homogenes Mischen der Komponenten,
- Mischer als Einweg-/Wegwerfartikel und
- kein Spül- oder Lösemittel nötig.

Grenzen [121; 129]:

- Verlustvolumen unvermeidbar (jedoch reduzierbar),
- keine homogene Durchmischung bei stark abweichenden Viskositäten der Einzelkomponenten,
- keine homogene Durchmischung bei sehr stark unterschiedlichen Mischungsverhältnissen und
- weniger geeignet bzw. ungeeignet für extrem niedrig- oder extrem hochviskose Einzelkomponenten.

4.2.3.2 Statisch-dynamisches Mischen

Die zuletzt bei den statischen Mischern beschriebenen Grenzen können teilweise mit dem statisch-dynamischen Mischen überwunden werden. Das Homogenisieren von Einzelkomponenten mit stark voneinander abweichenden Viskositäten oder das homogene Durchmischen bei stark unterschiedlichen Mischungsverhältnissen gelingt mit statisch-dynamischen Mischern in der Regel besser als mit statischen Mischern.

Statisch-dynamische Mischer ähneln vom Aufbau her den statischen Mischern. Der wesentliche Unterschied ist, dass die Mischwendel bei statischen Mischern still («statisch») steht, bei statisch-dynamischen Mischern jedoch «dynamisch» über einen Motor angetrieben bzw. in Rotation versetzt wird. Zu diesem Zweck besitzen die Mischteile am Eingang des Rohres einen Haken, mit dem sie mit einem Motor verbunden werden können [121]. Das Kunststoff-Mischrohr ist bei beiden Systemen jeweils die statische Komponente.

Infolge der Rotation der Mischwendel wird die Durchmischung, auch von schwer mischbaren Komponenten, verbessert [121]. Da statisch-dynamische Mischer, wie rein statische Mischer auch, Einweg- bzw. Wegwerfartikel sind, entfällt hier wiederum die Notwendigkeit einer sonst sehr aufwendigen Reinigung. Nach Überschreiten der Topfzeit ist der benutzte Mischer einfach gegen einen neuen auszutauschen.

4.2.3.3 Dynamisches Mischen

Das dynamische Mischen ist weitestgehend unabhängig von den Viskositäten der Einzelkomponenten sowie dem Mischungsverhältnis. Somit können mit Hilfe von dynamischen Mischern auch Materialien mit weit auseinanderliegenden Viskositäten und mit sehr großen Mischungsverhältnissen homogen gemischt werden [121].

Der signifikante Unterschied zwischen statischen und statisch-dynamischen Mischern auf der einen Seite und dynamischen Mischern auf der anderen Seite ist folgender: Während statische und statisch-dynamische Mischer als Einweg- bzw. Wegwerfartikel konzipiert sind, werden die Elemente des dynamischen Mischers wiederverwendet und müssen deshalb nach dem Gebrauch gereinigt werden [121].

Ein dynamischer Mischer besteht aus einer (teilbaren) Mischkammer mit je einem Einlass für die Klebstoffkomponenten A und B sowie einem Produktauslass für den homogen gemischten Klebstoff. Innerhalb der Mischkammer befindet sich ein Rührelement (Mischrotor), das über einen Motor pneumatisch oder elektrisch angetrieben und so in Rotation versetzt wird [121]. Die Rührgeschwindigkeit ist über die Motordrehzahl wählbar.

Der Mischrotor vermischt die beiden zugeführten Komponenten innerhalb kürzester Zeit homogen, so dass mit dynamischen Mischern sehr reaktive Komponenten mit extrem kurzen Topfzeiten prozesssicher verarbeitet werden können. Optional können die Mischkammern gekühlt oder beheizt werden, um die Reaktionskinetik gezielt zu beeinflussen [121].

Nach Beendigung der Produktion muss der dynamische Mischer gereinigt werden. Um einen «bergmännischen Abbau» der ausreagierten Komponenten in der Mischkammer zu umgehen, wird zum Ende üblicherweise nur die Härterzufuhr gestoppt, so dass das System anschließend ausschließlich mit der Harzkomponente durchspült wird. Auf diese Weise werden Mischkammer und Mischwerk zwar nicht wirklich gereinigt, aber zur erneuten Aufnahme der Produktion muss dann lediglich die Härterkomponente im richtigen Mischungsverhältnis wieder zugeführt werden. Alternativ können die Mischkammer und der Mischrotor mit einer geeigneten Spül- oder Reinigungsflüssigkeit (zum Beispiel einem Lösemittel) gespült werden. Diese eher aufwendige Form der Reinigung ist immer dann erforderlich, wenn bei der Neuaufnahme der Produktion andere Klebstoffkomponenten zum Einsatz kommen sollen.

Abschließend werden die wesentlichen Vor- und Nachteile des dynamischen Mischens noch einmal stichpunktartig zusammengefasst [121].

Vorteile:

+ homogene Durchmischung auch bei stark abweichenden Viskositäten der Einzelkomponenten (Harz und Härter)
+ homogene Durchmischung auch bei sehr stark unterschiedlichen Mischungsverhältnissen
+ geeignet für Harz-Härter-Systeme mit Topfzeiten im Sekundenbereich
+ geeignet für kleine Dosierleistungen

Nachteile:

- komplexer und kostenintensiver Anlagenaufbau
- aufwendige Reinigung bei Prozessunterbrechungen oder bei Produktionswechseln
- Handling von Lösemitteln

4.3 Klebstoffauftrag und Fixierung der Fügeteile

Die Möglichkeiten des Klebstoffauftrags und der Fixierung der Fügeteile sind zwar nicht ganz so vielfältig, wie verschiedene Klebstoffarten bzw. -typen am Markt existieren, aber sie unterscheiden sich dennoch zum Teil erheblich voneinander. Auch die Abbinde- bzw. Aushärtegeschwindigkeiten können vom Sekundenbereich bis hin in den Bereich von mehreren Stunden bzw. sogar einzelnen Tagen variieren (vgl. Abschnitt 3.3).

Insofern können in diesem Abschnitt keine allgemeingültigen Richtlinien für die Applikation des Klebstoffs und das Fixieren der Fügeteile formuliert werden, die für alle Klebstoffe gleichermaßen zutreffend sind.

Dennoch werden in den beiden nachfolgenden Abschnitten zunächst einmal grundlegende Dosiersysteme (Abschnitt 4.3.1) und Ventilformen (Abschnitt 4.3.2) behandelt, mit denen sich ein Großteil der am Markt erhältlichen Klebstoffe verarbeiten lässt.

Das optimale Auftragsverfahren wird vor allem von folgenden Faktoren bestimmt:

- Konsistenz und Viskosität des Klebstoffs bzw. der Klebstoffkomponenten,
- Geometrie der Fügeteiloberflächen,
- geforderte Dosiergenauigkeit,
- Abbinde- bzw. Aushärtegeschwindigkeit,
- Anzahl der durchzuführenden Klebungen,
- ...

Ein manueller Klebstoffauftrag, zum Beispiel mit Hilfe von Pinseln, Spateln, Spachteln, Rakeln usw. kommt vor allem bei geringen Stückzahlen in Betracht. Für größere Stückzahlen in der Serien- oder Massenfertigung werden vor allem aus Gründen der Prozesssicherheit und Wirtschaftlichkeit bevorzugt teil- oder vollautomatisierte Auftragssysteme eingesetzt.

Auf ausgewählte Systeme zur Klebstoffapplikation wird in Abschnitt 4.3.3 (Schmelzklebstoffverarbeitung) und Abschnitt 4.3.4 (Elektronikverguss) eingegangen.

4.3.1 Dispenser-Dosiersysteme

Eine Ausgabevorrichtung wird allgemein als Dispenser bezeichnet. In der Klebtechnik werden prinzipiell folgende Dispenser-Dosiersysteme unterschieden [121]:

- Druck-Zeit-Dosierung,
- volumetrische Dosierung und
- gravimetrische Dosierung.

Bei der **Druck-Zeit-Dosierung** wird der Klebstoff mit einem leichten Überdruck innerhalb einer definierten Zeit beaufschlagt und auf diese Weise aus der Klebstoffkartusche gefördert. Über die beiden Einstellparameter Druckhöhe und Offenzeit des Auslassventils kann so eine definierte Klebstoffmenge dosiert werden. Temperatur- und/oder chargenbedingte Viskositätsschwankungen führen jedoch zu einem veränderten Dosiervolumen [121]. In Bild 4.17 ist ein solches Druck-Zeit-gesteuertes Dosiergerät abgebildet.

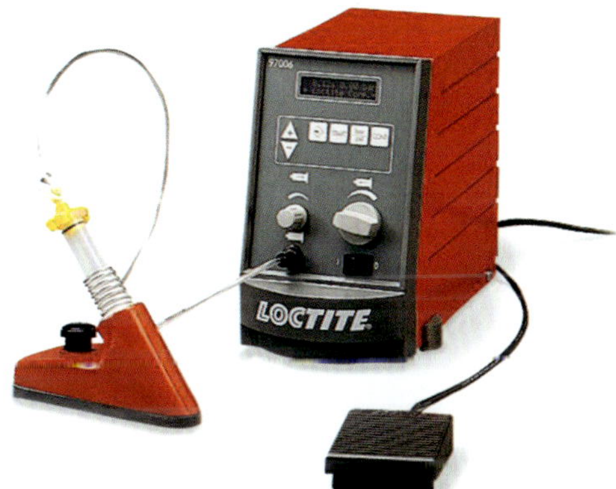

Bild 4.17 *Digitales Spritzendosiersystem LOCTITE 97006* [Quelle: Henkel AG & Co. KGaA, Düsseldorf]

Die Druck-Zeit-Dosierung ist eine einfache, relativ kostengünstige und demnach auch sehr weit verbreitete Dosiermethode. Sie wird bevorzugt für gering automatisierte Klebstoff-Applikationen eingesetzt [121]. Die Klebstoffkartusche, mit geeigneter Dosierspitze am Kartuschenauslass versehen, wird im einfachsten Fall von Hand in die gewünschte Position gebracht. Anschließend wird über einen Hand- oder Fußtaster das Triggersignal ausgelöst. So erfolgt die gewünschte Druckbeaufschlagung und das Auslassventil öffnet für die zuvor eingestellte Zeitdauer. Ein Nachlaufen des Klebstoffs und ein Fadenziehen können durch einen Vakuum-Rücksaugmechanismus minimiert bzw. verhindert werden.

Im Vergleich zu der Druck-Zeit-Dosierung ist die **volumetrische Dosierung** aufwendiger im Aufbau und damit auch kostspieliger. Die gewünschte Dosiermenge wird hier exakt und reproduzierbar über ein definiertes, fest vorgegebenes Kammer-, Kolben- oder Verdrängervolumen erzeugt. Viskosität und Dichte des Klebstoffs haben hier keinen Einfluss auf das Dosiervolumen [121]. Lediglich Lufteinschlüsse im Klebstoff können schwankende Dosiermengen bewirken, sollen aber grundsätzlich vermieden werden.

Die **gravimetrische Dosierung** ist noch aufwendiger in ihrem Aufbau und in ihrer Prozessautomatisierung, da eine oder mehrere Wägezellen das Gewicht aus dem oder den dosierten Komponentenströmen exakt überwachen und so die Dosierung steuern. Diese Form der Dosierung besitzt eine sehr hohe Genauigkeit im Bereich der Messgenauigkeit der Wägezelle [121].

4.3.2 Ventilformen

Ein Teil der bereits in Abschnitt 4.2.2 erläuterten Pumpensysteme zum Fördern des Klebstoffs bzw. der Klebstoffkomponenten kann auch unmittelbar zur Dosierung herangezogen werden. Folgende Ventilformen stehen zur Auswahl, die sich im Wesentlichen in ihrer Dosiergenauigkeit und natürlich im Preis unterscheiden [121]:

- Schlauchquetschventil,
- Membranventil,
- Nadelventil,
- Kolbenventil und
- Jetventil.

Das **Schlauchquetschventil** funktioniert ähnlich wie die Schlauchquetschpumpe (siehe Abschnitt 4.2.2). Anstelle des exzentrischen Rotors kommt ein axial betätigter Kolben zum Einsatz. Das Schließen des Ventils erfolgt durch eine Federkraft auf den Kolben, der den Schlauchdurchlass zuquetscht. Mittels Druckluft kann der Kolben gegen die Druckfeder zurückgeschoben werden, so dass der Schlauchquerschnitt freigegeben wird. Es ist somit ein sehr unkompliziert aufgebautes Ventil, bei dem durch einfaches Austauschen des materialleitenden Schlauches auf eine Reinigung komplett verzichtet werden kann. Es ist deshalb auch geeignet für kritisch zu dosierende Klebstoffe, wie zum Beispiel Cyanacrylate, oder insbesondere, wenn häufigere Materialwechsel erfolgen. Die Dosiergenauigkeit ist begrenzt. Speziell bei niedrigviskosen Klebstoffen besteht die Gefahr des Nachlaufens, wenn das Ventil bereits geschlossen ist [121].

Das **Membranventil** arbeitet ähnlich wie das Schlauchquetschventil, nur dass hier ein Kolben eine Membran ansteuert, die den Förderstrom regelt. Die Genauigkeit des Membranventils ist besser als die des Schlauchquetschventils. Allerdings ist eine Reinigung des Ventils nach der Nutzung oder bei Materialwechseln erforderlich [121].

Besonders präzise Dosierungen gelingen mit dem **Nadelventil**, da ein Nachlaufen des Klebstoffs oder ein Fadenziehen bei geschlossenem Ventil nicht möglich ist. Zudem kann die Dosiermenge exakt über die Viskosität des Klebstoffs, den Materialvordruck, den Querschnitt am Materialausgang und die Ventilöffnungszeit bestimmt werden [121]. Das definierte Öffnen und Schließen des Ventils erfolgt durch ein axiales Bewegen der Nadel, die in der Regel pneumatisch, hydraulisch oder elektrisch betätigt wird.

Das **Kolbenventil** ist entweder wie ein massives Nadelventil (Kolben statt Nadel) oder nach dem Funktionsprinzip der Kolbenpumpe aufgebaut. In beiden Fällen ist eine hohe Dosiergenauigkeit möglich. Nachteilig ist der deutlich aufwendigere Aufbau im Vergleich zu den beiden erstgenannten Ventilformen [121].

Das **Jetventil** wurde speziell zur berührungslosen Dosierung entwickelt. Mit Hilfe eines Piezoantriebs wird ein flüssiger Klebstofftropfen stark beschleunigt und auf die Substratoberfläche «geschossen» [121]. Dieses Ventil gestattet hochpräzise Dosierungen kleinster Klebstoffmengen, sogar im Mikro- oder Nanoliterbereich. In Bild 4.18 ist ein solches Jetventil dargestellt.

Der extrem feine, nadelförmige Auslass (Bild 4.18) lässt erahnen, dass diese Ventilform für Kleinstmengen- und Mikrodosierungen prädestiniert ist. Ungeeignet sind Jetventile hingegen für die Dosierung (hoch-)gefüllter Klebstoffsysteme. Insbesondere, wenn Füll- und/oder Verstärkungsstoffe ähnliche Dimensionen aufweisen wie die Blenden- oder Auslassdurchmesser, besteht die Gefahr des Verstopfens [121]. Hinzu kommt der abrasive Verschleiß der klebstoffberührenden Ventilkomponenten bei der Dosierung gefüllter bzw. verstärkter Klebstoffsysteme.

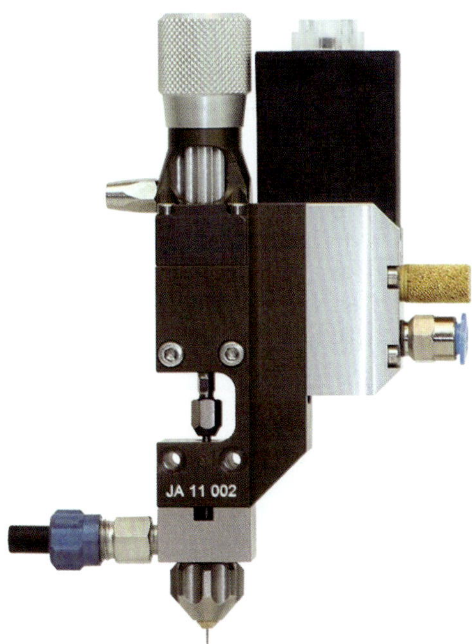

Bild 4.18 *Jetventil für Kleinstmengen- und Mikrodosierung* [Quelle: Scheugenpflug AG, Neustadt an der Donau]

4.3.3 Schmelzeaufbereitung und Schmelzedosierung

Schmelzklebstoffe (vgl. Abschnitte 3.3.3 und 3.3.4.1) unterscheiden sich von den meisten anderen Klebstoffarten darin, dass ihre Ausgangs- bzw. Lieferform nicht wie bei den meisten Klebstoffen flüssig bis pastös, sondern fest ist. Die bislang vorgestellten Pumpen, Dispenser und Ventile sind jedoch nicht geeignet für die Verarbeitung reiner Festkörper. Insofern müssen Schmelzklebstoffe zunächst einmal in geeigneten Anlagen in eine fließfähige, schmelzeflüssige Verarbeitungsform gebracht werden (Schmelzeaufbereitung), bevor es zu einer Schmelzedosierung kommen kann. Aus diesem Grund widmet sich dieser Abschnitt der Anlagen-und Verarbeitungstechnik von Schmelzklebstoffen.

4.3.3.1 Schmelzeaufbereitung

Wie bereits in Abschnitt 3.3.3 erwähnt, kommen für die Schmelzeaufbereitung bzw. die Verarbeitung von Schmelzklebstoffen grundsätzlich folgende Systeme zum Einsatz:

- Heißklebepistolen,
- Tank- oder Fassschmelzgeräte oder
- Schneckenmaschinen (z.B. Schmelzklebstoff-Extruder).

Aus dem Heimwerkerbereich sind **Heißklebepistolen** für thermoplastische Schmelzklebstoffe allseits bekannt. Sie werden rückwärtig mit typischerweise zylindrischen Hotmelt-Sticks bestückt. Der Vorschub der Sticks erfolgt im aufgeheizten Zustand in den einfachsten Fällen per Daumendruck auf den Stick oder alternativ mittels Betätigung des pistolenartigen Griffes. Kennzeichnend sind hier kleinere Klebstoffvolumina, die verarbeitet werden, und ein eher gelegentlicher Einsatz der Heißklebepistole.

Auch für den professionellen bzw. industriellen Bereich werden leichte und mobile Handgeräte in Form von Heißklebepistolen angeboten (Bild 4.19). Diese Geräte sind allerdings zum Teil deutlich komplexer aufgebaut. Sie gestatten mitunter eine Aufheizung auf einen definiert einstellbaren Temperaturbereich, so dass für unterschiedliche Schmelzklebstoff-Sticks (zum Beispiel Hotmelts oder Lowmelts – vgl. Abschnitt 3.3.3) die jeweils optimale Verarbeitungstemperatur gezielt ausgewählt werden kann. Auch die Sticks unterscheiden sich teilweise in ihrer Geometrie. Schmelzklebstoff-Sticks mit Profilierung über dem Umfang (siehe Bild 4.19) gestatten in den dazu passenden Schmelzklebepistolen einen schlupffreien Vorschub und damit eine präzisere Dosierung im Vergleich zu der komplett zylindrischen Stickform.

Bild 4.19 *Heißklebepistole und diverse Schmelzklebstoff-Sticks* [Quelle: 3M Deutschland GmbH]

Ergänzend zu der Heißklebepistole für thermoplastische Schmelzklebstoffe ist in Bild 4.20 eine Kartusche mit einkomponentigem reaktiven PUR-Schmelzklebstoff sowie das dazu passende Kartuschen-Auftragsgerät abgebildet. Wie bereits in Abschnitt 3.3.4.1 erörtert, sind reaktive Schmelzklebstoffe feuchtigkeitsvernetzende Systeme. Die luft- und feuchtigkeitsdichte Metallkartusche verhindert effektiv das ungewollte Eindringen von Feuchtigkeit in das Gebinde während des Transports und der Lagerung.

Das in Bild 4.20 gezeigte Kartuschen-Auftragsgerät ist ein elektropneumatisches Gerät, mit dem sich reaktive Schmelzklebstoffe schnell und einfach auftragen lassen. Die Kartuschen werden rückseitig in das Auftragsgerät eingebracht [132].

Für die Verarbeitung größerer Schmelzklebstoffvolumina und/oder für häufige, ggf. präzise und reproduzierbare Wiederholklebungen in der Serienproduktion sind Heißklebepistolen eher ungeeignet. An dieser Stelle kommen andere Schmelzeaufbereitungs- und Schmelzedosiergeräte, wie zum Beispiel Tank-/Fassschmelzgeräte oder spezielle Schmelzklebstoff-Extruder, zum Einsatz.

Bild 4.20 *PUR-Schmelzklebstoff-Kartusche und Kartuschen-Auftragsgerät für reaktive Schmelzklebstoffe* [Quelle: 3M Deutschland GmbH]

Tankschmelzgeräte, wie exemplarisch in Bild 4.21 dargestellt, werden aus wirtschaftlichen Gründen vorzugsweise mit Schmelzklebstoffen in Block- oder Kissenform (Pillows) betrieben. Im Tank der Tankschmelzgeräte können jedoch ebenfalls Sticks oder Granulate aufgeschmolzen werden (vgl. Abschnitt 3.3.3).

Die Förderung des aufgeschmolzenen Schmelzklebstoffs aus dem Tank des Schmelzgeräts erfolgt mit geeigneter Pumpentechnik, zum Beispiel mit Hilfe einer Zahnradschmelzepumpe (vgl. Abschnitt 4.2.2 und Bild 4.7). Über einen beheizten Spezialschlauch erreicht der schmelzeflüssige Klebstoff entweder einen Handapplikator (siehe Bild 4.21) für einen manuellen Klebstoffauftrag oder einen oder mehrere spezielle Auftragsköpfe mit Düsen (siehe Abschnitt 4.3.3.2 und Bild 4.23) für automatisierte Lösungen [133].

Bei **Schmelzklebstoff-Extrudern** (siehe Bild 4.22) muss der Rohstoff eingangs, wie bei allen anderen Einschnecken-Maschinen in der Kunststoffverarbeitung, in Granulatform zugegeben werden. Über die Schnecken-Zylinder-Kombination kann der Schmelzklebstoff sehr effizient, schonend und homogen aufgeschmolzen werden [134]. Die Plastifizierung des Materials erfolgt hierbei nicht nur über Wärmeleitung – wie bei den Tankschmelzgeräten –, sondern zusätzlich noch mittels Dissipationserwärmung, also durch Reibung der Granulatkörner untereinander sowie Reibung zwischen Granulat und Schnecke / Zylinder.

Ein weiterer Vorteil der Schmelzklebstoff-Extruder ist, dass immer nur so viel Klebstoff aufgeschmolzen wird, wie für die Applikation tatsächlich benötigt wird [134]. Bei Tankschmelzgeräten muss hingegen immer die gesamte Füllmenge im Tank aufgeschmolzen werden.

Da es sich bei Extrudern ferner um geschlossene Systeme handelt, kommt der Schmelzklebstoff bis zum Düsenaustritt nicht mit dem Sauerstoff der Umgebungsluft in Berührung. Eine Oxidation des Klebstoffs während der Aufbereitung ist somit quasi ausgeschlossen [134].

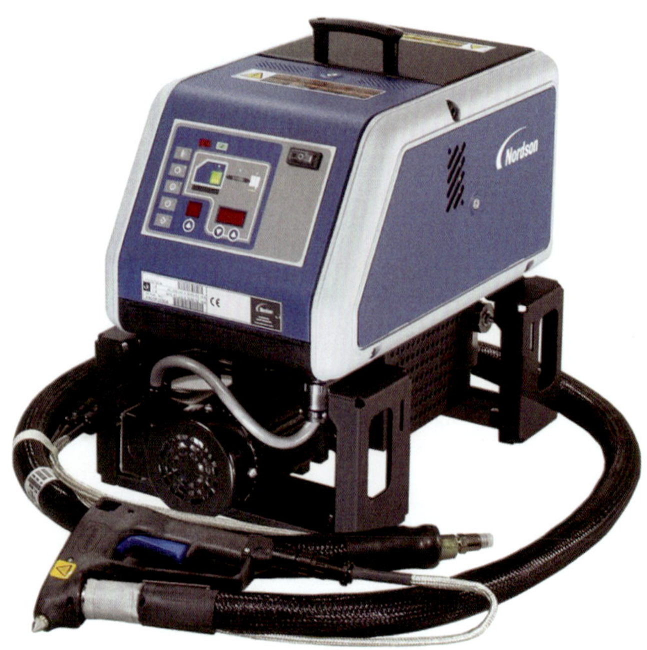

Bild 4.21 *Tankschmelzgerät mit Heizschlauch und Handpistole für die Schmelzklebstoffverarbeitung* [Quelle: Nordson Deutschland GmbH, Erkrath]

Bild 4.22 *Extruder für die Schmelzklebstoffverarbeitung* [Quelle: Nordson Deutschland GmbH, Erkrath]

4.3.3.2 Schmelzedosierung

Für eine automatisierte Schmelzedosierung finden in der Regel spezielle Schmelzklebstoff-Auftragsköpfe Verwendung. In Bild 4.23 ist ein solcher Auftragskopf mit Präzisionsdüse abgebildet.

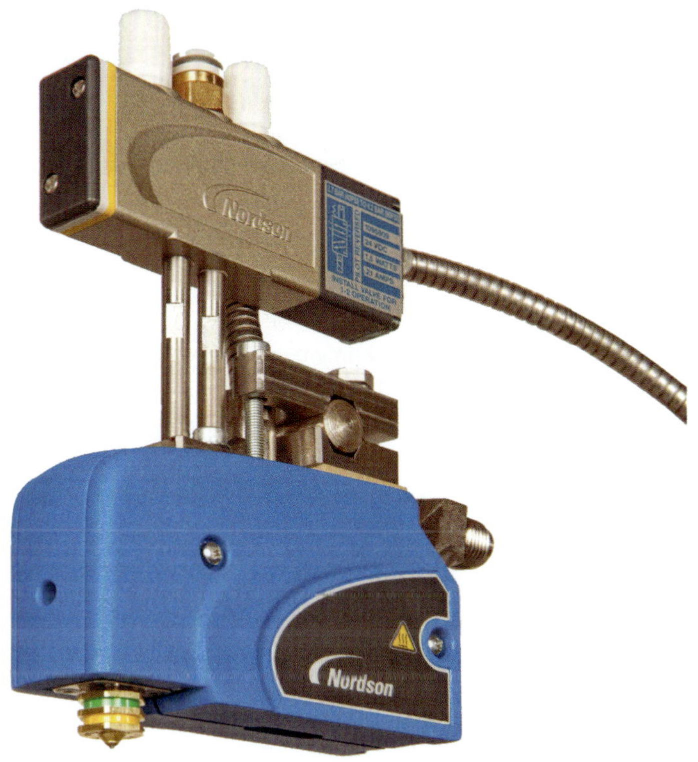

Bild 4.23 *Schmelzklebstoff-Auftragskopf* [Quelle: Nordson Deutschland GmbH, Erkrath]

Die Auftragsdüsen unterscheiden sich unter anderem in ihrem Düsendurchmesser und ihrer Kapillarenlänge. Sie können zum Beispiel pneumatisch und/oder mechanisch betätigt (geöffnet und geschlossen) werden.

Neben Standarddüsen, die für eine Vielzahl von Anwendungen geeignet sind, existieren auch diverse Spezialdüsen für individuelle Anforderungen. So kann für jeden Anwendungsfall die optimale Düse ausgewählt werden. In Bild 4.24 sind von links nach rechts sieben unterschiedliche Düsen und ihre jeweiligen Auftragsmuster beispielhaft dargestellt:

- Punktauftrag,
- Raupenauftrag,
- Spinn-Sprühauftrag,
- Streifen-/Flächenauftrag,
- Punktauftrag,
- Raupenauftrag und
- Sprüh-/Flächenauftrag (Control Coat® [135]).

Bild 4.24 *Klebstoff-Auftragsformen: Düsen und Auftragsmuster* [Quelle: Nordson Deutschland GmbH, Erkrath]

Raupen-, Streifen-, (Spinn-)Sprüh- und Flächenauftrag können zudem kontinuierlich oder diskontinuierlich erfolgen. Die diskontinuierliche bzw. intermittierende Variante reduziert in erster Linie den Klebstoffverbrauch entsprechend.

4.3.4 Elektronikverguss

Beim so genannten «**C**hip-**o**n-**B**oard-Verfahren» (COB-Verfahren) wird ein Halbleiter-Bauelement (der «Chip») direkt auf die Leiterplatte (das «Board») aufgeklebt und anschließend mittels dünner Bonddrähte elektrisch kontaktiert [22]. Diese empfindlichen mikroelektronischen Bauelemente (Chips, ICs usw.) und deren Kontaktierungen (Bonddrähte usw.) müssen anschließend noch für den späteren Einsatz in geeigneter Form vor äußeren Einflüssen geschützt werden. Dies geschieht durch den nachfolgenden Elektronikverguss.

Für den Elektronikverguss kommen verschiedene, in der Regel warm- oder strahlungshärtende Klebstoffe bzw. Vergussmassen zum Einsatz [22]. Der Verguss kann beispielsweise mit den in den nachfolgenden Abschnitten beschriebenen Methoden erfolgen.

4.3.4.1 Glob-Top

Beim Glob-Top-Verfahren werden üblicherweise Chip-Vergussmassen auf Basis von Epoxidharzen oder Silikonen verarbeitet [22]. Mit geeigneter Dosiertechnik (siehe Abschnitte 4.3.1 und 4.3.2) wird eine definierte Menge an Vergussmasse tropfenförmig auf das Halbleiter-Bauelement aufgegeben und ausgehärtet. Der Verguss kann, wie in Bild 4.25 zu sehen ist, entweder vollständig oder partiell erfolgen. Ein partieller Verguss ist zum Beispiel immer dann erforderlich, wenn das Bauelement eine aktive Funktionsfläche – zum Beispiel eine Sensorfläche – aufweist, die nicht mit Vergussmasse benetzt werden darf. Das (restliche) Bauelement und die Bonddrähte werden durch die ausreagierte Vergussmasse gut geschützt.

In Abhängigkeit der Oberflächenenergie der Leiterplatte und der Oberflächenspannung der flüssigen Vergussmasse, bildet die auf dem Bauelement dosierte Vergussmasse in guter Näherung einen Kugelabschnitt aus. Je größer die Vergussfläche und je größer der Kontaktwinkel zwischen Leiterplatte und Vergussmaterial sind, desto höher baut die Vergussmasse im Zentrum auf (Bild 4.26).

Bild 4.25 *Glob-Top drahtgebondeter Chips – vollständiger Verguss* (links) und partieller Verguss (rechts) [Quelle: DELO Industrie Klebstoffe, Windach]

Bild 4.26 *Glob-Top-Verguss auf einer Leiterplatte* [Quelle: Joachim Hummich]

4.3.4.2 Dam & Fill

Im Zuge der fortschreitenden Miniaturisierung elektrischer und elektronischer Geräte sind die Vergussflächen und/oder die Vergusshöhen jedoch oftmals stark begrenzt. An dieser Stelle kann die Vergussmethode Dam & Fill ihre Vorzüge ausspielen.

Beim Dam&Fill-Verfahren wird zunächst aus einem zähfließenden, thixotropen Vergussmaterial ein geschlossener Damm rund um den Chip appliziert. Unmittelbar danach wird das von der hochviskosen Vergussraupe eingeschlossene Volumen mit einer niedrigviskosen Vergussmasse vollständig aufgefüllt [22]. Erst danach erfolgt die wärme- oder strahlungsinduzierte Aushärtung der beiden Vergussmassen. Chip und Bonddrähte können auf diese Weise, wie auch bei der Glob-Top-Methode, je nach Bedarf entweder vollständig oder partiell umhüllt werden (Bild 4.27).

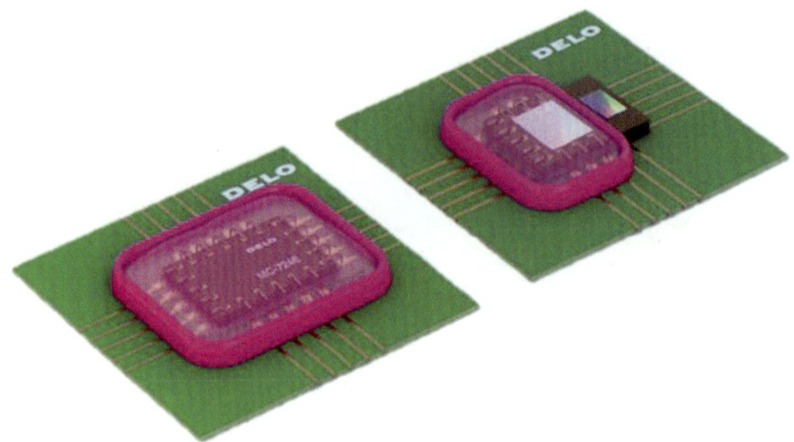

Bild 4.27 *Dam & Fill drahtgebondeter Chips – vollständiger Verguss (links) und partieller Verguss (rechts)* [Quelle: DELO Industrie Klebstoffe, Windach]

Der primäre Vorteil der Dam&Fill-Methode ist die sich ergebende sehr niedrige Vergusshöhe. Während sich die Masse beim Glob-Top-Verguss teilsphärisch ausformt und dementsprechend hoch im Zentrum aufbaut, verläuft die Oberfläche des Dam&Fill-Vergusses flach und im Wesentlichen parallel zur ebenen Substratoberfläche.

Die Einsatzbereiche des Dam&Fill-Verfahrens liegen somit insbesondere bei dünnen Chip-Karten (Bankkarten, Smart Cards, ICCs, …) sowie Sensoren und Aktoren [22].

Der Raupendurchmesser des hochviskosen Dammmaterials bzw. die Dammhöhe selbst kann der Höhe des zu vergießenden Bauelements gezielt angepasst werden. Sollen Bauelemente mit größerer Höhe vergossen werden, so kann einerseits der Dammdurchmesser vergrößert werden, was jedoch automatisch die erforderliche Vergussfläche nach außen vergrößert. Ist die Vergussfläche hingegen bauraumbedingt limitiert, so kann andererseits die folgende Variante der Dam&Fill-Methode zielführend sein.

Beim so genannten **Dam Stacking** wird zunächst eine bestimmte Anzahl an hochviskosen Dämmen mit kleinem Raupendurchmesser übereinander «gestapelt» (engl.: *stacking* = Stapelung), bis die gewünschte Vergusshöhe erreicht ist. Anschließend wird wie beim konventionellen Dam & Fill verfahren, also ein nachfolgender Verguss mit einem niedrigviskosen Material und danach das Aushärten der Vergussmassen (Bild 4.28).

4.3.4.3 Underfill

Die Methode Underfill wird üblicherweise als finaler Schritt bei der so genannten Flip-Chip-Montage (deutsch: Wende-Montage) [22; 136] angewendet.

Flip-Chips sind mitunter sehr komplexe Schaltkreise (Halbleiter-Chips), die auf ihrer Unterseite zum Teil mehrere tausend Kontakte auf sehr kleiner Fläche aufweisen. Bei der Flip-Chip-Montage wird der Flip-Chip direkt, ohne Bonddrähte, mit der kontaktierten Unterseite auf entsprechenden Kontaktierhügeln (so genannten «Bumps») des Schaltungsträgers montiert. Es ergeben sich auf

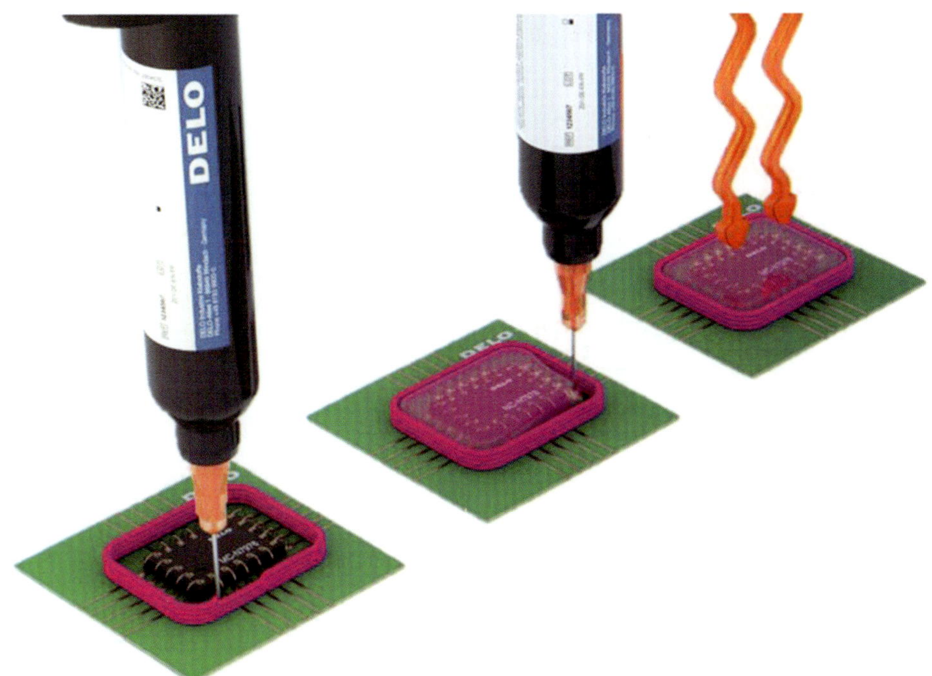

Bild 4.28 *Dam & Fill mit Dam-Stacking und anschließendem Aushärten* [Quelle: DELO Industrie Klebstoffe, Windach]

diese Weise besonders geringe Abmessungen und kurze Leiterlängen. Oftmals ist die Flip-Chip-Technologie sogar die einzig sinnvolle und wirtschaftliche Methode zur Kontaktierung, da die Kontakte beim Drahtbonden sequenziell hergestellt werden müssen. Dies ist bei der sehr hohen Anzahl an Kontaktierungen ein enorm zeitintensiver Prozess. Zudem können die vielen Bonddrähte möglicherweise gar nicht mehr positioniert werden, ohne sich zu kreuzen oder zu berühren. Bei der Flip-Chip-Montage erfolgt die Kontaktierung mittels Löten oder Leitkleben gleichzeitig [22; 136].

Nach erfolgter Fixierung und Kontaktierung werden Flip-Chips typischerweise mit einem so genannten Underfiller verklebt. Ein Underfiller ist ein niedrigviskoser Reaktionsklebstoff, der sich infolge der Kapillarwirkung in den engen Spalt zwischen Flip-Chip und Leiterplatte zieht, dabei den Chip vollständig unterfüttert und die sensiblen Kontaktflächen so nach seiner Aushärtung bei späterer Klima- und Temperaturwechselbelastung optimal schützt [22]. Das Prinzip des kapillaren Underfills ist schematisch in Bild 4.29 dargestellt.

In Kürze

Zusammenfassend kann für die **Dosierung** festgehalten werden, dass die Kosten für eine geeignete Dosieranlage mit zunehmenden Anforderungen an die Dosiergenauigkeit steigen. Neben der Dosiergenauigkeit ist insbesondere der Klebstofftyp (Viskosität, Füllgrad, ...) entscheidend für die Auswahl des optimalen Dosiersystems. Weitere wichtige Auswahlkriterien sind die Dosiermenge und die Anzahl an Dosierungen, die durchzuführen sind [121].

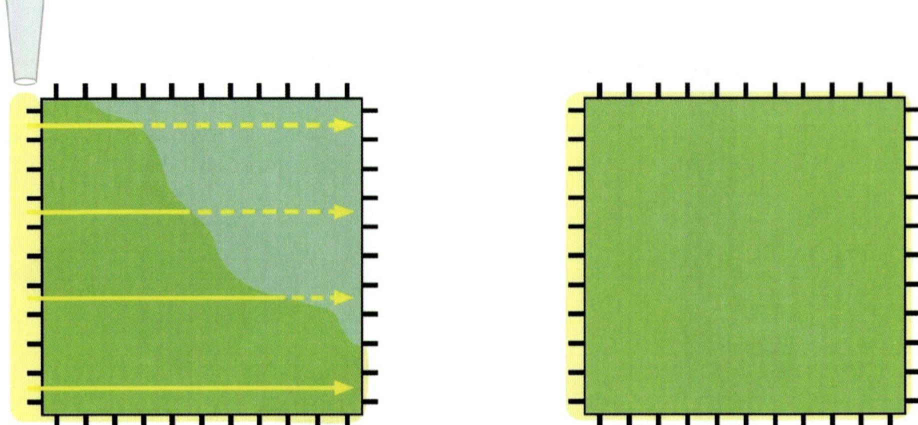

Bild 4.29 *Kapillarer Underfill (schematisch)* [Quelle: Scheugenpflug AG, Neustadt an der Donau]

4.3.5 Fixierung der Fügeteile

Das Fixieren der Fügeteile muss während des Abbindens bzw. Aushärtens des Klebstoffs schließlich so lange erfolgen, bis die Anfangsfestigkeit erreicht ist [4; 15; 121]. Die Anfangsfestigkeit wird auch als Mindest- oder Weiterbearbeitungsfestigkeit bezeichnet und liegt meist deutlich unter der erreichbaren Endfestigkeit. In Abschnitt 3.3 wurde für die unterschiedlichen Klebstoffarten bereits qualitativ festgehalten, ob eine sofortige (hohe) Anfangsfestigkeit vorliegt oder nicht.

Bei schnell abbindenden oder aushärtenden Klebstoffen kann mitunter auf Fixierhilfen gänzlich verzichtet werden, da die Anfangsfestigkeit unmittelbar gegeben ist.

Für alle «langsameren» Klebstofftypen muss auf entsprechende Fixierhilfen [80] zurückgegriffen werden, zum Beispiel:

- Vorrichtungen bzw. Bauteilaufnahmen,
- Klemmen,
- Klammern,
- (Schraub-)Zwingen,
- Klebebänder,
- …

Die Fixierhilfen übernehmen dabei zwei wichtige Aufgaben, bis die Anfangsfestigkeit erreicht ist. Einerseits wird die relative Position der der Fügeteile zueinander fixiert und andererseits wird dabei ein konstanter Füge-/Fixierdruck eingehalten.

Beim Kleben in Kombination mit anderen Fügeverfahren (siehe Kapitel 8) übernehmen die konventionellen Fügemittel, wie zum Beispiel Schrauben, Nieten, Clinchpunkte, Clipse, Schweißpunkte, … zunächst die Aufgabe der Fixierung der Fügeteile zueinander, solange der Klebstoff noch nicht ausreichend verfestigt ist. Nach dem Abbinden bzw. Aushärten des Klebstoffs tragen die oben genannten Mittel, neben der reinen Klebfestigkeit, redundant zur Gesamtfestigkeit der gefügten Verbindung bei.

4.4 Abbinden / Aushärten des Klebstoffs

Die Zeiten zum Abbinden / Aushärten des Klebstoffs unterscheiden sich bereits beträchtlich von Klebstoffart zu Klebstoffart (vgl. Abschnitt 3.3 und Bild 3.8). Hinzu kommt, dass selbst innerhalb einer Klebstoffart die Abbinde- bzw. Härtezeiten von verschiedenen Klebstofftypen sehr weit auseinanderliegen können. Die Empfehlungen und Verarbeitungshinweise der Klebstoffhersteller sind in jedem Fall einzuhalten.

Allgemein gilt, dass die Parameter Zeit und Temperatur das Abbinden / Aushärten von vielen Klebstoffen signifikant beeinflussen.

Die Abbinde-/Aushärtezeiten variieren je nach Klebstoffart und Klebstofftyp zwischen wenigen Sekunden bis hin zu mehreren Tagen (vgl. Abschnitt 3.3).

Bestimmte Klebstoffarten benötigen außerdem sehr spezielle Umgebungsbedingungen für ihre Verfestigung (siehe Abschnitt 3.3). So brauchen reaktive Hotmelts und Cyanacrylate beispielsweise Feuchtigkeit zur Aushärtung. Die Reaktion bei strahlungshärtenden Klebstoffen wird durch Strahlung der richtigen Wellenlänge ausgelöst. Anaerob härtende Klebstoffe reagieren erst unter Sauerstoffausschluss und unter Anwesenheit von freien Metallionen.

Speziell bei 1K- und 2K-Reaktionsklebstoffen sind die Reaktionsgeschwindigkeiten und damit auch die Härtezeiten ausgeprägt temperaturabhängig. Gemäß des Arrhenius-Ansatzes [87] bewirkt eine Temperaturerhöhung um 10 °C eine Verdopplung der Reaktionsgeschwindigkeit respektive eine Halbierung der Härtezeit [67]. Bei kalthärtenden 2K-Reaktionsklebstoffen kann eine frühe Anfangsfestigkeit durch kurzzeitiges Erwärmen erzielt werden. Mit warmhärtenden 1K-Reaktionsklebstoffen verklebte Kleinteile werden üblicherweise in Öfen oder Wärmeschränken bei definierter Härtetemperatur über eine definierte Härtezeit [4] ausreagiert. Bei Großteilen werden im Bereich der Klebfugen gezielt Heißluftgebläse, IR-Strahler oder Thermoden eingesetzt. Alternativ kann die Aushärtung des Reaktionsklebstoffs auch in so genannten Heißluftautoklaven (Bild 4.30) unter definierten Druck- und Temperaturbedingungen vollzogen werden.

Der weltweit größte Forschungsautoklav wurde im Jahr 2011 von der DLR (**D**eutsches Zentrum für **L**uft- und **R**aumfahrt) am Standort in Stade in Betrieb genommen. Er hat eine Länge von 27 m bei einem Durchmesser von 6,50 m und dient der Forschung an großen Flugzeugteilen aus CFK, zum Beispiel Rumpfbauteile, Flügelschalen oder Seitenleitwerke. Diese Bauteile können bei Betriebstemperaturen bis zu 420 °C und einem maximalen Druck von 10 bar im Autoklaven gefertigt werden [137].

Bild 4.30 *Heißluftautoklav* [Quelle: OTH Regensburg, Labor für Faserverbundtechnik]

5 Kleben metallischer und nichtmetallischer Werkstoffe

Die Qualität bzw. die Festigkeit einer Klebung wird von diversen Einflussfaktoren bestimmt (vgl. Bild 2.1 in Abschnitt 2.1). Der Einflussfaktor «Klebstoff» wurde bereits umfassend in Abschnitt 3.3 behandelt, ebenso die ordnungsgemäße Durchführung einer Klebung (siehe Kapitel 4), wozu unter anderem die sachgerechte Vorbereitung der Fügeteile bzw. Fügeteiloberflächen (siehe Abschnitt 4.1) sowie die optimale Vorbereitung des Klebstoffs (siehe Abschnitt 4.2) zählen.

In diesem Kapitel stehen nunmehr Aspekte wie zum Beispiel günstige und ungünstige Beanspruchungsarten einer Klebung sowie die resultierende Spannungsverteilung in der Klebfuge im Fokus. Hieraus lassen sich die Empfehlungen für die konstruktive Gestaltung von Klebungen und ein klebgerechtes Design / eine klebgerechte Konstruktion ableiten. Diese allgemeinen Richtlinien zur klebgerechten Konstruktion werden in Abschnitt 5.1 thematisiert. Darüber hinaus werden die Möglichkeiten und Grenzen bei der Berechnung und quantitativen Auslegung von Klebungen in Abschnitt 5.2 kurz behandelt. Abschließend wird noch auf das Kleben ausgewählter, wichtiger Konstruktionswerkstoffe (Metalle in Abschnitt 5.3.1, Kunststoffe in Abschnitt 5.3.2 und Glas in Abschnitt 5.3.3) eingegangen.

5.1 Allgemeine konstruktive Richtlinien

Für alle kraft-, form- und stoffschlüssigen Verbindungsarten (siehe Tabelle 1.1) gelten individuelle konstruktive Gestaltungsrichtlinien, die teilweise identisch oder zumindest recht ähnlich sind, teilweise aber auch erheblich voneinander abweichen. Um beispielsweise maximale Verbindungsfestigkeiten erzielen zu können, ist es erforderlich, dass der Konstrukteur bereits in ganz frühen Phasen der Konstruktion genaue Kenntnis der gewünschten Verbindungsmethode hat und außerdem die jeweiligen Beanspruchungsarten sowie eventuelle weitere Einflussfaktoren ausreichend genau abschätzen und berücksichtigen kann.

Aus Bild 5.1 wird ersichtlich, dass eine Vielzahl an unterschiedlichen Beanspruchungsarten existiert. Diese können grob eingeteilt werden in mechanische Einflüsse sowie physikalische oder chemische Umgebungseinflüsse. Zu den mechanischen Einflüssen zählen die klassischen Belastungen der gefügten Werkstücke auf Zug, Schub, Scherung, Biegung, Druck und Torsion sowie eventuelle Spalt- und Schälkräfte. Physikalische Einflüsse aus der Umgebung treten unter anderem bei der Freibewitterung auf. Dazu gehören zum Beispiel Wärme oder Kälte sowie weitere Einflüsse wie Feuchtigkeit und (UV-)Strahlung. Bestimmte Einflüsse auf die Klebung durch Lösemittel, Säuren, Basen usw. werden schließlich den chemischen Umgebungsfaktoren zugeschrieben. Physikalische und chemische Einflüsse haben zudem einen Einfluss auf das Alterungsverhalten der Klebung, das bei der richtigen Dimensionierung entsprechend mit berücksichtigt werden muss.

Darüber hinaus sind nahezu beliebige Belastungskollektive, also Überlagerungen von zwei oder mehr Beanspruchungsarten, denkbar, die zum Teil ein vollkommen anderes Werkstoffverhalten verursachen können.

Zu guter Letzt wird noch nach der zeitabhängigen Beanspruchung differenziert (kurzzeitige / langzeitige, statische / dynamische Belastungen, ...), wie Bild 5.1 zeigt.

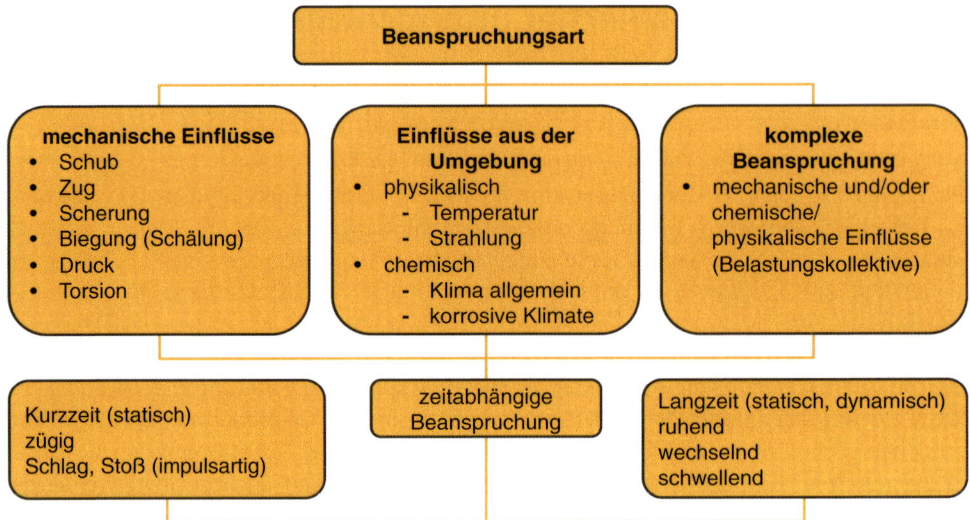

Bild 5.1 *Beanspruchungsarten von Klebungen* [4]

Strukturelle Klebungen sollen in erster Linie Kräfte übertragen und dabei die durch die vorherrschenden Belastungen auftretenden Spannungen über einen möglichst langen Zeitraum schadlos ertragen können. Um dieses Ziel zu erreichen, sollen Klebungen im Idealfall konstruktiv folgendermaßen gestaltet werden [15; 138]:

- gleichförmige Spannungsverteilung in der Klebfuge realisieren (vgl. Bild 1.5)
- Spannungsspitzen in der Klebung weitestgehend vermeiden bzw. reduzieren
- vorzugsweise Zug-, Druck- oder Scherbeanspruchungen erzeugen
- Spalt-, Schäl- und Biegebeanspruchungen vermeiden bzw. auf ein Minimum reduzieren
- ausreichend große Klebflächen vorsehen
- plastische Fügeteilverformung vermeiden

In Bild 5.2 sind günstige Belastungsarten von Klebungen dargestellt. Dazu gehören reine **Zug- und Druckkräfte** sowie **Zugscher- und Druckscherkräfte**. Zug- und Druckkräfte wirken jeweils senkrecht, Zugscher- und Druckscherkräfte wirken hingegen parallel zur Klebung. Bei allen vier dargestellten Belastungsarten besteht jedoch die Gemeinsamkeit, dass die Kraftverteilung stets gleichmäßig über die gesamte Klebfläche erfolgt. Alle Klebpunkte (Adhäsions- und Kohäsionspunkte) werden gleichzeitig und gleichermaßen belastet. Da sie alle so gemeinsam und gleichmäßig zur Kraftübertragung beitragen, sind diese Kräfte im Allgemeinen unkritisch für Klebungen [139].

Reine Zug- und Druckkräfte sind in realen Anwendungsfällen unproblematisch, aber auch eher selten [139], da hier oftmals aufgrund der Fügeteilgeometrien die Klebflächen nicht ausreichend groß gestaltet werden können.

Bei einer reinen Zugbelastung ist außerdem eine zentrische Krafteinleitung wichtig, da es anderenfalls zu Spalt- oder Schälkräften kommen kann. Dies wird im Folgenden bei der Diskussion der ungünstigen Belastungsarten von Klebungen noch näher erläutert.

Druckbelastungen sind immer dann gut, wenn der Klebstoff eine ausreichende Strukturfestigkeit aufweist. Bei zu geringer Kohäsion und übermäßiger Druckbelastung kann es allerdings zur Schädigung des Klebstofffilms kommen [138].

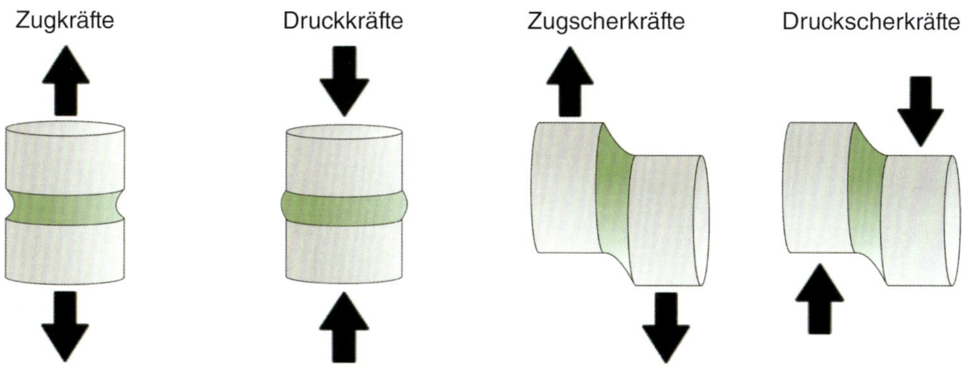

Bild 5.2 *«Gute» Belastungsarten von Klebungen* [Quelle: Christoph Haller nach 139]

Zugscher- und Druckscherkräfte sind für die klebgerechte Konstruktion von größerer Bedeutung, da hier durch Vergrößerung der Überlappungslänge größere Klebflächen einfach realisierbar sind. Aus diesem Grund sollen Klebungen nach Möglichkeit immer für Scherbeanspruchungen ausgelegt werden. Bild 5.3 zeigt schematisch eine Zugscherprobe (oben) und eine Druckscherprobe (unten) am Beispiel von einfachen, einschnittig überlappten Klebungen mit exzentrischem Kraftangriff.

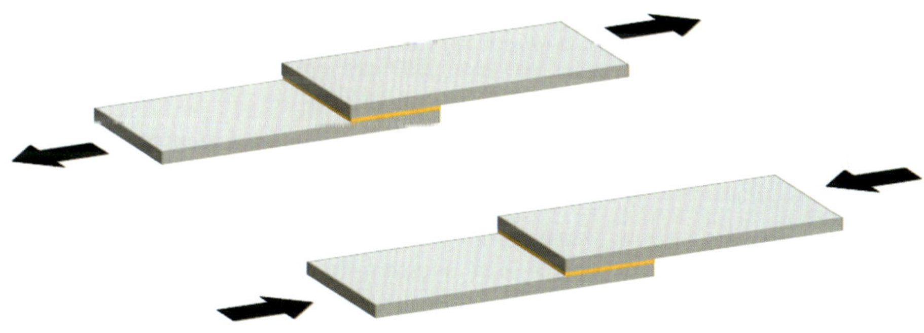

Bild 5.3 *Zugscherung und Druckscherung in einschnittig überlappten Klebungen*

Unter der idealisierten Annahme von unendlich starren Fügeteilen sowie einer rein elastischen Verformung der Klebschicht werden die Klebflächen dieser Proben vollkommen gleichmäßig belastet [138], was allgemein den Idealfall für Klebungen darstellt.

Ergänzend dazu ist in Bild 5.4 eine stabförmige Rundklebung schematisch dargestellt. Ein zylinderförmiger Körper ist dabei mit einem vollumfänglichen Teil seiner Außenfläche in eine Bohrung eingeklebt und wird anschließend auf Torsion belastet.

Wie bei den einschnittig überlappten Klebungen in Bild 5.3 wirken auch die Kräfte bei der in Bild 5.4 gezeigten Rundklebverbindung bei Drehmoment- bzw. Torsionsbelastung parallel zur Belastungsrichtung, aber gleichzeitig versetzt zur Klebschichtdicke. Die gesamte Klebfläche wird hier wiederum gleichmäßig auf Scherung belastet.

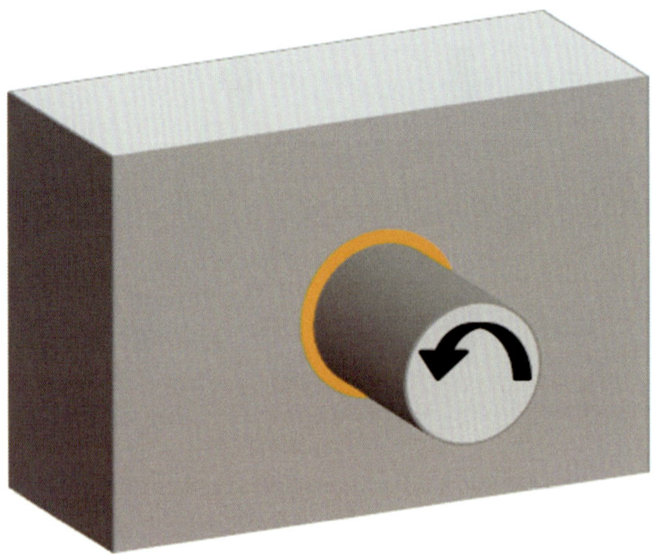

Bild 5.4 *Drehmomentbelastung bei einer rotationssymmetrischen Überlappung* [138]

In der Realität liegen jedoch keine unendlich starren Substrate vor, sondern bis zu einem gewissen Grad elastisch verformbare Probekörper. Eine plastische Verformung der Fügeteile soll generell vermieden werden. Darüber hinaus erfolgt die Krafteinleitung bei den in Bild 5.3 dargestellten Zug- und Druckscherproben in Abhängigkeit der Substratdicken mit einem mehr oder weniger stark ausgeprägten exzentrischen Versatz zur Klebfuge.

Bei einer exzentrisch eingeleiteten Zugbelastung einer einschnittig überlappten Klebung einer realen Zugscherprobe kommt es neben der Zugscherbelastung in der Klebschicht zusätzlich zu einer Biegemomentbelastung und damit zu sehr hohen Normalspannungsspitzen an den Überlappungsenden. Diese können am Klebfugenanfang einen bis zu vierfachen Wert der angreifenden Zugspannungen betragen [15]. Die Spannungsverteilung in der Klebschicht ist damit nicht mehr gleichmäßig. Eine solche Zugscherprobe bildet unter Belastung einen typischen S-Schlag aus, der auf die Verformbarkeit der Substrate zurückzuführen ist. Dieser Sachverhalt ist in Bild 5.5 schematisch dargestellt.

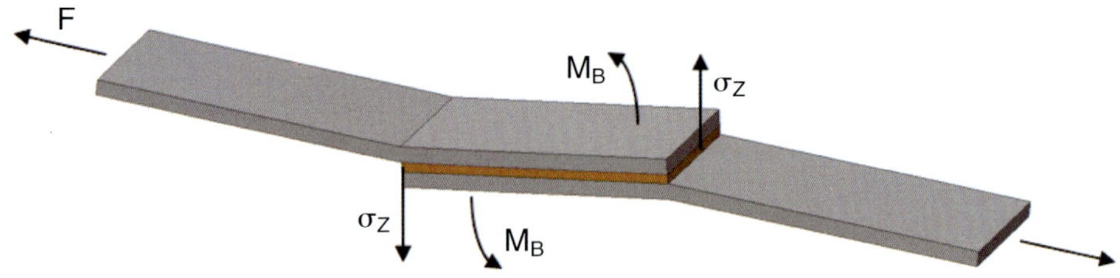

Bild 5.5 *Schematische Darstellung des S-Schlags einer Zugscherprobe* [15]

Das in der Klebschicht **auftretende Biegemoment M_B** ergibt sich nach folgender Gleichung:

$$M_B = \frac{F \cdot (s + d)}{2} \qquad \text{(Gl. 5.1)}$$

M_B Biegemoment
F angreifende (Zug-)Kraft
s Fügeteildicke
d Klebschichtdicke

Wie zu Beginn dieses Abschnitts erwähnt, sollen unter anderem Biegebeanspruchungen in der Klebfuge möglichst vermieden werden. Da das Biegemoment gemäß der obenstehenden Formel eine Funktion der angreifenden Kraft sowie der geometrischen Daten Fügeteil- und Klebschichtdicke ist, ergeben sich verschiedene Möglichkeiten, um die Biegebeanspruchung gezielt zu reduzieren. Dies kann einerseits durch Reduzierung der von außen angreifenden Kräfte erfolgen. Da diese Kräfte in der Regel jedoch in Abhängigkeit des jeweiligen Anwendungsfalls vorgegeben und damit nicht veränderbar sind, verbleiben noch die Fügeteil- und die Klebschichtdicke als «Stellschrauben».

Eine Vergrößerung der Fügeteil- und Klebschichtdicke führt gemäß des oben stehenden formelmäßigen Zusammenhangs zu einer Erhöhung des Biegemoments und somit zwangsläufig zu einer Spannungserhöhung. Der Einfluss der Klebschichtdicke d ist dabei im Vergleich zur Fügeteildicke s allerdings relativ gering [15]. Dies liegt daran, dass die typischen Klebschichtdicken bei strukturellen Klebungen üblicherweise nur ca. 0,1...0,3 mm betragen. Wird die Klebstoffdicke beispielsweise verdoppelt oder halbiert, macht sich dies kaum in den äußeren Abmessungen der Klebung sowie den Krafteinleitungspunkten bemerkbar.

Demzufolge hat die Substratdicke s den größten Einfluss auf die Höhe der resultierenden Biegemomente sowie auf die Spannungsverteilung. Eine sinnvolle Reduzierung der Fügeteildicken hat demnach einen positiven Effekt im Hinblick auf eine möglichst gleichmäßige Spannungsverteilung in der Klebfuge. Dies ist leicht nachvollziehbar, da mit einer substanziellen Reduzierung der Substratdicken gleichzeitig die Exzentrizität der Krafteinleitung deutlich abnimmt, was automatisch zu geringeren Biegebeanspruchungen führt.

Neben den Einflussfaktoren Zugkraft, Fügeteildicke und Klebschichtdicke lassen sich Biegemoment und/oder Spannungserhöhungen noch über folgende Maßnahmen reduzieren [15; 140]:

- Verringerung der Überlappungslänge,
- Verwendung von Substratwerkstoffen mit höherer Steifigkeit (E-Modul),
- Reduzierung oder Vermeidung der exzentrischen Krafteinleitung, zum Beispiel durch Umkonstruieren (vgl. Abschnitt 5.3.1, Bilder 5.19 und 5.20).

Auch aus einer reinen Zugbelastung können **Spalt- oder Schälkräfte** resultieren, wenn die Krafteinleitung exzentrisch erfolgt. Bei unendlich starren Substraten ergibt sich so Spaltung, bei Verformung des Fügeteils / der Fügeteile unter Belastung Schälung (Bild 5.6).

Spaltkräfte sind uneinheitlich über die Klebfläche verteilt. Die Spannungsspitzen konzentrieren sich hierbei auf einen lokal sehr begrenzten Raum [139]. Kommt es in diesem hochbelasteten Bereich zu einer Überschreitung der maximal zulässigen Kräfte, so versagt die Klebung in diesem Bereich und die benachbarten Adhäsions- und Kohäsionspunkte in der Klebfuge werden anschließend dieser ungünstigen Belastung ausgesetzt. Die Schädigung der Klebfuge setzt sich sukzessive fort (Domino-Effekt), bis die Klebung vollständig zerstört ist.

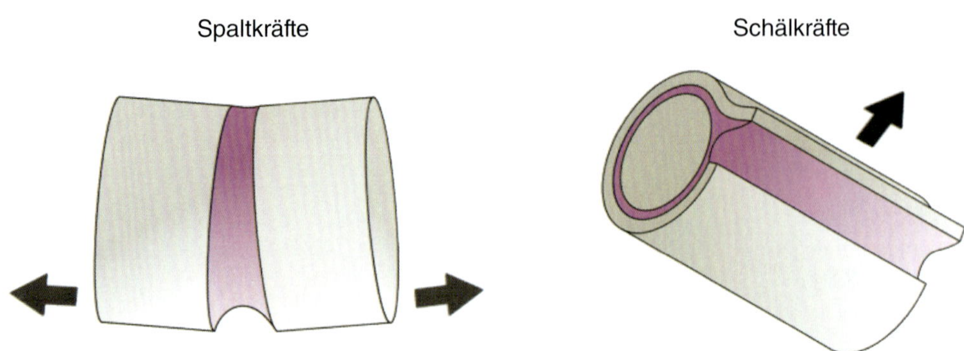

Bild 5.6 *«Schlechte»Belastungsarten von Klebungen* [Quelle: Christoph Haller nach 139]

Schälkräfte wirken nur auf die belastete Kante der geklebten Fläche. In diesem Fall kann – bezogen auf die gesamte Klebfläche – immer nur eine sehr geringe Klebstoffmenge dem äußeren Kraftangriff entgegenwirken [139]. Es kommt so zu einer linienförmigen und nicht flächigen Beanspruchung der Klebfuge, was der ungünstigsten Beanspruchungsform des Klebstoffs entspricht. Die Spannungsspitze tritt bei Schälbelastung genau entlang der äußeren Klebstofflinie auf. Bei Haftklebstoffen (siehe Abschnitt 3.3.5) wird das Prinzip der Schälung bewusst angewendet, wenn beispielsweise Klebebänder von ihrer Rolle abgerollt oder wenn Klebestreifen bzw. Etiketten wieder abgelöst werden sollen.

In beiden Fällen (Spaltung und Schälung) wird die Klebfläche sehr ungleichmäßig belastet. Aufgrund der Gefahr des stetigen Versagens der gesamten Klebung auf absehbare Zeit sollen Spalt- und Schälkräfte unbedingt konstruktiv vermieden werden [139; 15]. Es ist selbsterklärend, dass eine Vergrößerung der Klebfläche im Fall von Spalt- oder Schälbelastungen nicht zielführend ist.

Im Gegensatz dazu kann bei günstigen Belastungen der Klebung eine Vergrößerung der Klebflächen durchaus positive Effekte im Hinblick auf die absolute Klebfestigkeit haben. In Bild 5.7 ist die bereits vorgestellte einschnittige Überlappung mit exzentrischer Krafteinleitung verschiedenen **Laschungen** gegenübergestellt. Laschungen sind eine einfache Möglichkeit, über die Geometrie der Klebung und/oder der Fügeteile eine ausreichende Klebflächenvergrößerung zu realisieren.

Insbesondere bei der klebtechnischen Verbindung sehr dünner Substrate, zum Beispiel dünne Bleche oder Folien, bietet eine Stumpfstoßklebung allgemein eine viel zu kleine Klebfläche. Speziell bei Metallklebungen ist die Stumpfstoßklebung außerdem grundsätzlich nicht empfehlenswert. An dieser Stelle ermöglicht die **einschnittige Laschung** auf einfache Art und Weise eine signifikante Vergrößerung der Klebfläche und damit schließlich die Bereitstellung ausreichend großer Klebflächen. Sie wird aufgrund ihrer einfachen Ausführung und der guten Bindefestigkeit vorzugsweise zum Kleben von dünnen Kunststoffteilen verwendet [140]. Streben die Dicken der Substrate und der Lasche zudem gegen sehr kleine Werte, wie es bei dünnen Blechen oder Folien zum Beispiel der Fall ist, so liegt zumindest in guter Näherung eine zentrische Krafteinleitung vor.

Anderenfalls bietet sich die **zweischnittige Laschung** an, die – unabhängig von der Dicke der Fügeteile sowie der Laschen – eine perfekt zentrische Krafteinleitung ermöglichen kann. Ein weiterer Vorteil der zweischnittigen gegenüber der einschnittigen Laschung besteht in der Verdopplung der Klebfläche. Werden jedoch dickere Laschen verwendet, kann die lokale geometrische Verdickung im Bereich der Laschen als unerwünscht oder nachteilig angesehen werden – insbesondere, wenn beidseitig möglichst ebene Oberflächen gefordert werden.

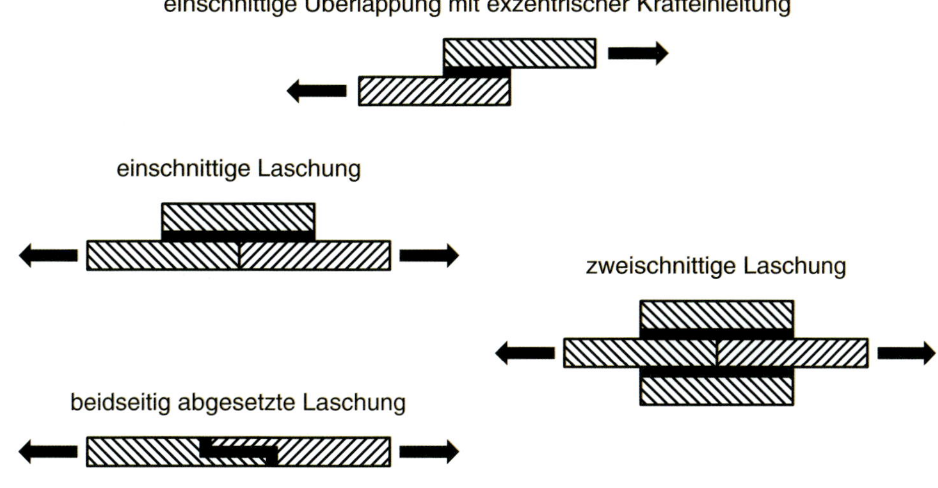

Bild 5.7 *Einschnittige Überlappung und diverse Laschungen* [4; 15]

Abhilfe bietet hier die sogenannte **beidseitig abgesetzte Laschung**, die aufgrund der begrenzten Bearbeitbarkeit der Fügeflächen bei (sehr) dünnen Substraten jedoch nicht sinnvoll anwendbar ist. Bei dickwandigeren Fügeteilen lassen sich die Klebflächen hingegen zueinander passend erzeugen oder bearbeiten, so dass es im Vergleich zur Stumpfstoßklebung wiederum zu einer signifikanten Vergrößerung der Klebflächen kommt.

Wie bis zu diesem Punkt ausführlich erläutert, sind dauerhaft haltbare, anspruchsvolle Klebungen stets so zu gestalten, dass die Klebfuge im Belastungsfall vorzugsweise Zug-, Druck- und/oder Scherbeanspruchungen erfährt. Spalt-, Schäl- und Biegebeanspruchungen sind aus den zuvor angeführten Gründen zu vermeiden. Bei vorhersehbarer bzw. abschätzbarer Art, Höhe und Richtung der später in der gefügten Baugruppe auftretenden Beanspruchungen ist es die primäre Aufgabe des Konstrukteurs, die Ausrichtung bzw. Anordnung der Fügeteile zueinander derart vorzusehen, dass es im Anwendungsfall in der bzw. den Klebfugen nicht zu den ungünstigen Belastungsarten kommt.

Sollen konventionelle Fügetechniken, zum Beispiel Schraub- oder Nietverbindungen, durch die Klebtechnik substituiert werden, ist es in der Regel nicht zielführend, die bestehende Konstruktion unverändert zu übernehmen und lediglich das Fügemittel auszutauschen. Die Konstruktion muss insgesamt klebgerecht erfolgen. Ein gewisses Umdenken und zum Teil auch ein Umkonstruieren ist dabei für eine klebgerechte Konstruktion unerlässlich.

Es gibt zahlreiche konstruktive Möglichkeiten zur Vermeidung oder zumindest zur Reduzierung von **Schäl- und Biegebeanspruchungen** in Klebungen, die im Folgenden vorgestellt und diskutiert werden. Grundsätzlich gelten die nachfolgend getroffenen Aussagen auch für Spaltbelastungen, die im Zusammenhang mit unendlich starren Fügeteilen stehen.

In Bild 5.8 (oben links) ist eine einschnittige Überlappung dargestellt, die versetzt und senkrecht zur Klebfläche mit einer Kraft beaufschlagt wird. In diesem Fall ergibt sich der aus klebtechnischer Sicht ungünstige Fall der Schäl- und Biegebeanspruchung mit einer linienförmigen und somit ungleichmäßigen Belastung der Klebfuge. Darüber hinaus sind in Bild 5.8 verschiedene konstruktive Möglichkeiten zur gezielten Vermeidung bzw. Reduzierung von Schäl- und Biegebeanspruchungen dargestellt.

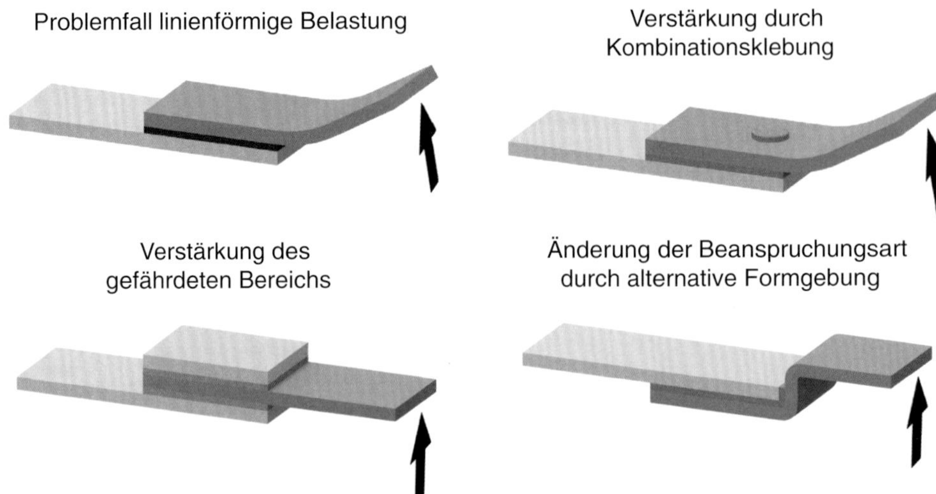

Bild 5.8 *Konstruktive Möglichkeiten zur Vermeidung / Reduzierung von Schäl- und Biegebeanspruchungen* [Quelle: Christoph Haller nach 140]

Bild 5.8 (oben rechts) zeigt schematisch eine Kombinationsklebung. Hierbei werden die besonders stark oder ungünstig belasteten Klebbereiche des Verbunds durch eine weitere konventionelle Verbindungsmethode, zum Beispiel durch zusätzliches Schrauben, Nieten oder Punktschweißen, redundant gefügt. Derartige Kombinationsverfahren kompensieren die jeweiligen Schwächen der einzelnen Verfahren. So werden beispielsweise die auftretenden Schälkräfte durch eine ausreichend dimensionierte, zusätzliche Niet- oder Schraubverbindung unschädlich gemacht [138]. Auf das Kleben in Kombination mit anderen Fügeverfahren wird in Kapitel 8 noch ausführlich eingegangen.

Eine weitere Möglichkeit, die Schäl- und Biegebeanspruchung zu vermeiden bzw. zu reduzieren, ist das gezielte Verstärken des gefährdeten Bereichs (siehe Bild 5.8 unten links). Durch das Aufkleben eines zusätzlichen Substrats wird der kritische Bereich aufgedickt und somit versteift. Im Hinblick auf den oftmals beim Kleben verfolgten Leichtbaugedanken ist diese Lösung jedoch aufgrund des zusätzlichen Substratgewichts nicht als optimal anzusehen.

Alternativ lässt sich durch das klebgerechte Umkonstruieren ebenfalls eine deutliche Verbesserung des Verbunds – im Idealfall auch gewichtsneutral – erzielen. Ein Beispiel dafür ist in Bild 5.8 (unten rechts) gezeigt. Durch die Kröpfung eines der beiden Substrate ergibt sich eine Klebfuge mit Versprung. Anders als die zuvor behandelten Klebfugen erstreckt sich diese Klebfläche über zwei (hier orthogonale) Raumebenen. Auf diese Weise können für die eine Ebene ungünstige Beanspruchungen ggf. über die Klebfuge in der anderen Ebene abgefangen werden.

Der in Bild 5.9 (oben links) dargestellte Problemfall der T-Schälung (engl.: *T-Peel*) resultiert aus der außermittig angreifenden Zugbelastung des Klebverbunds, die hier im Wesentlichen senkrecht zur Klebfläche erfolgt. Der Bereich der höchsten Schälbeanspruchung ist im Bild rot eingekreist.

Abhilfe schafft hier zum Beispiel die einschnittige Laschung (siehe Bild 5.9 rechts; vgl. zudem Bild 5.7). Die beiden senkrecht aufeinander stehenden Klebfugen sind in diesem Fall sehr viel großflächiger ausgeprägt als die verspringende Klebfuge in Bild 5.8. Die horizontale Klebfuge im Bereich der Laschung wird in guter Näherung durch Zugscherung belastet. Dadurch, dass die Laschung nunmehr ein Auseinanderbewegen der beiden L-förmigen Winkelprofile im kritischen Bereich effektiv verhindert, treten in der vertikalen Klebfuge im Wesentlichen Zugkräfte auf. Beide resultierenden Kräfte sind aus klebtechnischer Sicht als sehr günstig einzustufen.

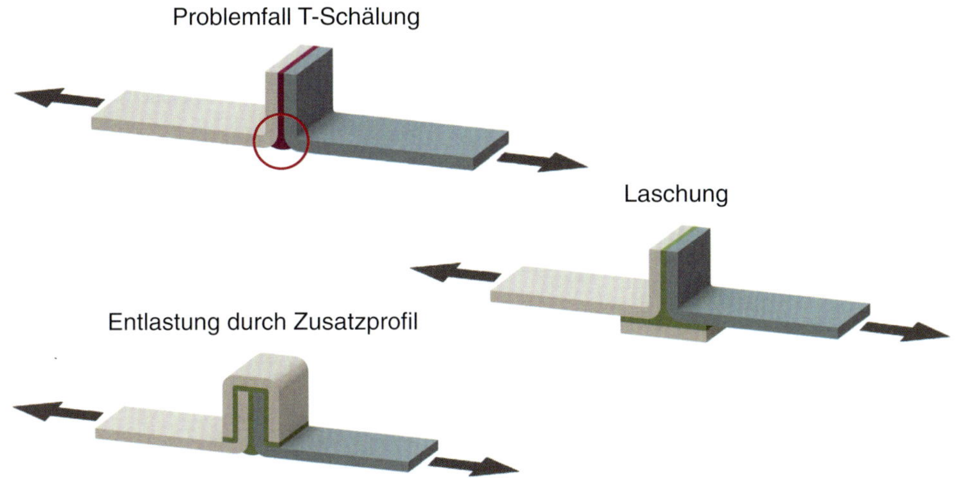

Bild 5.9 *Vermeidung / Reduzierung von Schäl- und Biegebeanspruchungen bei T-Schälung* [Quelle: Christoph Haller nach 140]

Wird eine ebene Unterseite des Verbunds später beispielsweise als Funktionsfläche benötigt, scheidet die Möglichkeit der einschnittigen Laschung auf der Unterseite des Verbunds aus. Dann bietet sich vielmehr die unten links in Bild 5.9 gezeigte Entlastung durch ein aufgeklebtes Zusatzprofil in Form einer Klammer bzw. Spange an. Charakteristisch ist dabei die ebenfalls signifikante Vergrößerung der gesamten Klebfläche, die sich wiederum über verschiedene Raumebenen erstreckt. Die Klammer bzw. Spange stellt zudem einen Formschluss für die sich darin befindlichen Enden der L-förmigen Profile dar. Wird diese ausreichend stabil dimensioniert, wird Schälung im kritischen Bereich vermieden.

Zu guter Letzt ist in Bild 5.10 ein weiteres Beispiel für geschicktes Umkonstruieren zur Vermeidung / Reduzierung von Schäl- und Biegebeanspruchungen in der Klebfuge dargestellt. Interessanterweise besteht die aus klebtechnischer Sicht optimale Lösung (rechts im Bild) aus exakt den gleichen Fügeteilen wie die für die Klebung ungünstige Ausgangssituation (links im Bild). Dadurch, dass das ebene Fügeteil einmal unter das L-Profil und alternativ in das L-Profil geklebt wird, ändert sich die Klebfuge zwar nur marginal, das Ergebnis bezüglich der Schäl- und Biegebeanspruchung unterscheidet sich jedoch essenziell.

Das **Prinzip der Funktionsumkehr (Inversion)** ist eines von insgesamt 40 innovativen Prinzipien der Kreativitätsmethode TRIZ [141].

DEFINITION

TRIZ ist ein russisches Akronym (TRIZ: ***T****eoria* ***R****eschenija* ***I****sobretatjelskich* ***S****adatsch*), was sinngemäß übersetzt «Theorie des erfinderischen Problemlösens» oder «Theorie zur Lösung erfinderischer Probleme» bedeutet [141].

TRIZ legt kreative Lösungen durch die Anwendung der einfachen erfinderischen Innovationsprinzipien nahe. Bei dem Prinzip der Inversion geht es salopp formuliert darum, Objekte einfach umzukehren oder «auf den Kopf zu stellen» und auf diese Weise eine Verbesserung zu erzielen. Bei vielen klebtechnischen Herausforderungen kann die bewusste oder unbewusste Anwendung dieses Prinzips oftmals zu geeigneten Lösungen führen.

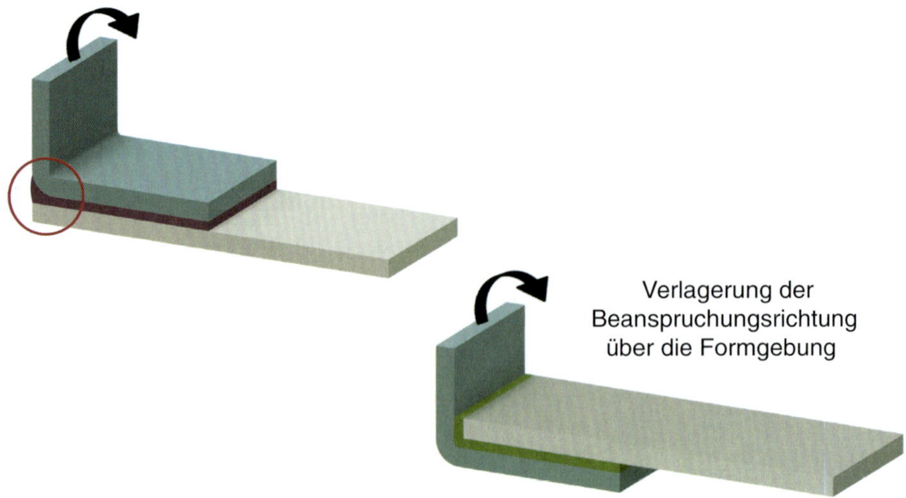

Bild 5.10 *Vermeidung / Reduzierung von Schäl- und Biegebeanspruchungen durch Umkonstruieren* [Quelle: Christoph Haller nach 140; 22]

Ein sehr anschauliches Beispiel für die Anwendung des Umkehrprinzips zeigt Bild 5.11, das sich mit einfachsten Mitteln als Experiment durchführen oder aber auch als reines Gedankenexperiment gut nachvollziehen lässt. Ein Blatt Papier wird hier mit einem definierten Gewicht beschwert. Auf das Blatt wird ein Haftnotizzettel aufgeklebt, an dem dann möglichst parallel zum Blatt bzw. der Tischoberfläche gezogen wird (siehe Bild 5.11 oben). Auf diese Weise wird die komplette Klebfläche des Haftnotizzettels näherungsweise auf reine Zugscherung belastet. Obwohl die Klebkräfte des Haftnotizzettels sehr gering sind, lässt sich ein moderates Gewicht auf diese Weise bewegen, da hier alle Klebpunkte gleichermaßen zur Kraftübertragung beitragen.

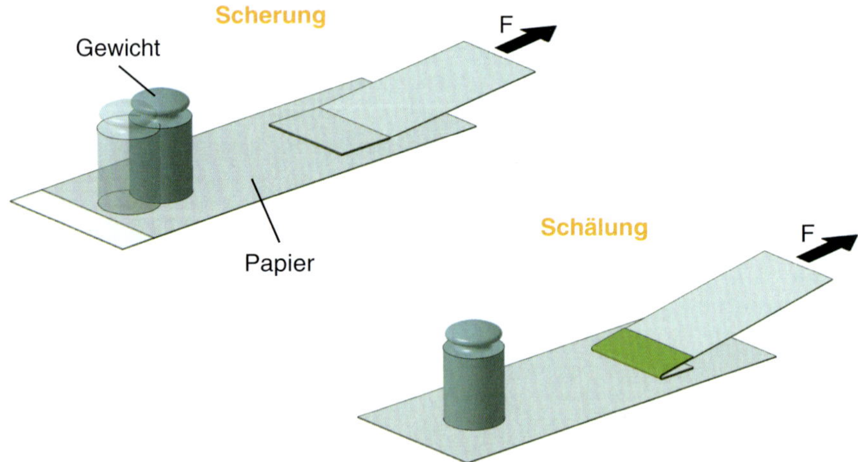

Bild 5.11 *Beanspruchung einer Klebung durch Scherung bzw. Schälung* [Quelle: Christoph Haller nach 15; 34]

Vollkommen anders verhält es sich, wenn ein identischer Haftnotizzettel um 180° verdreht auf das Papier geklebt und anschließend wie in Bild 5.11 unten dargestellt belastet wird. In diesem Fall wird nicht die gesamte Klebfläche zeitgleich und gleichermaßen belastet, sondern es ergibt sich die typische linienförmige Belastung der Klebfuge wie in einem 180°-Schälversuch. Eine Kleblinie nach der anderen versagt bei dieser Schälbelastung, ohne dass sich das Gewicht bewegt, bis der Haftnotizzettel schließlich vollständig von dem darunter befindlichen Papier abgelöst ist.

Weitere Beispiele zum Prinzip der Funktionsumkehr befinden sich unter anderem in Abschnitt 5.3.1.

Zu der konstruktiven Gestaltung der Klebschicht gehört unter anderem auch die richtige Dimensionierung der Klebschichtdicke in Abhängigkeit des verwendeten Klebstoffs und der Klebaufgabe. Im Hinblick auf die Klebschichtdicke wird grundsätzlich zwischen «steifem» Kleben mit sehr dünnen Klebfugen und «elastischem» Dickschichtkleben mit (sehr) dicken Klebfugen (siehe Tabelle 3.4) bzw. zwischen strukturellen Klebungen mit Klebschichtdicken von ca. 0,1...0,3 mm sowie semistrukturellen Klebungen mit Klebschichtdicken von ca. 0,5...5 mm (siehe Tabelle 3.5) differenziert.

In Bild 5.12 ist die Klebfestigkeit über der Klebschichtdicke exemplarisch für einen strukturellen Klebstoff aufgetragen. Aus dem Kurvenverlauf ergibt sich ein optimaler Bereich von 0,05...0,2 mm. In diesem Dickenbereich resultieren die mit Abstand höchsten Klebfestigkeiten.

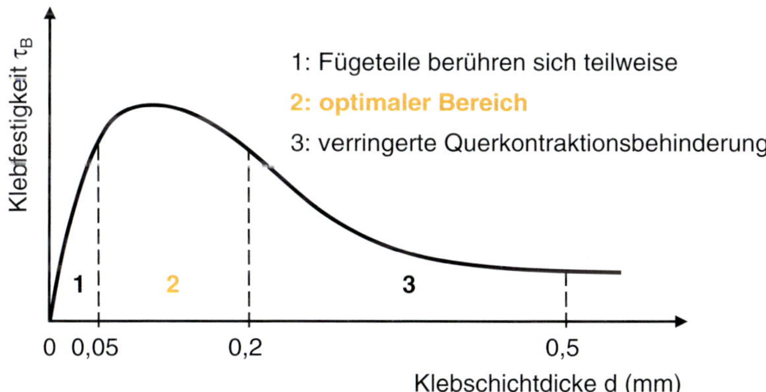

Bild 5.12 *Abhängigkeit der Klebfestigkeit von der Klebschichtdicke* [15]

Unterhalb des optimalen Bereichs steigt die Klebfestigkeit zwar mit zunehmender Klebschichtdicke deutlich an, aber bei diesen extrem dünnen Klebschichten kann es leicht zu einer ungleichmäßigen Klebschichtausbildung – zum Beispiel aufgrund von Benetzungsfehlstellen oder größerer Rauheit der Fügeteiloberflächen – kommen. Mitunter berühren sich die Substrate sogar teilweise, so dass diese Bereiche gar nicht zur Klebfestigkeit beitragen. Oberhalb des optimalen Bereichs kommt es zu einem deutlichen Abfall der Klebfestigkeit. Die Festigkeitswerte laufen asymptotisch gegen einen relativ niedrigen Grenzwert.

Dünne und verformungsarme Klebschichten verursachen im Allgemeinen höhere Spannungsspitzen an den Überlappungsenden, die ggf. zum Bruch der Klebschicht führen können (siehe Abschnitt 5.2). Bei dickeren und verformungsfreudigen Klebschichten resultieren dagegen niedrigere Spannungsspitzen. Dies ist darauf zurückzuführen, dass die an den Überlappungsenden auftretenden Spannungsspitzen durch die elastische Deformation der Klebfuge reduziert werden [15; 142].

Bei der Auswahl des optimalen Klebstoffs für einen speziellen Anwendungsfall müssen demnach stets sowohl die **Klebfestigkeit** als auch die **Klebschichtverformung** gleichermaßen betrachtet und bewertet werden. Die absolute Klebfestigkeit als alleiniges Auslegungskriterium für eine Klebung ist nicht zielführend. Der beste Klebstoff ist nicht notwendigerweise der Klebstoff mit der höchsten Klebfestigkeit.

Dieser Sachverhalt lässt sich sehr anschaulich an dem abstrakten Beispiel einer Metall-Kunststoff-Klebung verdeutlichen. Hierbei sollen zwei Substrate mit sehr unterschiedlichen Wärmeausdehnungskoeffizienten dauerhaft verklebt werden. Kunststoffe besitzen im Allgemeinen deutlich höhere thermische Ausdehnungskoeffizienten als Metalle. Durch einen großen Temperaturbereich (im Automobilbereich wird oftmals ein sehr breiter Temperaturbereich von –40 °C bis +80 °C gefordert) im späteren Einsatz des geklebten Verbunds kommt es so zu signifikanten Unterschieden in den Längenänderungen der beiden Fügeteile. In einem solchen Fall muss der Klebstoff bzw. die Klebfuge die unterschiedlichen thermischen Ausdehnungskoeffizienten der Werkstoffe kompensieren. Folglich ist ein elastischer Klebstoff auszuwählen, der in einer entsprechend dick dimensionierten Klebfuge appliziert wird. Die absolute Klebfestigkeit ist hier somit sekundär. Ein hochfester und gleichzeitig sehr verformungsarmer Klebstoff kann diese Klebaufgabe nicht zufriedenstellend erfüllen. Infolge der stark unterschiedlichen thermischen Längenänderung kann es sogar zum Bruch der Klebschicht kommen oder die Substrate werden in Mitleidenschaft gezogen (Deformation oder Zerstörung).

5.2 Berechnung von Klebverbindungen

Mit der Berechnung von Klebverbindungen wird das Hauptziel verfolgt, eine valide und belastbare Voraussage der Eigenschaften geklebter Bauteile bzw. Baugruppen zu ermöglichen. Durch Berechnung bzw. Simulation kann zugleich der in der Regel recht zeit- und kostenintensive empirische Versuchsaufwand erheblich reduziert werden. Der gesamte Entwicklungsprozess kann auf diese Weise beschleunigt, Entwicklungszeiten können entsprechend verkürzt werden. Eventuelle Fehler in der Konstruktion können ggf. zu einem frühen Zeitpunkt im Entwicklungsprozess erkannt und eliminiert werden.

Die Qualität der Berechnungs- und Simulationsergebnisse hängt stark von den im Vorfeld getroffenen Annahmen und (zulässigen) Vereinfachungen sowie den gewählten Eingangsgrößen ab. Verlässliche Ergebnisse ermöglichen eine gezielte Auslegung und Dimensionierung der Klebung. In diesem Zusammenhang ist es sowohl aus sicherheitstechnischen als auch aus wirtschaftlichen Gründen sehr wichtig, dass es keinesfalls zu einer Unterdimensionierung, aber auch nicht zu einer beträchtlichen Überdimensionierung der Klebung kommt.

Es existieren verschiedene Methoden zur Festigkeitsberechnung von Klebverbindungen bzw. zur Ermittlung der zulässigen Spannungen [15; 143]:

- empirische Methoden,
- analytische Methoden,
- numerische Methoden.

Alle Methoden basieren auf dem gleichen Grundprinzip:

$$\frac{F_{\text{Ist}}}{A_{\text{K}}} = \tau_{\text{Ist}} < \tau_{\text{zul}}. \qquad \text{(Gl. 5.2)}$$

F_{Ist} Ist-Kraft
A_{K} Klebschichtfläche
τ_{Ist} Ist-Spannung
τ_{zul} zulässige Spannung

Bei der **empirischen Methode** erfolgt eine einfache Vergleichsspannungsrechnung mit empirischen Korrekturfaktoren. Hierbei handelt es sich um eine schnelle, allerdings nicht besonders exakte Abschätzung der Klebfestigkeit.

Analytische Methoden arbeiten mit konkreten Werkstoffkennwerten und werden zum Teil schon seit vielen Jahrzehnten zur Berechnung der Beanspruchung und Festigkeit angewendet. Hierzu gehören unter anderen die folgenden Verfahren [15; 142]:

- Spannungsverteilung nach Volkersen,
- Spannungsverteilung nach Goland und Reissner,
- Spannungsverteilung nach Hart-Smith,
- Verfahren nach Frey,
- Verfahren nach Winter und Meckelburg,
- Verfahren nach Müller,
- Verfahren nach Tombach,
- Verfahren nach Eichhorn und Braig,
- Verfahren nach Schlegel und
- Verfahren nach Cornelius und Stier.

Numerische Methoden erfordern wie die analytischen Methoden genaue Werkstoffkennwerte. Die **F**inite-**E**lemente-**M**ethode (FEM) ist ein numerisches Berechnungsverfahren für die computergestützte Simulation und hat die frühen analytischen Ansätze heute weitestgehend abgelöst [15]. Sie ist auch außerhalb der Klebtechnik eine weit verbreitete Lösungsmethode im Bereich der Ingenieurwissenschaften. Mit Hilfe der FEM lassen sich dank hochentwickelter Hard- und Software selbst komplexe Belastungsfälle an komplizierten Verbunden und unter Berücksichtigung von nicht-linearen Werkstoffgesetzen in moderaten Rechenzeiten genau analysieren.

Wie in Abschnitt 5.1 erläutert, sollen Klebungen vorzugsweise auf Scherung beansprucht werden. Die Zugscherbelastung ist bei einschnittig überlappten Klebungen die am häufigsten in der Praxis auftretende Beanspruchungsart [15; 142]. Bei einer einschnittig überlappten Zugscherprobe mit exzentrischer Krafteinleitung ergibt sich im Realfall eine komplexe Spannungssituation (vgl. Bild 5.5). Tabelle 5.1 beschreibt diesen komplexen Belastungsfall für elastische Fügeteile und einen exzentrischen Kraftangriff.

Die in Tabelle 5.1 genannten Spannungen überlagern sich gemäß der DIN EN ISO 11 339 [145] zu der so genannten Zugscherspannung τ. Dieser Sachverhalt ist für den Belastungsfall bis zum Bruch der Klebung in Bild 5.13 schematisch dargestellt. Gut zu erkennen ist der typische S-Schlag der Zugscherprobe infolge der exzentrischen Einleitung der Zugkraft und der elastischen Verformbarkeit der Substrate (vgl. Bild 5.5).

Tabelle 5.1 *Spannungsverteilung in einer einschnittig überlappten Klebung mit exzentrischer Krafteinleitung* [15; 142; 144]

Art der Belastung	Ort / Richtung der Belastung	Ursache
Schubspannungen	parallel zur Klebfläche	Fügeteilverschiebung durch Kraftangriff
Zug- und Schubspannungen	parallel zur Klebfläche	Fügeteildehnung
Biegemoment	in der Klebfuge	exzentrischer Kraftangriff
Zugspannungen (Normal- und Schälspannungen)	senkrecht zur Klebfläche und an den Überlappungsenden	Biegemoment

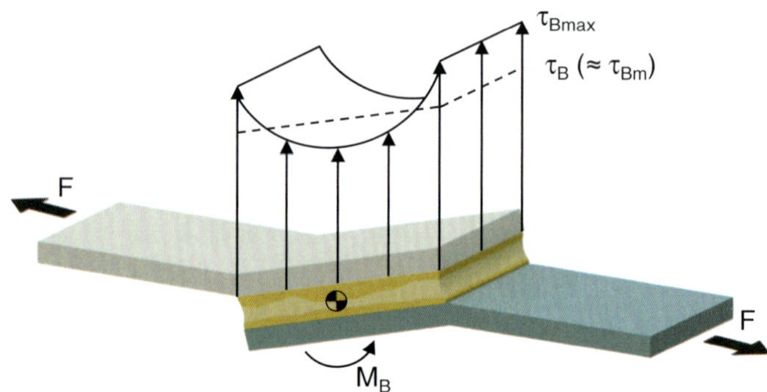

Bild 5.13 *Bruchzugscherspannungsverteilung in einer einschnittig überlappten Klebung mit exzentrischer Krafteinleitung* [Quelle: Christoph Haller nach 15]

Die maximale Zugscherspannung τ_{max} tritt stets an den Überlappungsenden auf. Bei einer Belastung bis zum Bruch der Klebung wird diese Zugscherspannung zur sogenannten Bruchzugscherspannung τ_{Bmax}, bei entsprechend mittlerer Bruchzugscherspannung τ_{Bm}, über die gesamte Klebfläche beim Bruch der Klebung [15; 142].

Gemäß der DIN EN 1465 [146] oder der DIN EN ISO 11 339 [145] wird die mittlere Bruchzugscherspannung τ_{Bm} als Klebfestigkeit τ_B bezeichnet. Hierfür gilt folgender formelmäßiger Zusammenhang:

$$\tau_B = \frac{F_{max}}{A_K} \qquad \text{(Gl. 5.3)}$$

τ_B Klebfestigkeit
F_{max} Höchstkraft
A_K Klebschichtfläche

Bei der Interpretation der Klebfestigkeit τ_B ist unbedingt zu beachten, dass es sich hierbei um einen Festigkeitsmittelwert, nämlich die mittlere Bruchzugscherspannung τ_{Bm}, handelt [142]. Die tatsächlich an den Überlappungsrändern auftretenden Spannungsspitzen liegen mitunter deutlich über diesem Mittelwert.

Ein Klebschichtbruch tritt immer dann ein, wenn die Spannungsspitzen an den Überlappungsenden (maximale Zugscherspannung τ_{max}) die Bruchzugscherspannung τ_{Bmax} überschreiten [142].

Berechnungen basieren in der Regel auf idealisierten Annahmen und Randbedingungen. Für den praktischen Einsatzfall sind jedoch unter anderem die Fertigungsbedingungen sowie besondere Umgebungs- und auch Alterungsbedingungen zu berücksichtigen [15]. Der Konstrukteur verwendet an dieser Stelle für die Berechnungen Sicherheitsfaktoren und Abminderungsfaktoren. Sicherheitsfaktoren geben an, um welchen Faktor die Versagensgrenze des Verbundes höher ausgelegt werden muss. Er definiert quasi die Sicherheitsreserve gegen ein mögliches Versagen. Mit Hilfe entsprechender Abminderungsfaktoren werden besondere Werkstoff- und/oder Beanspruchungsbedingungen berücksichtigt. Hierzu gehören beispielweise Abminderungsfaktoren [15] für die

- zu verbindenden Werkstoffe,
- Klebschichtdicke,
- Rautiefe,
- Größe der Fügefläche,
- Belastungsrichtung,
- Belastungsart,
- Einsatztemperatur des Klebstoffs,
- Aushärtungsart,
- …

Die nachfolgend beispielhaft angeführte Formel zur Berechnung der Klebfläche enthält sowohl einen Sicherheitsfaktor als auch verschiedene Abminderungsfaktoren nach der Technischen Regel DVS 1618:2002-01 «Elastisches Dickschichtkleben im Schienenfahrzeugbau» des Deutschen Verbandes für Schweißen und verwandte Verfahren e.V. [147; 148].

$$A_K = (b_K \cdot l_K) = \frac{S}{\tau_B \cdot f_T} \cdot \left(\frac{F_{stat.}}{f_t} + \frac{F_{dyn.}}{f_Z} \right) \qquad \text{(Gl. 5.1)}$$

A_K Klebschichtfläche
b_K Breite der Klebschicht
l_K Länge der Klebschicht
S Sicherheitsfaktor ($S \geq 2$)
τ_B Zugscherfestigkeit
f_T Abminderungsfaktor für Temperatur
$F_{stat.}$ statische Kraft
f_t Abminderungsfaktor für statische Langzeitbeanspruchung
$F_{dyn.}$ dynamische Kraft
f_Z Abminderungsfaktor für dynamische Langzeitbeanspruchung

Während die Länge der Klebschicht l_K in der Regel über die Fügeteilgeometrie fest vorgegeben ist, kann die mindestens erforderliche Klebfläche A_K für eine Klebaufgabe gezielt über die Breite der Klebschicht b_K eingestellt werden. Zu diesem Zweck wird die oben stehende Gleichung nach b_K aufgelöst und die bekannten bzw. vorgegebenen Größen müssen nur noch zur Berechnung eingesetzt werden.

5.3 Kleben unterschiedlicher Substrate

In den folgenden Abschnitten wird schließlich noch auf die Besonderheiten für das Kleben bzw. die klebgerechte Konstruktion wichtiger Konstruktionswerkstoffe (Metalle, Kunststoffe und Glas) eingegangen.

5.3.1 Kleben von Metallen

Wie bereits eingangs in Abschnitt 1.1.4 erläutert, sind klassische Polymere und abgebundene bzw. ausreagierte technische Klebstoffe im Hinblick auf ihre chemische Struktur nicht zu unterscheiden. Kunststoffe und Klebstoffe haben somit ein sehr ähnliches Eigenschaftsprofil, das sich zum Teil erheblich von dem der Metalle unterscheidet. In Tabelle 5.2 werden ausgewählte Werkstoffeigenschaften für die Konstruktionswerkstoffe Stahl und Aluminium denen der Kunststoffe gegenübergestellt. Da sich allerdings Kunststoffe zum Teil schon signifikant voneinander unterscheiden, sind in Tabelle 5.2 anstelle konkreter Zahlenwerte vielmehr Wertespannen angegeben, die die unterschiedlichen Eigenschaften der wichtigsten Kunststoffarten entsprechend berücksichtigen.

Tabelle 5.2 *Ausgewählte Eigenschaften verschiedener Werkstoffe*

Eigenschaften	Stahl	Aluminium	Kunststoffe
Dichte ρ (g/cm^3) bei 20 °C	7,9	2,7	0,9...2,2 *
Wärmeleitfähigkeit λ (W/mK)	15...58	235	0,17...0,57 *
E-Modul E (MPa)	210 000	70 000	1000...4000 * (bis 24 000 **)
Oberflächenenergie (mN/m)	2550 ***	1200	18...57

* gilt für ungefüllte / unverstärkte, nicht geschäumte Kunststoffe
** gilt für hochfaserverstärkte Kunststoffe
*** gilt für Eisen

Wie aus Tabelle 5.2 hervorgeht, unterscheiden sich Metalle und Kunststoffe (und damit auch Klebstoffe) meist sehr deutlich in ihrer Festkörperdichte. Noch bemerkenswerter wird der Unterschied bei den anderen in Tabelle 5.2 aufgeführten Eigenschaften. Hier liegen die Eigenschaften von Stahl zum Teil um ein bis sogar zwei Zehnerpotenzen über denen der Kunststoffe (Klebstoffe). In Bild 5.14 ist schematisch und qualitativ ein Spannungs-Dehnungs-Diagramm für Stahl und für einen Klebstoff dargestellt. Die gebrochene Ordinatenachse soll hier den großen quantitativen Unterschied zwischen den von Stahl und Klebstoff maximal ertragbaren Spannungen verdeutlichen. Aus den beiden Spannungs-Dehnungs-Kurven geht außerdem der deutliche Unterschied im E-Modul (Tangentenmodul im Ursprung respektive Sekantenmodul) für Stahl und Klebstoff hervor.

Eine Metallklebung ist strenggenommen immer ein Verbundsystem aus den metallischen Substraten und dem Klebstoff selbst. Bei Festigkeitsbetrachtungen dürfen somit nicht nur die (homogenen) Werkstoffeigenschaften der Fügeteile betrachtet werden. Vielmehr hängt die Verbundfestigkeit von den Einzelfestigkeiten und dem Verformungsverhalten der Fügeteile und des Klebstoffs ab. Den sehr unterschiedlichen mechanischen Eigenschaften der metallischen Fügeteile und der Klebstoffschicht muss durch eine klebgerechte Konstruktion Rechnung getragen werden.

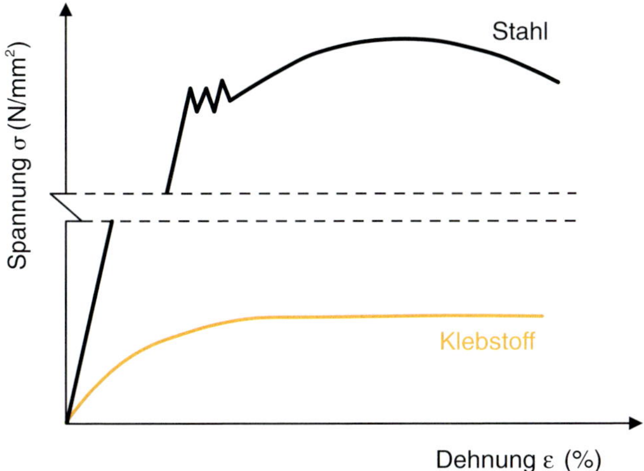

Bild 5.14 *Spannungs-Dehnungs-Kurven von Klebschichten im Vergleich zu Stahl* [15]

Bild 5.15 (links) zeigt ein Beispiel für eine *nicht* klebgerechte Konstruktion einer Metallklebung – eine Stumpfstoßklebung zweier metallischer Substrate. Wird diese Probe auf Zug belastet, wird in diesem Fall bereits im Gedankenexperiment klar, dass die Klebung in der Klebschicht versagen muss, sobald die Zugfestigkeit der Klebschicht überschritten wird. Dies ist der Fall, lange bevor überhaupt die Eigenfestigkeit der metallischen Substrate erreicht wird. Die Klebschicht zwischen den beiden metallischen Fügeteilen stellt das sprichwörtlich «schwächste Kettenglied» dar (siehe Bild 5.15 rechts).

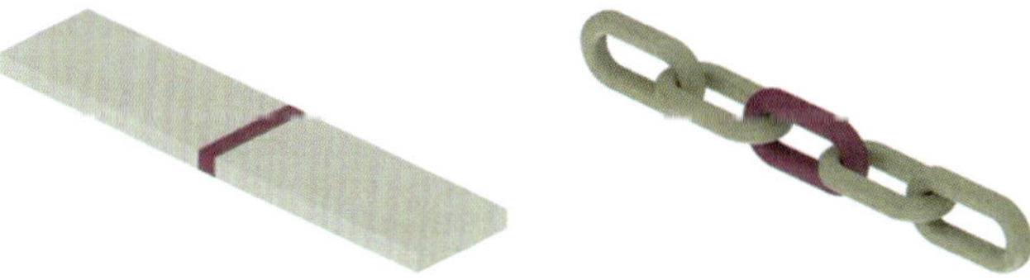

Bild 5.15 *Stumpfstoßklebung von zwei metallischen Substraten (links) und abstrakter Vergleich (rechts)* [Quelle: Christoph Haller]

Obwohl die Zugbeanspruchung für Klebungen grundsätzlich eine gute Belastungsart darstellt (vgl. Abschnitt 5.1 und Bild 5.2), sind die Metallsubstrate für diese besondere Geometrie der Klebung vollkommen überdimensioniert. Anders ausgedrückt, sind die Werkstoff- und Klebstoffeigenschaften hier nicht optimal aufeinander abgestimmt. Die Fügeteilfestigkeit wird kaum ausgenutzt.

Die maximal übertragbare Bruchlast soll im Folgenden für die Stumpfstoßklebung (Bild 5.16) noch exemplarisch quantifiziert werden.

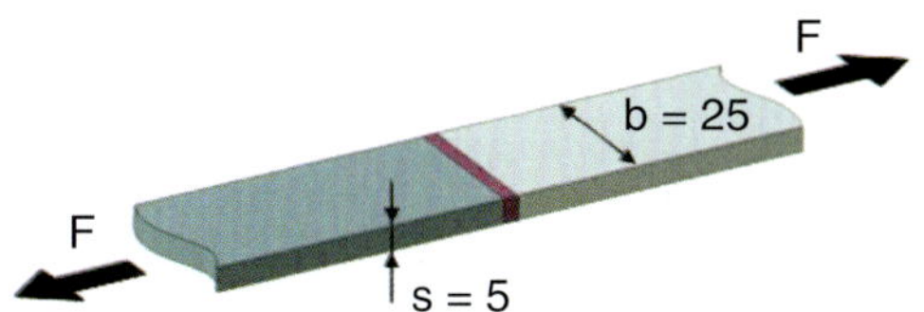

Bild 5.16 *Übertragbare Last bei Zugbeanspruchung* [Quelle: Christoph Haller nach 15]

Bei einer angenommenen Zugfestigkeit der Klebschicht von 15 MPa (1 MPa = 1 N/mm^2) und einer Größe der Klebfläche von 25 × 5 mm^2 ergibt sich die übertragbare Bruchlast gemäß folgender Gleichung [15]:

$$F_B = \sigma_B \cdot A_K = \sigma_B \cdot b \cdot s = \\ = 15 \frac{\mathrm{N}}{\mathrm{mm}^2} \cdot 25\,\mathrm{mm} \cdot 5\,\mathrm{mm} = 1875\,\mathrm{N} \qquad \text{(Gl. 5.5)}$$

F_B übertragbare Bruchlast
σ_B Zugfestigkeit der Klebschicht
A_K Klebschichtfläche
b Breite der Klebschicht
s Höhe der Klebschicht

Eine Vergrößerung der Klebflächen kann durch die Vergrößerung der Stirnflächen der Substrate erreicht werden, geht jedoch automatisch mit einer (zumindest lokalen) Verdickung der Fügeteile und somit einer für die meisten Anwendungsfälle ungewollten Gewichtserhöhung einher. Die grundsätzliche Situation wird durch diese Maßnahme also nicht verbessert. Eine Vergrößerung der Stirnflächen zum Erreichen höherer Klebfestigkeiten ist demnach nicht zielführend.

Eine quasi gewichtsneutrale Vergrößerung der Klebfläche lässt sich hingegen mit Hilfe einer einschnittigen Überlappung sehr gut und einfach realisieren. Ohne die Geometrie der Fügeteile selbst zu modifizieren, kann durch Variation der Überlappungslänge $l_Ü$ die Klebfläche nahezu «beliebig» verändert werden (Bild 5.17). Die Fügeteile bleiben dabei geometrisch unverändert. Lediglich die Klebfläche wird gezielt vergrößert, so dass es bei identischer Klebfugendicke zwangsläufig zum Einsatz einer etwas größeren Klebstoffmenge kommt. Da Klebstoffe jedoch in der Regel eine sehr viel geringere Dichte als metallische Fügeteile aufweisen und die Klebfugendicke im Vergleich zu den Substratdicken – zumindest bei strukturellen Dünnschichtklebungen – vernachlässigbar gering ist, erhöht sich das Gewicht der Klebung insgesamt nur marginal.

In Ergänzung zu der Beispielrechnung für die Stumpfstoßklebung in Bild 5.16 wird im Folgenden noch die maximal übertragbare Bruchlast für die einschnittige Überlappung (siehe Bild 5.17) kalkuliert [15]. Als Zugscherfestigkeit der Klebschicht wird hier der gleiche Wert wie für die Zugfestigkeit der Klebschicht bei der Stumpfstoßklebung, nämlich 15 MPa, angenommen. Die Klebfläche vergrößert sich allerdings durch die Wahl der Überlappungslänge von 12 mm hier um den Faktor 2,4 von 125 mm^2 auf insgesamt 300 mm^2.

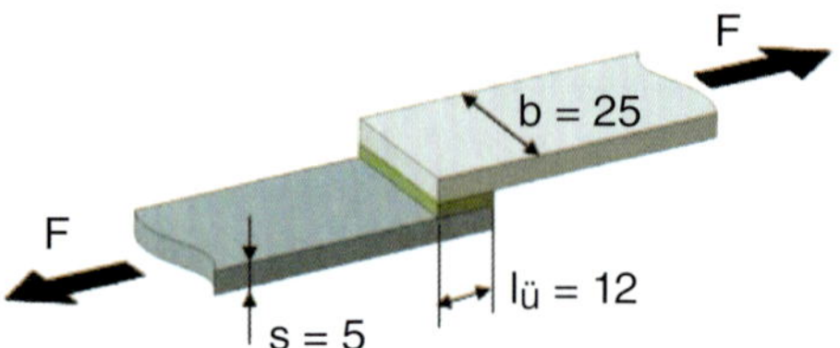

Bild 5.17 *Übertragbare Last bei Zugscherbeanspruchung* [Quelle: Christoph Haller nach 15]

$$F_B = \tau_B \cdot A_K = \tau_B \cdot b \cdot l_Ü = \\ = 15 \frac{\mathrm{N}}{\mathrm{mm}^2} \cdot 25\,\mathrm{mm} \cdot 12\,\mathrm{mm} = 4500\,\mathrm{N} \qquad \text{(Gl. 5.6)}$$

F_B übertragbare Bruchlast
τ_B Zugscherfestigkeit der Klebschicht
A_K Klebschichtfläche
b Breite der Klebschicht
$l_Ü$ Überlappungslänge

Diese hier durchgeführten einfachen Beispielrechnungen zeigen, dass die maximal übertragbare Bruchlast durch eine klebgerechte Konstruktion gezielt maximiert werden kann. Im konkreten Fall ist eine Erhöhung der Bruchlast um 240% möglich. Die Fügeteilfestigkeit wird im Fall der einschnittigen Überlappung und der Zugscherbelastung viel besser ausgenutzt.

Durch eine zunehmende Vergrößerung der Überlappungslänge kann die Fügeteilfestigkeit theoretisch immer besser ausgenutzt werden. Allerdings ist eine beliebige Vergrößerung der Überlappungslänge weder sinnvoll noch optimal, da weitere spezifische Einflüsse auf die Spannungsverteilung berücksichtigt werden müssen.

In Bild 5.18 ist die Spannungsausbildung in Abhängigkeit der Überlappungslänge grafisch dargestellt. Aufgetragen ist die übertragbare Kraft über der Überlappungslänge. Die Kurve zeigt einen wurzelfunktionsförmigen Verlauf. Erwartungsgemäß steigt die übertragbare Kraft zunächst mit der Überlappungslänge nahezu linear an, bis der Bereich der 0,2%-Dehngrenze für die Fügeteile erreicht wird. Ab dort läuft die maximal übertragbare Kraft asymptotisch gegen einen Grenzwert (Bild 5.18).

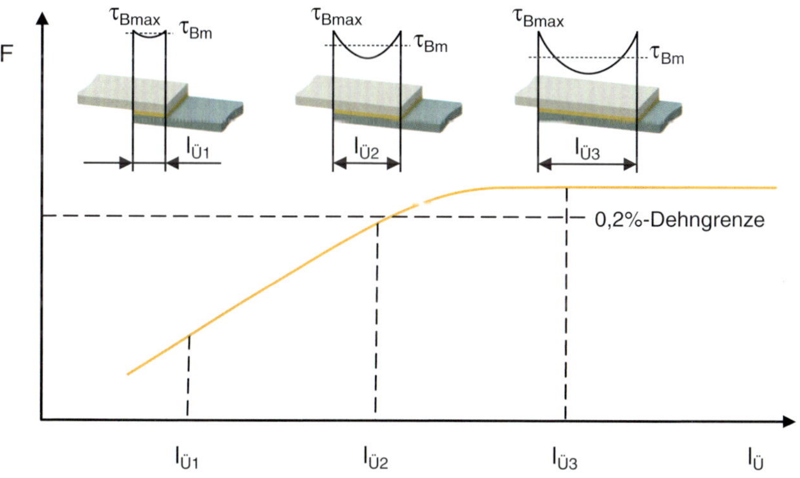

Bild 5.18 *Spannungsausbildung in Abhängigkeit der Überlappungslänge* [Quelle: Christoph Haller nach 15]

Die 0,2%-Dehngrenze $R_{p0,2}$ repräsentiert die Streckgrenze des Fügeteilwerkstoffs. Unterhalb von $R_{p0,2}$ werden die Substrate elastisch, oberhalb von $R_{p0,2}$ plastisch verformt. Generell soll in Konstruktionen stets so dimensioniert werden, dass die Werkstoffe im späteren Anwendungsfall ausschließlich in ihrem elastischen Verformungsbereich beansprucht werden. Die 0,2%-Dehngrenze stellt somit für die Auslegung die oberste Grenze der Beanspruchung dar. Bei bekannter Streckgrenze des Materials kann so für jeden Anwendungsfall die optimale Überlappungslänge rechnerisch ermittelt werden [15; 138].

Für metallische und hochfeste nichtmetallische Werkstoffe kann eine grobe Abschätzung der optimalen Überlappungslänge nach folgender Formel erfolgen [34]:

$$l_Ü \approx 10 \cdot s \quad \text{(Gl. 5.7)}$$

$l_Ü$ Überlappungslänge
s Fügeteildicke

Die Überlappungslänge hat demzufolge einen wesentlichen Einfluss auf die Spannungsverteilung der Klebung, wie Bild 5.18 anschaulich zeigt. Sie ist optimal, wenn zwischen der Überlappungslänge und der Fügeteilverformung im Bereich der 0,2%-Dehngrenze ein Gleichgewicht existiert (in Bild 5.18 in etwa bei $l_{Ü2}$). Wird die Belastung der Klebung so weit erhöht, dass die Fügeteilfestigkeit überschritten wird, erfahren die Substrate zwangsläufig eine plastische Verformung. Dadurch entstehen wiederum an den Überlappungsenden der Klebfuge sehr hohe Spannungsspitzen, die die Klebschichtfestigkeit lokal überschreiten. Die Folge ist zunächst ein örtlicher Anriss der Klebschicht, der mit zunehmender Spannung infolge abnehmender intakter Klebfläche die Klebschicht sukzessive durchwandert [4; 15]. So kommt es nach der ersten Schädigung schließlich zum vollständigen Versagen der Klebung.

Zusammenfassend kann festgehalten werden, dass die Spannungsverteilung in und somit auch die Festigkeit von Metallklebungen im Wesentlichen von folgenden Faktoren abhängt (siehe auch Tabelle 5.3):

- Art und Geometrie der Fügeteile,
- Verformungsverhalten der Fügeteile (starr oder elastisch),
- Art des Klebstoffs und Geometrie der Klebfuge,
- Verformungsverhalten der Klebschicht (elastisch oder elastisch-plastisch),
- konstruktive Gestaltung der Klebung,
- Belastungsart und ggf. Belastungskollektive,
- Belastungsrichtung, zum Beispiel zentrische oder exzentrische Krafteinleitung,
- ...

Tabelle 5.3 *Einflussparameter auf die Festigkeit von Metallklebungen* [4; 15]

Fügeteilwerkstoff	Klebstoff	konstruktive Gestaltung	Beanspruchung
Elastizitätsmodul E_F	Elastizitätsmodul E_K	Überlappungslänge $l_Ü$	mechanisch
Zugfestigkeit R_m	Schubmodul G	Überlappungsbreite $b_Ü$	physikalisch
Streckgrenze R_e	Querkontraktion μ_K	Fügeteildicke s	chemisch
0,2%-Dehngrenze $R_{p0,2}$	Spannungs-Gleitungs-Verhalten	Klebschichtdicke d_K	komplex (mechanisch-physikalisch-chemisch)
Querkontraktion μ_F			zeitabhängig

In Bild 5.19 ist die Schubspannungsverteilung in einer überlappten Metallklebung unter der idealisierten Annahme von unendlich starren Substraten sowie rein elastischer Klebschichtverformung dargestellt. Durch das Aufkleben zusätzlicher Fügeteile im Bereich der beiden Einspannenden wird – im Gegensatz zur einfachen einschnittigen Überlappung (siehe Bilder 5.7 und 5.17) – hier im Zug- bzw. Zugscherversuch eine zentrische Krafteinleitung ermöglicht.

Unter den oben getroffenen Annahmen ergibt sich bei der dargestellten Belastung der Klebung eine vollkommen gleichmäßige Schubspannungsverteilung über den gesamten Bereich der Klebfuge. Dieser Fall veranschaulicht allerdings ein rein theoretisches Modell zur Schubspannungsverteilung [4].

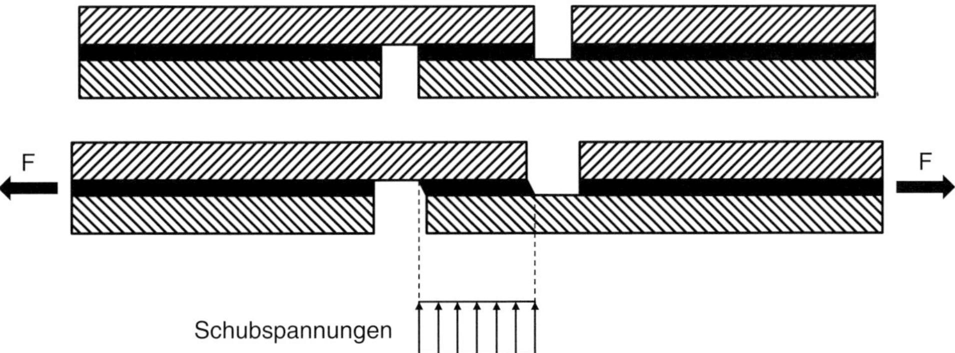

Bild 5.19 *Schubspannungsverteilung in einer überlappten Klebung mit unendlich starren Fügeteilen, zentrischer Krafteinleitung und rein elastischer Klebschichtverformung* [4; 15; 34]

Der Realfall wird vielmehr durch die in Bild 5.20 resultierende Spannungsverteilung beschrieben. Infolge der elastischen Verformung der Klebschicht resultiert wiederum eine gleichmäßige Schubspannung im Bereich der Klebfuge. Der wesentliche Unterschied zu Bild 5.19 liegt hier in der Annahme einer elastischen Fügeteilverformung unterhalb der Streckgrenze des Substratwerkstoffs. Da die Fügeteile im Bereich ihrer Überlappungsenden eine größere elastische Deformation als beispielsweise in der Klebfugenmitte erfahren, ergibt sich zusätzlich zum Schubspannungsverlauf noch der parabelförmige Verlauf der Zugspannungen [4] mit deutlichen Spannungsspitzen im Bereich der Überlappungsenden.

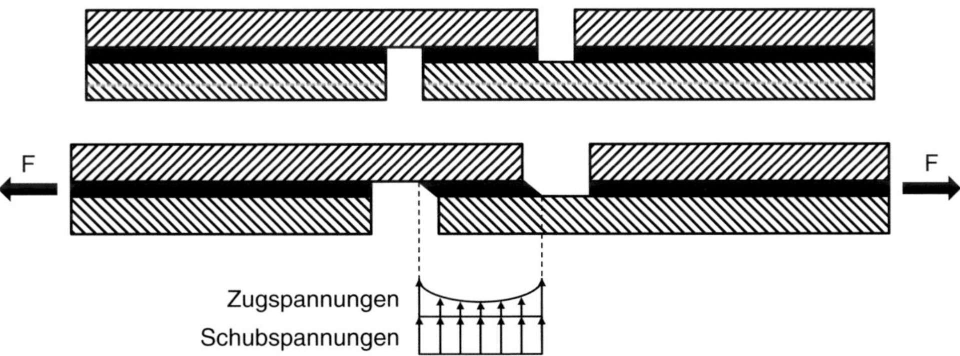

Bild 5.20 *Spannungsverteilung in einer überlappten Klebung mit elastischen Fügeteilen, zentrischer Krafteinleitung und rein elastischer Klebschichtverformung* [4; 15; 34]

Die Beispiele in den Bildern 5.19 und Bild 5.20 verdeutlichen, dass eine absolut gleichmäßige Spannungsverteilung in der Klebfuge prinzipiell nur in theoretischen Modellen mit idealisierten Annahmen auftritt. Die zentrische Krafteinleitung ist zwecks Vermeidung eventueller Biegemomente in der Klebschicht im Vergleich zur exzentrischen Krafteinleitung allgemein vorzuziehen (vgl. Bild 5.5). Allerdings wird die zentrische Krafteinleitung in den beiden zuvor diskutierten Beispielen mit einer signifikanten Gewichtserhöhung infolge der zusätzlichen Fügeteile «teuer» erkauft, zumal gewisse Spannungsspitzen im Bereich der Überlappungsenden im Realfall ohnehin unvermeidbar sind. Bei der konsequenten Verfolgung des Leichtbaugedankens wird eher auf diese Zusatzprofile verzichtet und mit einschnittigen Überlappungen gearbeitet. Die Klebung muss in dem Fall so dimensioniert und ausgelegt werden, dass die aus einem exzentrischen Kraftangriff resultierenden maximalen Zugscherspannungen an den Überlappungsenden keinen schädigenden Einfluss auf die Klebschicht haben.

Die in Abschnitt 5.1 insbesondere anhand der Bilder 5.8, 5.9 und 5.10 diskutierten Möglichkeiten zur Vermeidung / Reduzierung von Schäl- und Biegebeanspruchungen gelten uneingeschränkt auch für Metallklebungen. In Bild 5.21 sind verschiedene konstruktive Maßnahmen zur effektiven Vermeidung bzw. Reduzierung von Schälbeanspruchungen durch mechanisches Verstärken eines Fügeteilendes bei Blechklebungen schematisch dargestellt.

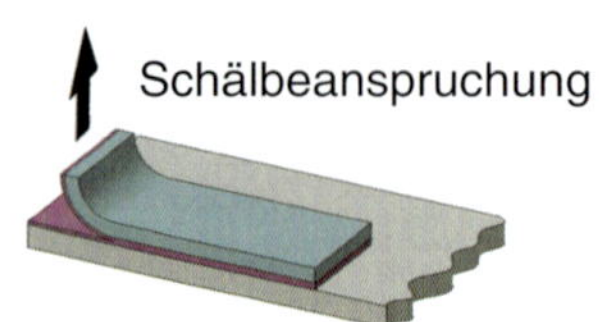

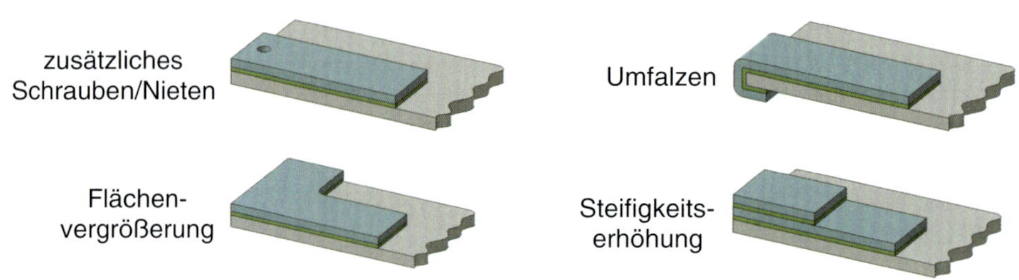

Bild 5.21 *Konstruktive Möglichkeiten zur Vermeidung / Reduzierung von Schälbeanspruchung* [Quelle: Christoph Haller nach 15; 34]

Neben den Möglichkeiten der Verstärkung durch Kombinationsklebungen (zusätzliches Schrauben, Nieten, Punktschweißen usw. – siehe auch Kapitel 8) stellt die **Bördelfalzklebung** ebenfalls ein redundantes Fügeverfahren dar. Hierbei werden zwei Bleche einerseits verklebt und andererseits durch Umfalzen im Randbereich formschlüssig miteinander verbunden. Bördelfalzkleben findet unter anderem häufigen Einsatz in der Automobilindustrie im Bereich des Karosseriebaus (siehe auch Abschnitt 6.2.1). Des Weiteren sind Verstärkungsklebungen in Form von Flächenvergrößerungen oder Steifigkeitserhöhungen ebenfalls zielführende Maßnahmen zur Vermeidung bzw. Reduzierung von Schälspannungen.

Die nachfolgenden vier Abbildungen in diesem Abschnitt zeigen diverse aus klebtechnischer Sicht ungünstige Konstruktionen sowie dazugehörig jeweils ein oder mehrere klebgerecht gestaltete Lösungsbeispiele für Klebfugengestaltungen für

- flächige Klebungen (siehe Bild 5.22),
- Eckverbindungen (siehe Bild 5.23),
- Steganschlüsse (siehe Bild 5.24) und
- Rohrverbindungen (siehe Bild 5.25).

Für eine klebgerechte Ausführung der Konstruktion müssen zunächst einmal die im praktischen Anwendungsfall auftretenden Belastungen (Art, Richtung und Höhe) im Wesentlichen bekannt sein bzw. ermittelt werden. Der Konstrukteur muss diese Bedingungen bei der optimalen Gestaltung der Klebfugen entsprechend berücksichtigen. In diesem Zusammenhang müssen die Fügeteile so gestaltet bzw. modifiziert und/oder derart zueinander positioniert werden, dass die Klebfugen im Belastungsfall einer möglichst günstigen Belastung (vgl. Bild 5.2) ausgesetzt werden.

Im Fokus der konstruktiven Bemühungen steht stets das Vermeiden von Spalt-, Schäl- und Biegebeanspruchungen, wie bereits in den vorhergehenden Abschnitten ausgiebig erläutert. Dieses Ziel kann oftmals auf unterschiedliche Arten und Weisen erreicht werden, zum Beispiel durch:

- redundantes Fügen / Kombinationsklebungen (siehe auch Kapitel 8),
- lokales Verstärken (Aufdicken),
- lokale Flächenvergrößerung,
- Verwendung von Zusatzprofilen (Laschen, Klammern, Spangen, ...),
- geschicktes Umkonstruieren eines Fügeteils oder beider Fügeteile oder
- geschickte Neuanordnung der Fügeteile zueinander (TRIZ-Gedanke; siehe Abschnitt 5.1).

Insofern sind die im Folgenden dargestellten günstigen klebtechnischen Ausgestaltungen auch nur als exemplarische Lösungen anzusehen. Es existieren mitunter durchaus gleichwertige alternative Lösungsmöglichkeiten.

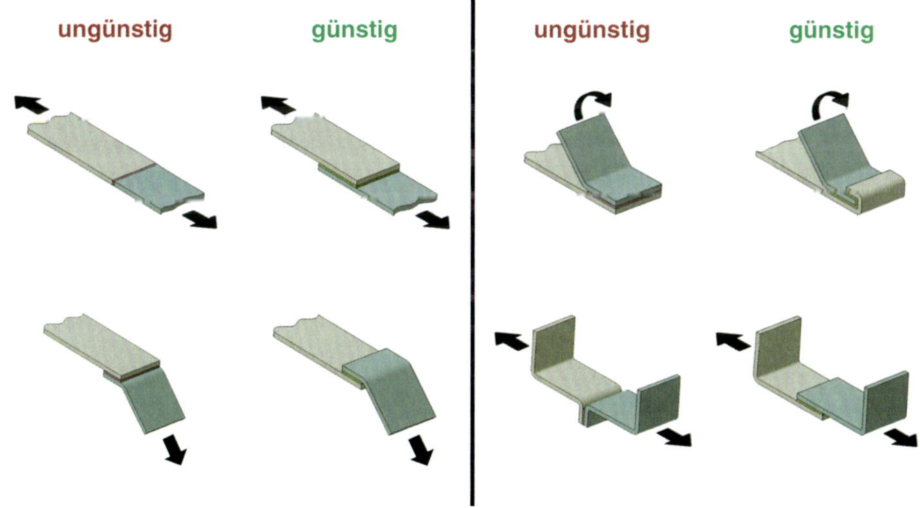

Bild 5.22 *Klebfugengestaltung: flächige Klebungen* [Quelle: Christoph Haller nach 4; 15; 22; 34]

Die Zug- und Zugscherprobe in Bild 5.22 oben links wurden bereits ausführlich zu Beginn dieses Abschnitts behandelt.

Lösungen nach dem Umkehrprinzip (Bild 5.22 unten links) sind gleichermaßen bestechend einfach wie äußerst effektiv. Bei exakt gleichen Substraten und Klebflächen bzw. Klebfugen entscheidet alleine die relative Orientierung der Fügeteile zueinander über die Qualität und Haltbarkeit der Klebung.

Bild 5.22 oben rechts zeigt eine klassische Bördelfalzklebung, die in Abschnitt 6.2.1 noch näher diskutiert wird.

Für die ungünstige flächige Klebung in Bild 5.22 unten rechts existiert neben der gezeigten Optimierung eine Vielzahl an Verbesserungsmöglichkeiten. Gleichermaßen zielführend ist hier beispielsweise eine auf der Innenseite aufgeklebte Lasche oder eine Klammer / Spange, die auf der Außenseite formschlüssig aufgeklebt wird.

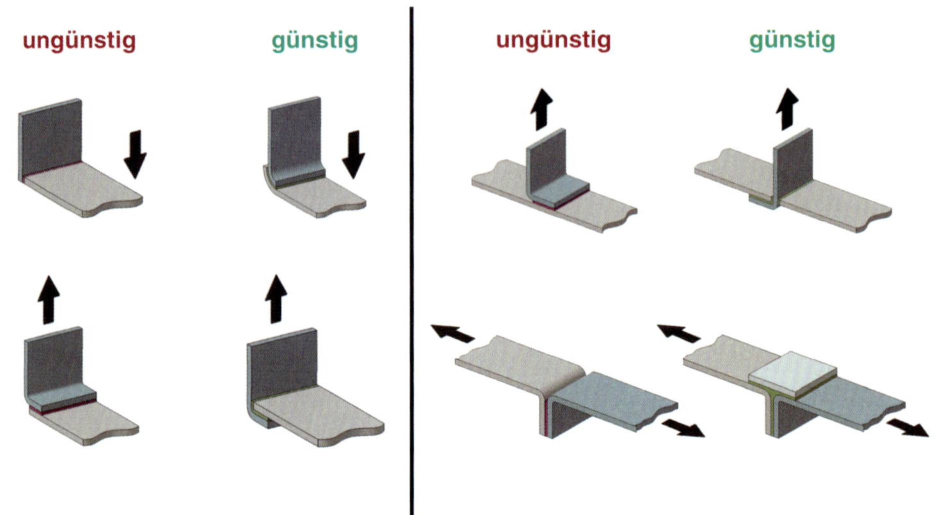

Bild 5.23 *Klebfugengestaltung: Eckverbindungen* [Quelle: Christoph Haller nach 4; 15; 22; 34]

Die in Bild 5.23 oben links abgebildete verbesserte konstruktive Ausführung einer Eckverbindung basiert auf einer deutlichen Vergrößerung der Klebfuge durch lokale geometrische Änderung der beiden Fügeteile. Die optimierte Fugengeometrie ergibt zudem weitestgehend eine 3D-Klebfuge, die Kräfte oder Kraftkomponenten aus unterschiedlichen Raumrichtungen besser abfangen kann als die 2D-Klebfuge zuvor.

Das Beispiel in Bild 5.23 unten links wurde bereits im Zusammenhang mit dem Umkonstruieren durch Inversion in Abschnitt 5.1 thematisiert (vgl. Bild 5.10).

Sofern die Anwendung es erlaubt, kann auch das Schlitzen oder Teilen eines Substrats zu einer deutlich verbesserten klebgerechten Konstruktion führen. Im konkreten Fall in Bild 5.23 oben rechts wird die Haltbarkeit der stoffschlüssigen Klebverbindung zusätzlich durch den sich geometrisch ergebenden Formschluss wesentlich unterstützt. Darüber hinaus wird die Klebfuge im optimierten Fall mit aus klebtechnischer Sicht günstigen Druckkräften (sowie Zugscherkräften im Schlitz) belastet.

Für die Eckverbindung in Bild 5.23 unten rechts führt alternativ zur Laschung eine von unten formschlüssig aufgeklebte Klammer / Spange ebenfalls zu einer deutlichen Vergrößerung der Klebfläche sowie einer signifikant verbesserten Verbundfestigkeit.

Die drei in Bild 5.24 links vorgestellten optimierten Steganschlüsse haben gemein, dass die Klebfläche jeweils um ein Vielfaches vergrößert ist im Vergleich zu dem ungünstigen Fall, bei dem nur die relativ kleine Stirnfläche des Stegs für die Klebung zur Verfügung steht. Näherungsweise Zug- und Druckscherkräfte oder ein zusätzlicher Formschluss tragen überdies zu einer signifikant erhöhten Klebfestigkeit bei.

Der verbesserte Steganschluss in Bild 5.24 rechts ist auf eine Flächenvergrößerung durch eine lokale geometrische Modifikation eines Fügeteils zurückzuführen. Bei kreisrunden Klebflächen

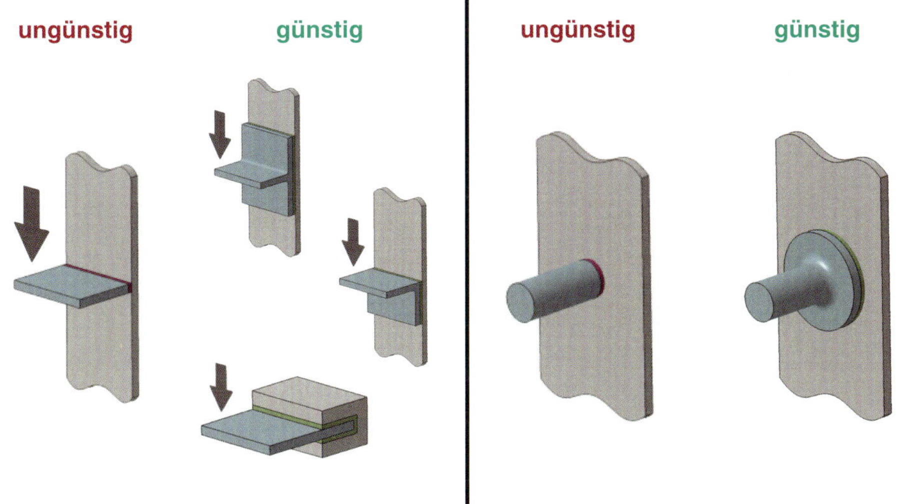

Bild 5.24 *Klebfugengestaltung: Steganschlüsse* [Quelle: Christoph Haller nach 4; 15; 22; 34]

bewirkt eine Verdopplung des Durchmessers immerhin eine Vervierfachung und damit eine überproportionale Vergrößerung der grundsätzlich zur Verfügung stehenden Klebfläche.

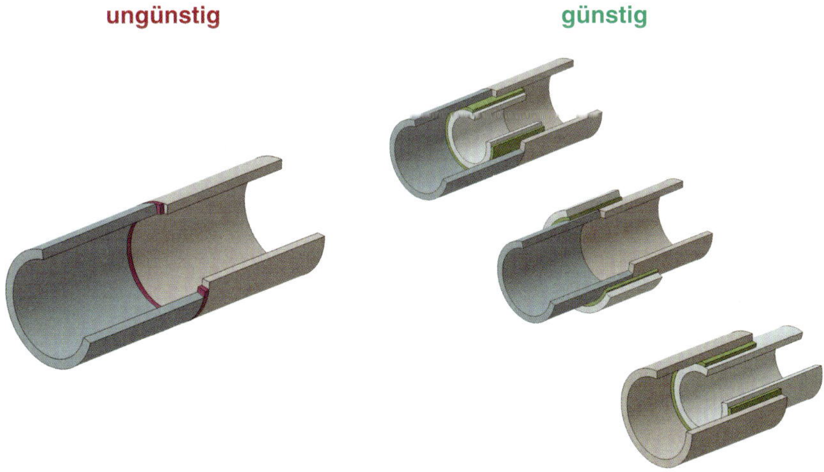

Bild 5.25 *Klebfugengestaltung: Rohrverbindungen* [Quelle: Christoph Haller nach 4; 15; 22; 34]

Der wesentliche Schwachpunkt der ungünstigen Stumpfstoß-Rohrverbindung in Bild 5.25 links ist wiederum die sehr kleine Klebfläche, die geometrisch bedingt überhaupt nur zur Verfügung steht. Wird die Klebung auf Zug belastet, ergibt sich die gleiche, schlechte Situation wie bei der in Bild 5.15 bereits diskutierten Stumpfstoßklebung plattenförmiger Substrate. Speziell bei langen verklebten Rohrelementen können bereits sehr geringe Biegekräfte, die in größerer Entfernung zur Klebfuge auftreten, infolge des langen Hebelarms zu einer extrem ungünstigen Spannungsverteilung in der Klebfuge führen.

Effektive Abhilfe schaffen hier jeweils die drei rechts in Bild 5.25 skizzierten klebgerechten Fugengestaltungen für Rohrverbindungen. In Abhängigkeit des vorgesehenen Einsatzbereichs ergibt sich jeweils eine der Varianten als die optimale Ausführungsform. Wird beispielsweise aus optischen Gründen eine glatte Außenfläche gewünscht, wird eine Muffe vollumfänglich in den Innendurchmesser der beiden Rohrenden geklebt. Soll das Rohr hingegen später als Medienleitung Verwendung finden und dem durchströmenden Fluid möglichst wenig Strömungshindernis bieten, so wird eine passende Muffe vollumfänglich über den Außendurchmesser der beiden Rohrenden geklebt. Existieren keine besonderen Anforderungen an Außen- und Innendurchmesser, so kann auf eine Muffe als zusätzliches Fügeteil komplett verzichtet werden, wenn zwei von den Rohrdurchmessern zueinander passende Rohrstücke ineinander gesteckt und verklebt werden können.

Weitestgehend gelten die hier diskutierten ungünstigen und günstigen Gestaltungen von Klebfugen für Metallklebungen übertragend auch für Kunststoffklebungen oder für Klebungen anderer Substratwerkstoffe. Auf die besonderen Unterschiede wird in den nachfolgenden Abschnitten entsprechend eingegangen.

5.3.2 Kleben von Kunststoffen

In den Abschnitten 1.1.4 und 5.3.1 wurde bereits die sehr große Ähnlichkeit von klassischen Kunststoffen und technischen Klebstoffen erläutert. Die in etwa gleich großen (Zug-)Festigkeiten von Kunststoffsubstraten und dazu passenden abgebundenen bzw. ausreagierten Klebstoffe eröffnen, im Vergleich zu den in Abschnitt 5.3.1 behandelten Metallklebungen, zusätzliche konstruktive Gestaltungsmöglichkeiten bei den Kunststoffklebungen.

Bei Metallklebungen ist eine Stumpfstoßklebung (siehe Bild 5.15) aus den im vorherigen Abschnitt erläuterten Gründen vollkommen ungeeignet. Diese Aussage gilt allgemein für Kunststoffklebungen hingegen nicht. Hier kann erneut der abstrakte Vergleich mit einer Kette gezogen werden – mit dem wesentlichen Unterschied, dass diesmal alle Kettenglieder aus Kunststoff bzw. Klebstoff bestehen und somit absolut vergleichbare mechanische Eigenschaften aufweisen (Bild 5.26). Liegen die Festigkeiten der polymeren Fügeteile und des Klebstoffs also auf einem ähnlichen Festigkeitsniveau, ist die Stelle des Versagens des Verbundes (bei Zugbelastung) nun nicht mehr eindeutig und mit Sicherheit vorhersagbar.

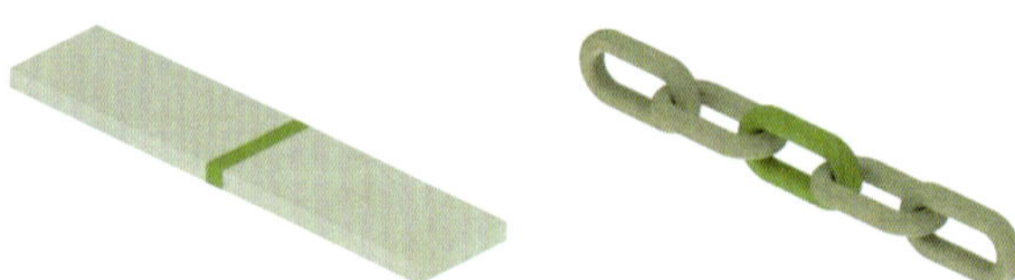

Bild 5.26 *Stumpfstoßklebung von zwei Kunststoffsubstraten (links) und abstrakter Vergleich (rechts)* [Quelle: Christoph Haller]

In Bild *5.27* sind grundsätzliche Gestaltungsmöglichkeiten von Kunststoffklebungen für flächige Fügeteile dargestellt. Neben der klassischen senkrechten Stumpfstoßklebung gestatten unverstärkte Kunststoffe in gewissen Anwendungsfällen sogar Klebungen im V-Stumpfstoß sowie unter anderem auch ein Verkleben auf Gehrung geschnittener bzw. geschäfteter Substrate. Diese drei genannten Gestaltungen von Klebfugen sind bei strukturellen Metallklebungen oder aber auch bei faserverstärkten Polymeren weder sinnvoll noch üblich [15].

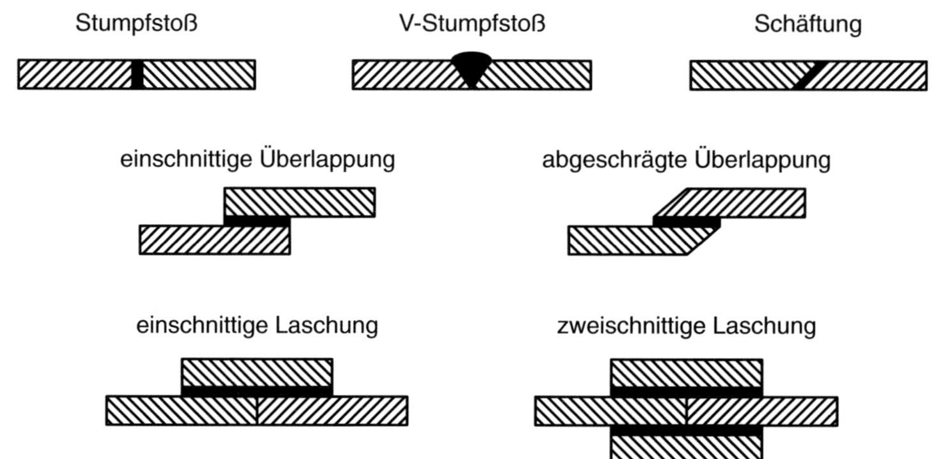

Bild 5.27 *Gestaltungsmöglichkeiten von Kunststoffklebungen* [15]

Eine V-Naht ist eine durchaus gängige Schweißverbindung im Stahlbau. Die **V-Stumpfstoßklebung** ist von der Geometrie der V-Naht beim Schweißen nachempfunden. Das Besondere an dieser Klebfuge ist, dass sie im Vergleich zu allen anderen in Bild 5.27 skizzierten Klebfugen keine konstante Klebschichtdicke aufweist. Eine gleichmäßige und oftmals auch definiert dünne Klebfuge ist bei vielen Klebstoffen, zum Beispiel allgemein bei strukturellen Klebungen (vgl. Abschnitte 3.3 und 5.1) oder konkret bei Cyanacrylat-Klebstoffen (vgl. Abschnitt 3.3.4.2) oder strahlungshärtenden Klebstoffen (vgl. Abschnitt 3.3.4.3), jedoch eine sehr wichtige Voraussetzung. Wie sich gleichmäßige und konstant dünne Klebfugendicken realisieren lassen, wurde bereits in Abschnitt 1.1.4 ausführlich erläutert. Die V-förmige Klebfuge ist für steife, strukturelle Klebungen und zur Kraftübertragung zwar ungeeignet, bei spannungsausgleichenden Dickschichtklebungen oder beim Dichtkleben allerdings durchaus sinnvoll einsetzbar.

Die **Schäftung** bietet im Vergleich zum konventionellen (senkrechten) Stumpfstoß den Vorteil, dass hier die Klebfläche über den Schäftungswinkel gezielt vergrößert werden kann, ohne dass dabei die Substratdicke (lokal) erhöht werden muss. Je spitzer bzw. kleiner der Schäftungswinkel ist, desto größer wird die zur Verfügung stehende Klebfläche und umso mehr wird aus einer reinen Zugbelastung (senkrechter Stumpfstoß) eine ebenfalls günstige Zugscherbeanspruchung in der Klebfuge.

Für die darüber hinaus in Bild 5.27 dargestellte einschnittige Überlappung sowie die einschnittige und zweischnittige Laschung gelten im Wesentlichen die in Abschnitt 5.3.1 (vgl. Bild 5.7) bereits für Metallklebungen getroffenen Aussagen, die unmittelbar auch auf Kunststoffklebungen übertragen werden können. Ein wesentlicher Unterschied ergibt sich allerdings im Hinblick auf die Überlappungslänge. Da Kunststoffe und Klebstoffe ähnliche Festigkeitswerte aufweisen, kommen einschnittige Überlappungen in Kunststoffklebungen typischerweise mit deutlich geringeren Überlappungslängen aus. Für unverstärkte Polymersubstrate gilt für einschnittige Überlappungsklebungen folgende Beziehung zur Abschätzung der Überlappungslänge [15]:

$$l_{Ü} \approx 2 \ldots 5 \cdot s \qquad \text{(Gl. 5.8)}$$

$l_{Ü}$ Überlappungslänge
s Fügeteildicke

Bild 5.27 zeigt außerdem noch die so genannte abgeschrägte Überlappung, bei der die Überlappungsenden der verklebten Substrate in einem bestimmten Winkel angefast bzw. abgeschrägt sind. Diese geometrische Modifikation der Fügeteile trägt sowohl zur Gewichts- als auch zur Festigkeits- bzw. Spannungsoptimierung von einschnittigen Überlappungen bei. Im Vergleich zur einschnittigen Überlappung können die maximal auftretenden Spannungen in der abgeschrägten Überlappung bei gleicher Belastung um bis zu 25% gesenkt werden. Außerdem besteht die Möglichkeit, das Gewicht im Bereich der Klebnaht um über 30% zu reduzieren – bei gleicher Festigkeit. Ein weiterer positiver Effekt ist das Vergleichmäßigen der Spannungsverteilung in der Probe mit zunehmender Abschrägung [149].

Die einschnittige Laschung wird aufgrund ihrer einfachen Ausführung und der guten, großflächigen Bindefestigkeit vor allem zum Kleben dünner Kunststoffsubstrate verwendet [140].

Neben der richtigen konstruktiven Gestaltung der Klebfugen ist bei der Ausführung von Kunststoffklebungen außerdem, speziell bei sehr niederenergetischen Polymeren, für eine ausreichende Aktivierung der Substratoberflächen zu sorgen. Diverse Möglichkeiten zur Vorbereitung der Fügeteile wurden unter anderem in den Abschnitten 4.1.2 (Oberflächenvorbehandlung) und 4.1.3 (Oberflächennachbehandlung) bereits ausgiebig erläutert. In Tabelle 5.4 ist eine Auswahl an niederenergetischen Kunststoffen aufgeführt.

Tabelle 5.4 *Niederenergetische Kunststoffe*

PE: Polyethylen	PTFE: Polytetrafluorethylen
PE-HD/PE-LD: Polyethylen hoher/niedriger Dichte	EVA: Ethylvinylacetat
PP: Polypropylen	NR: Naturkautschuk
PS: Polystyrol	NBR: Nitrilkautschuk
POM: Polyoxymethylen	EPDM: Ethylen-Propylen-Dien-Kautschuk
PET: Polyethylenterephthalat	FKM: Fluorkautschuk
PBT: Polybutylenterephthalat	MVQ: Silikonkautschuk

Die Oberflächenenergien der Kunststoffe (ca. 18…57 mN/m; siehe Tabellen 2.2 und 5.2) und die Oberflächenspannungen gängiger Klebstoffe (ca. 35 mN/m [29]) besitzen die gleiche Größenordnung. Eine wichtige Voraussetzung für eine ausreichende Benetzung der Substratoberfläche mit dem flüssigen Klebstoff ist, dass die Oberflächenenergie des Substrats größer ist als die Oberflächenspannung des Klebstoffs ($\sigma_{\text{Substrat}} > \sigma_{\text{Klebstoff}}$). Insofern gelten insbesondere die niederenergetischen Polymere als schwer klebbar, da die Grundvoraussetzung für die Benetzung mit Klebstoff nicht erfüllt ist.

Mit Hilfe einer gezielten Oberflächenvorbehandlung, zum Beispiel mittels physikalischer Methoden (siehe Abschnitt 4.1.2.2), werden temporär sauerstoffhaltige (polare) Molekülgruppen, wie zum Beispiel Hydroxyl-, Carbonyl- oder Carboxylgruppen, in die oftmals unpolaren Kunststoffoberflächen eingebaut. Dies führt zu einer vorübergehenden Polarisierung der Substratoberfläche und damit zu der gewünschten Erhöhung der Oberflächenenergie des Fügeteils.

Die grundsätzliche Klebbarkeit von Kunststoffen wird neben der Polarität der Fügeteiloberflächen außerdem von der Löslichkeit der Polymere mit bestimmt. Polare und gut lösliche Kunststoffe (zum Beispiel PVC oder PMMA) lassen sich generell besser kleben als unpolare und unlösliche Polymere (zum Beispiel PTFE). In Tabelle 5.5 sind ausgewählte Kunststoffe im Hinblick auf ihre Polarität und Löslichkeit sowie die daraus folgende Klebbarkeit ohne Oberflächenvorbehandlung aufgeführt.

Tabelle 5.5 *Klebeigenschaften von Kunststoffen* [15; 4]

Kunststoff	Polarität	Löslichkeit	Klebbarkeit*
PTFE	unpolar	unlöslich	nicht gegeben
PE	unpolar	schwer löslich	nicht gegeben
PP	unpolar	schwer löslich	nicht gegeben
PS	unpolar	löslich	gut
PIB	unpolar	löslich	gut
PVC	polar	löslich	gut
PMMA	polar	löslich	gut
PA	polar	schwer löslich	bedingt
PET	polar	unlöslich	bedingt

* ohne Oberflächenvorbehandlung

PTFE hat die mit Abstand niedrigste Oberflächenenergie aller Polymere, ist unpolar und unlöslich und damit unter normalen Umständen nicht klebbar. Polyolefine (PE, PP, …) gehören allgemein aufgrund ihrer niedrigen Oberflächenenergie, der Unpolarität und der schweren Löslichkeit zu den eher schlecht klebbaren Kunststoffen. Auch Elastomere und Silikone sind aufgrund der fehlenden Löslichkeit grundsätzlich schlecht klebbare Werkstoffe.

Beim Kleben von Kunststoffen wird grundsätzlich zwischen Adhäsions- und Diffusionsklebungen unterschieden [4; 15]. In Tabelle 5.6 werden diverse Kunststoffe im Hinblick auf die Möglichkeit zur Adhäsions- und Diffusionsklebung qualitativ bewertet und überdies in die drei Gruppen gut, bedingt und schwer klebbare Polymere eingeteilt.

Tabelle 5.6 *Klebbarkeit von Kunststoffen* [4]

Klebbarkeit	Kunststoff	Möglichkeit der Adhäsionsklebung	Möglichkeit der Diffusionsklebung
gut	PVC-U	+	+
	PS (auch geschäumt)	+ *	+
	PMMA	+	+ **
	PC	+	+
	PUR (auch geschäumt)	+	–
	Polyester	+	–
	ABS	+	+
	EP	+	–
	PF	+	–
	UF	+	–
	MF	+	–
	Celluloseacetat	+	+
bedingt	PVC-P	+	+
	PA	+	+
	PET	+	–
	Kautschukpolymere	+	+
schwer	PE	+	–
	PP	+	–
	PTFE	+	–
	POM	+	–
	Silikonharze	+	–

* nur bei PS-Schäumen
** nur bei unvernetztem PMMA

Für eine **Adhäsionsklebung** ist eine hohe Adhäsionsbereitschaft der Fügeteiloberflächen Grundvoraussetzung. Ist diese Adhäsionsbereitschaft initial nicht vorhanden, muss sie durch geeignete Oberflächenaktivierung erzeugt werden [4]. Mit Hilfe der Adhäsionsklebung lassen sich selbst Kunststoffe fügen, die weder schmelz- noch schweißbar sind. Dazu gehören die vernetzten Polymere, wie zum Beispiel Elastomere (Kautschuke, Silikone) und Duroplaste (EP, PF, UF und MF), wie aus Tabelle 5.6 ersichtlich ist. Insofern ist das Kleben von Kunststoffen oftmals eine sehr interessante und wirtschaftliche Alternative bzw. Ergänzung zu konventionellen Verbindungsmethoden, wie zum Beispiel Schweißen, Schrauben, Nieten, ...

Die **Diffusionsklebung** wird auch als Quellschweißung, Schweißklebung oder Lösungsklebung bezeichnet [4]. In Abschnitt 3.3.1 wurde bereits auf lösemittelhaltige Kunststoff-Klebstoffe eingegangen. Das Funktionsprinzip beruht auf dem Anlösen und leichten Quellen der Kunststoffoberflächen direkt nach dem Klebstoffauftrag. Demzufolge lassen sich gut lös- und/oder quellbare Thermoplaste (zum Beispiel PVC-U, ABS, PS, PC, ...) besonders gut mittels Diffusionsklebung kleben. Durch das Anlösen der Substratoberflächen können sich die Molekülketten benachbarter und sich berührender Fügeteile miteinander verschlaufen bzw. verknäueln. Dies führt nach dem Verflüchtigen des Lösemittels zu einem regelrechten Stoffschluss über die gesamte Klebfuge. Für Diffusionsklebungen müssen Substrate und Klebstoff unbedingt vorab auf ihre grundsätzliche Eignung überprüft werden. Anderenfalls kann es zu ungewünschten Effekten (Gefügeveränderungen, Alterung, Spannungsrissen usw.) durch das Lösemittel kommen.

Im Vergleich zu Metallklebungen muss bei der Auslegung von Kunststoffklebungen das viskoelastische Werkstoffverhalten der Polymere berücksichtigt werden [15]. Die Viskoelastizität beschreibt die zeit-, temperatur- und frequenzabhängige Elastizität von Kunststoffen. Insbesondere die Retardation bzw. das Kriechen (zeit- und temperaturabhängige plastische Deformation unter konstanter Last) darf bei der langfristigen Auslegung von Kunststoffklebungen nicht unberücksichtigt bleiben. Relaxations- und Retardationseffekte können unmittelbar aus isochronen Spannungs-Dehnungs-Diagrammen abgelesen werden. Gegebenenfalls muss mit Hilfe entsprechender Abminderungsfaktoren für Temperatur und/oder statische Langzeitbeanspruchung (z.B. $f = 0{,}6$) oder dynamische Langzeitbeanspruchung (z.B. $f = 0{,}2$ für 10^7 Lastwechsel) [15] eine nachhaltige und ausreichende Dimensionierung der Kunststoffklebung sichergestellt werden.

5.3.3 Kleben von Glas

Neben Metallen und Kunststoffen gehören auch anorganische Gläser zu den wichtigen Konstruktionswerkstoffen. Wo und wann immer Verscheibungen, Displays, Sichtfenster, Optiken, Prismen, Lichtleiter, Linsen usw. in einer Baugruppe benötigt werden, kommen (hoch) transparente Werkstoffe zum Einsatz. Die für solche Zwecke zur Verfügung stehende Palette fester, transparenter Werkstoffe ist allerdings beschränkt. Neben den üblichen anorganischen Kalknatron-, Borosilikat- und Quarzgläsern kommen gegebenenfalls nicht eingefärbte, nicht gefüllte / verstärkte amorphe Kunststoffe («organische Gläser»), wie zum Beispiel Polystyrol (PS), Polymethylmethacrylat (PMMA) und Polycarbonat (PC), in Betracht. In seltenen Fällen können auch transparente Keramiken [150] eine Alternative darstellen.

Gläser besitzen eine kritische Oberflächenenergie zwischen ca. 300 und 500 mN/m (vgl. Tabelle 2.2), was zunächst einmal auf eine gute Benetzbarkeit der Glasoberflächen mit dem flüssigen Klebstoff hindeutet [15]. Allerdings besitzt Glas die ungünstige Eigenschaft, dass sich auf den Oberflächen automatisch eine zum Teil nur wenige Moleküllagen dicke Wasserschicht anlagert. Diese dünne Wasserhaut muss vor der Klebung entfernt werden, da der Klebstoff sonst keine ausreichende Adhäsion zur eigentlichen Glasoberfläche aufbauen kann [15; 151]. Darüber hinaus gilt es selbstverständlich – wie beim Kleben anderer Substrate – durch sorgfältige Reinigung und Entfettung definierte Oberflächen für reproduzierbare und dauerhafte Klebungen zu erzeugen.

Handelsübliche Glasreiniger können allerdings Zusätze enthalten, die nicht vollständig von den gereinigten Oberflächen ablüften und sich so negativ auf die Klebfestigkeit auswirken können. Mit der Durchführung entsprechender Klebversuche kann die grundsätzliche Eignung des Glasreinigers im Vorfeld überprüft werden [151].

Öl- und fetthaltige Verschmutzungen lassen sich in der Regel sehr gut mit üblichen Lösemittelreinigern (siehe Tabelle 4.1) entfernen. Die Wasserschicht wird damit jedoch nur teilweise entfernt. Erschwerend kommt außerdem hinzu, dass beim Ablüften von Lösemittelreinigern Verdunstungskälte entsteht. Die Verdunstungskälte fördert wiederum die Adsorption von Umgebungsfeuchte an den Glasoberflächen (vgl. Abschnitt 4.1.1.1).

Als Lösungsansätze kommen somit grundsätzlich folgende Möglichkeiten in Betracht:

- Klimatisierung der Produktionsräume,
- Erwärmung der Klebflächen unmittelbar vor dem Klebstoffauftrag,
- Flammsilikatisierung oder
- Verwendung von Glasklebstoffen mit speziellen Glashaftvermittlern.

Um ein schnelles Niederschlagen von Umgebungsfeuchte auf den Substratoberflächen zu vermeiden, müssen die Produktionsräume auf ca. 30% rel. Feuchte klimatisiert werden. Diese niedrige Luftfeuchtigkeit verlangsamt allerdings auch die Härtungsreaktion, wenn mit feuchtigkeitsvernetzenden Cyanacrylaten oder PUR-Klebstoffen geklebt wird [15].

Alternativ können die Glasoberflächen unmittelbar vor der Klebstoffapplikation mittels Heißluft auf ca. 40…45 °C erwärmt werden [15], so dass der dünne Wasserfilm restlos verdunstet. Die Erwärmung der Substrate führt wiederum zu einer beschleunigten Härtungsreaktion [15].

Das **Pyrosil-Verfahren** ist eine Form der Flammsilikatisierung. Zunächst einmal erzeugt die eingesetzte Flamme eine moderate Oberflächentemperaturerhöhung, die ausreichend ist, um das Wasser an der Oberfläche zu verdampfen. Gleichzeitig wird das siliziumhaltige Pyrosil in die Flamme dosiert. Das Pyrosil verbrennt und schlägt sich als amorphes Siliziumdioxid in einer ca. 5… 100 nm dünnen, aber dichten und haftverbessernden Schicht auf der behandelten Glasoberfläche ab [152]. Optional können nach der Flammsilikatisierung zusätzlich spezielle Silan-Haftvermittler aufgetragen werden [151].

Bei sauberen Glasoberflächen sind im Allgemeinen keine besonderen Oberflächenvorbehandlungsschritte erforderlich, wenn mit Klebstoffen geklebt wird, die bereits einen passenden Glashaftvermittler enthalten. Viele Glasklebstoffe enthalten bereits entsprechende Haftvermittler [151].

Die folgende Aufzählung listet einige gängige Anwendungen von Glasklebungen auf [15; 53; 153]:

- Glasklebungen in der Bauindustrie (Fassadenklebungen)
  - Structural-Glazing-Klebungen
  - Abdichtungen / Versiegelungen
- Glasklebungen im Fahrzeugbau (Direktverglasung, engl.: *direct glazing*)
- Kleben von Duschkabinenscheiben
- Kleben von Glasmöbeln
- Kleben von optischen Bauteilen
- Glas-Metall-Klebungen
- Glas-Kunststoff-Klebungen
- …

6 Anwendungen der Klebtechnik

Wie bereits in Abschnitt 1.1 angemerkt, ist die Klebtechnik eine Schlüsseltechnologie des 21. Jahrhunderts. Kleben hat sich in allen Wirtschafts- und Industriebereichen sowie im Handwerk und im Haushalt zu einem unverzichtbaren Fügeverfahren entwickelt [5]. Es existiert bereits eine nahezu unüberschaubare Vielfalt an Anwendungen der Klebtechnik. Das hohe Innovationspotenzial macht die Klebtechnik außerdem zu einer ausgesprochenen Wachstumstechnologie.

Die Gründe für die kontinuierliche und konsequente Weiterentwicklung der Klebtechnik sind vielschichtig. In Anlehnung an die zahlreichen bereits in Abschnitt 1.1.4 aufgeführten Vorteile des Klebens (siehe Tabelle 1.6) stehen unter anderem die im Folgenden genannten Aspekte im Fokus der klebtechnischen Aktivitäten:

- Möglichkeit nahezu beliebiger Materialkombinationen
- Realisierung fortschreitender Miniaturisierung
- konsequente Umsetzung des Leichtbaus
- gleichzeitige Nutzung diverser Zusatzfunktionen
  - Toleranzausgleich
  - thermische und/oder elektrische Isolation
  - Korrosionsschutz
  - Abdichtung gegenüber Fluiden
  - Schwingungs- und Geräuschdämpfung
  - ...
- ...

Zu den Bereichen, in denen Kleb- und/oder Dichtstoffe bereits in großen Mengen bzw. in vielfältigen Applikationen eingesetzt werden, gehören unter anderem die folgenden Gebiete:

- Luft- und Raumfahrt
- Fahrzeugbau
- Maschinen- und Anlagenbau
- Elektrotechnik / Elektronik
- Medizintechnik
- Verpackungsindustrie
- Schuhproduktion
- Sport und Freizeit
- Handwerk
- Privathaushalt
- ...

Die nachfolgenden Abschnitte in diesem Kapitel beschränken sich auf einzelne und ausgewählte Beispiele konkreter klebtechnischer Anwendungen in der industriellen Praxis. Das Kapitel erhebt somit keinerlei Anspruch auf Vollständigkeit.

6.1 Luft- und Raumfahrt

In der Luft- und Raumfahrt wird unter anderem ein besonderes Augenmerk auf Leichtbau- und Sicherheitsaspekte gelegt. Die Möglichkeiten zur konsequenten Umsetzung des Leichtbaugedankens mit Hilfe der Klebtechnik sind allgemein unbestritten (vgl. Abschnitt 1.1.4). Dagegen stehen insbesondere Anwender konventioneller Fügetechnologien der Klebtechnik bzw. Klebungen zum Teil sehr kritisch gegenüber, speziell wenn es um hohe Zuverlässigkeit und Langzeitbeständigkeit von Klebungen geht. Die teilweise unzureichende Akzeptanz hängt möglicherweise auch mit schlechten persönlichen Erfahrungen mit Klebstoffen und Klebungen im privaten Bereich zusammen, wenngleich die Ursache dafür meist in individuellen Fehlern zu suchen ist. Hierzu gehören beispielsweise klebtechnisches «Halbwissen», nicht klebgerechte Konstruktion (vgl. Kapitel 5), falsche Klebstoffauswahl (vgl. Abschnitt 3.4), Fehler in der Prozesskette des Klebens (vgl. Kapitel 4), …

6.1.1 Flugzeugbau

Strukturelles Kleben als elementare Fügetechnologie im Flugzeugbau ist keinesfalls erst in den letzten Jahren mit den CFK-Rumpf- und Tragflächenstrukturen moderner Langstrecken-Großraumflugzeuge, wie zum Beispiel dem Airbus A 350 XWB oder der Boeing 787 (Dreamliner), aufgekommen (vgl. Abschnitt 4.1.2.2). Mit dem traditionellen Flugzeugbau werden zwar in erster Linie Nietverbindungen assoziiert. In einem herkömmlichen Passagierflugzeug werden immerhin ca. 3,5 Millionen Nieten verbaut [154]. Aber bereits seit 1955 liefert die Flugzeugindustrie mit dem Propeller-Verkehrsflugzeug Fokker F-27 Friendship ein mustergültiges Beispiel für Zuverlässigkeit und Langlebigkeit von Klebungen [15; 155].

Bei der Fokker F-27 Friendship sind über 70% aller Verbindungen durch Kleben realisiert. Die Klebungen haben in über drei Jahrzehnten Einsatzzeit zuverlässig gehalten [156]. Erstmals im Verkehrsflugzeugbau wurden Metallteile auch in den Hauptbaugruppen, unter anderem der Flugzeugrumpf, die Tragflächen und die Leitwerke, geklebt, was eine Gewichtsreduktion um ca. 15% bewirkte [155]. Einige Fokker F-27 stehen selbst heute noch im Dienst.

Bei dem zweistrahligen Kurzstrecken-Verkehrsflugzeug Fokker F-28 Fellowship (Erstflug: 1967; In-Dienst-Stellung: 1969) [157] beläuft sich die Gesamtfläche der Metall-Metall-Klebungen auf immerhin 504 m^2 [158].

Wie eingangs dieses Abschnitts bereits erwähnt, gewinnt die Klebtechnik im Zusammenhang mit kohlenstofffaserverstärkten Kunststoffen (CFK) zunehmend an Bedeutung. Der Airbus A 350 XWB ist ein leichtes Langstreckenflugzeug, das zu 53% aus CFK besteht. Der Kerosinverbrauch wird so im Vergleich zu einem konventionellen Flugzeug um ca. 25% reduziert [159]. Die Boeing 787 (Dreamliner) besteht ebenfalls zu einem Großteil aus CFK. Die Reichweite beläuft sich auf etwa 15 750 km (nonstop). Als Konstruktionswerkstoffe kommen hier, neben 50% kohlenstofffaserverstärkten Kunststoffen, unter anderem 20% Aluminium und 15% Titan zum Einsatz [160]. Um die Fasern und die CFK-Strukturbauteile bei der Montage nicht unnötig zu schwächen bzw. zu schädigen, scheiden Schrauben oder Nieten als hauptsächliche Verbindungselemente aus. Das Kleben mit strukturellen Reaktionsklebstoffen rückt dafür in den Fokus. So werden beispielsweise vorgefertigte Längsversteifungen des Flugzeugrumpfs (so genannte CFK-Omega-Stringer) mit der eigentlichen Rumpfstruktur in einem Autoklav-Prozess (siehe Abschnitt 4.4) klebtechnisch verbunden und ausgehärtet.

6.1.2 Raumfahrt

Wie in der Luftfahrt spielen auch in der Raumfahrt leichte Konstruktionswerkstoffe eine zentrale Rolle. So wurden beispielsweise die Orbiter des NASA-Space-Shuttle-Programms [161], das in der Zeit von 1972 bis 2011 lief, aus einer Aluminiumstruktur und -außenhülle gefertigt. Im Flugbetrieb durfte die Temperatur der Aluminiumstruktur 175 °C nicht überschreiten. Beim Start und insbesondere beim Wiedereintritt des Space Shuttles in die Erdatmosphäre mit Mach 25 traten zeitweise Temperaturen deutlich über 1000 °C auf, insbesondere an der Nase, an den Flügelkanten und auf der Unterseite des Orbiters. Der Schmelzpunkt von Aluminium liegt jedoch lediglich bei ca. 660 °C. Insofern mussten die temperaturempfindlichen Oberflächen des Orbiters mit einem wiederverwendbaren Hitzeschutz ausgestattet werden [162; 163].

Die Lösung des Problems waren keramische Hitzeschilder bzw. Hitzekacheln, so genannte HRSI: ***H****igh-temperature* ***R****eusable* ***S****urface* ***I****nsulation* [164], die aus Gewichts- und Isolationsgründen aus 10% Borsilikat / Siliziumdioxid und 90% Porenanteil bestehen. Die Außenbeschichtung aus Borsilikat fängt ca. 95% der auftretenden Hitze ab. Die restlichen 5% werden im Inneren des HRSI absorbiert. Die Hitzeschilder bzw. Hitzekacheln wurden über eine Filzschicht mit einem speziellen Silikon-Klebstoff (vgl. Abschnitt 3.3.4.7) mit der Außenhülle des Space Shuttles verklebt [164]. Kleben war in diesem Fall die einzig sinnvolle Befestigungsmöglichkeit des Hitzeschutzes aus spröder Keramik und 90% Luft. Auf diese Weise wurde die Aluminiumhaut des Orbiters effektiv geschützt.

Der für die drei Astronauten James Lovell Jr., John Swigert Jr. und Fred Haise Jr. glimpfliche Abschluss der Apollo-13-Mission ist auf eine kuriose und gleichzeitig recht simple Anwendung der Klebtechnik zurückzuführen. Nachdem die Explosion einer der beiden Sauerstofftanks im Kommando-/Servicemodul «Odyssey» am 13.04.1970 zum Abbruch der Mission geführt hatte, wurde kurzerhand die Mondlandefähre «Aquarius» zum «Rettungsboot» umfunktioniert. Die Sauerstoffversorgung darin reichte zwar für drei Personen und vier Tage, jedoch waren die CO_2-Filter in der Mondlandefähre maximal in der Lage, das CO_2 vom Ausatmen von zwei Personen für zwei Tage zu beseitigen. Da die CO_2-Filter des Luftreinigungssystems in «Odyssey» und «Aquarius» zueinander inkompatibel waren, musste nur aus den an Bord befindlichen Dingen ein passender Adapter für die leistungsstärkeren CO_2-Filter aus dem Kommando-/Servicemodul gebaut werden. Neben Tüten und Schläuchen kam hierbei handelsübliches Duct Tape bzw. Panzerklebeband (siehe Abschnitt 3.3.5; Tabelle 3.15) zum Einsatz [165; 166].

6.2 Fahrzeugbau

Auch der Fahrzeugbau hält diverse interessante Exempel für den erfolgreichen Einsatz der Klebtechnik bereit, zum Beispiel im Automobil- und Schienenfahrzeugbau. Neben zahlreichen, zum Teil recht einfachen Montageklebungen (Bodenbeläge, Dekorteile, Typenschilder usw.) sind hier aus konstruktiver Sicht vor allem die anspruchsvollen strukturellen Klebungen zur Aufnahme und Übertragung von mechanischen Lasten von besonderem Interesse.

Ergänzend zu den in Tabelle 1.6 (Abschnitt 1.1.4) aufgeführten allgemeinen Vorteilen des Klebens sind im Zusammenhang mit dem Kleben im Fahrzeugbau unter anderem folgende spezifische Vorteile zu nennen [15; 103]:

- zum Teil signifikante Gewichtsreduktion,
- Erhöhung der statischen und dynamischen Festigkeit,
- gewichtsneutrale Steigerung der Karosserie-/Torsionssteifigkeit,
- Verbesserung des Crashverhaltens,

- verbesserter Korrosionsschutz,
- Kombination von Fügen und Dichten in einem Arbeitsgang,
- hoher Automatisierungsgrad,
- ...

6.2.1 Personenkraftwagen

Die Klebtechnik ist aus dem heutigen Automobilbau nicht mehr wegzudenken. Sie gehört mittlerweile zu den wichtigsten Verbindungstechnologien bei der Fertigung von Personenkraftwagen (Pkw) [167]. Konventionelle Fügemethoden, zum Beispiel Schrauben, Nieten, Clinchen, Clipsen, Schweißen, werden durch das Kleben sinnvoll ergänzt und zum Teil auch zunehmend verdrängt [156]. Tabelle 6.1 liefert am Beispiel des neuen Audi TT Coupé einen quantitativen Überblick über die unterschiedlichen Verbindungstechniken, die im Karosserierohbau zum Einsatz kommen [168].

Tabelle 6.1 *Verbindungstechniken im Karosserierohbau des Audi TT Coupé* [168]

Verbindungstechnik		Bemerkungen
97 m	Klebnähte	Struktur-, Unterfütterungs- und Falzklebungen
232	Gewindebolzen	
229	FDS®-Schrauben	
96	Vollstanznieten	
1606	Halbhohlstanznieten	
174	Clinchpunkte	
26 m	Schweißnähte	Laser- und MIG-Schweißen
1271	Schweißpunkte	

Diese fortschreitende Verdrängung durch die Klebtechnik kann unter anderem folgendermaßen begründet werden. Beim Schrauben oder Nieten werden die Fügeteile durch Schraub- oder Nietlöcher geschwächt (vgl. Bild 1.3) und beim Schweißen erfolgt eine thermische Gefügebeeinflussung der Substrate (vgl. Bild 1.4). Das Kleben verzichtet einerseits auf Befestigungslöcher und andererseits ist das Kleben in der Regel ein «kaltes» Fügeverfahren, bei dem typischerweise keine thermische Gefügebeeinflussungen auftreten. Aus diesem Grund schneiden geklebte Automobile in Crashtests allgemein besser ab als geschweißte Fahrzeuge [169]. Durch den Einsatz von Klebstoffen im Rohbau lassen sich die Karosseriefestigkeiten um 15 bis 30% gegenüber geschweißten Bauteilen steigern [170]. Moderne Klebsysteme stellen somit einen wesentlichen Sicherheitsfaktor in der Automobilindustrie dar.

Zur letzten Jahrtausendwende waren beispielsweise in einem Mercedes S-Klasse ca. 73 m Klebnähte verbaut [84]. Heutzutage sind durchschnittlich 130 bis 160 m Klebnähte bzw. 15 bis 18 kg Klebstoff in einem Pkw zu finden [167; 169].

Ein weiterer Aspekt, der für den Einsatz des Klebens spricht, ist die Tatsache, dass es keiner anderen Fügetechnologie so gut wie der Klebtechnik gelingt, höchst unterschiedliche Fügeteilwerkstoffe miteinander zu kombinieren. Ein Automobil stellt eine Konstruktion aus einem regelrechten Multimaterialmix dar. Konstruktionswerkstoffe, wie zum Beispiel unterschiedliche (hochfeste) Stähle, diverse Leichtmetalllegierungen, verschiedenste Kunststoffe und auch Glas müssen dabei direkt miteinander verbunden werden.

Im automobilen Karosserie-Rohbau werden im Wesentlichen folgende Blechklebungen durchgeführt [15; 103]:

- Strukturklebungen, ggf. in Kombination mit Nieten, Clinchen, Punktschweißen, ... (siehe auch Kapitel 8),
- Unterfütterungsklebungen,
- Bördelfalzklebungen.

Die beiden letztgenannten Klebungen sind schematisch in Bild 6.1 dargestellt. Unterfütterungs- und Bördelfalzklebungen verbinden Außen- mit Innenblechen und finden vielfach bei der Herstellung von Fahrzeugtüren / Türmodulen, von Front- und Heckklappen (Motorhauben und Kofferraumdeckel) sowie von Schiebe-/Fahrzeugdächern Anwendung.

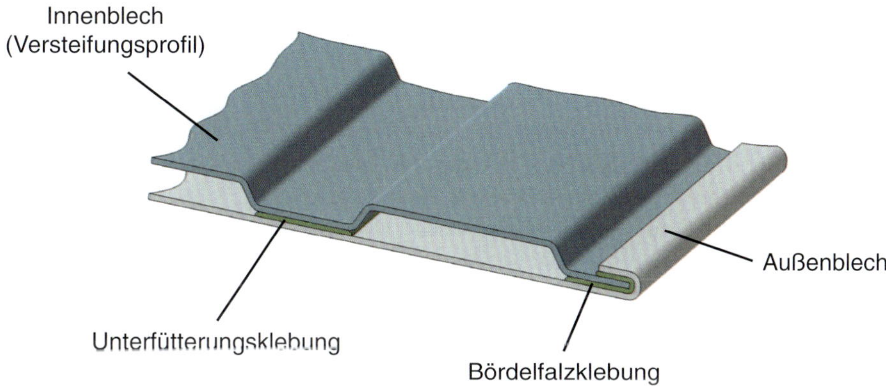

Bild 6.1 *Typische Blechklebungen im Fahrzeugbau: Unterfütterungs- und Bördelfalzklebungen* [15]

Viele Strakflächen (Sichtflächen) von Automobilen entsprechen in guter Näherung großen zweidimensionalen Flächen, ggf. mit lokalen Sickenversteifungen. Sie besitzen demzufolge keine hohen Flächenträgheitsmomente und damit auch nur sehr geringe Steifigkeiten. Die Steifigkeit der Karosserieteile wird erst durch den kombinierten Blechaufbau aus Außen- und Innenblechen erreicht. Die Außenbleche werden mit Hilfe von Unterfütterungs- und Bördelfalzklebungen mit den versteifenden Innenblechen verbunden.

Bei Unterfütterungsklebungen gilt es, Abzeichnungen auf der Sichtseite des Außenblechs aus Qualitätsgründen unbedingt zu vermeiden [103]. Derartige Abzeichnungen können beispielsweise durch den härtungsbedingten Volumenschrumpf des Klebstoffs entstehen. Aus diesem Grund werden für Unterfütterungsklebungen üblicherweise elastische Klebstoffe, sogenannte Anti-Flutter Adhesives [103; 171], verwendet. Sie werden teilweise in großen Fugendicken von 20 mm appliziert und sollen Vibrationen (Flatterschwingungen oder -geräusche) reduzieren bzw. vermeiden [171]. Auf Bördelfalzklebungen wird in Abschnitt 8.6 noch genauer eingegangen.

Sollen zwei Materialien mit unterschiedlichem Elektrodenpotenzial miteinander verbunden werden, besteht in Verbindung mit einer Flüssigkeit als Elektrolyt die Gefahr der Kontaktkorrosion (Prinzip der galvanischen Zelle [21] bzw. einer Batterie / eines Akkus). In Tabelle 6.2 sind die Elektrodenpotenziale für ausgewählte Metalle und Nichtmetalle aufgeführt. Werkstoffe, die gegenüber dem Wasserstoff eine positive Spannung haben, werden als edle und alle mit einer negativen Spannung als unedle Werkstoffe bezeichnet.

Tabelle 6.2 *Elektrochemische Spannungsreihe ausgewählter* Werkstoffe [172]

Metalle	Nichtmetalle	Elektrodenpotenzial E bei 25 °C (V)
Gold (Au)		+1,40 ... +1,69
Chrom (Cr)		+1,33
Silber (Ag)		+0,80
	Kohlenstoff (C)	+0,75
Kupfer (Cu)		+0,16 ... +0,35
	Wasserstoff (H)	0
Eisen (Fe)		−0,41
Zink (Zn)		−0,76
Aluminium (Al)		−1,66
Magnesium (Mg)		−2,36

Die vordere Innentür des Porsche Panamera besteht beispielsweise aus einem Aluminium-Strukturgussteil (AlMg5Si2Mn) und einem Magnesium-Druckguss-Fensterrahmen (MgAl5Mn), die miteinander verbunden sind [173]. Der Unterschied im Elektrodenpotenzial zwischen den beiden unedlen Metallen Aluminium und Magnesium beträgt vereinfacht gemäß Tabelle 6.2 $\Delta E_{\text{Al-Mg}} = 0{,}7$ V. Die Gefahr der Kontaktkorrosion ist bei Vorhandensein eines Elektrolyts, zum Beispiel Salzwasser im Winter bei defekter Dichtung, somit grundsätzlich gegeben. Der Fertigungsprozess der Innentür sieht somit unter anderem einen Beschichtungsprozess vor [173].

Auch eine isolierende Klebstoffschicht kann in solchen Fällen die erforderliche galvanische Trennung sicherstellen, so dass ein Verbinden von Werkstoffen bzw. Metallen unterschiedlicher elektrochemischer Eigenschaften ohne Gefahr der Kontaktkorrosion möglich ist (siehe Vorteile des Klebens in Abschnitt 1.1.4).

Ein weiteres Beispiel für Dickschichtklebungen sind Scheibenklebungen (Direktverglasung; engl.: *direct glazing*). Seit Front- und Heckscheiben in Kraftfahrzeugen eingeklebt werden, ist das Glas eine tragende Karosseriekomponente geworden. Die Klebschichten übernehmen dabei eine kraftübertragende Funktion. Durch die Integration der eingeklebten Scheiben in die tragende Fahrzeugkonstruktion können die Verwindungssteifigkeit der Karosserie und die Dachbelastbarkeit um bis zu 30% gesteigert werden [15; 170]. Alternativ kann bei gleichbleibender Belastung dünnwandiger und somit gewichtssparender konstruiert werden. Ein weiterer Vorteil ist die verbesserte Dichtigkeit gegenüber Feuchtigkeit [15; 170].

Bild 6.2 zeigt eine Windschutzscheibenklebung in der Fahrzeugreparatur. Als Klebstoffe kommen typischerweise Polyurethane in Kombination mit Lackprimer und Glasprimer zum Einsatz [15]. Da PUR-Klebstoffe in der Regel eine geringe UV-Beständigkeit aufweisen (siehe Abschnitt 3.3.4.6), wird der UV-Schutz durch schwarze keramische Siebdruckpunkte auf dem Rand der Scheibe realisiert.

Das Besondere bei diesen Polyurethan-Klebstoffen ist, dass beim Austausch einer Front- oder Heckscheibe eine Reparatur auf der aufgeschnittenen PUR-Raupe möglich ist [6]. Dies ist ein ganz wesentlicher Vorteil, da ein schnelles rückstandsloses Entfernen der PUR-Klebreste vom Stahlblech der Karosserie in der Regel nicht ohne (partielle) Beschädigung der schützenden Lackschicht gelingt, was spätere Korrosionsprobleme zur Folge hat. Silikon-Klebstoffe sind beispielsweise nicht auf der aufgeschnittenen Silikon-Klebstoffraupe reparaturfähig [6].

In der Pkw-Fertigung hat sich seit Beginn der 1950er-Jahre die selbsttragende Karosserie (Schalenbauweise oder Monocoque) etabliert. Neben der klassischen Stahl-Schalenbauweise

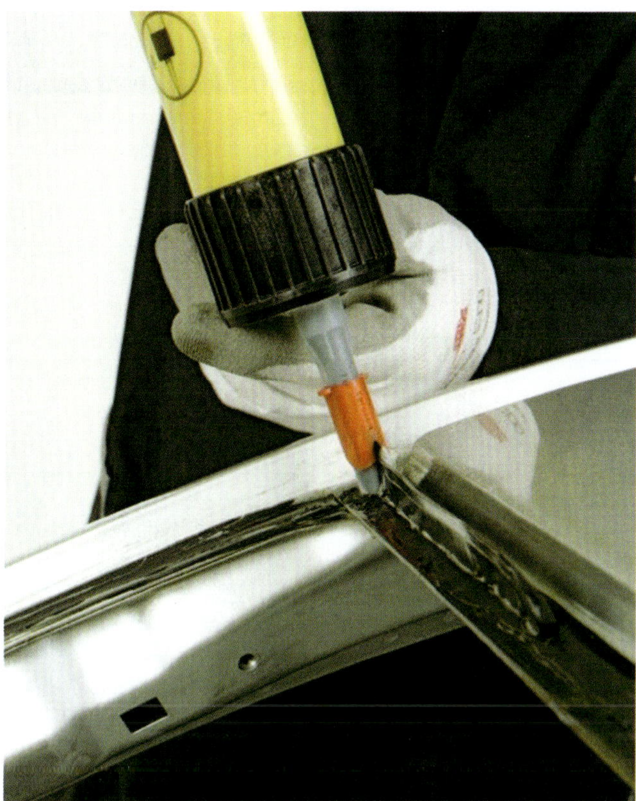

Bild 6.2 *Windschutzscheibenklebung in der Fahrzeugreparatur* [Quelle: Henkel AG & Co. KGaA, Düsseldorf]

existiert seit 1994 die so genannte **A**udi-**S**pace-**F**rame(ASF)-Technologie, der eine selbsttragende Aluminium-Karosserie zugrunde liegt. Die Fahrgastzellen des BMW i3 und des BMW i8 aus kohlenstofffaserverstärktem Kunststoff werden als Life Modul (oder als «Body in Black») bezeichnet und werden seit 2013 in Serie produziert. Die Bauweise des Life Moduls orientiert sich sehr eng an der klassischen Blech-Schalenbauweise – mit dem wesentlichen Unterschied, dass nicht Stahl, sondern CFK als Werkstoff eingesetzt wird [174]. Der BMW i3 ist damit der erste Pkw mit einer leichten Carbonkarosserie, der in Großserie gefertigt wird.

Die Notwendigkeit für BMW, bei den beiden i-Fahrzeugmodellen auf das besonders leichte und gleichzeitig hochleistungsfähige CFK als Karosseriewerkstoff umzusteigen, liegt in den hohen Batterie- bzw. Akkugewichten für die Elektromotoren dieser Fahrzeuge begründet. Das zusätzliche Batterie- bzw. Akkugewicht von etwa 250 kg musste nach Möglichkeit an anderer Stelle, in diesem Fall in der Karosserie, eingespart werden. Anderenfalls wird das Gesamtgewicht der Fahrzeuge unnötig in die Höhe getrieben, was die Reichweite negativ beeinflusst.

Die BMW-i3-Karosserie weist ca. 160 m Klebnähte auf und besteht aus rund 150 CFK-Teilen. Als Fügetechnik bei der Montage kommt ausschließlich das Kleben zum Einsatz. Die Offenzeit für den verwendeten Reaktionsklebstoff beträgt lediglich 90 s, die Härtezeit ca. 90 min [175]. Nach der Montage wird das CFK-Life Modul mit dem Aluminium-Chassis fest verbunden. Alle Interieur- bzw. Exterieur-Teile werden bei der Montage in bzw. auf die CFK-Fahrgastzelle aufgeschraubt [176].

Da eine Direktverschraubung, ein Kalteinpressen, ein Warm-/Induktiveinbetten oder ein Ultraschalleinbetten in CFK nicht bzw. nur bedingt möglich ist, wird bei den BMW-i-Modellen die so genannte **Onsert-Technik** [177] eingesetzt. Die CFK-Strukturbauteile und die darin eingebetteten Kohlenstofffasern bleiben somit unversehrt.

Onserts können durch die Gestaltung der Onsert-Anbindung stets optimal am Fügeteil ausgerichtet werden. Bereits bei der Onsert-Fertigung können kleine definierte Abstandshalter in die Anbindungsfläche der Onserts integriert werden, um später eine gleichmäßig dünne Klebfuge zu garantieren (vgl. Abschnitt 1.1.4).

Wie bereits in Abschnitt 2.1 erläutert, haften Klebstoffe auf Oberflächen. Insofern ist es nicht verwunderlich, dass für die Onsert-Technik grundsätzlich beliebige Substrate bzw. Oberflächen in Frage kommen, zum Beispiel Metalle, Kunststoffe, CFK, GFK, Glas, Lacke, **k**atodische **T**auch**l**ackierung (KTL) und andere [177]. In Bild 6.3 ist stellvertretend ein auf ein CFK-Substrat aufgeklebter Onsert mit Bolzengewinde und Flächenanbindung abgebildet.

Bild 6.3 *Onsert mit Bolzengewinde und Flächenanbindung auf CFK-Substrat* [Quelle: Böllhoff Verbindungstechnik GmbH, Bielefeld]

Neben Onserts mit Bolzen- bzw. Außengewinden (Bild 6.3) existieren diverse andere Klebdom-Ausführungen, beispielsweise Onserts mit Innengewinde, Kugelbolzen und Kupplungen sowie anderen lösbaren / unlösbaren Schnappverbindungen [177].

Um die Notwendigkeit von Fixierhilfen zu vermeiden (vgl. Abschnitt 4.3.6), werden bei der Onsert-Technik vorzugsweise schnellhärtende, lichtaktivierbare Klebstoffe (siehe Abschnitt 3.3.4.3) eingesetzt. Die Onsert-Anbindung muss demzufolge aus entsprechendem lichttransparenten Kunststoff gefertigt sein. Nach der Applikation des strahlungshärtenden Klebstoffs und der positionsgenauen Ausrichtung des Onserts auf der Substratoberfläche lässt sich der Klebstoff quasi «auf Knopfdruck» aushärten. Bild 6.4 zeigt das strahlungshärtende Kleben mit Hilfe eines portablen Handgeräts, wiederum am Beispiel von Onserts mit Bolzengewinde und Flächenanbindung auf einem CFK-Substrat. Für eine vollautomatisierte Großserienfertigung lassen sich das Positionieren und die Strahlungshärtung problemlos in die entsprechenden Handling- und Robotersysteme integrieren.

Bild 6.5 zeigt den Innenraum einer CFK-Rohkarosserie eines BMW i8. Im vorderen Fußraumbereich (Fahrerseite links und Beifahrerseite rechts) sowie im Bereich des späteren Armaturenbretts sind zahlreiche Onserts mit Bolzengewinde und Flächenanbindung zu sehen, sowie der Onsert, der in Bild 6.3 isoliert dargestellt ist. Diese Onserts dienen der späteren Verschraubung der Interieurteile, wie zum Beispiel der Instrumententafel.

Bild 6.4 *Strahlungshärtendes Kleben von Onserts mit Bolzengewinde und Flächenanbindung auf ein CFK-Substrat mittels portablem Handgerät* [Quelle: Böllhoff Verbindungstechnik GmbH, Bielefeld]

Bild 6.5 *Blick in das Innere einer Fahrgastzelle (Life Modul) eines BMW i8*

An diversen anderen Stellen im Rohbau-Innenraum, so zum Beispiel im Bereich der Mittelkonsole (siehe Bild 6.5) sowie im Bereich der Sitze, der Türscharniere usw., sind Befestigungselemente aus Stahlblech mit strukturellen Reaktionsklebstoffen auf die CFK-Flächen aufgeklebt. Diese Befestigungselemente mit Außen- oder Innengewinden dienen im Zuge der weiteren Montage der Aufnahme weiterer Interieur- und Anbauteile (Mittelkonsole, Sitzschienen, Türen, ...).

6.2.2 Nutzfahrzeuge und Lastkraftwagen

Die Aufbauten heutiger Nutzfahrzeuge und Lastkraftwagen (Lkw) bestehen häufig aus Sandwichelementen. Sandwichelemente weisen in der Regel ein relativ geringes Eigengewicht auf, bieten jedoch gleichzeitig sehr gute gewichtsspezifische mechanische Eigenschaften, z.B. eine hohe Steifigkeit, und eine hervorragende Wärme- bzw. Kältedämmung [178].

Aufgrund dieser Vorteile finden Sandwichaufbauten unter anderem ihren Einsatz bei Kühlfahrzeugen und Kühlaufliegern von Sattelzugmaschinen [178]. Hier sind die sehr guten thermischen Isolationseigenschaften von besonderer Bedeutung, da die Kühlkette beim Transport von verderblichen Lebensmitteln oder Medizin- und Pharmaprodukten sowie temperaturempfindlichen Chemikalien usw. nicht unterbrochen werden darf. Im Sinne eines möglichst geringen Kraftstoffverbrauchs sowie einer maximalen Zuladung soll außerdem das Leergewicht des Fahrzeugs bzw. Sattelaufliegers möglichst gering gehalten werden.

Je nach Anwendungsfall bestehen die dünnen Deckschichten von Sandwichelementen aus Stahl, Aluminium, GFK, CFK oder einer Kombination dieser Werkstoffe. Sie sind typischerweise nur einige Zehntelmillimeter bis wenige Millimeter dick. Zwischenschichten aus Holz sowie versteifende Metalleinlagen oder -profile sind in einigen Anwendungsfällen ebenfalls durchaus üblich. Als isolierende Kernmaterialien kommen beispielsweise Hartschäume aus expandiertem Polystyrol (EPS) oder Polyurethan (PUR) in Dicken von ca. 20 bis 150 mm zum Einsatz [178].

Sandwichelemente für Böden, Wände, Decken und Türen von Nutzfahrzeugen werden typischerweise vorgefertigt und die vorgefertigten Sandwichelemente dann miteinander verbunden. Hierbei kommen meist 2K-PUR-Klebstoffe und reaktive Schmelzklebstoffe zum Einsatz. Als zusätzliche Fügemethoden werden auch das Nieten und das Schweißen angewendet. In den Eckbereichen werden die Sandwichelemente üblicherweise mit vorgefertigten Eckprofilen oder speziellen Eckverbindern strukturell verklebt [144; 178].

Alternativ können Sandwichelemente auch aus einem homogenen Werkstoff, aber mit integralem Dichteprofil über dem Querschnitt hergestellt werden. Sogenannte PUR-Integralschaumstoffe mit kompakter Außenhaut und geschäumtem zelligen Kern sind ein Beispiel hierfür.

Für den Wohnmobil- und Caravanbau gelten die zuvor getroffenen Aussagen für Lkw und Sattelauflieger entsprechend. Zur Wahrung eines möglichst konstanten und angenehmen Raumklimas im Fahrzeug sind gute thermische Isolationseigenschaften, sowohl bei niedrigen als auch bei hohen Außentemperaturen, von zentraler Bedeutung. Auch hier erhöht ein möglichst geringes Fahrzeuggewicht die zulässige Zuladung und schafft die Voraussetzung für einen geringeren Kraftstoffverbrauch. Unterschiede ergeben sich vor allem in der geringeren Dicke der Sandwichelemente, die typischerweise nur zwischen 20 und 45 mm liegt [178]. Bei Reparaturen von Wohnmobil- oder Wohnwagenseitenwänden werden üblicherweise feuchtigkeitshärtende 1K-PUR-Klebstoffe eingesetzt. Die Aushärtung kann mittels Wärmezufuhr beschleunigt werden [67; 178].

Eine der größten Herausforderungen beim Kleben von besonders großen Komponenten, zum Beispiel Sandwichelemente bei Nutzfahrzeugen oder Verscheibungen in Bussen und Lkw, besteht darin, dass der Klebstoff zum einen die allgemein großen Fertigungstoleranzen und zum anderen die zum Teil stark unterschiedlichen thermischen Längenänderungen der verschiedenen Materialien im gefügten Aufbau kompensieren muss. An dieser Stelle bietet das elastische Kleben [153] passende Lösungsmöglichkeiten.

Sandwichelemente für Kühlfahrzeuge und Kühlauflieger können bis zu 16 m lang sein [178]. Die Fertigungstoleranzen bei Fügeteilen im Fahrzeugbau allgemein und bei derart großen bzw. langen Komponenten im Speziellen bewegen sich durchaus im Millimeterbereich [153]. Einerseits sind also teilweise einige Millimeter toleranzbedingte Längenunterschiede mit dem Klebstoff kraftschlüssig zu überbrücken. Andererseits muss bei Temperaturwechseln ein Bewegungsausgleich in Folge von unterschiedlicher thermischer Längenänderung verschiedener Werkstoffe gewährleistet werden [144; 153].

Bei Kühlfahrzeugen und Kühlaufliegern können funktions- bzw. einsatzbedingt über längere Zeiträume erhebliche Temperaturunterschiede von bis zu 120 °C zwischen dem gekühlten Innenraum (bis zu –40 °C) und der der Freibewitterung ausgesetzten Außenhülle (bei direkter intensiver Sonneneinstrahlung bis zu +80 °C) auftreten. Hinzu kommen, wie bei allen Fahrzeugen und Sattelaufliegern, die witterungsbedingten und tageszeitlich zum Teil stark schwankenden Umgebungstemperaturen, die auf die verschiedenen Werkstoffe des Gesamtaufbaus einwirken und so unterschiedliche thermische Längenänderungen bedingen. Alle Temperaturdifferenzen und die daraus resultierenden geometrischen Verformungen werden im Wesentlichen nur über die elastischen Klebfugen abgefangen.

Für die thermische Längenänderung gilt allgemein folgender formelmäßiger Zusammenhang [15; 21; 34]:

$$\Delta l = l_0 \cdot \alpha \cdot \Delta T \qquad \text{(Gl. 6.1)}$$

Δl Differenz der thermischen Längenänderung
l_0 ursprüngliche Länge
α Längenausdehnungskoeffizient (Wärmeausdehnungskoeffizient)
ΔT Temperaturänderung

In Tabelle 6.3 sind die mittleren linearen Längenausdehnungskoeffizienten für ausgewählte Festkörper aufgeführt. Kunststoffe zeigen in der Regel eine deutlich höhere Wärmeausdehnung als Metalle oder anorganische Gläser. Bei faserverstärkten Kunststoffen muss zudem die zum Teil ausgeprägte Richtungsabhängigkeit (Anisotropie) der Längenausdehnung in Abhängigkeit der Faserorientierung berücksichtigt werden.

Soll beispielsweise für eine Außenanwendung eine 2000 mm lange Plexiglasscheibe (PMMA) mit einem passenden Stahlrahmen umlaufend dicht verklebt werden, so ergeben sich bei einer angenommenen täglichen Einsatztemperaturdifferenz von 40 K die nachfolgenden thermisch bedingten Längenänderungen über einen Tag.

Für die PMMA-Scheibe:

$$\begin{aligned} \Delta l &= l_0 \cdot \alpha \cdot \Delta T \\ \Delta l_{\mathrm{PMMA}} &= 2000\ \mathrm{mm} \cdot 70 \cdot 10^{-6} \frac{1}{\mathrm{K}} \cdot 40\ \mathrm{K} \\ &= 5{,}6\ \mathrm{mm} \end{aligned} \qquad \text{(Gl. 6.2)}$$

Tabelle 6.3 *Mittlere lineare Längenausdehnungskoeffizienten ausgewählter Festkörper* [21; 179–182]

Feststoff bei ca. 0...100 °C	Längenausdehnungskoeffizient α (10^{-6} 1/K)
PE (hart)	200
PA6, PA66	80
PMMA	70
PS	70
PC	60 … 70
GFK	27 ($\alpha_\perp$)
	7 ($\alpha_\parallel$)
Aluminium (Al)	23,8
PUR-Gießharz	10 … 20
rostfreier Stahl	16,4
Stahl C 60 E (1.1221)	11,1
Verbundsicherheitsglas	9,0
Kalknatronglas	9,0
Borosilikatglas	3,3
Quarzglas	0,51 … 0,57

Für den Stahlrahmen:

$$\begin{aligned} \Delta l &= l_0 \cdot \alpha \cdot \Delta T \\ \Delta l_{\text{stahl}} &= 2000\ \text{mm} \cdot 11{,}1 \cdot 10^{-6}\,\frac{1}{\text{K}} \cdot 40\ \text{K} \\ &= 0{,}9\ \text{mm} \end{aligned} \quad \text{(Gl. 6.3)}$$

Die Differenz der Längenänderungen der beiden Substrate beträgt somit 4,7 mm. Unter der idealisierten Annahme, dass der thermisch bedingte Aufwuchs bzw. Schrumpf in keine Richtung konstruktiv behindert wird, verändert sich die Länge der PMMA-Scheibe relativ zur Stahlstruktur beidseitig um je 2,35 mm. Als Faustregel gilt, dass die elastische Klebschichtdicke in etwa der gleichen Größe wie die Gesamtlängenänderung dimensioniert wird. Im vorliegenden Fall muss die Klebfugendicke demnach 4,7 mm betragen, um die unterschiedlichen Wärmeausdehnungskoeffizienten und somit die Relativbewegung der verschiedenen Substrate zueinander zu kompensieren.

Wie aus dem Diagramm in Bild 5.12 hervorgeht, ist die Klebfestigkeit bei starren Klebungen sehr stark von der Klebfugendicke abhängig. Schichtdicken bei strukturellen Klebstoffen liegen typischerweise im Bereich von ca. 0,1 bis 0,3 mm (siehe auch Tabelle 3.5), da so in der Regel die höchsten Klebfestigkeiten erzielt werden können. Bei einer Klebschichtdicke von nur 0,5 mm – also nur wenige Zehntelmillimeter oberhalb der optimalen Klebschichtdicke – sinken die erzielbaren Klebfestigkeiten bei strukturellen Klebstoffen oftmals schon deutlich unter 50% der Maximalwerte ab (siehe Bild 5.12). Beim elastischen Kleben hat die Klebschichtdicke allerdings keinen ausgeprägten Einfluss auf die Klebfestigkeit. Die Schichtdicke kann somit in einem weiten Dickenbereich variiert werden [15; 144; 153].

Neben flexiblen PUR-Klebstoffen mit ausreichendem Verformungsvermögen [34] sind für die Klebung von großen bzw. großflächigen Anbauteilen, Rahmen, Scheiben, Paneelen, Profilen, (Trenn-)Wänden usw. mit unterschiedlichen Längenausdehnungskoeffizienten auch die in Abschnitt 3.3.5 (Tabelle 3.15) vorgestellten Acrylat-Schaumklebebänder [96; 183] sehr gut geeignet.

Nutzfahrzeuge werden im täglichen Gebrauch oftmals sehr widrigen Umwelt- und Umgebungsbedingungen ausgesetzt. So müssen beispielsweise Nutzfahrzeuge im Bergbau / Tagebau, in Minen oder in Steinbrüchen usw. zum Teil unter extremen Klimabedingungen (Hitze / Kälte, Feuchtigkeit, ...) und oftmals in sehr staubiger und/oder schmutziger Umgebung den höchsten mechanischen Belastungen dauerhaft standhalten.

Das Beispiel eines starren Muldenkippers des amerikanischen Baumaschinenherstellers Terex Corporation Westport, Connecticut (USA), steht hier stellvertretend für zahlreiche vergleichbare Anwendungen. Beim Differential in der Hinterachse des Schwerlastwagens kommen unter anderem verschiedene anaerob härtende Klebstoffe (vgl. Abschnitt 3.3.4.4) zwecks Flanschdichtung und Bolzensicherung zum Einsatz [184].

Die Dichtung der verwindungssteifen Flansche des Differentialgehäuses wird mit einem anaeroben 1K-Dichtstoff realisiert. Die gleichmäßige Applikation des Dichtstoffs erfolgt mit Hilfe einer Dosierpistole mit Spezialdosierrolle, wie in Bild 6.6 zu sehen ist. Neben der Dichtfunktion ergibt sich als weiterer Vorteil eine erhöhte Belastbarkeit der Fügegruppe [184].

Bild 6.6 *Flanschdichtung mit mittelfestem anaeroben 1K-Dichtstoff* [Quelle: Henkel AG & Co. KGaA, Düsseldorf]

Die dauerhaft vibrationsbeständige Sicherung der Bolzen zur Befestigung des Differentials an der Hinterachse wird mit Hilfe einer hochfesten anaeroben Schraubensicherung sichergestellt (Bild 6.7).

Bild 6.7 *Bolzensicherung mit hochfester anaerober Schraubensicherung* [Quelle: Henkel AG & Co. KGaA, Düsseldorf]

6.2.3 Schienenfahrzeuge

Wie in den späteren Abschnitten 7.4 und 7.5 noch am Beispiel der DIN 6701-2/3/4 «Kleben von Schienenfahrzeugen und -fahrzeugteilen» [185–187] thematisiert wird, hat die Klebtechnik im Bereich der Schienenfahrzeuge bereits einen sehr hohen Entwicklungsstand erreicht. Der Schienenfahrzeug- und Waggonbau übernimmt somit oftmals eine gewisse Vorreiterrolle, wenn es um die Implementierung der Klebtechnik in anderen Industriebereichen und Branchen geht. Die DIN 6701 bildet außerdem die Basis für die neue Anwendernorm DIN 2304-1 [19], die in Abschnitt 7.4.1 noch näher behandelt wird.

Die Tabellen 6.4 bis 6.7 liefern einen groben Überblick, welche Klebungen im Zusammenhang mit dem Schienenfahrzeugbau bereits durchgeführt werden und wie diese in den Sicherheitsklassen

- A1: höchste Sicherheitsanforderungen,
- A2: mittlere Sicherheitsanforderungen,
- A3: geringe Sicherheitsanforderungen und
- AZ: keine Sicherheitsanforderungen

eingeteilt werden (vgl. Abschnitt 7.4.1).

Die nach DIN 6701 in A1 klassifizierten Klebungen stellen im ungünstigsten Fall, also plötzliches und vollständiges Versagen der Klebung ohne Vorwarnung, eine mittelbare bzw. unmittelbare Gefahr für Leib und Leben dar [188]. Verliert ein fahrender Zug schlagartig ein schweres Verkleidungsteil oder eine Scheibe im geklebten Fahrzeugaufbau, so stellt dieses Versagen auf freier Strecke in der Regel meist keine lebensbedrohliche Situation dar. Es muss jedoch stets von dem

ungünstigsten Fall ausgegangen werden. Ergibt sich nämlich ein solches Versagen bei der schnellen Durchfahrt des Zuges durch einen mit Menschen vollbesetzten Bahnhof, ist sehr wohl von einer Gefahr für Leib und Leben auszugehen.

Tabelle 6.4 *Klebverbindungen von Schienenfahrzeugen und Schienenfahrzeugteilen mit hoher Sicherheitsanforderung und der Klasse A1 nach DIN 6701*[189]

Klebverbindung	Bemerkung
Kunststoffbauteile mit Fahrzeugaufbau (z.B. Vorbau, Seitenwand, Stirnwand, Dach)	
Frontscheibe mit Fahrzeugaufbau	
Spitzenlicht, Scheibe komplett außen, z.B. Abdeckscheibe für Signalbeleuchtung mit Fahrzeugaufbau oder Rahmen	
Scheinwerfer, Scheibe komplett außen, z.B. Abdeckscheibe für Signalbeleuchtung mit Fahrzeugaufbau oder Rahmen	
Makrofongitter mit Fahrzeugaufbau	
Fenster, Scheibe komplett außen, z.B. Seitenscheiben mit Fahrzeugaufbau oder Rahmen	
Seitenscheiben von außen in Rahmen	
Einstiegstür, Scheibe komplett außen, z.B. Türscheibe von außen auf das Türblatt (Außentür)	
Einstiegstür, Türblatt verklebt	wenn keine Sicherung durch Formschluss oder Schraubverbindung
Fensterrahmen von außen mit Fahrzeugaufbau	
Fahrgastinfo, Scheibe komplett außen, z.B. Glasabdeckungen, Fahrgastinformation, außen	
äußere Ausrüstungsteile mit Fahrzeugaufbau	
Gerätekästen mit Fahrzeugaufbau oder Rahmen einschließlich deren Beblechung	
Dachaufbauten an Dachsandwich	
Schleifleisten	wenn keine Sicherung durch Formschluss
Regenrinne mit Fahrzeugaufbau	
Isolierglasscheibe	
Radsätze schrumpfgeklebt	

Bei Schienenfahrzeugen werden beispielsweise die Frontmasken und Schürzen aus FVK-Sandwichbauteilen auf die Aluminium-Wagenkästen geklebt. Die Klebungen müssen dauerhaft, trotz zum Teil erheblicher Bauteiltoleranzen und mechanischen Belastungen (vgl. Abschnitt 6.2.2), standhalten. Insbesondere bei Tunnelfahrten oder bei mit hohen Geschwindigkeiten entgegenkommenden Zügen entstehen signifikante Druck- bzw. Sogkräfte, die auch nach Jahren bzw. Jahrzehnten nicht zur Materialermüdung und so zu einem Versagen der Klebung führen dürfen [147].

Auch die Räder von Straßenbahnen sind hohen Belastungen exponiert. Sie tragen bis zu 60 t Gewicht und werden im Fahrbetrieb starken Vibrationen ausgesetzt. Die vorgesehene Einsatzzeit für den beispielhaft in Bild 6.8 abgebildeten Niederflur-Straßenbahn-Triebwagen der Firma KONČAR – Elektroindustrija d.d, Zagreb (Kroatien), beträgt bis zu 35 Jahre. Hochfeste anaerobe

Schraubensicherungen (vgl. Abschnitt 3.3.4.4) erzielen eine maximale Vibrationsbeständigkeit auf Edelstahlschrauben, fixieren und sichern so zuverlässig alle Teile der Räder und sorgen für eine sichere Verbindung zwischen Radaufhängung und Drehgestell [190].

Bild 6.8 *Niederflur-Straßenbahn-Triebwagen «TMK 2200» mit klebtechnisch gesichertem Fahrgestell* [Quelle: Henkel AG & Co. KGaA, Düsseldorf]

Versagen Klebungen, die gemäß DIN 6701 in A2 eingruppiert sind, schlagartig und komplett ohne Vorwarnung, so ist zumindest noch von einer möglichen Gefahr für Leib und Leben auszugehen [188].

Tabelle 6.5 *Klebverbindungen von Schienenfahrzeugen und Schienenfahrzeugteilen mit mittlerer Sicherheitsanforderung und der Klasse A2 nach DIN 6701* [189]

Klebverbindung	Bemerkung
innere Ausrüstungsteile, z.B. Hängeschränke, Deckenelemente mit geklebten Befestigungselementen	
Trennwände, Verkleidungen	
Fenster, Scheibe komplett innen, z.B. Seitenscheibe von innen in Rahmen	
Einstiegstür, Scheibe komplett innen	bei kleinen Türscheiben
Scheibenrahmen von innen mit Fahrzeugaufbau	
Fußbodenkonstruktion an Untergestell	
Fußbodenbeläge im Treppenbereich	wenn keine verschraubten Stufenkanten oder Formschluss durch Kantenprofile
Spiegel, innen	abhängig von Einbausituation und Größe (Einstufung auch in A3 möglich)

Die nach DIN 6701 in A3 geführten Klebungen bewirken im unvorhersehbaren Versagensfall höchstwahrscheinlich keine Personenschäden, dafür aber Komfort- bzw. Leistungseinbußen [188].

Tabelle 6.6 *Klebverbindungen von Schienenfahrzeugen und Schienenfahrzeugteilen mit geringer Sicherheitsanforderung und der Klasse A3 nach DIN 6701* [189]

Klebverbindung	Bemerkung
Schilder, innen, mit Bauteiloberflächen	
Spiegel, innen, mit Bauteiloberflächen	abhängig von Einbausituation und Größe (Einstufung auch in A2 möglich)
Fußbodenbelag mit Fußbodenaufbau	im Treppenbereich unter Verwendung von verschraubten Stufenkanten oder Formschluss durch Kantenprofile
Griffmuschel mit Türblatt	
Lüftungsgitter, innen, mit Fahrzeugaufbau	
Abdichtung von Komponenten, wie z.B. Klimakompaktgerät, Windleitblech, Antennen	Dichtnähte
Zierleisten, innen, mit Bauteiloberfläche	
Fußboden mit geklebtem Antirutschbelag mit Treppenkonstruktion; Trittstufen, Hilfstritte mit geklebtem Antirutschbelag	abhängig von Einbausituation
Spitzenlicht, Scheibe komplett gedichtet, z.B. Abdeckscheibe für Signalbeleuchtung mit Fahrzeugaufbau oder Rahmen	
Scheinwerfer, Scheibe komplett gedichtet, z.B. Abdeckscheibe für Signalbeleuchtung mit Fahrzeugaufbau oder Rahmen	
Fenster, Scheibe komplett gedichtet	Scheibe durch Rahmen gesichert

Zu guter Letzt sind Personenschäden unter vorhersehbaren Umständen beim Versagen von Klebungen der Kategorie AZ ausgeschlossen. Wie in der Sicherheitsklasse A3 kommt es maximal zu Komfort- bzw. Leistungseinbußen [188].

Tabelle 6.7 *Klebverbindungen von Schienenfahrzeugen und Schienenfahrzeugteilen ohne Sicherheitsanforderung und der Klasse AZ nach DIN 6701* [189]

Klebverbindung	Bemerkung
Filzstreifen (zur Entdröhnung) mit Bauteilen	
Piktogramme sowie Beschriftungs-, Splitterschutz-, Antikratz- und Wärmeschutzfolien mit Glas-/Bauteiloberflächen	
Holz-/Schreinerarbeiten, soweit nicht in den oben genannten Gruppen eingestuft (z.B. Holzverleimungen)	
Klebverbindungen, die die Montage erleichtern	wenn keine Fügefunktion im montierten Zustand
Hybridfügen (Schrauben / Nieten in Kombination mit Kleben)	ohne tragende Funktion des Klebstoffs; gilt nicht für Schraubensicherungen

6.3 Maschinen- und Anlagenbau

Ähnlich wie im Fahrzeugbau kommen im Maschinen- und Anlagenbau vielfach Klebstoffe zwecks Kraft- und Lastübertragung durch die Klebfuge zum Einsatz. Reaktionsklebstoffe auf Basis von CA, MMA, EP und PUR gehören hier zu den gängigen Klebstoffprodukten, die dabei für unterschiedlichste Anwendungen Verwendung finden.

Bei dem mehr als 9 m hohen Schneidkopf der 82 m langen Tunnelbohrmaschine (siehe Bild 6.9) der Firma Herrenknecht AG, Schwanau, die für den Bau des 57 km langen Gotthard-Basistunnels eingesetzt wurde, werden unter anderem ebenfalls Schraubensicherungen sowie Gewinde- und Flächendichtungen verwendet. Des Weiteren kommen hier bei der Montage des Schneidkopfantriebs aus Flanschring, Hauptlager und Getriebegehäuse anaerobe Klebstoffprodukte zum Einsatz, mit denen ein 2- bis 2,5-mal höheres Drehmoment übertragen werden kann [191; 192].

Bild 6.9 *Tunnelbohrmaschine mit diversen Kleb- und Dichtanwendungen im Schneidkopf* [Quelle: Henkel AG & Co. KGaA, Düsseldorf]

Rotorblätter von Windkraftanlagen sind hauptsächlich aus je zwei Blatthalbschalen sowie Gurten und Stegen, die zunächst getrennt in Sandwichbauweise aus GFK oder CFK gefertigt werden, aufgebaut. Die einzelnen Komponenten werden mit strukturellen Reaktionsklebstoffen auf Basis von EP und PUR [193; 194] miteinander verklebt [53]. Die Rotorblätter von Onshore- und Offshore-Windkraftanlagen werden zum Teil extremen Umgebungsbedingungen (Wärme, Kälte, Feuchtigkeit, Salzwasser, ...) ausgesetzt. Hinzu kommen betriebsbedingt sehr große mechanische Belastungen auf die Rotorblätter, vor allem Biegebeanspruchungen. Die eingesetzten Klebstoffe müssen über Jahrzehnte hinweg diesen Belastungen sicher standhalten.

Darüber hinaus finden weitere PUR-basierte Klebstoffe in diversen anderen Bereichen bei der Herstellung von Windkraftanlagen ihre Anwendung. Hierzu gehören beispielsweise das klebtechnische Anbringen von Schleifringen, Blitzschutzkomponenten, Ausgleichsgewichten, Kabelhaltern, Sensoren usw. [142; 195].

6.4 Elektrotechnik / Elektronik

Klebstoffe sind in der Elektrotechnik / Elektronik inzwischen unentbehrlich geworden. Moderne Klebtechnik ermöglicht vielfach überhaupt erst die immer weiter fortschreitende Miniaturisierung, zum Beispiel in dem Gebiet der Unterhaltungselektronik.

Ein wichtiger Bereich der Elektrotechnik / Elektronik wurde bereits in Abschnitt 4.3.4 an ausgewählten Beispielen des Elektronikvergusses thematisiert. Konkrete Anwendungen für Glob-Top (Abschnitt 4.3.4.1), Dam & Fill (Abschnitt 4.3.4.2) und Underfill (Abschnitt 4.3.4.3) wurden in diesem Zusammenhang behandelt.

Die folgende Aufzählung verdeutlicht ergänzend die Vielfalt der Klebanwendungen in der Elektronik [196–199]:

- Kleben von Gehäusen, Statoren, Rotoren, Magneten usw.
- Fixierung von Spulendrähten, Ferriten, Spulenkörpern usw.
- SMD-Bauteilfixierung / Bauteilfixierung auf PCBs (Leiterplatten) zum Reflow-Löten
- Vibrationsschutz (z.B. für Elko) bei Leiterplatten
- Flip-Chip-Kontaktierung
- Kontaktierung mittels elektrisch leitender Klebstoffe (Kontakt- und Leitklebstoffe)
- wärmeleitende Klebstoffe für Leistungselektronik
- Spezialklebstoffe für ESD-Schutz oder EMV-Abschirmung
- Kleben von RFIDs, Smart Labels usw.
- Kleben von Kleinstlautsprechern, Kameras / Kameramodulen und Displays in Smartphones, Tablets usw.
- Abdichten von Mikroschaltern, Sensoren usw.
- Verguss zum Schutz von Elektronikkomponenten, Halbleitern, Baugruppen und Schaltungsträgern
- Deckel- und Gehäuseklebungen
- (wasserdichtes) Abdichten von Elektronikgehäusen
- ...

6.5 Medizintechnik

Auch die Medizintechnik hält eine breite Palette an Anwendungsbeispielen für die Klebtechnik bereit. In diesem Zusammenhang sind im Wesentlichen drei größere, grundsätzlich verschiedene Gruppen für medizintechnische Klebanwendungen zu nennen:

- Haftklebstoffe / Klebebänder,
- «in vivo»-Klebanwendungen,
- Kleben von Medizinalprodukten und medizinischen Geräten.

Haftklebstoffe / Klebebänder

Zu der Gruppe der Haftklebstoffe / Klebebänder im medizinischen Bereich zählen traditionell Heftpflaster [200], also in der Regel kleinere, selbstklebende Wundverbände.

Seit mehreren Jahrzehnten sind außerdem so genannte Wirkstoffpflaster (TTS: **t**ransdermale **t**herapeutische **S**ysteme) am Markt erhältlich. Hierbei handelt es sich im Allgemeinen um wirkstoffbeladene Pflaster, die direkt auf die Haut der Patienten aufgeklebt werden. Der Arznei-Wirkstoff gelangt so über die Haut in den Blutkreislauf [201]. Hierzu zählen beispielsweise Raucherpflaster [202] oder schmerz- und entzündungshemmende Pflaster, wie zum Beispiel ABC-Wärmepflaster.

Darüber hinaus sind in der Vergangenheit insbesondere unter Sportlern und Athleten verschiedene Nasenpflaster (Nasenstreifen oder Nasenstrips) sowie Tape-Verbände immer populärer geworden. Hierbei handelt es sich in der Regel um arzneimittelfreie Produkte. Nasenpflaster sollen beispielsweise die Nasenatmung verbessern. In manchen Sportarten sind gezielte Tape-Verbände schon lange ein etablierter Bestandteil, so zum Beispiel Tape-Verbände der Finger und Hände im Boxsport. In jüngerer Vergangenheit erlangten nicht nur unter Leistungssportlern so genannte Kinesio-Tapes [202] bzw. Physio-Tapes immer größere Beliebtheit. Derartige Tapes werden in der Sportmedizin, in der Orthopädie und mittlerweile auch im privaten Sport- und Freizeitbereich immer häufiger, sowohl präventiv als auch kurativ, angewendet.

Ebenfalls in die Gruppe der Haftklebstoffe einzuordnen sind jegliche Kennzeichnungssysteme für Labor und Diagnostik in Form von Klebeetiketten. Probenbehältnisse müssen in der Regel eindeutig und verwechslungssicher mit Etiketten, Barcodes und/oder Warn- bzw. Bedienhinweisen beschriftet werden. Die besondere Herausforderung dabei ist, dass diese Klebeetiketten mitunter auch auf «schwierigen» Untergründen, zum Beispiel auf Bechern und Ampullen aus niederenergetischen Kunststoffen (vgl. Abschnitt 2.1.1), zumindest für einen definierten Zeitraum sicher haften müssen.

Auch die Anwendungen der selbstklebenden Pflaster (Wund- oder Wirkstoffpflaster) mögen auf den ersten Blick wenig anspruchsvoll erscheinen. Aber auch hier ist ein zuverlässiges Anhaften für einen bestimmten Zeitraum auf der Haut zu gewährleisten. Hautfett, Schweiß wie auch ungünstige Umgebungsbedingungen (Feuchtigkeit, Wärme usw.) dürfen die Klebkraft nicht übermäßig negativ beeinflussen.

«in vivo»-Klebanwendungen

Mit dem Begriff «in vivo» (lat.: *in vivo* = im Lebendigen) werden Vorgänge oder Prozesse bezeichnet, die im lebendigen Organismus stattfinden. Mit «in vivo»-Klebanwendungen sind an dieser Stelle Klebungen gemeint, die zum Beispiel im menschlichen oder tierischen Organismus durchgeführt werden.

Hierzu gehören unter anderem Gelenkprothesen (z.B. Hüftgelenk-Implantate) für Menschen, die mit speziellen Klebstoffen auf MMA-Basis in Knochen eingeklebt werden und anschließend beim Laufen oder Springen ein Vielfaches des Körpergewichts als dynamische Belastung dauerhaft tragen müssen [200].

Des Weiteren werden Klebstoffe schon seit Jahrzehnten in der adhäsiven Zahnmedizin eingesetzt. Wurzelstifte, Brücken, Kronen, Inlays und Verblendschalen werden mit Komposit-Materialien dauerhaft geklebt. Zahnfarbene Kunststofffüllungen werden in der Regel UV-lichthärtend mit dem restlichen natürlichen Zahn verbunden und mittels Polymerisationsreaktion verfestigt. Die Belastungen auf das Gebiss umfassen dabei tonnenschwere Kaukräfte, relativ große tägliche Temperaturschwankungen sowie Medieneinfluss (diverse Speisen und Getränke, Speichel mit Bakterien, ...), die die Komposit-Materialien bzw. Klebstoffe über Jahrzehnte unbeschadet ertragen müssen [200].

Ein ganz besonderer Klebstoff im Bereich der Medizintechnik ist der so genannte Fibrin-Klebstoff. Die beiden Komponenten dieses natürlichen Klebstoffs (Fibrinogen und Thrombin) werden aus menschlichem Blutplasma gewonnen. Sie reagieren zu einem dichten Fibrin-Netzwerk, das rote Blutkörperchen und andere Blutbestandteile nicht mehr passieren lässt. Auf diese Weise können Blutungen effektiv gestillt werden, weshalb Fibrin-Klebstoffe oftmals bei der Gewebeklebung und zur Blutstillung bei der Operation von inneren Organen Verwendung finden [200; 203].

Kleben von Medizinalprodukten und medizinischen Geräten

Bei verschiedenen Medizinalprodukten gestattet die Klebtechnik eine sichere Verbindung zwischen Bauteilen aus unterschiedlichsten Konstruktionswerkstoffen. So können beispielsweise Katheter- oder Infusionsschläuche mit Luer-Konnektoren dicht verklebt werden. Auch können Spritzen- oder Spinalkanülen sowie Aufziehnadeln in entsprechende Konnektoren eingeklebt werden.

Klebanwendungen für medizinische Apparate und Geräte überschneiden sich zum Teil mit klassischen Klebapplikationen im Maschinen- und Anlagenbau sowie der Elektrotechnik / Elektronik.

7 Prüfung und Qualitätssicherung

Prüfung und Qualitätssicherung sind sehr wichtige Kriterien innerhalb der Prozesskette des Klebens – nicht nur, wenn es um sicherheitsrelevante Klebungen geht. Dem Kunden gegenüber muss in der Regel die geforderte Qualität bzw. Leistungsfähigkeit der Klebungen garantiert und bescheinigt werden.

Im Vorfeld der Prüfung von Klebungen müssen grundsätzliche Fragen beantwortet werden [4]:

- Was soll geprüft werden?
  - Klebfestigkeit
  - Schubmodul der Klebschicht
  - Viskosität des Klebstoffs
  - ...
- Wie soll geprüft werden?
  - zerstörend oder zerstörungsfrei
  - manuell oder automatisch
  - mit diskreten Einzelwerten oder produktionsbegleitenden Serienwerten
  - ...
- Wo soll geprüft werden?
  - im Labor oder im Fertigungsbetrieb
  - an Einzelkomponenten oder an der gefügten Baugruppe
  - ...

Zur Prüfung von Klebungen bieten sich grundsätzlich zerstörende und zerstörungsfreie Prüfverfahren an, wie Bild 7.1 veranschaulicht.

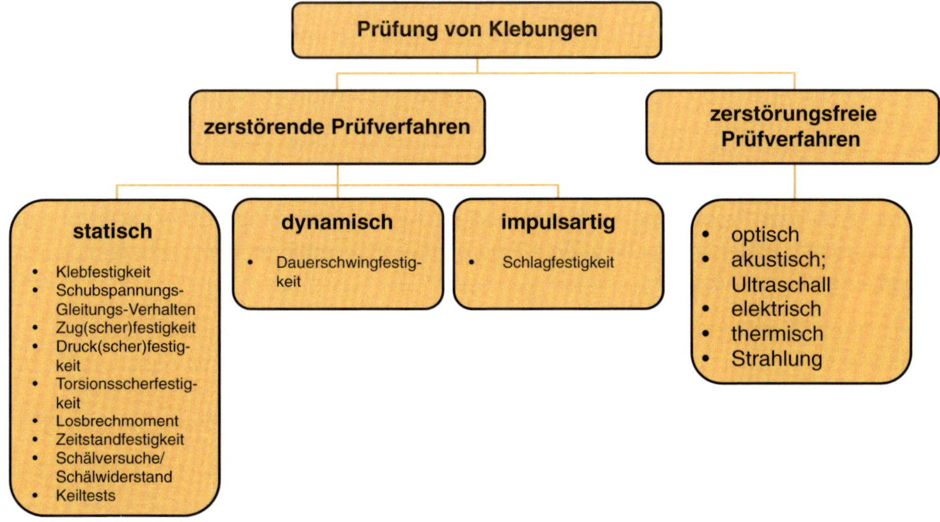

Bild 7.1 *Übersicht über mögliche Prüfmethoden von Klebungen* [4; 15]

Nur mit Hilfe von zerstörenden Prüfverfahren lassen sich jedoch Klebfestigkeiten genau quantifizieren. Bei der Anwendung zerstörungsfreier Prüfmethoden kann lediglich festgestellt werden, ob eine Klebung eventuelle Unregelmäßigkeiten bzw. Fehlstellen aufweist oder nicht. Unregelmäßigkeiten bzw. Fehlstellen können zwar, müssen aber nicht notwendigerweise eine unzureichende Klebfestigkeit bedingen. Eine Ermittlung konkreter Festigkeitswerte ist zerstörungsfrei nicht möglich.

Eine zerstörende Prüfung macht lediglich in Form von stichprobenartigen Kontrollen innerhalb einer bestimmten Losgröße Sinn, da die Klebung im Endergebnis zerstört und die zerstörte Fügegruppe somit nicht mehr zu verkaufen ist. Dagegen bieten die zerstörungsfreien Methoden den wesentlichen Vorteil, dass je nach Qualitätsanforderung sowohl eine stichprobenartige Kontrolle als auch eine 100%-Kontrolle der Klebungen durchführbar ist. Die Fügeverbindungen nehmen bei der zerstörungsfreien Prüfung keinen Schaden.

Auf die unterschiedlichen zerstörenden und zerstörungsfreien Prüfungen von Klebstoffeigenschaften wird in den nachfolgenden Abschnitten 7.1 und 7.2 im Detail eingegangen.

7.1 Zerstörende Prüfverfahren für Klebungen

Zerstörende Prüfverfahren für Klebungen (engl.: ***D****estructive* ***T****esting* – DT) können wahlweise statisch, dynamisch oder impulsartig (hochdynamisch) durchgeführt werden (siehe Bild 7.1). Welche Prüfung letztendlich zum Einsatz kommt, hängt im Wesentlichen von der Art der Belastung der Klebung im Realfall ab. Diese soll mit der prüftechnischen Belastung der Klebung möglichst übereinstimmen, um grundsätzlich valide, aussagekräftige und übertragbare Prüfergebnisse zu generieren.

Wie bereits einleitend in Kapitel 7 festgestellt, dienen zerstörende Prüfverfahren der Ermittlung konkreter Festigkeitswerte. Klebfestigkeiten, Zug(scher)- und Druck(scher)festigkeiten lassen sich beispielsweise einfach und schnell in sogenannten Kurzzeitversuchen auf Universalprüfmaschinen ermitteln. Umgangssprachlich wird eine Universalprüfmaschine oft als Zugprüfmaschine bezeichnet. Das Leistungsspektrum einer Universalprüfmaschine ist jedoch nicht auf reine Zugprüfungen beschränkt. Vielmehr lassen sich mit ggf. modifiziertem Versuchsaufbau und Versuchsablauf unter anderem auch Druck-, Scher- und Schälprüfungen durchführen. Aus diesem Grund wird hier korrekterweise der allgemeine Begriff der **Universalprüfmaschine** verwendet.

Zerstörende Klebprüfungen können entweder am realen Fügeteil oder an entsprechenden (genormten) Prüf- bzw. Probekörpern erfolgen. Technische Prüf- bzw. Probekörper nach Norm oder Kundenvorschrift bieten in Kombination mit genormten Prüfverfahren unter anderem die nachfolgend aufgeführten Vorteile:

- definierte und reproduzierbare Eigenschaften (Material, Form, Abmessungen, ...),
- schnelle und relativ preiswerte Herstellung oder Beschaffung der einzelnen Prüf- bzw. Probekörper in nahezu beliebigen Stückzahlen,
- schnelle, einfache und definierte Herstellung der geklebten Prüf- bzw. Probekörper und
- allgemeine Vergleichbarkeit der Prüfergebnisse.

Im Bereich der Kunststoffprüfung stellt der sogenannte Vielzweckprüfkörper (Bild 7.2) den wohl am häufigsten verwendeten Normprüfkörper dar.

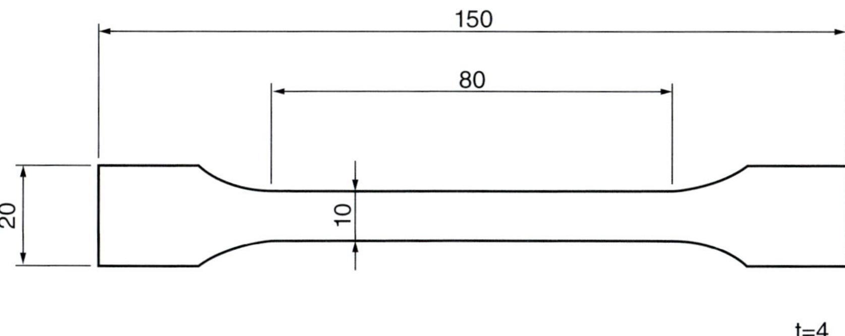

Bild 7.2 *Vielzweckprobekörper (Schulterprobe, Reinstoffprobe) nach DIN EN ISO 3167* [204]

Diese Schulterprobe kann in vorliegender Form als sogenannter Zugstab (Reinstoffprobe) für den Zugversuch nach DIN EN ISO 527 [41] verwendet werden. Darüber hinaus lassen sich noch zahlreiche weitere Prüfkörper aus diesem Vielzweckprüfkörper herauspräparieren. Aus dem eingeschnürten Mittelteil können zum Beispiel passende Prüfkörper für Biegeversuche, Schlagbiege- und Kerbschlagbiegeversuche, Druckversuche sowie zur Ermittlung des E-Moduls, der Wärmeformbeständigkeitstemperatur und der Dichte gewonnen werden. Die breiten Schultern des Vielzweckprüfkörpers können zudem für die Bestimmung der Härte herangezogen werden [205].

Im Schulterbereich überlappend verklebte Zugstäbe sind allerdings nur sehr bedingt für eine Zugscherprüfung in der Klebtechnik geeignet. Zum einen entspricht die Geometrie nicht den Vorgaben in der Norm, der DIN EN 1465 [146], und zum anderen kann es passieren, dass die Probekörper bei der Zugscherprüfung nicht im 20 mm breiten Bereich der Klebung, sondern im eingeschnürten, 10 mm breiten Bereich versagen. Eine definitive Schlussfolgerung, ob die Klebfestigkeit damit die Eigenfestigkeit des Substrats übersteigt, ist aufgrund der unterschiedlichen Geometrien der betrachteten Bereiche nicht zulässig.

Die für die Bestimmung der Zugscherfestigkeit von Überlappungsklebungen gemäß der DIN EN 1465 [146] verwendeten Zugscherproben werden aus zwei plattenförmigen Prüf- bzw. Probekörpern mit jeweils den Abmessungen 100 mm × 25 mm × 1,6 mm ($l \times b \times s$) hergestellt. Die Breite ist über die gesamte Länge konstant – die Probekörper weisen keine Einschnürung auf. Die beiden Prüfkörper werden an einem Ende 12,5 mm überlappend zu der Zugscherprobe verklebt (Bild 7.3).

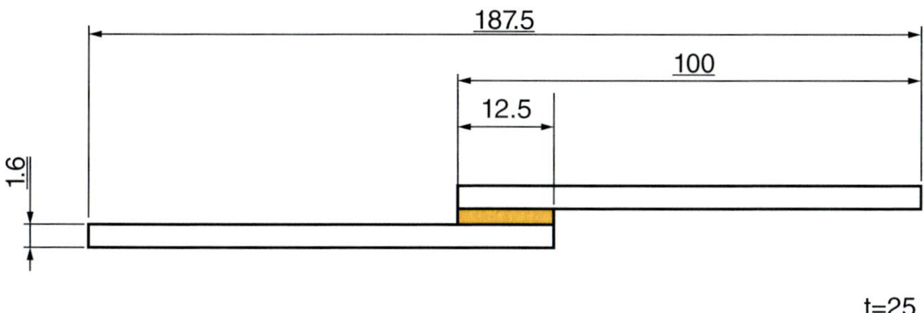

Bild 7.3 *Zugscherprüfkörper für Zugscherversuch nach DIN EN 1465* [146]

Die Prüf- bzw. Probekörper lassen sich einerseits in sehr guter Qualität aus extrudierten Halbzeugen (Platten mit passender Substratdicke) aussägen und entgraten. Andererseits können sie auch direkt in den gewünschten Dimensionen spritzgießtechnisch gefertigt werden. Bei spritzgegossenen Probekörpern empfiehlt sich allerdings eine gewisse Systematik bei der Verklebung der beiden Prüfkörper zur Zugscherprobe.

Sofern Auswerfermarkierungen im Überlappungsbereich vorliegen, sollen die Probekörper stets mit den in jedem Fall glatten bzw. ebenen Angussseiten verklebt werden. Da Auswerferstifte im Spritzgießwerkzeug durchaus im Zehntelmillimeter-Bereich zurückstehen können, entstehen so auf den auswerferseitigen Flächen der Prüfkörper leicht erhabene Auswerfermarkierungen, die später möglicherweise als ungewollte Abstandshalter in der Klebfuge fungieren. Des Weiteren tritt bei der Formfüllung beim Spritzgießen zwangsläufig ein gewisser und nicht vermeidbarer Druckverlust über der Fließweglänge auf. Aus diesem Grund ist es vorteilhaft, überdies immer die angussnahen Bauteilenden der Probekörper zu verkleben, da diese Bereiche im Vergleich zu den angussfernen Fließwegenden in jedem Fall (leicht) besser ausgespritzt bzw. kompaktiert sind.

In Tabelle 7.1 sind konkrete Angaben zu den Probekörpern und den Prüfparametern für die Zugscherprüfung nach DIN EN 1465 [146] zusammengefasst.

Tabelle 7.1 *Prüfkörper und Prüfparameter für Zugscherversuch nach DIN EN 1465* [146]

	DIN EN 1465
Material	z.B. St, Al, Cu, …
Klebespalt (mm)	0,1 oder 0,2
Länge (mm)	100
Breite (mm)	25
Substratdicke (mm)	1,6
Überlappungslänge (mm)	12,5
Prüfgeschwindigkeit (mm/min)	10
Prüftemperatur (°C)	bei RT → Zugscherfestigkeit z.B. bei 80 °C → Temperaturfestigkeit

Aus der Zugscherprüfung resultiert ein charakteristisches Spannungs-Dehnungs-Diagramm, wie es bereits in Abschnitt 2.2 (Bild 2.28) für drei verschiedene Klebstoffe schematisch dargestellt ist. Je nach Substrat- und Klebstoffeigenschaften (starr bis flexibel) resultiert einer der drei typischen Kurvenverläufe. Aus dem Spannungs-Dehnungs-Diagramm lassen sich somit die Festigkeit (Zugfestigkeit), die Steifigkeit, die Dehnung und der Bruch der Probe (Bruchspannung und Bruchdehnung) und ggf. auch die Streckgrenze sowie die Einschnürung bzw. der Einschnürungsbeginn ablesen (vgl. Abschnitt 2.2, Bild 2.28 sowie Bild 7.4).

Im einfachsten Fall erfolgt die Zugscherprüfung bei **R**aum**t**emperatur (RT). Kunststoffe und somit auch Klebstoffe zeigen allerdings häufig ein ausgeprägt temperaturabhängiges Werkstoffverhalten. Bei höheren Temperaturen laufen zeitabhängige Erscheinungen beschleunigt ab. Dieses Phänomen wird durch das **Z**eit-**T**emperatur-**V**erschiebungsprinzip (ZTV) beschrieben [92]. Wie in Bild 7.4 dargestellt, verhalten sich Klebstoffe mit steigender Belastungsgeschwindigkeit härter und spröder. Entsprechend bekommen Klebstoffe mit steigender Prüftemperatur zunehmend elastischere Eigenschaften. In Abhängigkeit der Zeit bzw. Belastungsgeschwindigkeit sowie der Temperatur verschieben sich die Kurven tendenziell in jeweiliger Pfeilrichtung.

Insofern ist es sinnvoll, die mechanischen Klebstoffkennwerte bei erhöhten Temperaturen zu bestimmen, wenn die Klebung im Realfall ebenfalls bei höheren Umgebungstemperaturen belastet wird. In diesem Fall entspricht die Zugscherfestigkeit der sogenannten Temperaturfestigkeit bei entsprechender Prüftemperatur (siehe Tabelle 7.1).

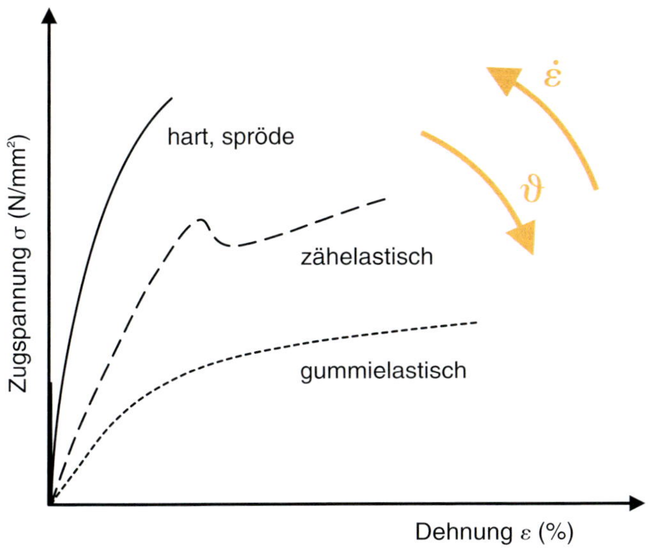

Bild 7.4 *Zeit-Temperatur-Verschiebungsprinzip (ZTV)* [92]

Für die Durchführung einer Druckscherprüfung muss die Traverse der Universalprüfmaschine prinzipiell nur in entgegengesetzter Richtung wie bei der Zugscherprüfung verfahren werden. Zudem erfordert der Druckscherversuch jedoch auch eine eigene Prüfkörpergeometrie. Bei langen Probekörpern wie der einschnittigen Überlappung einer Zugscherprobe (l = 187,5 mm, vgl. Bild 7.3) besteht aufgrund der großen freien Knicklänge der beidseitig eingespannten Probe, der geringen Substratdicke und der exzentrischen Krafteinleitung bei Druckscherbelastung die Gefahr des Eulerschen Knickens (Biegeknicken). Aus diesem Grund werden für die Druckscherprüfung sehr viel kürzere und kompaktere Druckscherproben (l = 35 mm, siehe Bild 7.5) aus jeweils zwei Substraten mit den Abmessungen 20 mm × 20 mm × 5 mm ($l \times b \times s$) hergestellt. Die beiden quadratischen Prüfkörperplättchen werden an einem Ende 5 mm überlappend zu der eigentlichen Druckscherprobe verklebt. Bild *7.5* zeigt einen derartigen Druckscherprüfkörper der Firma DELO Industrie Klebstoffe, Windach, entsprechend der werkseigenen DELO-Norm 5.

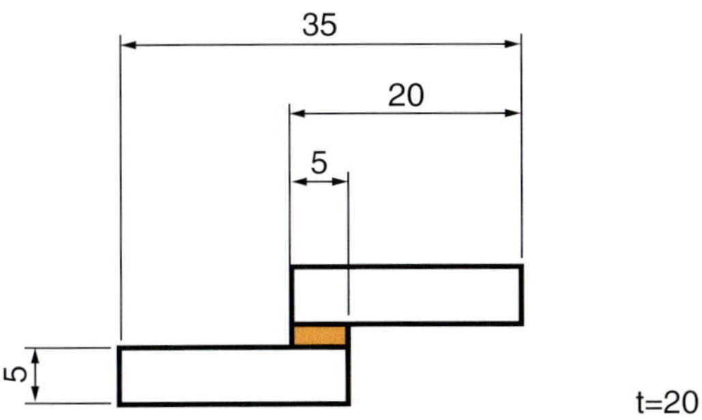

Bild 7.5 *Druckscherprüfkörper für Druckscherversuch nach DELO-Norm 5* [206]

Aufgrund der relativ kurzen Gesamtlänge der Druckscherprobe von nur 35 mm ist es insbesondere bei der Druckscherprüfung sehr wichtig, dass sich der geklebte Prüfkörper mit entsprechendem exzentrischen Versatz der beiden Spannbacken zur Längsmittelachse der Universalprüfmaschine einspannen lässt. Bei exakt fluchtenden Einspannbacken kommt es sonst bereits beim Fixieren der Probe in der Einspannung zu sehr großen Biegemomenten sowie Deformationen in den Probeplättchen und der Klebschicht, was eine Vorschädigung des Druckscherprüfkörpers bzw. der Klebschicht zur Folge haben kann.

Tabelle 7.2 fasst die Angaben zu den Probekörpern und den Prüfparametern für die Druckscherprüfung nach DELO-Norm 5 [206] noch einmal zusammen. Für die Prüfgeschwindigkeit und die Prüftemperatur gelten gleichermaßen die in Zusammenhang mit der Zugscherprüfung bereits getroffenen Aussagen.

Tabelle 7.2 *Prüfkörper und Prüfparameter für die Druckscherversuche nach DELO-Norm 5* [206]

	DELO-Norm 5
Material	z.B. diverse Kunststoffe, Glas, …
Klebespalt (mm)	0,1 oder 0,2
Länge (mm)	20
Breite (mm)	20
Substratdicke (mm)	5
Überlappungslänge (mm)	5
Prüfgeschwindigkeit (mm/min)	10
Prüftemperatur (°C)	bei RT → Druckscherfestigkeit z.B. bei 80 °C → Temperaturfestigkeit

Wenngleich Spalt- und Schälbelastungen bei der klebgerechten Konstruktion unbedingt zu vermeiden sind (siehe Abschnitt 5.1), bieten sich diese ungünstigen linienförmigen Beanspruchungsarten für die Prüfung von Klebungen durchaus an. Bei den günstigen Flächenbelastungen, zum Beispiel Zug- oder Druckscherung, ergeben sich mitunter sehr komplexe Spannungszustände (vgl. Bild 7.13). Dagegen treten bei den Linienbelastungen durch Spalt- und Schälkräfte hauptsächlich Normalspannungen auf [15]. Demzufolge finden auch Keil- und Schälversuche zur Ermittlung der Adhäsionsfestigkeit bei der quantitativen Prüfung von Klebungen ihren Einsatz (siehe Bild 7.1).

Schälversuche lassen sich mit einem entsprechend angepassten Anlagenaufbau ebenfalls auf Universalprüfmaschinen durchführen. Es existieren dabei diverse unterschiedliche Typen von Schälversuchen [15; 207]:

- Winkelschälversuch nach DIN EN 28 510-1 und ISO 11 339,
- Rollenschälversuch (115°) nach DIN EN 1464 und ISO 4578,
- Schälversuch mit Bewegungstisch (ohne Rollen),
- Klettertrommelschälversuch (Steigtrommelprüfmethode) nach ASTM D 1781,
- Rad-Schälversuch,
- Schälversuch (180°) / Folienschälversuch in Anlehnung an DIN EN 28 510-1,
- Biegeschälversuch nach DIN 54 461,
- …

Alle Schälversuche dienen der Bestimmung des Schälwiderstands von Klebungen. Mindestens eines der beiden verklebten Fügeteile ist dabei flexibel. Die Bruchbilder können anschließend entsprechend der DIN EN ISO 10 365 [43] klassifiziert werden.

In Bild 7.6 ist ein Rollenschälprüfkörper für den Rollenschälversuch nach DIN EN 1464 [208] abgebildet. Zwei verschieden lange und unterschiedlich dicke Stahlbleche werden hierbei zunächst über eine Klebfläche von 160 mm × 25 mm miteinander verklebt. Das längere und 0,5 mm dicke Stahlblech ist in diesem Fall der flexible Fügepartner, der bei der Versuchsdurchführung über eine Rolle mit einem konstanten Biegeradius von dem dickeren Substrat abgeschält wird.

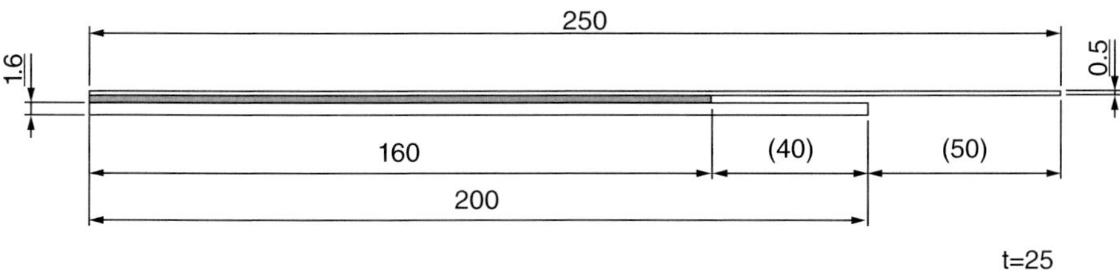

Bild 7.6 *Rollenschälprüfkörper* [206] *für Rollenschälversuch nach DIN EN 1464* [208]

Auf diese Weise kann anhand des ermittelten Schälwiderstands (in N/cm) die Elastizität von Klebstoffen abgeschätzt werden [209].

In Tabelle 7.3 sind die Angaben zu den Probekörpern und den Prüfparametern für die Rollenschälprüfung nach DIN EN 1464 [208] aufgeführt.

Tabelle 7.3 *Prüfkörper und Prüfparameter für Rollenschälversuch nach DIN EN 1464* [208]

	DIN EN 1464
Material	St/St
Oberflächenvorbehandlung	Reinigen
Klebespalt (mm)	0,1
Länge starres Substrat (mm)	200
Länge flexibles Substrat (mm)	250
Breite (mm)	25
Blechdicke starres Substrat (mm)	1,6
Blechdicke flexibles Substrat (mm)	0,5 ± 0,1
Klebschichtlänge (mm)	160
Prüfgeschwindigkeit (mm/min)	100

Alternativ kann ein Schälversuch mit einem so genannten Bewegungstisch auf einer Universalprüfmaschine durchgeführt werden. Bild 7.7 zeigt einen 90°-Schälversuch zur Ermittlung der Adhäsionsfestigkeit eines Klebebands.

Die Schälprobe befindet sich auf einem senkrecht zur Abzugsrichtung translatorisch beweglichen Schlitten, dem sogenannten Bewegungstisch. Der Bewegungstisch ist mit einem Seil, das über eine Umlenkrolle geführt wird, direkt mit der Traverse der Universalprüfmaschine verbunden. Auf diese Weise gleitet der Bewegungstisch mit der Aufwärtsbewegung der Traverse automatisch zur Seite (nach links), während das Klebeband von dem unteren Substrat abgeschält wird. Der Schälwinkel von 90° ist durch diesen besonderen Versuchsaufbau zu jeder Zeit gewährleistet.

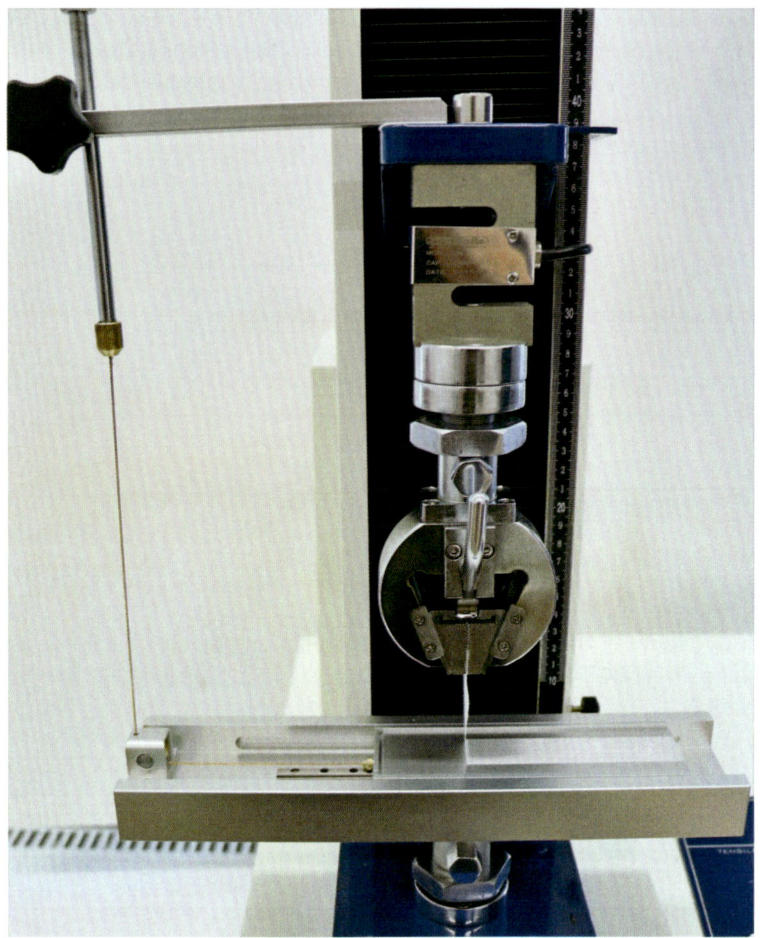

Bild 7.7 *90°-Schälversuch mit Bewegungstisch* [Quelle: as adhesive solutions, Dreieich]

In Bild 7.8 ist eine Auswahl verschiedener metallischer Prüfkörper für klebtechnische Prüfungen dargestellt. Links im Bild befinden sich die zu Beginn dieses Abschnitts bereits erwähnten Zugscherproben für die Bestimmung der Zugscherfestigkeit von Überlappungsklebungen gemäß der DIN EN 1465 [146]. Unterschiedliche Substratwerkstoffe im genormten Format 100 mm × 25 mm × 1,6 mm (vgl. Tabelle 7.1) sind ebenso am Markt verfügbar wie auch speziell beschichtete bzw. lackierte Prüfkörper. Neben genormten Prüfkörpern existieren auch zahlreiche individuelle Prüfkörper, wie zum Beispiel die massive Stufenprobe in der Mitte von Bild 7.8. Hiermit lassen sich Klebungen mit beidseitig abgesetzter Laschung (siehe Bild 5.7) durchführen. Die so mögliche zentrische Krafteinleitung beim Zugscherversuch und die sehr große Prüfkörperdicke im Vergleich zur genormten Zugescherprobe ermöglichen auch bei Verwendung hochfester Strukturklebstoffe einen Zugscherversuch im Wesentlichen ohne S-Schlag sowie Biegemoment- oder Schälbelastung (vgl. Bilder 5.5 und 5.13). Das in Bild 7.8 rechts gezeigte L-Profil wird mit einem weiteren baugleichen Substrat für die T-Schälprüfung nach DIN EN ISO 11 339 [145] zusammengeklebt (vgl. Bild 5.9).

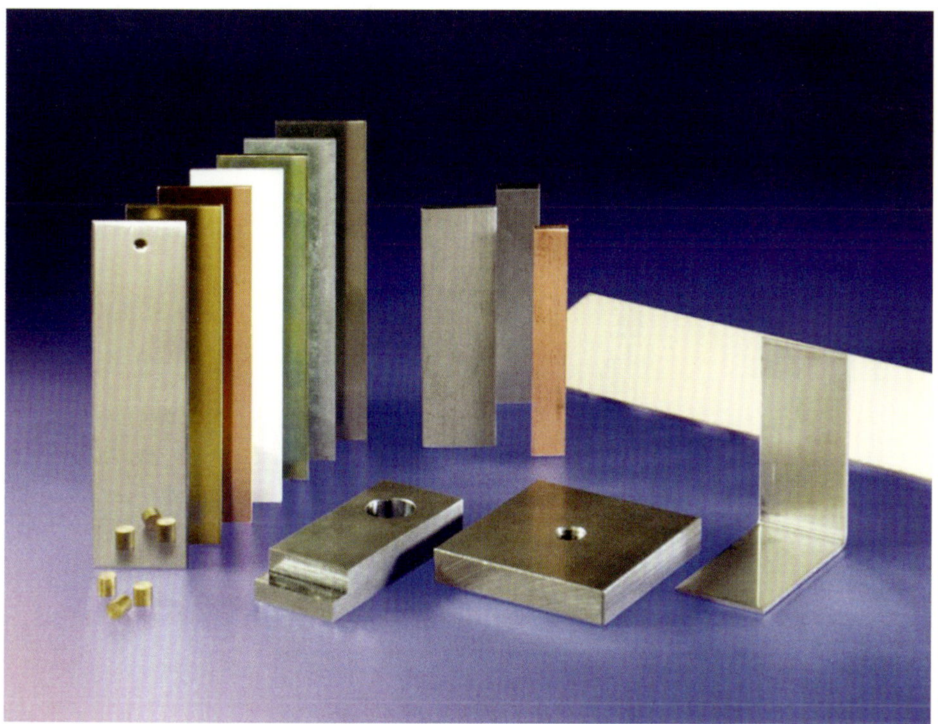

Bild 7.8 *Verschiedene metallische Prüfkörper für klebtechnische Prüfungen* [Quelle: Rocholl GmbH, Aglasterhausen]

Neben den in Bild 7.8 exemplarisch gezeigten metallischen Prüfkörpern existiert des Weiteren eine große Vielfalt an genormten oder branchen- bzw. kundenspezifischen Prüfkörpern aus diversen anderen Werkstoffen, wie zum Beispiel aus Kunststoff, Glas, Holz usw. [210].

Neben den hier bislang behandelten statischen Kurzzeitversuchen zur Quantifizierung der Klebfestigkeit, unter anderem dem Zug- und dem Druckscherversuch (siehe auch Bild 7.9), müssen unter Umständen zusätzlich statische Langzeitprüfungen durchgeführt werden. Auf diese Weise lassen sich das Kriechverhalten bzw. die Retardation (siehe auch Abschnitte 5.3.2) des Klebstoffs und die Fügeteilverschiebung bei langzeitiger ruhender Beanspruchung ermitteln. Die Zeitstandfestigkeit der Klebung und die Fügeteilverschiebung werden im Zeitstandversuch bzw. Kriechversuch [40] nach ISO 15 109 [211] quantifiziert (siehe Bild 7.9). Derartige statische Langzeitversuche laufen typischerweise über einen Zeitraum von 1000 h oder länger, um so das Langzeitverhalten der Klebung zu charakterisieren.

Des Weiteren ist in Bild 7.9 die Prüfung der Dauerschwingfestigkeit nach DIN EN ISO 9664 [212] für eine einschnittige Überlappungsklebung dargestellt. Hierbei handelt es sich um eine dynamische Ermüdungsprüfmethode, die ebenfalls zerstörend erfolgt (siehe auch Bild 7.1). Dauerschwingversuche werden auf servohydraulischen Prüfständen, sogenannten Hydropulsern, durchgeführt.

Zu guter Letzt ergänzen hochdynamische (impulsartige) Prüfungen die Möglichkeiten der zerstörenden Prüfverfahren. Im Zusammenhang mit der Schlagfestigkeit sind hier Schlagzug-, Schlagscher- und Schlagzugscherprüfungen zu nennen, bei denen sehr hohe Belastungsgeschwindigkeiten größer 5 m/s und bis ca. 18 m/s auftreten. Auf diese Weise soll das Crashverhalten

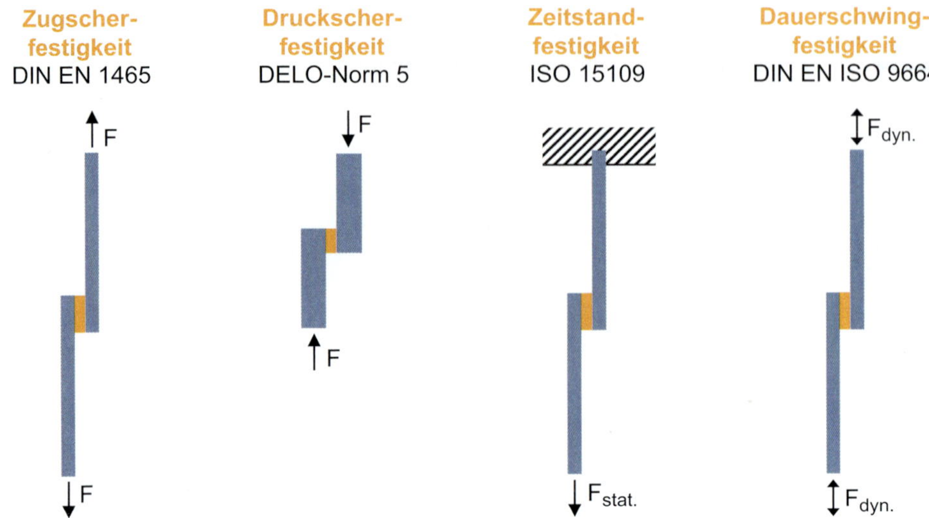

Bild 7.9 *Diverse Prüfungen / Prüfnormen für Klebungen* [146; 206; 211; 212]

von Klebungen bewertet werden, wie es beispielsweise für die Automobilindustrie in der Karosserieklebung von besonderer Bedeutung ist [15]. Bei solchen Hochgeschwindigkeitsbelastungen verhalten sich selbst elastische Klebungen zunehmend hart und spröde, was sich mit dem Zeit-Temperatur-Verschiebungsprinzip erklären lässt (vgl. Bild 7.4).

Losbrechmomente spielen beispielsweise bei Schraubensicherungen eine wichtige Rolle. Torsionsscherfestigkeiten sind unter anderem wichtig für die Auslegung von rotationssymmetrischen Klebfugen, zum Beispiel kraftschlüssige Welle-Nabe-Verbindungen, bei denen in der Regel anaerob härtende Klebstoffe eingesetzt werden.

Wie bereits in Abschnitt 5.1 erläutert, zeigen viele Klebstoffe wie auch Kunststoffe unter Einfluss bestimmter Umgebungsbedingungen ein (stark) verändertes Werkstoffverhalten, das in Kombination mit einer mechanischen Beanspruchung nicht oder nur bedingt vorhersagbar ist. Es kommt mitunter zu einer beschleunigten Alterung. Demzufolge ist es sinnvoll, äußere Umgebungseinflüsse, wie sie im späteren Anwendungsfall zu erwarten sind, direkt bei der Klebprüfung mit einzubeziehen. Zu den relevanten Umweltfaktoren zählen beispielsweise Temperatur, Strahlung, Feuchtigkeit sowie Medien- und Chemikalieneinflüsse.

Empirische Untersuchungen unter Normalbedingungen sowie unter definierten Umgebungsbedingungen sind in der Regel unerlässlich. In Tabelle 7.4 sind gängige Normen und Prüfblätter zu beschleunigten Alterungsverfahren aufgeführt, die entsprechende Umgebungseinflüsse bei der Prüfung berücksichtigen.

Tabelle 7.4 *Normen und Prüfblätter zu beschleunigten Alterungsverfahren*

Norm / Prüfblatt	Deutscher Titel	Thema
DIN EN 60 068	Umgebungseinflüsse	Umweltprüfung
DIN EN 60 749-33	Halbleiterbauelemente – Mechanische und klimatische Prüfverfahren Teil 33: Beschleunigte Verfahren für Feuchtebeständigkeit – Autoklave ohne elektrische Beanspruchung	Pressure Cooker Test im Autoklav
DIN EN ISO 175	Kunststoffe – Prüfverfahren zur Bestimmung des Verhaltens gegen flüssige Chemikalien	Medienbeanspruchung

Tabelle 7.4 Normen und Prüfblätter zu beschleunigten Alterungsverfahren – Fortsetzung

Norm / Prüfblatt	Deutscher Titel	Thema
DIN EN ISO 4892	Kunststoffe – Künstliches Bestrahlen oder Bewittern in Geräten	Licht-/UV-Beständigkeitsprüfung
DIN EN ISO 6270-2	Beschichtungsstoffe – Bestimmung der Beständigkeit gegen Feuchtigkeit Teil 2: Verfahren zur Beanspruchung von Proben in Kondenswasserklimaten	Kondenswassertest / Schwitzwassertest
DIN EN ISO 9142	Klebstoffe – Auswahlrichtlinien für Labor-Alterungsbedingungen zur Prüfung von Klebverbindungen	klimatische oder chemische Umgebungseinflüsse
DIN EN ISO 9227	Korrosionsprüfungen in künstlichen Atmosphären – Salzsprühnebelprüfungen	Salzsprühnebeltest
VDA 233-102	Klimawechseltest	zyklische Korrosionsprüfung
VDA 621-415	Wechseltest	zyklisch wechselnde Beanspruchung

7.2 Zerstörungsfreie Prüfverfahren für Klebungen

Der wesentliche Vorteil der zerstörungsfreien Prüfverfahren für Klebungen (englisch: «NDT – Non-Destructive Testing») ist, dass die Fügeteile bzw. gefügten Baugruppen auch nach der Prüfung noch intakt, in Form und Funktion also nicht beeinträchtigt sind. Nachteilig ist jedoch, dass aus den zerstörungsfreien Prüfungen keine konkreten Festigkeitswerte generiert werden können. Es können allerdings sehr wohl Aussagen über das Vorhandensein, die Lage sowie die Anzahl und das Ausmaß von eventuellen Fehlstellen, Stippen, Poren, Lunkern, Vakuolen oder Benetzungsfehlern gemacht werden. Insofern werden zerstörungsfreie Prüfmethoden sinnvollerweise in Ergänzung zu den in Abschnitt 7.1 vorgestellten zerstörenden Prüfverfahren durchgeführt.

Folgende Methoden bzw. Verfahren kommen grundsätzlich für eine zerstörungsfreie Prüfung in Betracht [4; 15; 206; 213]; sie werden im Folgenden detaillierter erörtert:

- optische Verfahren,
- akustische Verfahren,
- elektrische Verfahren,
- thermische Verfahren und
- strahlungsbasierende Verfahren.

Optische Verfahren

Optische Prüfverfahren beginnen bei der einfachen, visuellen Begutachtung durch eine entsprechend qualifizierte Person und reichen bis hin zu vollautomatischen industriellen Kamera- und Bildverarbeitungssystemen, die als integraler Bestandteil einer Serienfertigung eingesetzt werden. Entsprechend der im Vorfeld festgelegten Kriterien erfolgt so eine Klassifizierung und ggf. auch gleich eine Sortierung der inspizierten Artikel nach Gut- und Schlechtteilen.

Die optische Inspektion macht begleitend während der gesamten Prozesskette des Klebens Sinn. Bei bzw. nach der Vorbereitung der Fügeteile (vgl. Abschnitt 4.1) können schon eventuelle Unregelmäßigkeiten im Bereich der Fügeflächen festgestellt und ggf. noch korrigiert werden. Auch während der Vorbereitung des Klebstoffs (vgl. Abschnitt 4.2) können mögliche farbliche

Abweichungen und Inhomogenitäten, ungewünschte Lufteinschlüsse nach dem Mischen, ein verändertes Aussehen oder eine andere Konsistenz des Klebstoffs usw. detektiert werden. Nach dem Klebstoffauftrag (vgl. Abschnitt 4.3) und somit noch vor dem Fügen kann per Sicht- oder Kameraprüfung problemlos ermittelt werden, ob der Klebstoff einerseits an allen geforderten Stellen in ausreichender Menge vorhanden ist und andererseits kritische Fügeteilbereiche frei von jeglichen Klebstoffkontaminationen sind.

Allerdings sind der Begutachtung der fertigen Klebung mit optischen Methoden Grenzen gesetzt. Nicht transparente Substrate gestatten nach Durchführung der Klebung keinen Blick mehr in die Klebfuge. Es lassen sich dann lediglich noch die in der Regel recht kleinen Stirnflächen der Klebfuge optisch begutachten und bewerten, die für die Klebfestigkeit jedoch nicht ausschlaggebend sind. Ist hingegen zumindest ein Fügepartner transparent, so eignen sich optische Verfahren durchaus auch für die zerstörungsfreie ganzheitliche Inspektion der Klebung.

Akustische Verfahren

Die Ultraschallprüfung ist die bedeutendste Methode zur akustischen Prüfung von Klebungen. Das hierbei zugrundeliegende Prinzip ist, dass sich Schallwellen in Festkörpern, Flüssigkeiten und Gasen unterschiedlich schnell ausbreiten. Grenzflächen und/oder Phasengrenzen verändern die akustischen Eigenschaften schlagartig, da sich dort die Ausbreitungsgeschwindigkeit ändert und außerdem ein Teil der ausgesendeten Schallwellen reflektiert wird.

Grenzflächen finden sich beispielsweise überall dort, wo Substrat- und Klebfugenoberflächen unmittelbar zusammentreffen, zum Beispiel Metall–Klebstoff, Kunststoff–Klebstoff oder Glas–Klebstoff. Phasengrenzen «fest–gasförmig» ergeben sich bei Hohlräumen, Lufteinschlüssen und Rissen in der Klebfuge und/oder in den Fügeteilen. Somit lässt sich jede Inhomogenität durch ein sprunghaft geändertes Ultraschallbild sicher detektieren.

Zur Verfügung stehen prinzipiell die folgenden Ultraschallprüfverfahren [15; 21]:

- Resonanzverfahren,
- Impuls-Echo-Verfahren (Reflexionsschallverfahren),
- Durchschallungsverfahren und
- Niedrigfrequenzverfahren.

Die Grenzen der Ultraschalltechnik werden dann erreicht, wenn sich die hochfrequenten Ultraschallimpulse zum Beispiel aufgrund einer komplexen Außenkontur nicht sauber in die gefügte Baugruppe einkoppeln lassen. Ein geeignetes Einkoppelfluid (Gel, Wasser, Öl, …) kann jedoch die Schalleinkopplung unterstützen. Des Weiteren ergeben sich zum Teil schlecht oder nicht verlässlich auswertbare Ultraschallsignale bei inhomogenen Fügeteilwerkstoffen oder hochgefüllten bzw. hochverstärkten Klebstoffen. Schließlich beeinflusst jede Inhomogenität den Ausbreitungsweg der Ultraschallwellen. Aus diesem Grund sind Ultraschallprüfverfahren bei porösen Substraten, bei Fügeteilen mit integralem Dichteprofil über dem Querschnitt, bei faserverstärkten oder hochpigmentierten Substraten / Klebstoffen usw. nur sehr begrenzt oder sogar nicht sinnvoll einsetzbar.

Elektrische Verfahren

Elektrische Prüfverfahren können insbesondere bei elektrisch leitfähigen Fügeteilen, die mit einer isolierenden Klebschicht verklebt wurden, angewendet werden. In diesem Fall entspricht eine solche Klebung im übertragenen Sinne einem Kondensator in der Elektrotechnik. Die Kapazität dieses Kondensators wird durch die Fläche der beiden metallischen Substrate, die isolierende Klebschicht und den Reziprokwert der Klebfugendicke bestimmt [15].

Neben der Kapazitätsmessung kommen außerdem Widerstandsmessungen in Betracht. Partiell fehlende Klebschicht (fehlende Isolation) wie auch Fehlstellen in der Klebfuge können bei der Messung des Durchgangswiderstands lokalisiert werden.

Thermische Verfahren

Thermische Prüfverfahren basieren auf der Messung der Wärmeleitfähigkeit. Unregelmäßigkeiten in den Substraten oder innerhalb der Klebschicht beeinflussen bzw. verändern automatisch die Wärmeleitung in dem betreffenden Bereich. Auf diese Weise können wiederum lokale Unterschiede in der Wärmeleitfähigkeit mittels so genannter aktiver Thermografie detektiert und bildgebend ausgewertet werden [15].

Bei der aktiven Thermografie wird zwischen der **P**uls-**T**hermografie (PT) bzw. der Impuls-Thermografie (einmalige Anregung) und der **L**ock-in-**T**hermografie (LT) mit periodischer Anregung differenziert [214]. Als Anregungsquellen für thermografische Untersuchungen kommen folgende Möglichkeiten in Betracht [15; 215]:

- optische Anregung mit Halogenstrahlern,
- induktive Anregung,
- Ultraschall-Anregung.

Die **o**ptisch angeregte **L**ock-in-**T**hermografie (OLT) und die **i**nduktiv angeregte **L**ock-in-**T**hermografie (ILT) sind im Gegensatz zu der **U**ltraschall-angeregten **L**ock-in-**T**hermografie (ULT) berührungslose Methoden. Nach der thermischen Anregung einer Seite der Klebung mittels Strahler, Induktoren oder Ultraschall wird die resultierende IR-Strahlung von entweder derselben Seite in Reflexionsanordnung oder von der gegenüberliegenden Seite der Klebung in Transmissionsanordnung mit Hilfe einer geeigneten IR-Kamera aufgezeichnet [215]. In Abhängigkeit der Bildauflösung, der Bildwiederholrate und der Temperaturempfindlichkeit der IR-Kamera können Defekte in der Klebung so in einem aussagekräftigen IR-Wärmebild dargestellt werden.

Strahlungsbasierende Verfahren [15]

Zu den strahlungsbasierenden Prüfverfahren gehören einerseits Röntgenstrahlverfahren und andererseits die Neutronenradiografie. Beide Verfahren gehören zu den anlagentechnisch und wirtschaftlich aufwendigeren Prüfmethoden, so dass ihr Einsatzbereich recht limitiert ist.

Wie aus der medizinischen Röntgendiagnostik allgemein bekannt ist, beruhen Röntgenbilder auf der unterschiedlichen Schwächung der Röntgenstrahlen beim Durchtritt durch Körper bzw. Körperteile. Substrate mit hoher Dichte erscheinen im Röntgenbild hell, Bereiche mittlerer Dichte grau und Material (sehr) niedriger Dichte schwarz. Da ungefüllte Klebstoffe typischerweise Festkörperdichten nur geringfügig größer als 1 g/cm^3 aufweisen, sind insbesondere sehr dünne Klebstoffschichten so kaum in der Lage, die Röntgenstrahlung zu absorbieren. Dünne Klebschichten ohne Füll- oder Verstärkungsstoffe sind für Röntgenstrahlen quasi vollkommen durchlässig. Insofern ist im Röntgenbild der Unterschied zu einem Lufteinschluss in der Klebschicht nicht oder nur sehr schwer zu erkennen.

Röntgenverfahren beschränken sich in der Klebtechnik deshalb weitestgehend auf die Prüfung von Sandwichplatten mit Wabenkern, wie sie im Flugzeugbau weitläufig Verwendung finden, oder auf die genauere Analyse von Elektronikklebungen mit metallgefüllten Klebstoffen.

Die **C**omputer**t**omografie (CT) ist ein Sonderverfahren der Röntgentechnik. Hierbei werden Aufnahmen aus diversen Richtungen angefertigt, so dass ein dreidimensionales Bild des betrachteten Objekts entsteht [216]. Die zuvor gemachten Aussagen zu Klebschichten und dem konventionellen Röntgen sind jedoch auch für die CT zutreffend.

Die Neutronenradiografie ist das wohl modernste Verfahren der zerstörungsfreien Werkstoffprüfung. Sie liefert sehr genaue Aussagen zur Lage, Größe und Art von Fehlstellen, hat sich in der industriellen Serienproduktion allerdings (noch) nicht etabliert [15].

7.3 Prüfung von Klebstoffeigenschaften

Bevor Klebstoffe fachgerecht verarbeitet und anschließend die Klebungen zerstörend oder zerstörungsfrei geprüft werden, ist zusätzlich eine initiale Prüfung von Klebstoffeigenschaften durchaus sinnvoll. Auf diese Weise kann überhaupt erst ausgeschlossen werden, dass die Ursache für eventuell unzureichende Ergebnisse beim Prüfen der Klebungen nicht schon in unzulässigen Abweichungen der Klebstoffeigenschaften von der Lieferspezifikation begründet liegen.

Die Grundeigenschaften einer jeden Klebstoffcharge sollen deshalb nicht anhand des Produktdatenblatts sowie der mitgelieferten Zertifikate und Chargenprüfzeugnisse ungeprüft vorausgesetzt und übernommen werden. Vielmehr ist es ratsam, die physikalischen und chemischen Klebstoffeigenschaften in aussagekräftigen (Labor-)Prüfungen unmittelbar vor der Verarbeitung zu verifizieren. In Tabelle 7.5 sind gebräuchliche und genormte Messmethoden für Kunststoffe und Klebstoffe zusammengestellt.

Tabelle 7.5 *Verschiedene Analyseverfahren zur Ermittlung von physikalischen und chemischen Klebstoffeigenschaften* [15; 213]

Abkürzung	Analyseverfahren	Ermittlung von ...
DDK/ DSC	Dynamische Differenzkalorimetrie/ Differential Scanning Calorimetry	thermischem Verhalten, Reaktionskinetik, Umwandlungstemperaturen
DMTA/ DMA	Dynamisch-mechanische Thermoanalyse/ Dynamisch-mechanische Analyse	viskoelastischen Eigenschaften
DEA/ DETA	Dielektrische Analyse/ Dielektrische Thermoanalyse	Kapazität, Leitfähigkeit
TGA/ TG	Thermogravimetrische Analyse/ Thermogravimetrie	temperaturabhängigen Gewichtsverlusten, vernetzungsbedingten Masseänderungen
TMA	Thermomechanische Analyse	temperaturabhängigen Längen-/ Volumenänderungen
µTA	Mikrothermische Analyse	Topografie, thermischer Oberflächenleitfähigkeit
IR-Spektroskopie	Infrarot-Spektroskopie	Aushärtemechanismen
FT-IR	Fourier-Transformations-Infrarot-Spektroskopie	(Monomer-)Molekülen, Molekülgruppen,
–	Refraktometrie	Brechungsindex von flüssigen oder festen, transparenten Stoffen
–	Kegel-Platte-Rheometrie / Kegel-Platte-Viskosimetrie	dynamische Viskosität η, Fließeigenschaften, Normalspannungen
Shore A Shore C Shore D	Shore-Härteprüfungen	Härte

Die **D**ynamische **D**ifferenz**k**alorimetrie (DDK; englisch: DSC – ***D****ifferential* ***S****canning* ***C****alorimetry*) ist ein sehr einfach und schnell durchführbares thermisches Analyseverfahren zur Messung von Wärmeströmen. Kleinste Probenmengen sind hier ausreichend, um aussagekräftige Ergebnisse zu

- der Reaktionskinetik reaktiver Klebstoffe,
- den Umwandlungstemperaturen (Schmelz-, Glasübergangs- und Kristallisations-, Zersetzungstemperaturen),
- dem Kristallisationsgrad und
- der spezifischen Wärmekapazität

zu generieren.

In Bild 7.10 ist ein DSC-Messschrieb eines einkomponentigen EP-Klebstoffs dargestellt. Aufgetragen ist der Wärmestrom über der Temperatur. Entsprechend der DIN EN ISO 11 357-1 [217] werden exotherme Vorgänge (zum Beispiel Rekristallisation, Vernetzung oder Zersetzung) in einem DSC-Messschrieb in positiver Ordinatenrichtung, endotherme Ereignisse (zum Beispiel Aufschmelzen) in negativer Ordinatenrichtung dargestellt. In den nachfolgenden DSC-Kurven sind die exothermen Ereignisse jedoch abweichend von der Norm in umgekehrter Richtung dargestellt. Die Messkurve in Bild 7.10 zeigt im Bereich von ca. 146 °C demnach einen relativ schmalen, aber ausgeprägten exothermen Peak. Dieser deutet auf eine rasche Härtungsreaktion hin.

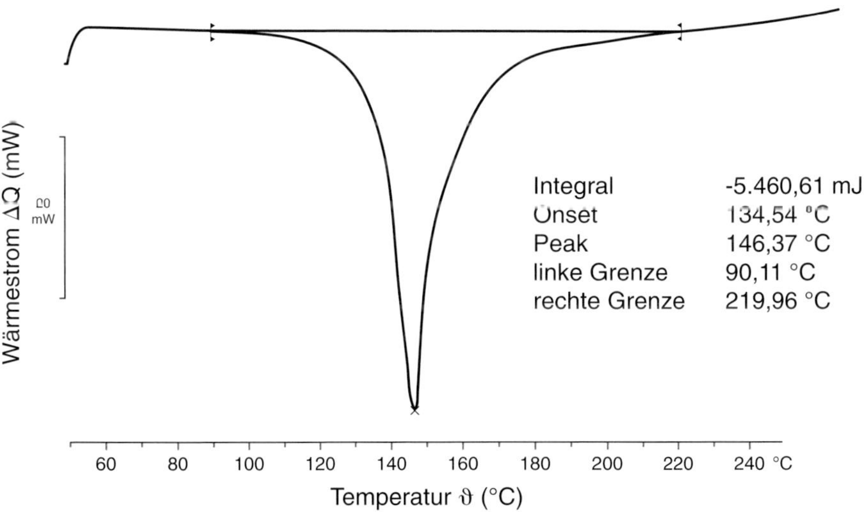

Bild 7.10 *DSC-Messschrieb eines 1K-Epoxid-Klebstoffs (1. Lauf); Heizrate: 10 K/min* [Quelle: EPOXONIC GmbH Reaktionsharzsysteme, Landsham/Pliening]

1. Lauf bedeutet hier, dass eine frisch gemischte, noch nicht ausgehärtete Reaktionsharzmasse für die Messung eingesetzt wurde. Die Aushärtungsreaktion fand erst während der DSC-Messung statt.

Der Kurvenverlauf verrät, dass unterhalb von etwa 90 °C keine nennenswerte Härtungsreaktion stattfindet. Der Klebstoff ist bei z.B. 60 °C quasi nicht härtbar. Die Aktivierung erfolgt erst bei höheren Temperaturen, so dass es sich bei diesem Produkt um einen warmhärtenden Klebstoff handelt. Der Klebstoffhersteller empfiehlt für diesen mit ca. 40% Füllstoff gefüllten EP-Klebstoff eine Warmhärtung (ca. 45 min bei 130 °C).

Dagegen zeigt Bild 7.11 exemplarisch eine DSC-Kurve eines ungefüllten zweikomponentigen EP-Klebstoffs. Aufgetragen ist wiederum der Wärmestrom über der Temperatur. Im Vergleich zum DSC-Messschrieb in Bild 7.10 weist die DSC-Kurve diesmal einen deutlich breiteren exothermen Peak im Bereich von ca. 104 °C auf, der ein Indiz für eine langsamere Härtungsreaktion ist.

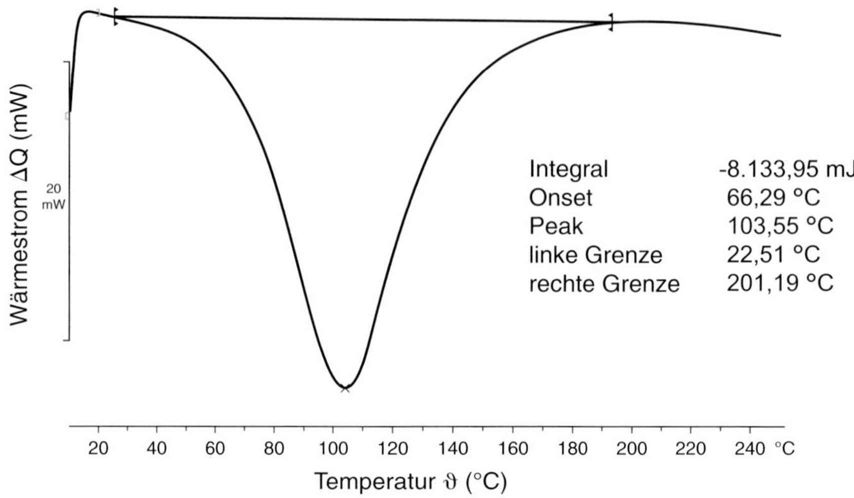

Bild 7.11 *DSC-Messschrieb eines 2K-Epoxid-Klebstoffs (1. Lauf); Heizrate: 10 K/min* [Quelle: EPOXONIC GmbH Reaktionsharzsysteme, Landsham/Pliening]

Die Messkurve in Bild 7.11 beschreibt erneut den 1. Lauf einer frisch gemischten, ungehärteten 2K-EP-Reaktionsharzmasse, die wiederum erst im Laufe der durchgeführten Messung vollständig aushärtet.

Anhand des charakteristischen Kurvenverlaufs lässt sich klar ablesen, dass die Härtungsreaktion bereits sehr früh, nämlich bei Raumtemperatur (ca. 23 °C), einsetzt. Somit ist diese Reaktionsharzmasse ein kalthärtendes System, das bei moderaten Temperaturen vollständig aushärtet. Bei RT findet allerdings keine 100%ige Aushärtung statt.

Schließlich ist in Bild 7.12 ein weiterer DSC-Messschrieb desselben ungefüllten 2K-Epoxid-Klebstoffs aus Bild 7.11 dargestellt. Die Probe wurde nach dem 1. Lauf in einem 2. Lauf nochmals mit dem gleichen Temperaturprogramm (Heizrate: 10 K/min) gemessen.

Da der Klebstoff nach dem 1. Lauf vollständig ausgehärtet vorliegt, fehlt im Messschrieb des 2. Laufs erwartungsgemäß der typische Peak, der die exotherme Vernetzungsreaktion beschreibt. Im 2. Lauf wird vielmehr ein bereits gehärteter Formstoff gemessen.

Die Kurve des 2. Laufs weist im Bereich von etwa 94 °C einen Wendepunkt auf, der der Glasübergangstemperatur entspricht. Nach Überschreiten der Glasübergangstemperatur sinkt der E-Modul deutlich ab. Der ausreagierte EP-Klebstoff wird aufgrund der vernetzten Struktur nicht mehr flüssig, aber weich. Eine Aufnahme und Übertragung von mechanischen Lasten ist dann nicht mehr im gleichen Maße möglich.

Mit Hilfe der DSC-Analyse lassen sich außerdem sehr gut Chargenschwankungen detektieren.

Unabhängig von zulässigen Chargenschwankungen können sich die Klebstoffeigenschaften insbesondere durch Alterung ändern. Gründe für die Klebstoff-Alterung sind unter anderem eventuelle Nebenreaktionen in den Gebinden sowie Umgebungseinflüsse wie Temperatur, Strahlung, Feuchtigkeit, Sauerstoffeinfluss, ... Überdies können ein unsachgemäßer Transport,

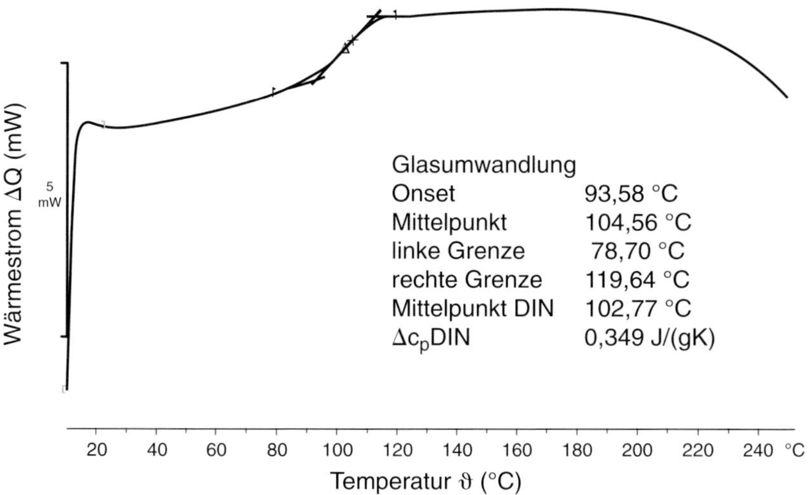

Bild 7.12 *DSC-Messschrieb eines ausreagierten 2K-Epoxid-Klebstoffs (2. Lauf); Heizrate: 10 K/min* [Quelle: EPOXONIC GmbH Reaktionsharzsysteme, Landsham/Pliening]

eine falsche Lagerung oder beschädigte Gebinde die Mindesthaltbarkeit von Klebstoffen bzw. Klebstoffkomponenten drastisch reduzieren [213]. Aus diesem Grund sollen Klebstoffgebinde vor der Verwendung stets auf Unversehrtheit überprüft werden. Überdies sollen Klebstoffprodukte nach Ablauf des vom Klebstoffhersteller festgelegten Mindesthaltbarkeitsdatums grundsätzlich nicht mehr verarbeitet werden.

Neben den in Tabelle 7.5 aufgeführten wissenschaftlichen Messmethoden zur Klebstoffprüfung bieten sich vor der Klebstoffapplikation ergänzend einfache und kostengünstige Überprüfungen an. So kann der Klebstoff beispielsweise unmittelbar vor der Verarbeitung qualitativ im Hinblick auf Geruch, Aussehen und Konsistenz auf etwaige Anomalien bewertet werden.

In einer weiteren Testmethode können die Viskosität des Klebstoffs und die Standfestigkeit einer applizierten Klebstoffraupe grob quantifiziert werden. Hierzu wird eine definierte Klebstoffmenge auf einer schiefen oder senkrechten Ebene, zum Beispiel auf eine beschichtete Pappe, aufgetragen. Unter Eigengewicht und Schwerkrafteinfluss wird dann die Zeit gemessen, die für das Abrutschen des Klebstoffs von der (schiefen) Ebene benötigt wird. Ähnlich wird beispielsweise nach DIN EN ISO 7390 [218] das Standvermögen von Dichtungsmassen im Hochbau bestimmt. Hierbei wird das Absacken von applizierten Fugendichtstoffen in senkrecht gestellten Aluminium-U-Profilen bei unterschiedlichen Temperaturen gemessen.

Auch ein Fadenzug des Klebstoffs ist mit einfachen Mitteln leicht quantitativ zu ermitteln. Der Fadenzug kann wiederum als Kriterium für die Gelierzeit herangezogen werden.

7.4 Normen, Technische Regeln, Richtlinien und Merkblätter

Normen, Technische Regeln, Richtlinien und Merkblätter basieren auf gesicherten wissenschaftlichen Ergebnissen und Erfahrungswerten. Sie sind national oder sogar international anerkannte Standards und somit wertvolle Orientierungshilfen für technisch einwandfreies Verhalten sowie wirtschaftlich optimiertes Arbeiten. Wie auch in anderen technischen Bereichen existiert zum Thema Kleben weltweit eine nahezu unüberschaubare Vielzahl unterschiedlicher Normen,

Technischer Regeln, Richtlinien und Merkblätter. Die in diesen Dokumenten festgelegte Prüfmethoden und Prüfbedingungen ermöglichen jedoch auf breiter Basis vergleichbare Ergebnisse.

Alleine beim Beuth Verlag liefert die Online-Suche [219] nach dem Suchbegriff «Kleben» aktuell 5519 Treffer zu Normen (zum Beispiel DIN, EN, ISO, ASTM), Technischen Regeln (zum Beispiel Richtlinien und Merkblätter des DVS, VDI und VDE sowie der EWF) und entsprechender Fachliteratur.

Der **I**ndustrie**v**erband **K**lebstoffe e.V. (IVK) hat zudem, ohne Anspruch auf Vollständigkeit, Aktualität und richtige Beschreibung, eine Liste von klebtechnisch relevanten Dokumenten erstellt. Diese sogenannte Normentabelle [220] mit derzeit 808 Einträgen soll insbesondere den Anwendern von Klebstoffen bei der Auswahl von Methoden zur Prüfung von Klebstoffen oder Klebungen unterstützen. Sie gestattet wahlweise die gezielte Suche nach der konkreten Nummer bzw. der Bezeichnung eines Schriftstücks oder die Recherche nach Dokumenten mit Bezug zu bestehenden Anwendungen. Mit Hilfe zahlreicher Suchfilter lässt sich die Treffermenge auf eine auswertbare Anzahl sinnvoll reduzieren bzw. eingrenzen.

In Tabelle 7.6 ist eine Auswahl wichtiger gültiger Normen zum Thema Kleben sowie zur Prüfung von Klebstoffen und Klebungen aufgeführt.

Tabelle 7.6 *Wichtige Normen zum Thema Kleben sowie zur Prüfung von Klebstoffen und Klebungen (Auswahl)*

Norm	Deutscher Titel
DIN 2304-1	Klebtechnik – Qualitätsanforderungen an Klebprozesse Teil 1: Prozesskette Kleben
DIN 6701-2/3/4	Kleben von Schienenfahrzeugen und -fahrzeugteilen Teil 2: Qualifikation der Anwenderbetriebe Teil 3: Leitfaden zur Konstruktion und Nachweisführung von Klebverbindungen im Schienenfahrzeugbau Teil 4: Ausführungsregeln und Qualitätssicherung
DIN 8593-8	Fertigungsverfahren Fügen Teil 8: Kleben – Einordnung, Unterteilung, Begriffe
DIN 54 455	Prüfung von Metallklebestoffen und Metallklebungen – Torsionsscherversuch
DIN 54 457	Strukturklebstoffe – Prüfung von Klebverbindungen – Raupenschälprüfung
DIN 54 460	Konstruktionsklebstoffe – Zugschälprüfung elastischer Klebverbunde
DIN 54 461	Strukturklebstoffe – Prüfung von Klebverbindungen – Biegeschälversuch
DIN 65 448	Luft- und Raumfahrt – Strukturelle Klebstoffe – Keiltest
DIN EN 1464	Klebstoffe – Bestimmung des Schälwiderstandes von Klebungen – Rollenschälversuch
DIN EN 1465	Klebstoffe – Bestimmung der Zugscherfestigkeit von Überlappungsklebungen
DIN EN 14 444	Strukturklebstoffe – Qualitative Bestimmung der Beständigkeit geklebter Baugruppen – Keilberstprüfung
DIN EN 14 869-1/2	Strukturklebstoffe – Bestimmung des Scherverhaltens struktureller Klebungen Teil 1: Torsionsprüfverfahren unter Verwendung stumpf verklebter Hohlzylinder Teil 2: Scherprüfung für dicke Fügeteile
DIN EN 15 336	Klebstoffe – Bestimmung der Zeit bis zum Bruch geklebter Fügeverbindungen unter statischer Belastung
DIN EN 15 337	Klebstoffe – Bestimmung der Scherfestigkeit von anaeroben Klebstoffen unter Verwendung von Bolzen-Hülse-Probekörpern
DIN EN 15 865	Klebstoffe – Bestimmung der Drehfestigkeit von anaeroben Klebstoffen auf geklebten Gewinden

Tabelle 7.6 *Wichtige Normen zum Thema Kleben sowie zur Prüfung von Klebstoffen und Klebungen (Auswahl) – Fortsetzung*

Norm	Deutscher Titel
DIN EN 15 870	Klebstoffe – Bestimmung der Zugfestigkeit von Stumpfklebungen
DIN EN 28 510-1	Klebstoffe – Schälprüfung für flexibel / starr geklebte Proben Teil 1: 90°-Schälversuch
DIN EN ISO 9142	Klebstoffe – Auswahlrichtlinien für Labor-Alterungsbedingungen zur Prüfung von Klebverbindungen
DIN EN ISO 9653	Klebstoffe – Prüfverfahren für die Scherschlagfestigkeit von Klebungen
DIN EN ISO 9664	Klebstoffe – Verfahren zur Prüfung der Ermüdungseigenschaften von Strukturklebungen bei Zugscherbeanspruchung
DIN EN ISO 10 365	Klebstoffe – Bezeichnung der wichtigsten Bruchbilder
DIN EN ISO 11 339	Klebstoffe – T-Schälprüfung für geklebte Verbindungen aus flexiblen Fügeteilen
ISO 4578	Klebstoffe – Bestimmung des Schälwiderstandes von hochfesten Klebeverbindungen – Rollen-Schälverfahren
ISO 10 964	Klebstoffe – Bestimmung der Drehmomentfestigkeit von anaerobischen Klebstoffen an Gewindeteilen
ISO 11 003-1/2	Klebstoffe – Bestimmung des Scherverhaltens von Strukturklebstoffen Teil 1: Torsionsprüfverfahren unter Verwendung stumpfgeklebter Hohlzylinder Teil 2: Scherprüfverfahren für dicke Fügeteile
ISO 11 339	Klebstoffe – T-Schälprüfung für geklebte Verbindungen aus flexiblen Fügeteilen
ISO 15 109	Klebstoffe – Bestimmung der Zeit bis zum Bruch von geklebten Fügeverbindungen unter statischer Belastung
ASTM D 1002	Prüfung der Festigkeitseigenschaften von Metallklebungen im Zugscherversuch
ASTM D 1781	Prüfung von Klebstoffen – Trommelschälversuch
ASTM D 1876	Prüfung des Schälwiderstandes von Klebstoffen – Winkelschälversuch
ASTM D 2295	Prüfung der Festigkeitseigenschaften von Metallklebungen im Zugscherversuch bei erhöhten Temperaturen
ASTM D 3166	Prüfung der Ermüdungsfestigkeit von Metallklebungen im Zugscherversuch
ASTM D 3658	Prüfung der Torsionsfestigkeit von Glas-Metall-Klebungen mit UV-Härtung
ASTM D 3762	Prüfung der Oberflächenfestigkeit von Aluminiumklebungen (Keiltest)
ASTM D 4562	Prüfung der Scherfestigkeit von Metallklebungen

Fast alle in Tabelle 7.6 aufgeführten Normen thematisieren die unterschiedlichen Methoden und Verfahren zur zerstörenden Prüfung von Klebungen (vgl. Abschnitt 7.1). Für die Bewertung der Klebung ist es sehr wichtig, neben den jeweils nach Normprüfung ermittelten Festigkeitswerten stets zusätzlich das sich ergebende Bruchbild nach DIN EN ISO 10 365 [43] im Prüfprotokoll mit anzugeben. Die DIN EN 1465 [146] ist die wohl am häufigsten eingesetzte Prüfnorm in der Klebtechnik [209].

Eine Sonderstellung unter den klebrelevanten Normen nimmt zweifelsohne die neue DIN 2304-1 «Klebtechnik – Qualitätsanforderungen an Klebprozesse» [19] ein. Sie rückt in heutiger Zeit zunehmend in den Fokus der Klebstoffverarbeiter und wird deshalb in dem eigenständigen Abschnitt 7.4.1 vertiefend erörtert.

Neben den zahlreichen nationalen und internationalen Normen existieren außerdem diverse fachspezifische Regularien, wie zum Beispiel Richtlinien und Merkblätter des DVS (**D**eutscher **V**erband für **S**chweißen und verwandte Verfahren e.V.), der EWF (European Federation for

Welding, Joining and Cutting), des VDI (**V**erein **D**eutscher **I**ngenieure e.V.) und des VDE (**V**erband **d**er **E**lektrotechnik Elektronik Informationstechnik e.V.). Eine Auswahl dieser Dokumente ist in Tabelle 7.7 zusammengefasst.

Tabelle 7.7 *Wichtige Technische Regeln, Richtlinien und Merkblätter zum Thema Kleben, zur Prüfung von Klebstoffen und Klebungen sowie zur Personalqualifizierung (Auswahl)*

Technische Regel/ Richtlinie / Merkblatt	Deutscher Titel
DVS 1618	Elastisches Dickschichtkleben im Schienenfahrzeugbau
DVS 2203-6 Beiblatt 2	Prüfen von Fügeverbindungen aus polymeren Werkstoffen – Prüfen von Klebeverbindungen im Scher- und Schälversuch
DVS 2204-1	Kleben von thermoplastischen Kunststoffen
DVS 3310	Qualitätsanforderungen in der Klebtechnik
DVS 3311	Klebaufsicht – Aufgaben und Verantwortlichkeiten
DVS 3320-1	Qualitätsanforderungen in der Klebstoffapplikation
DVS-EWF 3301	Personalqualifizierung – Klebfachkraft (EAS)
DVS-EWF 3305	Personalqualifizierung – Klebpraktiker (EAB)
DVS-EWF 3309	Personalqualifizierung – Klebfachingenieur/in (EAE)
EWF-515r1-10	Personalqualifizierung – European Adhesive Bonder (EAB)
EWF-516r1-10	Personalqualifizierung – European Adhesive Specialist (EAS)
EWF-517-01	Personalqualifizierung – European Adhesive Engineer (EAE)
VDI 2229	Metallkleben – Hinweise für Konstruktion und Fertigung
VDI 3821	Kunststoffkleben
VDI/VDE 2251 Blatt 8	Feinwerkelemente – Klebeverbindungen

Auf die Richtlinien zur Personalqualifizierung wird in Abschnitt 7.4.1 noch genauer eingegangen.

Darüber hinaus ergänzt werden Normen sowie Technische Regeln, Richtlinien und Merkblätter durch zahlreiche herstellerbezogene Dokumente in Form von firmeninternen Normen und (Prüf-) Vorschriften.

7.4.1 DIN 2304: Klebtechnik – Qualitätsanforderungen an Klebprozesse

Das Kleben ist gemäß der DIN EN ISO 9000 ff. ein «Spezieller Prozess» [46; 188]. In der DIN EN ISO 9001 [221] steht, dass bei «speziellen Prozessen» selbst «durch nachträgliche Überwachung und Messung oder zerstörungsfreie Prüfverfahren am Produkt das Ergebnis nicht in vollem Umfang verifiziert werden» kann. Applikations- und Prozessfehler machen sich so unter Umständen erst bei Gebrauch der geklebten Baugruppe bemerkbar [222], was bei sicherheitsrelevanten Klebungen ein ernsthaftes Problem bedeuten kann.

Schätzungsweise 90% aller Klebfehler sind auf die Applikation, also auf reine Anwenderfehler, zurückzuführen [222]. Aus diesem Grund rücken spezielle Verarbeitungs- bzw. Anwendernormen, wie zum Beispiel die neue DIN 2304-1 [19], immer mehr in den Fokus des Handelns.

Die DIN 2304-1 definiert die Anforderungen an Klebprozesse und legt unter anderem in Abhängigkeit der jeweiligen Sicherheitsklassen (siehe Tabelle 7.8) den Ausbildungsstand des ausführenden Personals sowie des **K**leb**a**ufsichts**p**ersonals (KAP) (siehe Tabelle 7.9) fest. Die Norm bestimmt so den aktuellen Stand der Klebtechnik. Die nachweisliche und lückenlose Einhaltung der DIN 2304-1 garantiert so die Qualität der klebtechnischen Arbeiten und bestätigt dem Klebstoff verarbeitenden Unternehmen, dass nach dem aktuellen Stand der Technik gefertigt wurde. Dies ist im Reklamationsfall, wenn also eine Klebung unplanmäßig versagt, von großer Bedeutung, insbesondere bei sicherheitsrelevanten Klebungen [188; 222].

Konkrete Klebstoffe sind nicht Gegenstand der DIN 2304-1 [213]. Die Norm umfasst generell auch keine Dichtungsanwendungen, sondern vielmehr pauschal alle konstruktiven, kraftübertragenden Klebstoffe und Klebungen, unabhängig von Festigkeits- und Verformungseigenschaften sowie den Verfestigungsmechanismen [188].

Als Grundlage der DIN 2304-1 dienen die Erfahrungen aus der DIN 6701-2/3/4 «Kleben von Schienenfahrzeugen und -fahrzeugteilen» [185–187]. Mit der Erarbeitung der DIN 6701 hat der NA 087-00-12 AA «Werkstoffe, Füge- und Verbindungstechnik» des Normenausschusses **F**ahrweg und **S**chienen**f**ahrzeuge (FSF) quasi den Grundstein für die DIN 2304 und die Industriebereiche außerhalb der Schienenfahrzeuge gelegt. Hinzu kommen detaillierte Dokumente, wie die zum Teil mehr als 100 Seiten umfassenden Merkblätter für das Kleben von Schienenfahrzeugen für die Deutsche Bahn AG (DB):

- «Durchführung der klebtechnischen Bauweisenprüfung im Schienenfahrzeugneubau nach der Richtlinie 951.0040, Ausgabe 2016» – Ausgabe 07.2016 [223]
- «Anforderungen der DB AG für das Kleben im Schienenfahrzeugbau nach der DB-Richtlinie 951.0040» – Ausgabe 07.2016 [189]
- «Anforderungen für die klebtechnische Instandsetzung von DB-Schienenfahrzeugen außerhalb der DB AG» – Ausgabe 07.2016 [224]

Die DIN 2304 und die DIN 6701 basieren auf den nachfolgenden Kernelementen [188, 225]:

- Klassifizierung von Klebungen nach Sicherheitsanforderungen (4 Sicherheitsklassen)
- Betreuung durch qualifiziertes Klebaufsichtspersonal (KAP)
- Nachweisführung: Ist-Beanspruchung der Klebung < max. Beanspruchbarkeit der Klebung

Klassifizierung von Klebungen nach Sicherheitsanforderungen

In Tabelle 7.8 sind die Sicherheitsklassen und die Sicherheitsanforderungen für die beiden Normen DIN 2304-1 (19) und DIN 6701-2/3/4 [185–187] vergleichend gegenübergestellt. Jede Klebung muss unter Einbeziehung des Klebaufsichtspersonals (KAP) durch den Konstrukteur bzw. den Bauteilverantwortlichen vorab genau einer Sicherheitsklasse eindeutig zugeordnet werden [225] – vgl. Abschnitt 6.2.3. Die Einordnung in die Sicherheitsklassen S1 bzw. A1 (höchste Sicherheitsanforderungen) sowie S4 bzw. AZ (keine Sicherheitsanforderungen) fällt in der Regel sehr leicht. Deutlich mehr Diskussionsbedarf besteht bei der Zuordnung zu den Sicherheitsklassen S2 bzw. A2 (mittlere Sicherheitsanforderungen) und S3 bzw. A3 (geringe Sicherheitsanforderungen). Für die korrekte Einordnung ist immer von dem schlimmsten anzunehmenden Unfall bei plötzlichem und komplettem Versagen der Klebung ohne jegliche Vorwarnung auszugehen [188]. Im Zweifelsfall wird die betreffende Klebung in die nächsthöhere Sicherheitsklasse eingruppiert.

Tabelle 7.8 *Sicherheitsklassen und Sicherheitsanforderungen gemäß DIN 2304-1* [19] *und DIN 6701-2/3/4* [185–187] *im Vergleich* [188; 225; 226]

DIN 2304		DIN 6701	
Sicherheitsklasse	Sicherheitsanforderungen	Sicherheitsklasse	Sicherheitsanforderungen
S1	■ mittelbare / unmittelbare Gefahr für Leib und Leben	A1	■ mittelbare / unmittelbare Gefahr für Leib und Leben
S2	■ mögliche Gefahr für Leib und Leben ■ große Umweltschäden ■ weitreichende Vermögensschäden	A2	■ mögliche Gefahr für Leib und Leben
S3	■ wahrscheinlich keine Personenschäden ■ maximal Komfort-/ Leistungseinbußen ■ wahrscheinlich keine größeren Umweltschäden ■ wahrscheinlich keine größeren Vermögensschäden	A3	■ wahrscheinlich keine Personenschäden ■ maximal Komfort-/ Leistungseinbußen
S4	■ Personenschäden unter vorhersehbaren Umständen ausgeschlossen ■ maximal Komfort-/ Leistungseinbußen ■ keine Umweltschäden ■ keine Vermögenschäden	AZ	■ Personenschäden unter vorhersehbaren Umständen ausgeschlossen ■ maximal Komfort-/ Leistungseinbußen

Die Zertifizierung der Klebstoff verarbeitenden Betriebe erfolgt nach den in Tabelle 7.8 genannten Sicherheitsklassen.

Betreuung durch qualifiziertes Klebaufsichtspersonal

Um den Forderungen derartiger Normen nach Personalqualifizierung zum Thema Kleben gerecht zu werden, werden unter anderem am Fraunhofer-Institut IFAM (**I**nstitut für **F**ertigungstechnik und **A**ngewandte **M**aterialforschung), Bremen, sowie bei der TC Kleben (**T**echnologie**C**entrum Kleben) GmbH, Übach-Palenberg, spezielle klebtechnische Weiterbildungskurse mit entsprechenden Lehrinhalten angeboten [227; 228]. Die wichtigsten Details zu den drei Ausbildungsstufen im Bereich der Klebtechnik sind in Tabelle 7.9 gegenübergestellt.

Tabelle 7.9 *Verschiedene Ausbildungsstufen im Bereich der Klebtechnik* [188]

Abkürzung DVS EWF	Qualifikation (Ausbildung)		Ausbildungsdauer (Stunden)	Zielgruppe
EAB	European Adhesive Bonder	Europäische(r) Klebpraktiker/in	40	Facharbeiter/innen (ausführende Ebene)
EAS	European Adhesive Specialist	Europäische Klebfachkraft	120	Meister, Vorarbeiter (Verbindungsmanagement)
EAE	European Adhesive Engineer	Europäische(r) Klebfachingenieur/in	320	Technische Entscheider

In zertifizierten Klebstoff verarbeitenden Unternehmen müssen die erforderlichen klebtechnischen Kenntnisse entsprechend nachgewiesen werden. Die klare Aufgabenverteilung ergibt sich in Abhängigkeit der Sicherheitsklassen gemäß Tabelle 7.10.

Tabelle 7.10 *Ausführendes Personal und erforderliches Klebaufsichtspersonal in Abhängigkeit der Sicherheitsklassen* [188]

Sicherheitsklasse	ausführendes Personal	Klebaufsichtspersonal (KAP)
S1	EAB	EAE
S2	EAB	EAS
S3	EAB*	EAB
S4	EAB*	EAB

* In Ausnahmefällen darf in den Sicherheitsklassen S3 und S4 klebtechnisch angelerntes Personal mit Facharbeiterausbildung eingesetzt werden.

Je höher die Sicherheitsklasse bzw. die Zertifizierungsstufe des Klebstoff verarbeitenden Betriebs ist, umso höher muss auch der klebtechnische Ausbildungsstand des die Klebungen ausführenden Personals sowie des Klebaufsichtspersonals sein.

Nachweisführung

Schließlich muss noch ein Nachweis bezüglich der Eignung der ausgewählten Vorbehandlungsmethoden und der Klebstoffauswahl geführt werden [188]. Des Weiteren muss unter Mitwirkung des Klebaufsichtspersonals nachgewiesen und dokumentiert werden, dass die in Realität auftretende Beanspruchung der Klebung stets geringer ausfällt als die maximale Beanspruchbarkeit der Klebung [225].

Möglichkeiten der Nachweisführung sind [188; 225]:

- Bemessung,
- Bauteilprüfung,
- dokumentierte Erfahrung,
- Kombination aus Bemessung, Bauteilprüfung und/oder dokumentierter Erfahrung.

Je höher wiederum die Sicherheitsklasse ist, umso größer ist auch der erforderliche Dokumentationsaufwand.

7.5 Qualitätssicherung

Qualitätssicherung ist eine absolute Notwendigkeit in der Klebtechnik. Die Qualität und auch die Reproduzierbarkeit von Klebungen hängen wiederum von zahlreichen Faktoren ab, wie Bild 7.13 nochmals zusammenfassend illustriert. Hierzu gehören einerseits Einflüsse der Prozesstechnik (Konstruktion und Prozessgestaltung) und andererseits Einflüsse der Fertigung (Produktion) [206]. Die hier aufgeführten Einflussfaktoren wurden in den vorhergehenden Kapiteln zumeist bereits ausgiebig diskutiert.

Speziell im Zusammenhang mit der DIN 2304-1 [19] wird die Qualifizierung des Personals immer mehr an Bedeutung gewinnen (vgl. auch Abschnitt 7.4.1). Wie bereits einleitend in Kapitel 1 festgestellt, sind solide klebtechnische Kenntnisse die Basis für optimale Ergebnisse in der

Bild 7.13 *Einflussfaktoren auf die Qualität einer Klebung* [206]

Klebtechnik. Die klebgerechte Konstruktion erfordert oftmals ein Umdenken und neue, individuelle Lösungsansätze (siehe Kapitel 5) im Vergleich zu konventioneller Fügetechnik. Auch die Klebstoffauswahl (siehe Kapitel 3 und Abschnitt 3.4) und die komplette Anwendungstechnik (siehe Kapitel 4) muss mit ausreichender Erfahrung erfolgen sowie mit entsprechendem Sachverstand durchgeführt werden.

Qualität kann bekanntermaßen nicht erprüft werden. Vielmehr muss die Qualität einer Klebung durch entsprechende vorgelagerte, begleitende / integrierte sowie nachgelagerte Maßnahmen und Prozessschritte sichergestellt werden [4; 15; 213; 188]. Ein solches umfassendes Qualitätsmanagement beginnt bereits beim Klebstoffhersteller, der mit der Bereitstellung von Klebstoffen in reproduzierbarer und hoher Qualität einen wichtigen Grundstein für die erfolgreiche Klebstoffverarbeitung beim verarbeitenden Unternehmen legt.

Zu den prozessvorgelagerten Einzelmaßnahmen gehören unter anderem folgende Aspekte [4; 15; 188]:

- klebtechnische Schulung und Qualifizierung des Personals (siehe Tabelle 7.9),
- Maßnahmen zum Umwelt- und Arbeitsschutz,
- Erstellen von firmeninternen Vorschriften bzw. Werksnormen,
- klebgerechte Konstruktion (siehe Abschnitt 5.1),
- Klebstoffauswahl (siehe Abschnitt 3.4),
- Wareneingangskontrolle bzw. -prüfung der Substrate und Klebstoffe sowie ggf. eventueller Hilfsmittel,
- Prüfen und Sicherstellen klebgeeigneter Substratoberflächen (siehe Abschnitt 4.1),
- Vorbereiten des Klebstoffs (siehe Abschnitt 4.2), unter anderem Einhaltung der vorgeschriebenen Lagerbedingungen (max. Lagerzeiten und Lagertemperaturen)
- Prüfen und Sicherstellen der Klebstoffeigenschaften vor der Applikation anhand von Prüfzertifikaten und Tests (siehe Abschnitt 7.3),
- ggf. Durchführung und Prüfung von Probeklebungen,
- ...

Die wesentlichen prozessbegleitenden bzw. prozessintegrierten Maßnahmen umfassen folgende Gesichtspunkte [4; 15; 188]:

- Einhalten bzw. Befolgen von Normen, Vorschriften und Prozessabläufen,
- Sicherstellen der Umgebungsbedingungen am Arbeitsplatz (Sauberkeit, Temperatur, Feuchtigkeit, …),
- (kontinuierliches) Erfassen der qualitätsbestimmenden Parameter,
- ggf. Verwendung von Farb- bzw. UV-Markern zur Kontrolle des Mischungsverhältnisses,
- ordnungsgemäßer Klebstoffauftrag und ggf. Fixierung der Fügeteile (siehe Abschnitt 4.3),
- Einhalten der Parameter für das Abbinden / Aushärten des Klebstoffs (siehe Abschnitt 4.4),
- zerstörungsfreies Inline-Prüfen der Klebverbindungen (siehe Abschnitt 7.2),
- …

Zu den prozessnachgelagerten Einzelmaßnahmen zählen abschließend [4; 15; 188]:

- Dokumentation der qualitätsbestimmenden Parameter,
- Prüfen der Klebverbindungen (siehe Abschnitte 7.1 und 7.2),
- Entsorgung bzw. Recycling von Klebstoffen bzw. Klebstoffresten (vollständig ausreagierte Klebstoffe sind in der Regel Hausmüll, nicht ausreagierte Klebstoffe hingegen Sondermüll),
- …

Die Qualität einer Klebung hängt letztendlich von der Qualität der gesamten Klebprozesskette ab [15; 206]. Da die Adhäsion noch nicht vollständig erforscht ist und da es keine Möglichkeit gibt, die Haftung oder Klebfestigkeit zerstörungsfrei quantitativ zu bestimmen, ist eine Qualifikation der Klebung ohne praktische Klebversuche derzeit nicht möglich [206].

Die Qualifizierung der Anwenderbetriebe in der Klebtechnik durch Unternehmenszertifizierungen nach der DIN 6701-2 und der neuen DIN 2304-1 [19] trägt wesentlich dazu bei, das Kleben zu einem sicheren Prozess zu machen und gleichzeitig die allgemeine Akzeptanz der Klebtechnik zu erhöhen. Die TBBCert der F&E Technologiebroker GmbH, Bremen, ist seit dem 01.04.2017 eine unabhängige Zertifizierungsstelle für die Zulassung von Betrieben gemäß der DIN 6701-2 und der DIN 2304-1 [229]. Nach erfolgreichem Zertifizierungsverfahren wird das Unternehmen entsprechend in das zentrale Online-Register DIN 6701 oder DIN 2304 [185] eingetragen. Auf die Online-Register kann über das Internet frei zugegriffen werden. Die beiden Online-Register dienen der Überprüfung von Lieferantenzertifikaten und können als Hilfestellung bei der Auswahl geeigneter Lieferanten fungieren.

Im zentralen Online-Register DIN 6701 waren im Februar 2018 insgesamt 677 Betriebe gelistet. Bei 78 Unternehmen lag zu diesem Zeitpunkt keine aktuelle Bescheinigung vor oder die Zertifizierung war vorübergehend ungültig bzw. abgelaufen. Die restlichen 599 Firmen besitzen aktuelle Zertifizierungen und entsprechend der Sicherheitsklassen A1, A2 und A3 einen zum Teil unterschiedlichen Zertifizierungsumfang [230].

Im Vergleich dazu sind zum selben Zeitpunkt im Februar 2018 im zentralen Online-Register DIN 2304 überhaupt erst vier Unternehmen aufgeführt, die gemäß der neuen Klebnorm Zulassungen in den Sicherheitsklassen S1 oder S2 besitzen [231].

Nicht zuletzt aufgrund der positiven Erfahrungen mit der DIN 6701 zum Thema «Kleben von Schienenfahrzeugen und -fahrzeugteilen» ist davon auszugehen, dass auch im Geltungsbereich der DIN 2304 zukünftig viele weitere Betriebszertifizierungen zwecks Realisierung qualitätsgesicherter Klebprozesse folgen werden.

8 Kleben in Kombination mit anderen Fügeverfahren (Hybridfügen)

Alle Fügeverfahren besitzen spezifische Vor- und Nachteile. In Abschnitt 1.1.4 wurden bereits die Vorzüge sowie die Grenzen des Klebens ausführlich vorgestellt und erläutert. Darüber hinaus wurden dort die unterschiedlichen Spannungsverteilungen in Schraub- und Nietverbindungen, Schweiß- und Lötverbindungen sowie in Klebverbindungen thematisiert. Kleben in Kombination mit anderen Fügeverfahren (Hybridfügen) eröffnet nunmehr die Möglichkeit, die Vorteile unterschiedlicher Fügeverfahren gezielt zu kombinieren und gleichzeitig die jeweiligen Nachteile der einzelnen Verfahren zu minimieren oder sogar komplett zu kompensieren [4; 15; 103; 140].

Klebstoffe können ihre Stärken in der Regel voll ausspielen, wenn es um das stoffschlüssige und flächige Verbinden (Kleben) und/oder das vollflächige oder umlaufende Abdichten von (unterschiedlichen) Substraten geht. Zusätzlich können Klebfugen unter anderem Vibrationen und Geräusche dämpfen sowie Spannungsspitzen ausgleichen. Anfällig sind Klebstoffe hingegen bei ungünstiger Belastung, zum Beispiel bei Spalt- oder Schälbeanspruchung (vgl. Abschnitt 5.1 und Bild 5.6). Somit liegt es nahe, eine für die Klebung auftretende ungünstige Spalt- oder Schälbelastung innerhalb der Fügegruppe zum Beispiel durch eine zusätzliche mechanische Verbindung abzufangen. Kombinierte Fügemethoden bieten zudem eine gewisse redundante Sicherheit. Versagt eine der beiden Fügeverbindungen schlagartig, gewährleistet die verbleibende Fügeverbindung im Idealfall noch ausreichende Notlaufeigenschaften.

Beim Hybridfügen wird in der Regel direkt durch die Klebschicht gefügt. Zu den häufigen Methoden des Hybridfügens zählen unter anderem folgende Kombinationsverfahren [4; 15; 103]:

- Schrauben und Kleben,
- Nieten und Kleben,
- Clinchen und Kleben,
- Clipsen und Kleben,
- Punktschweißen und Kleben,
- Bördeln / Falzen und Kleben und
- Schrumpfen und Kleben.

Auf diese Verfahren wird in den nachfolgenden Abschnitten etwas detaillierter eingegangen.

8.1 Schrauben und Kleben

Das Kleben ist prinzipiell ein zweidimensionales Fügeverfahren [105; 144]. Bei klebstoffundurchlässigen bzw. nicht saugfähigen Substraten wirken die Klebkräfte ausschließlich in Form von Adhäsionskräften auf den Substratoberflächen in der Fügezone sowie als Kohäsionskräfte innerhalb der Klebschicht. Da die Klebfugendicke in Bezug auf die Substratdicken in der Regel um ein Vielfaches geringer ist (Ausnahmen: Dickschichtklebungen oder Kleben von sehr dünnen Blechen bzw. Folien), ist die vereinfachte Annahme der Zweidimensionalität in den meisten Fällen somit grundsätzlich zutreffend. Durch die Kombination von Schrauben und Kleben eröffnen sich so nun zusätzliche Möglichkeiten.

Werden zwei oder mehrere (dickere) Substrate durch Schrauben und Kleben miteinander verbunden, so dringt die Schraube nunmehr auch in tieferliegende Substratschichten ein, die vom Klebstoff sonst nicht erreicht werden. Die Schraube erschließt quasi die dritte Dimension zur Kraftübertragung [105; 144], während der Klebstoff flächig auf den Substratoberflächen und in der Klebfuge wirkt. Spalt- oder Schälbeanspruchungen können durch zusätzliche Schrauben wirkungsvoll abgefangen werden (vgl. Bild 5.8 oben rechts).

Eine sehr häufige Kombination von Schrauben und Kleben stellt die Klebung zur Sicherung von Schrauben gegen unbeabsichtigtes Lösen oder Verlust der Vorspannung bei dynamischer Beanspruchung und/oder zur Gewindeabdichtung dar (siehe auch Abschnitte 6.2.2 und 6.3). In diesem Zusammenhang kommen vorzugsweise chemisch oder mechanisch blockierte Klebstoffe zum Einsatz [4; 15].

Bei den **chemisch blockierten Klebstoffen** handelt es sich typischerweise um anaerobe Klebstoffe, die durch Sauerstoffentzug und Anwesenheit von freien Metallionen reagieren (vgl. Abschnitt 3.3.4.4), oder um Cyanacrylate, die bei Feuchtigkeitszufuhr ausreagieren [4; 15; 77] (vgl. Abschnitt 3.3.4.2).

Die **mechanisch blockierten Klebstoffe** wurden bereits zum Ende von Abschnitt 3.3.4.5 am Beispiel des so genannten precote®-Systems [82] vorgestellt. Hierbei handelt es sich um mikroverkapselte, modifizierte 2K-Acrylate, die auf Außen- bzw. Innengewinde von Schrauben bzw. Muttern aufgetragen werden und dort zunächst einmal trocknen. Erst beim späteren Verschrauben kommt es zu einer mechanischen Zerstörung der Mikrokapseln, die getrennt voneinander zwei reaktionsfähige Klebstoffkomponenten enthalten. Die beiden Klebstoffkomponenten können nach Zerstörung der Mikrokapseln in einem begrenzten Bereich des Gewindes miteinander reagieren und härten so aus.

8.2 Nieten und Kleben

Das Nieten gehört gemäß DIN 8593 zu den fügenden Fertigungsverfahren, wobei der Formschluss mittels Fügen durch Umformen (vgl. Bild 1.1; DIN 8593-5) erzielt wird.

Ähnlich wie die Schraube beim Schrauben und Kleben ermöglicht auch der Niet beim Nieten und Kleben das Fügen von Substraten über die zweidimensionale Klebfläche hinaus in die dritte Raumrichtung [105; 144]. Prinzipiell trifft diese Aussage auch für vergleichbare Verbindungselemente, wie zum Beispiel Nägel, Clipse usw. zu.

Ein Nachteil vieler Nietverbindungen ist das zum Teil recht aufwendige plastische Verformen der Nieten durch axiales Stauchen (Schlagen). Einige Nietverfahren erfordern zudem mitunter eine relativ aufwendige Nietlochvorbereitung. Die zum Teil sehr zahlreichen Nietbohrungen schwächen überdies den tragenden Querschnitt der Nietverbindung.

Beim Nieten wird grundsätzlich zwischen Warmnietverbindungen und Kaltnietverbindungen differenziert [4; 15; 232].

Größere Stahlnieten, mit Rohnietdurchmessern >10 mm, müssen in der Regel zunächst rotglühend erwärmt werden. Daraus leitet sich der Begriff des **Warmnietens** ab. Nach dem Einbringen und plastischen Verformen des rotglühenden Niets kühlt dieser ab und schrumpft zusammen. Auf diese Weise entsteht neben dem eigentlichen Formschluss zusätzlich ein gewisser Kraft- bzw. Reibschluss zwischen den Substraten. Wasser- bzw. flüssigkeitsdichte Substratverbindungen sind so durchaus möglich [232].

Kleinere Stahlnieten bis ca. 10 mm Rohnietdurchmesser sowie außerdem Leichtmetall-, Messing- und Kupfernieten werden im kalten Zustand plastisch verformt [232], woher der Name **Kaltnieten** stammt. Kaltnietverbindungen weisen allerdings eine geringere Tragfähigkeit bei dynamischer Belastung auf und sind ohne zusätzliche Mittel nicht dicht [4; 15]. Des Weiteren müssen Substratwerkstoffe ggf. beschichtet und Fügeteil- sowie Nietwerkstoffe sorgfältig aufeinander abgestimmt werden [232], um Kontaktkorrosion zu vermeiden (vgl. Abschnitt 6.2.1). Im Flugzeugbau ist das Nieten eine etablierte Fügetechnik. So werden beispielsweise in einem herkömmlichen Passagierflugzeug ca. 3,5 Millionen Nieten verbaut [154].

Das Stanznieten stellt eine Kaltfügetechnik dar [103]. Hierbei erfolgen das Stanzen und Verbinden in einem einzigen Arbeitsschritt. Das Vorbohren und ein exaktes Ausrichten der Bohrlöcher zueinander erübrigen sich somit. In Bild 8.1 ist ein Vollschnitt durch eine Stanznietverbindung dargestellt. Gut zu erkennen ist, dass der Niet das obere Substrat durchstanzt hat und im unteren Fügeteil aufgespreizt ist.

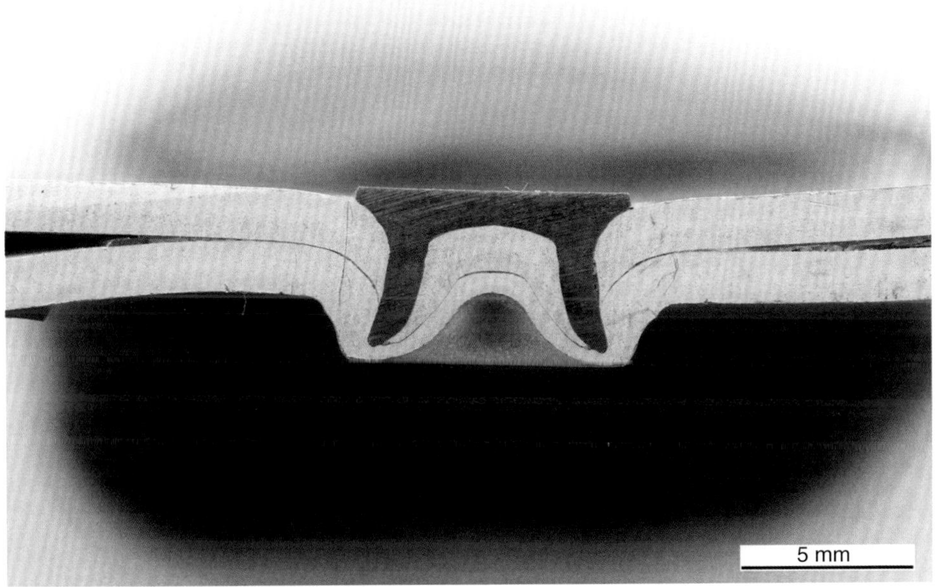

Bild 8.1 *Vollschnitt durch einen Stanznietpunkt einer Stanznietverbindung* [Quelle: Joachim Hummich]

Durch redundantes Fügen mittels Nieten und Kleben können insbesondere die zuvor genannten Nachteile der Nietverbindungen minimiert bzw. kompensiert werden. Nietklebungen zeigen eine hohe statische und dynamische Festigkeit. Neben der lasttragenden Aufgabe hat die Klebfuge zusätzlich eine dichtende Funktion [4; 15]. Beim vollflächigen Kleben sorgt die Klebschicht für die erforderliche galvanische Trennung zwischen zwei Substraten mit unterschiedlichem Elektrodenpotenzial (vgl. Abschnitt 6.2.1).

8.3 Clinchen und Kleben

Entsprechend der DIN 8593 zählt das Clinchen wie das Nieten zu den fügenden Fertigungsverfahren. Die Clinchverbindung entsteht mittels Fügen durch Umformen (vgl. Bild 1.1; DIN 8593-5). Das Clinchen und Kleben ähnelt prinzipiell dem in Abschnitt 8.2 beschriebenen Stanznietkleben.

Clinchen ist wie Stanznieten, Blindnieten oder Schraub- und Clip-Verbindungen eine Kaltfügetechnik [103]. Der wesentliche Unterschied zum Nieten ist, dass beim Nieten der Niet als Zusatzwerkstoff benötigt wird. Clinchen verzichtet hingegen beim Verbinden von flächigen Substraten gänzlich auf einen Zusatzwerkstoff, was einen wesentlichen Vorteil darstellt. Es wird deshalb auch als sogenanntes Durchsetzfügen oder Druckfügen (englisch: *Press Jointing*) bezeichnet.

Bild 8.2 zeigt einen Vollschnitt durch eine Clinchverbindung. Gut zu erkennen ist die formschlüssige Verbindung der beiden Bleche durch lokales Umformen der Substratwerkstoffe.

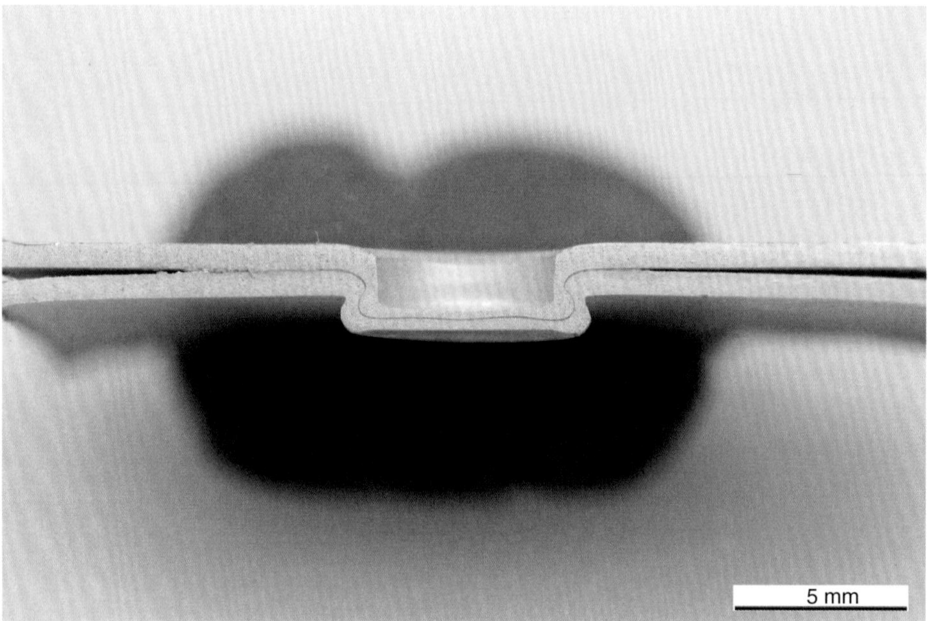

Bild 8.2 *Vollschnitt durch einen Clinchpunkt einer Clinchverbindung* [Quelle: Joachim Hummich]

Clinchen ist mittlerweile eine weit verbreitete Fügetechnologie und vor allem auch eine interessante Alternative zum Nieten oder zum Punktschweißen. Die Fügemethoden Clinchen, Nieten und Punktschweißen sowie Bördeln / Falzen werden unter anderem weitläufig im Rohbau in der Automobilfertigung eingesetzt, insbesondere wenn es darum geht, unterschiedliche Karosseriebleche auszusteifen und miteinander zu verbinden.

Reine Zugbelastungen stellen für Clinchpunkte allgemein unkritische Beanspruchungen dar. Dagegen reagieren Clinchpunkte auf Scherung eher empfindlich. Scherbelastungen stellen wiederum für Klebstoffe grundsätzlich gute Belastungen dar (vgl. Abschnitt 5.1 und Bild 5.2). Auch Zugkräfte sind durch Klebungen prinzipiell gut übertragbar, sind im Vergleich zu Scherkräften allerdings seltener. Dies ist vor allem der Tatsache geschuldet, dass sich konstruktiv sehr viel einfacher ausreichend große Klebflächen für Scherbelastung als für Zugbelastung realisieren lassen. Dieser Sachverhalt wurde bereits anschaulich in Abschnitt 5.3.1 anhand von Bild 5.16 (Stumpfstoßklebung) und Bild 5.17 (einschnittige Überlappungsklebung) sowie den dazugehörigen Berechnungen verdeutlicht.

Das Kombinationsverfahren Clinchkleben erweitert wiederum die Möglichkeiten, die das reine Clinchen oder Kleben isoliert betrachtet bietet. Die Scherempfindlichkeit der Clinchpunkte wird bei clinchgeklebten Substraten durch die Klebung ausgeglichen. Wie zuvor bei den Nietklebungen erläutert, übernimmt der Klebstoff auch bei Clinchklebungen lasttragende sowie zugleich dichtende, dämpfende und/oder isolierende Aufgaben.

Im automobilen Rohbau werden häufig einkomponentige warmhärtende Reaktionsklebstoffe (siehe Abschnitt 3.3.4.6) verwendet, die bis zur Wärmeaktivierung keinen (signifikanten) Festigkeitsaufbau zeigen. Die Klebstoffe besitzen in der Regel schon im nicht ausreagierten Zustand eine ausreichend hohe Standfestigkeit (Thixotropie bzw. Viskosität), so dass sie nicht schwerkraftbedingt aus der Klebfuge herauslaufen. Eine Weiterbearbeitungsfestigkeit (vgl. Abschnitt 3.3.4.6) liegt zu diesem Zeitpunkt allerdings nicht vor. Nach dem Applizieren des Klebstoffs und dem Fügen der Blechteile besteht somit die Gefahr, dass sich die zunächst exakt zueinander ausgerichteten Substrate beim weiteren Handling der Fügegruppe relativ zueinander verschieben können. Für die thermische Aushärtung des Klebstoffs werden zum Beispiel die Lackierstraßen bzw. Lackieröfen der OEM, in denen typischerweise Prozesstemperaturen von ca. 160...200 °C [103] vorherrschen, genutzt. Der Transport der Fügegruppen mit nicht vor- oder ausreagierter Klebung innerhalb eines Werkes oder sogar standort- bzw. firmenübergreifend lässt sich somit nicht vermeiden. Gezielt gesetzte Clinch-, Niet- oder Schweißpunkte garantieren die lagerichtige Orientierung der Fügeteile zueinander bis zur Aushärtung des Klebstoffs und darüber hinaus.

8.4 Clipsen und Kleben

Clipsen gehört ebenfalls zu den Kaltfügetechniken [103]. Befestigungs- oder Verbindungsclipse werden meist aus Kunststoff oder Metall gefertigt. Je nach Anwendungsfall kommen Clipse in unterschiedlichen Ausführungsformen (Nietclips, Spreizclips, Tannenbaumclips, ...) zum Einsatz.

Mithilfe von Clipsen und Kleben können unterschiedliche Elemente, wie zum Beispiel Typenschilder, Zierleisten, Innenraumleisten, Kfz-Verkleidungsteile für Exterieur oder Interieur unter anderem verliersicher, spiel-/spaltfrei und damit klapperfrei fixiert werden.

Wenngleich sich Clipse in ihrer Geometrie untereinander und auch von alternativen Verbindungselementen zum Teil deutlich unterscheiden, ist deren grundsätzliche Funktion beim Clipsen und Kleben vergleichbar mit der von Schrauben oder Nieten in Kombination mit Kleben, nämlich das Erschließen der 3. Dimension beim Fügen.

8.5 Punktschweißen und Kleben

Wie das Kleben oder das Nieten gehört auch das Schweißen entsprechend der DIN 8593 zu den fügenden Fertigungsverfahren. Beim Schweißen wird die Verbindung durch Stoffschluss erreicht (vgl. Bild 1.1; DIN 8593-6).

Das Punktschweißen gestattet kurze Fügezeiten und einen automatisierten Prozessablauf. Somit eignet sich diese Fügemethode sehr gut für Großserienfertigungen, wie beispielsweise den Karosserie-Rohbau (siehe auch Abschnitt 8.3). Nachteilig bei Punktschweißverbindungen sind hingegen die punktförmige Lastübertragung, das schlechte Tragverhalten bei dynamischer Belastung sowie die fehlende Dichtigkeit gegenüber Fluiden, also flüssigen oder gasförmigen Medien [4].

Durch das redundante Fügeverfahren Punktschweißen und Kleben können die zuvor genannten Nachteile der reinen Punktschweißverbindungen eliminiert werden. Die Klebschicht trägt einerseits zu einer Festigkeitserhöhung bei. Andererseits übernimmt die Klebfuge zusätzlich eine Dichtungsfunktion.

Beim Punktschweißkleben werden üblicherweise sehr ähnliche oder identische metallische Substratwerkstoffe stoffschlüssig miteinander verbunden. Typischerweise kommen dafür im Rohbau vor allem Tiefziehbleche aus Stahl zum Einsatz [4]. Aus Gründen des Korrosionsschutzes bzw. der Verarbeitungshilfe beim Tiefziehen sind die Stahlblechoberflächen in der Regel mit Konservierungsölen bzw. Tiefziehölen kontaminiert. Für das anschließende Kleben werden deshalb bevorzugt Reaktionsklebstoffe mit hoher Öltoleranz verwendet, die eine Ölmenge von bis zu 3 g/m^2 [103] auf der Substratfläche problemlos zulassen (siehe auch Kapitel 4).

Die beiden Prozessschritte Punktschweißen und Kleben können beim Punktschweißkleben prinzipiell in unterschiedlicher Reihenfolge durchgeführt werden [4; 15]:

- Fixiermethode: Klebstoffapplikation vor dem Punktschweißen
- Kapillarmethode: Klebstoffapplikation nach dem Punktschweißen

Fixiermethode: Klebstoffapplikation vor dem Punktschweißen
Bei dieser Verfahrensvariante erfolgt zunächst der Auftrag eines pastösen Klebstoffs mittlerer Viskosität. Im Bereich der im Anschluss zu setzenden Schweißpunkte muss die Schweißelektrodenkraft für ein lokales Verdrängen des isolierenden, flüssigen Klebstoffs sorgen, so dass es zum metallischen Kontakt zwischen den beiden Fügepartnern kommt. Ein möglichst geringer Übergangswiderstand ist Voraussetzung für den erforderlichen Stromfluss beim Schweißen [4; 15]. Eine hohe Klebstoffviskosität verlangt entsprechend hohe Elektrodenanpresskräfte. Deshalb müssen die Schweißpunkte gesetzt werden, bevor der Klebstoff zu weit vorreagiert oder ausgehärtet ist. Der Klebstoff darf allerdings von Beginn an auch nicht zu niedrigviskos sein, so dass er nach dem Punktschweißen und vor dem Aushärten zum Beispiel schwerkraftbedingt aus der Klebfuge herausfließt [15].

Kapillarmethode: Klebstoffapplikation nach dem Punktschweißen
Anders als bei der Fixiermethode wird bei der Kapillarmethode zuerst punktgeschweißt und anschließend geklebt. Da nach dem Punktschweißprozess nur noch ein sehr kleiner Spalt zwischen den beiden Fügeteilen vorliegt, muss die Klebstoffeinbringung in den freien Fügespalt mittels Kapillarwirkung erfolgen. Dies setzt zwingend eine ausreichend niedrige Klebstoffviskosität voraus [4; 15].

8.6 Bördeln / Falzen und Kleben

So wie das Clinchen ist auch das Bördeln / Falzen gemäß der DIN 8593 den Fügeverfahren durch Umformen zuzuordnen (vgl. Bild 1.1; DIN 8593-5).

Die durch Bördeln oder Falzen umzuformenden Bleche sollen vorzugsweise dünn sein sowie bei Verarbeitungstemperatur eine hohe Dehnbarkeit und eine niedrige Streckgrenze aufweisen [233].

Die Kombination aus Bördeln / Falzen und Kleben wird ebenfalls weitläufig im Automobil-Rohbau eingesetzt. Ein schematisches Beispiel für eine Bördelfalzklebung wurde bereits in Abschnitt 6.2.1 (Bild 6.1) vorgestellt. Geklebte Bördelfalze erhöhen zum einen die Karosseriesteifigkeit und verbessern das Crashverhalten. Zum anderen bieten umlaufende Bördelfalzklebungen und Bördelfalzversiegelungen Korrosionsschutz [103].

8.7 Schrumpfen / Pressen und Kleben

Fügen mittels Schrumpf- und Pressverbindungen ist Bestandteil des 3. Teils der DIN 8593 «An- und Einpressen» (siehe Bild 1.1; DIN 8593-3), ebenso wie das Fügen durch Schrauben.

Der wesentliche Vorteil der Kombination aus Schrumpfen / Pressen und Kleben liegt in der besseren Werkstoffausnutzung durch die Hybridverbindung [4]. Schrumpfkleben wird ausschließlich bei runden Klebfugengeometrien (vgl. Bild 5.4) angewendet [15]. Beispielhaft können in diesem Zusammenhang Lager, Buchsen, Scheiben, Zahnräder und zylindrische Teile auf Wellen oder in Gehäusen genannt werden (Bild 8.3).

Bild 8.3 *Kombination von Pressverbindung und anaerobem Fügeklebstoff bei runden Klebfugengeometrien* [Quelle: Henkel AG & Co. KGaA, Düsseldorf]

Wenn Fügeteile mittels Schrumpfen / Pressen und Kleben gefügt werden, können sie mit leicht größeren Toleranzen gefertigt werden. Dadurch können Ausschuss verringert und Fertigungskosten reduziert werden [4]. In Abschnitt 3.3.4.4 wurden bereits anaerob härtende Klebstoffe vorgestellt, die einen Toleranzausgleich bis ca. 0,25 mm erlauben.

Gleichzeitig sinken die Montagekosten, da eine aufwendige Nachbearbeitung und Oberflächenbearbeitung entfallen. Auch öltolerante Klebstoffe tragen zu reduzierten Montagekosten bei, da hier keine allzu gründliche Oberflächenvorbereitung nötig ist [234].

Schrumpf- bzw. pressgeklebte Verbindungen bieten eine bessere Kraft- und Drehmomentübertragung sowie eine gleichmäßigere Spannungsverteilung. Sie sind damit zuverlässiger als rein geschrumpfte bzw. gepresste Passungen [234]. Unter Umständen sind somit Werkstoffe mit geringerer Festigkeit einsetzbar [4] oder die Dimensionen der Fügegruppe können entsprechend reduziert werden. Gewichts- und Kosteneinsparungen sind wiederum positive Folgen.

Das Kleben wie auch kombinierte Fügeverfahren aus Kleben und konventionellen Verbindungsmethoden werden auch in Zukunft einen entscheidenden Beitrag zur Lösung von Fügeaufgaben leisten.

Abkürzungsverzeichnis

1K	einkomponentig
2D	zweidimensional
2K	zweikomponentig
3D	dreidimensional
ABS	Acrylnitril-Butadien-Styrol
ACFP	Adhäsions- und Kohäsionsbruch (Mischbruch)
AD	Atmosphärendruck
AF	Adhesive Failure / Fracture (Adhäsionsbruch an einem oder beiden Fügeteilen)
Ag	Silber
Al	Aluminium
Al_2O_3	Aluminiumoxid
Ar	Argon
ASF	Audi Space Frame
ASTM	American Society for Testing and Materials
Au	Gold
BMW	Bayerische Motoren Werke
C	Kohlenstoff
CA	Cyanacrylat
CAD	Computer Aided Design
CF	Cohesive Failure / Fracture (Kohäsionsbruch)
CFK	Kohlenstofffaserverstärkte Kunststoffe
Cl	Chlor
CO_2	Kohlendioxid
COB	Chip-on-board
Cr	Chrom
CR	Chloroprene Rubber (Polychloropren)
CT	Computertomografie
Cu	Kupfer
DB	Deutsche Bahn AG
DDK	Dynamische Differenzkalorimetrie (DSC: Differential Scanning Calorimetry)
DEA	Dielektrische Analyse
DETA	Dielektrische Thermoanalyse
DF	Delamination Failure / Fracture (Delaminationsbruch einer aufgetragenen Schicht)
DIN	Deutsches Institut für Normung
DLR	Deutsches Zentrum für Luft- und Raumfahrt
DMA	Dynamisch-mechanische Analyse
DMTA	Dynamisch-mechanische Thermoanalyse
DSA	Drop Shape Analyzer
DSC	Differential Scanning Calorimetry (DDK: Dynamische Differenzkalorimetrie)
DT	Destructive Testing (zerstörende Prüfverfahren)
DVGW	Deutscher Verein des Gas- und Wasserfaches e.V.
DVS	Deutscher Verband für Schweißen und verwandte Verfahren e.V.
EAB	European Adhesive Bonder (Europäische(r) Klebpraktiker/in)

EAE	European Adhesive Engineer (Europäische(r) Klebfachingenieur/in)
EAS	European Adhesive Specialist (Europäische Klebfachkraft)
Elko	Elektrolytkondensator
EMV	Elektromagnetische Verträglichkeit
EN	Europäische Norm
EP	Epoxidharz
EPDM	Ethylen-Propylen-Dien-Kautschuk
EPS	expandiertes Polystyrol
ESD	Electrostatic Discharge (elektrostatische Entladung)
ESG	Einscheibensicherheitsglas
EVA	Ethylen-Vinyl-Acetat
EWF	European Federation for Welding, Joining and Cutting (Europäischer Verband für Schweißen, Fügen und Schneiden)
FDS	Flow Drill Screw (fließlochformende Schraube)
Fe	Eisen
FEM	Finite-Elemente-Methode
FKM (früher FPM)	Fluorkautschuk
FSF	Fahrweg und Schienenfahrzeuge (Normenausschuss)
FT-IR	Fourier-Transformations-Infrarot-Spektroskopie
FVK	Faserverstärkte Kunststoffe
GFK	Glasfaserverstärkte Kunststoffe
H	Wasserstoff
Hg	Quecksilber
HRSI	High-temperature Reusable Surface Insulation
HTV	Hoch-Temperatur-Vulkanisation
I	Initiator (Photoinitiator)
IC	Integrated Circuit (Integrierte Schaltungen)
ICC	Integrated Circuit Card
IFAM	Institut für Fertigungstechnik und Angewandte Materialforschung
ILT	induktiv angeregte Lock-in-Thermografie
IPA	Isopropylalkohol (Isopropanol)
IR	Infrarot
ISF	Institut für Schweißtechnik und Fügetechnik
ISO	International Organization for Standardization
IUPAC	International Union of Pure and Applied Chemistry (Internationale Union für reine und angewandte Chemie)
IVK	Industrieverband Klebstoffe e.V.
KAP	Klebaufsichtspersonal
Kfz	Kraftfahrzeug
KTL	katodische Tauchlackierung
Lkw	Lastkraftwagen
LSR	Liquid Silicone Rubber (Flüssigsilikonkautschuk)
LT	Lock-in-Thermografie
MEK	Methylethylketon
MF	Melaminharz (Melamin-Formaldehyd-Harz)
Mg	Magnesium
MIG-Schweißen	Metallschweißen mit inerten Gasen
MMA	Methylmethacrylat

Mn	Mangan
MS	modified silane (silanmodifiziert)
µTA	mikrothermische Analyse
MVQ	Methyl-Vinyl-Silikon (Silikonkautschuk)
N	Stickstoff
NA	Normenausschuss
NASA	National Aeronautics and Space Administration
NBR	Nitril-Butadien Rubber (Nitrilkautschuk)
NDT	Non-Destructive Testing (zerstörungsfreie Prüfverfahren)
Ni	Nickel
NR	Natural Rubber (Naturkautschuk)
O	Sauerstoff
O_2	molekularer Sauerstoff
O_3	Ozon
OEM	Original Equipment Manufacturer (Erstausrüster)
OLT	optisch angeregte Lock-in-Thermografie
PA	Polyamid
PA6	Polyamid 6
PA6.6	Polyamid 6.6
Pb	Blei
PBT	Polybutylenterephthalat
PC	Polycarbonat
PCB	Printed Circuit Board (Leiterplatte)
PE	Polyethylen
PE-HD	Polyethylen hoher Dichte
PE-LD	Polyethylen niedriger Dichte
PET	Polyethylenterephthalat
PF	Phenolharz (Phenol-Formaldehyd-Harz)
PI	photoinitiiert
PIB	Polyisobutylen
Pkw	Personenkraftwagen
PMMA	Polymethylmethacrylat
POM	Polyoxymethylen
PP	Polypropylen
PS	Polystyrol
PSA	Pressure Sensitive Adhesive
psi	pound-force per square inch
PT	Puls-Thermografie (Impuls-Thermografie)
PTFE	Polytetrafluorethylen
PUR (PU)	Polyurethan
PVAC (PVA)	Polyvinylacetat
PVC	Polyvinylchlorid
PVC-P	Weich-Polyvinylchlorid (P: plasticized = weich)
PVC-U	Hart-Polyvinylchlorid (U: unplasticized = hart)
R·	Radikal
R^+	Kation
RFID	Radio Frequency Identifications (Identifizierung mit Hilfe elektromagnetischer Wellen)

RT	Raumtemperatur
RTV	Raum-Temperatur-Vernetzung
S	Schwefel
SACO	Sandblast Coating
SBR	Styrol-Butadien Rubber
SBS	Styrol-Butadien-Styrol
SCF	Particular Cohesive Failure / Fracture near the Adhesive / Substrate Interface (Substratnaher spezieller Kohäsionsbruch)
SF	Substrate Failure / Fracture (Fügeteilbruch)
SMD	Surface Mounted Devices (oberflächenmontierbare Bauteile)
SMP	silanmodifizierte Polymere
Sn	Zinn
St	Stahl
STP	silylterminierte Polymere
t	Dicke (t: thickness)
TC	TechnologieCentrum
TG	Thermogravimetrie
TGA	Thermogravimetrische Analyse
THF	Tetrahydrofuran
Ti	Titan
TMA	Thermomechanische Analyse
TRIZ	russisch: Teoria Reschenija Isobretatjelskich Sadatsch (Theorie des erfinderischen Problemlösens oder Theorie zur Lösung erfinderischer Probleme)
TTS	Transdermale therapeutische Systeme
UF	Harnstoff-Formaldehyd-Harz (U: urea = Harnstoff)
ULT	Ultraschall-angeregte Lock-in-Thermografie
US	Ultraschall
UV	Ultraviolett
UVA	UV-A Licht ($\lambda = 315 \ldots 380$ nm)
UVB	UV-B Licht ($\lambda = 280 \ldots 315$ nm)
UVC	UV-C Licht ($\lambda = 200 \ldots 280$ nm)
v. Chr.	vor Christus
VDA	Verband der Automobilindustrie
VDE	Verband der Elektrotechnik Elektronik Informationstechnik e.V.
VDI	Verein Deutscher Ingenieure e.V.
VHB	Very High Bonding
VOCs	Volatile Organic Compounds (flüchtige organische Verbindungen)
VSG	Verbundsicherheitsglas
VUV	Vakuum-UV-Licht ($\lambda = 100 \ldots 200$ nm)
W	Wolfram
WBL	Weak Boundary Layer
XWB	Extra Wide Body
Y^-	Gegenion
Zn	Zink
ZTV	Zeit-Temperatur-Verschiebungsprinzip

Formelzeichen

A	mm^2	Fläche
A_K	mm^2	Klebschichtfläche
b	mm	Breite
b_K	mm	Breite der Klebschicht
$b_Ü$	mm	Überlappungsbreite
c_p	J/(kgK)	spezifische Wärmekapazität bei konstantem Druck
d	mm	Dicke
d_K	mm	Dicke der Klebschicht
E	V	Elektrodenpotenzial
E	MPa (N/mm^2)	Elastizitätsmodul (E-Modul)
E_0	MPa (N/mm^2)	Ursprungsmodul
E_F	MPa (N/mm^2)	Elastizitätsmodul des Fügeteils
E_K	MPa (N/mm^2)	Elastizitätsmodul des Klebstoffs
F	N	Kraft
F_B	N	Bruchlast
$F_{dyn.}$	N	dynamische Kraft
F_{Ist}	N	Ist-Kraft
F_{max}	N	Höchstkraft
$F_{stat.}$	N	statische Kraft
f_T		Abminderungsfaktor für Temperatur
f_t		Abminderungsfaktor für statische Langzeitbeanspruchung
f_Z		Abminderungsfaktor für dynamische Langzeitbeanspruchung
G	MPa (N/mm^2)	Schubmodul
l	mm	Länge
l_0	mm	ursprüngliche Länge
l_K	mm	Länge der Klebschicht
$l_Ü$	mm	Überlappungslänge
M_B	Nm	Biegemoment
n		Wendelanzahl (Anzahl der Mischelemente)
Q	W	Wärmestrom
R_e	MPa (N/mm^2)	Streckgrenze
R_m	MPa (N/mm^2)	Zugfestigkeit
$R_{p0,2}$	MPa (N/mm^2)	0,2%-Dehngrenze (Elastizitätsgrenze)
R_Z	µm	gemittelte Rautiefe
S		Sicherheitsfaktor ($S \geq 2$)
S		Schichtenanzahl (Layers)
s	mm	Fügeteildicke
T_G	°C	Glasübergangstemperatur
W_A	J/m^2	Adhäsionsarbeit
W_K	J/m^2	Kohäsionsarbeit
α	°	Benetzungswinkel (Kontakt-/Randwinkel)
α	1/K	Längenausdehnungskoeffizient (Wärmeausdehnungskoeffizient)
Δ		Differenz (Delta)
Δl	mm	Differenz der thermischen Längenänderung

ΔT	K	Temperaturänderung
ε	%	Dehnung
ε_B	%	Bruchdehnung bzw. Reißdehnung
ε_M	%	Dehnung bei Zugfestigkeit
ε_S	%	Streckdehnung
$\dot{\varepsilon}$	mm/s	Belastungsgeschwindigkeit
γ	mN/m	Oberflächenenergie
γ_{KF}	mN/m	Grenzflächenspannung zwischen der Fügeteiloberfläche und dem flüssigen Klebstoff
λ	nm	Wellenlänge
λ	W/mK	Wärmeleitfähigkeit
μ_F		Querkontraktion des Fügeteils
μ_K		Querkontraktion des Klebstoffs
ρ	g/cm^3	Dichte
σ	MPa (N/mm^2)	(Zug-)Spannung
σ_B	MPa (N/mm^2)	Bruchspannung
σ_{FG}	mN/m	Oberflächenenergie des Fügeteils
σ_{KG}	mN/m	Oberflächenspannung des flüssigen Klebstoffs
σ_M	MPa (N/mm^2)	Zugfestigkeit
σ_S	MPa (N/mm^2)	Streckspannung
ϑ	°C	Temperatur
τ	MPa (N/mm^2)	Zugscherspannung
τ_B	MPa (N/mm^2)	Klebfestigkeit (Zugscherfestigkeit)
τ_{Bm}	MPa (N/mm^2)	mittlere Bruchzugscherspannung
τ_{Bmax}	MPa (N/mm^2)	Bruchzugscherspannung
τ_{Ist}	MPa (N/mm^2)	Ist-Spannung
τ_m	MPa (N/mm^2)	mittlere Zugscherspannung
τ_{max}	MPa (N/mm^2)	maximale Zugscherspannung
$\tau_{zul.}$	MPa (N/mm^2)	zulässige Spannung

Indizes

B	Bruch, Biege
dyn.	dynamisch
F	Fügeteil
G	Gasatmosphäre der Umgebung
K	Klebstoff/Klebschicht
KF	Klebstoff flüssig
S	Streck
stat.	statisch
T	Temperatur
t	Zeit
$\parallel$	parallel (zur Faserrichtung)
$\perp$	senkrecht (zur Faserrichtung)

Quellenverzeichnis

[1] DIN 8580:2003-09. *Fertigungsverfahren – Begriffe, Einteilung.* Berlin: Beuth Verlag, September 2003.

[2] Fachwissen Technik. [Online] [Zitat vom: 10. 04 2017.] http://www.fachwissen-technik.de/verfahren/fertigungsverfahren-fuegen.html.

[3] DIN 8593-8:2003-09. *Fertigungsverfahren Fügen – Teil 8: Kleben; Einordnung, Unterteilung, Begriffe.* Berlin: Beuth Verlag, September 2003.

[4] Dilthey, U.; Brandenburg, A.; Reiner, T.: *Grundlagen der Klebtechnik – Materialsammlung zur Vorlesung.* ISF der RWTH Aachen. Aachen: Augustinus, 1995.

[5] Onusseit, H.: *Kleben – das Fügeverfahren des 21. Jahrhunderts.* Düsseldorf: Henkel AG & Co. KGaA, ohne Jahresangabe.

[6] Weidlich, A.: Klebstoffauswahl – Prinzipielles Vorgehen und ihre Anwendung. *ISGATEC Seminar.* Mannheim: ISGATEC Akademie, 2017. Bde. Seminar-Handbuch, 09.11.2017.

[7] Tasche, B.; van Halteren, A.: Deutsche Klebstoffindustrie weltweit Nummer 1 – Auslandsgeschäfte sichern weiteres Wachstum. [Online] [Zitat vom: 20. 03 2017.] http://www.klebstoff-presse.com/wirtschaftspresse/deutsche-klebstoffindustrie-weltweit-nummer-1.html.

[8] IVK e.V. Produktion Klebstoffsysteme 2015. *Konjunkturdaten 2015/2016 – Industrieverband Klebstoffe / Jahrestagung 2016.* [Online] 2015. [Zitat vom: 20. 03 2017.] www.klebstoffe.com/fileadmin/redaktion/ivk/Markt2015.pdf.Quellenverzeichnis.

[9] Brück, M.: Die Geschichte des Klebens. [Online] [Zitat vom: 20. 03 2017.] http://www.wiwo.de/unternehmen/chronik-die-geschichte-des-klebens/5456974.html.

[10] Warum kleben Klebstoffe? [Online] [Zitat vom: 20. 03 2017.] https://www.planet-schule.de/warum_chemie/kleben/themenseiten/t3/s1.html und https://www.planet-schule.de/warum_chemie/kleben/themenseiten/t3/s2.html.

[11] Williams, S.: Rubber balls used in Mesoamerican game 3,500 years ago. *Independent/History.* [Online] 01. 06 2010. [Zitat vom: 24. 02 2018.] http://www.independent.co.uk/life-style/history/rubber-balls-used-in-mesoamerican-game-3500-years-ago-1988439.html.

[12] Hosler, D.; Burkett, S. L; Tarkanian, M. J.: Prehistoric Polymers: Rubber Processing in Ancient Mesoamerica. *Science.* 18. 06 1999, Bd. Vol. 284, Issue 5422, S. 1988–1991.

[13] Die Welt des Klebens: Nachhaltigkeit & Umwelt – Vorbild Natur. [Online] [Zitat vom: 20. 03 2017.] http://www.klebstoffe.com/de/die-welt-des-klebens/nachhaltigkeit-umwelt.html.

[14] Warnt mit gelbschwarz: die Wespe. [Online] [Zitat vom: 10. 04 2017.] http://www.bund-hessen.de/themen_und_projekte/natur_und_artenschutz/natur_erleben/w/wespe/.

[15] Habenicht, G.: *Kleben – Grundlagen, Technologien, Anwendungen.* 6. Auflage. Berlin, Heidelberg: Springer Verlag, 2009.

[16] DIN EN 923:2016-03. *Klebstoffe – Benennungen und Definitionen.* Berlin: Beuth Verlag, März 2016.

[17] Bader, M.; Friedl, P.; Stolz, N.: *Klebtechnik: Literaturrecherche, empirische Versuche und Auswertung.* Maschinenbau/Umwelttechnik, OTH Amberg-Weiden. Amberg: s.n., 2016. Studentische Projektarbeit.

[18] VDI. Richtlinie VDI 2230. *Systematische Berechnung hochbeanspruchter Schraubenverbindungen.* Düsseldorf: s.n., 2015.

[19] DIN 2304-1:2016-03. *Klebtechnik – Qualitätsanforderungen an Klebprozesse - Teil 1: Prozesskette Kleben.* Berlin: Beuth Verlag, 2016.

[20] DIE WELT: Eisen aus dem Meer lässt Muscheln fest auf Felsen haften. [Online] [Zitat vom: 16. 05 2017.] https://www.welt.de/print-welt/article285635/Eisen-aus-dem-Meer-laesst-Muscheln-fest-auf-Felsen-haften.html.

[21] Hering, E.; Martin, R.; Stohrer, M.: *Physik für Ingenieure.* 4. Auflage. Düsseldorf: VDI Verlag, 1992.

[22] Weigel, G.; Hose, R.; Kirchgässner, K.: *BOND it – Nachschlagewerk zur Klebtechnik.* [Hrsg.] DELO Industrie Klebstoffe. 5. Auflage. Windach: s.n., 2015.

[23] Wu, S.: *Polymer Interface and Adhesion.* New York: Marcel Dekker, 1996.

[24] DELO Industrie Klebstoffe. *Oberflächenbehandlung.* [Klebtechnisches Seminar] Windach: DELO, Juni 2011.

[25] KRÜSS GmbH: Oberflächenspannung. [Online] KRÜSS GmbH – Deutschland. [Zitat vom: 21. 06 2017.] https://www.kruss.de/de/service/schulung-theorie/glossar/oberflaechenspannung/.

[26] IMETER. Bestimmungsmethoden, Verfahren (Fluide). [Online] IMETER – MSB Breitwieser, Augsburg. [Zitat vom: 10. 12 2017.] https://imeter.de/imeter-methoden/oberflaechenspanung-und-grenzflaechenspannung/oberflaechenspannung-grenzflaechenspannung.html#Bestimmungsmethoden.

[27] KRÜSS GmbH. Ringmethode nach Du Noüy. [Online] KRÜSS GmbH, Hamburg. [Zitat vom: 10. 12 2017.] https://www.kruss-scientific.com/de/service/schulung-theorie/glossar/ringmethode-nach-du-nouey/.

[28] Plattenmethode nach Wilhelmy. [Online] KRÜSS GmbH, Hamburg. [Zitat vom: 10. 12 2017.] https://www.kruss-scientific.com/de/service/schulung-theorie/glossar/plattenmethode-nach-wilhelmy/.

[29] DELO Industrie Klebstoffe. *Oberflächenbehandlung von Kunststoffen.* [Klebtechnisches Seminar] Windach: DELO, März 2011.

[30] Kopczynska, A.; Ehrenstein, G. W.: *Oberflächenspannung von Kunststoffen - Messmethoden am LKT.* Erlangen-Tennenlohe: LKT – Lehrstuhl für Kunststofftechnik / FAU – Friedrich-Alexander-Universität Erlangen-Nürnberg, 2003.

[31] Kern GmbH. Kunststoff-Lexikon: Oberflächenenergie. [Online] Kern GmbH. [Zitat vom: 16. 05 2017.] https://www.kern.de/de/kunststofflexikon/oberflaechenenergie.

[32] 3M. DER KLEBEPROFI – ABS kleben. [Online] 3M. [Zitat vom: 16. 05 2017.] http://www.klebeprofi.net/klebe-anleitungen/abs-kleben/.

[33] KRÜSS GmbH. Festkörper – Werte der Oberflächenenergie von Festkörpern. [Online] KRÜSS GmbH. [Zitat vom: 16. 05 2017.] https://www.kruss.de/de/service/schulung-theorie/substanzdaten/festkoerper/.

[34] Habenicht, G.: *Kleben – erfolgreich und fehlerfrei - Handwerk, Praktiker, Ausbildung, Industrie.* 7. Auflage. Wiesbaden : Springer Vieweg, 2016.

[35] IBZ Industrie AG. Grundlagen des Klebens. [Online] IBZ Industrie AG, Adliswil, Schweiz. [Zitat vom: 17. 01 2018.] https://www.ibzag.ch/de/top/service/downloads/grundlagen-des-klebens.html#top.

[36] DIN 4760:1982-06. *Gestaltabweichungen; Begriffe, Ordnungssystem.* Berlin: Beuth Verlag, 1982.

[37] Hoischen, H.; Fritz, A.: *Technisches Zeichnen.* [Hrsg.] A. Fritz. Berlin: Cornelsen Verlag, 2016.

[38] WDR. *Quarks Skript: Die Kunst des Klebens.* Köln : WDR, 2000.

[39] Bothe, L.; Rehage, G.: Autohäsion von Elastomeren. *DIe Angewandte Makromolekulare Chemie.* 100, 12. 11 1981, S. 39–65.

[40] Menges, G.; et al. *Menges Werkstoffkunde Kunststoffe.* 6. Auflage. München: Carl Hanser Verlag, 2011.

[41] DIN EN ISO 527-1:2012-06. *Kunststoffe - Bestimmung der Zugeigenschaften – Teil 1: Allgemeine Grundsätze (ISO 527-1:2012); Deutsche Fassung EN ISO 527-1:2012.* Berlin: Beuth Verlag, 2012.

[42] Frick, A.; Stern, C.: *Einführung in die Kunststoffprüfung – Prüfmethoden und Anwendungen.* München: Carl Hanser Verlag, 2017.

[43] DIN EN ISO 10365:1995-08. *Klebstoffe – Bezeichnung der wichtigsten Bruchbilder.* Berlin: Beuth Verlag, 1995.

[44] Dorel. Versagensarten von Klebungen. [Online] [Zitat vom: 29. 05 2012.] http://www.dorel.de/index.php?show=pro_versagensarten.

[45] SINUS electronic GmbH. *Kleben.* [Hrsg.] SINUS electronic GmbH. Untereisesheim : SINUS electronic GmbH.

[46] IVK e.V. Leitfaden Kleben – aber richtig. [Online] Industrieverband Klebstoffe e.V. [Zitat vom: 17. 07 2017.] http://www.leitfaden.klebstoffe.com/index.php.

[47] Brockmann, W.; et al.: *Klebtechnik – Klebstoffe, Anwendungen und Verfahren.* 1. Auflage. Weinheim an der Bergstraße: Wiley-VCH Verlag, 2012.

[48] Silikone. [Online] [Zitat vom: 02. 11 2017.] http://www.chemie.de/lexikon/Silikone.html.

[49] Plastisol. [Online] [Zitat vom: 02. 11 2017.] http://www.chemie.de/lexikon/Plastisol.html.

[50] Ruderer Klebetechnik GmbH. Das Abbinden. *Kleber und Klebstoff Beratung.* [Online] Ruderer Klebetechnik GmbH, Zorneding. [Zitat vom: 17. 01 2018.] http://www.kleber-klebstoff-beratung.de/wissen/das-abbinden.php.

[51] DELO Industrie Klebstoffe. *Grundlagen der Klebtechnik.* [Klebtechnisches Seminar] Windach: DELO, März 2011.

[52] Müllenberg, L.: Einführung in die Klebstofftechnologie und deren Vorteile. *VDI Seminar «Kleben für Konstrukteure».* Stuttgart: VDI, 2017. Bde. Seminar-Handbuch, 11.+12.07.2017.

[53] Zanotti, A.: Reaktive 1- und 2-komponentige Systeme. *VDI Seminar «Kleben für Konstrukteure».* Stuttgart: VDI, 2017. Bde. Seminar-Handbuch, 11.+12.07.2017.

[54] Kleinholz, R.; et al.: *Handbuch Faserverbundkunststoffe - Grundlagen, Verarbeitung, Anwendungen.* [Hrsg.] AVK – Industrievereinigung Verstärkte Kunststoffe e.V. 3. Auflage. Wiesbaden: Vieweg+Teubner Verlag, 2010.

[55] Manert, U.: Grundbegriffe in der Klebtechnik. *VDI Seminar «Kleben für Konstrukteure».* Stuttgart: VDI, 2017. Bde. Seminar-Handbuch, 11.+12.07.2017.

[56] 3M Deutschland GmbH/Koch + Schröder GmbH. 3M™ Klebstoffe, Scotch-Weld,™ EPX-System, Sprühkleber, Power Line, … *Kataloge.* [Online] [Zitat vom: 07. 01 2018.] https://www.kochundschroeder.de/kataloge/3m_klebstoffe_scotchweld_powerline_kataloge.php.

[57] UHU GmbH & Co KG. Technisches Merkblatt UHU - extra ALLESKLEBER. [Online] [Zitat vom: 02. 11 2017.] http://www.uhu-profi.de/uploads/tx_ihtdatasheets/RS661_Technisches_Merkblatt_tds_extra_alleskleber.pdf.

[58] Ruderer Klebetechnik GmbH. 2. Lösemittelhaltige Klebstoffe. *Kleber und Klebstoff Beratung.* [Online] Ruderer Klebetechnik GmbH, Zorneding. [Zitat vom: 02. 11 2017.] http://www.kleber-klebstoff-beratung.de/infos/einfuehrung-02-loesemittelhaltige-klebstoffe.php.

[59] Jowat SE. Lösemittelklebstoffe. *CR-Klebstoff, SC-Klebstoffe, PU-Klebstoffe.* [Online] Jowat SE, Detmold. [Zitat vom: 05. 11 2017.] http://www.jowat.com/de-DE/klebstoffe/loesemittelklebstoffe/.

[60] 3M Deutschland GmbH/Koch + Schröder GmbH. 3M™ 776, 847, 1022, 1099, 10, 1300L, 1357, 2141 - Scotch-Weld™ Lösemittelklebstoffe -. [Online] 3M Deutschland GmbH. [Zitat vom: 03. 02 2018.] https://www.kochundschroeder.de/kleben-und-verbinden/3m-scotch-weld/loesemittelklebstoffe.php.

[61] Ruderer Klebetechnik GmbH. 3. Dispersionsklebstoffe (Leime). *Kleber und Klebstoff Beratung.* [Online] Ruderer Klebetechnik GmbH, Zorneding. [Zitat vom: 02. 11 2017.] http://www.kleber-klebstoff-beratung.de/infos/einfuehrung-03-dispersionsklebstoffe-leime.php.

[62] Jowat SE. Dispersionsklebstoffe. *PVAc, EVA, PU, u. a.* [Online] Jowat SE, Detmold. [Zitat vom: 28. 12 2017.] https://www.jowat.com/de-DE/klebstoffe/dispersionsklebstoffe/.

[63] Ruderer Klebetechnik GmbH. 4. Schmelzklebstoffe (Hotmelts). *Kleber und Klebstoff Beratung.* [Online] Ruderer Klebetechnik GmbH, Zorneding. [Zitat vom: 02. 11 2017.] http://www.kleber-klebstoff-beratung.de/infos/einfuehrung-04-schmelzklebstoffe-hotmelts.php.

[64] 3M. Schmelzklebstoffe - Low-Melt. [Online] 3M Deutschland GmbH, Neuss. [Zitat vom: 05. 11 2017.] http://kleben.3mdeutschland.de/produktkatalog/klebstoffe/3m-scotch-weld-schmelzklebstoffe/schmelzklebstoffe-low-melt.html.

[65] Jowat SE. Schmelzklebstoffe. *EVA-Hotmelt, PO-Hotmelt, CoPA-Hotmelt.* [Online] Jowat SE, Detmold. [Zitat vom: 05. 11 2017.] http://www.jowat.com/de-DE/klebstoffe/schmelzklebstoffe/.

[66] 3M. Schmelzklebstoffe – Hot-Melt. [Online] 3M Deutschland GmbH, Neuss. [Zitat vom: 05. 11 2017.] http://kleben.3mdeutschland.de/produktkatalog/klebstoffe/3m-scotch-weld-schmelzklebstoffe/schmelzklebstoffe-hot-melt.html#search-schmelzklebstoff.

[67] Ruderer Klebetechnik GmbH. 5. Reaktionsklebstoffe. *Kleber und Klebstoff Beratung.* [Online] Ruderer Klebetechnik GmbH, Zorneding. [Zitat vom: 02. 11 2017.] http://www.kleber-klebstoff-beratung.de/infos/einfuehrung-05-reaktionsklebstoffe.php.

[68] Müllenberg, L.: Strukturklebstoffe auf Epoxidharz-Basis - kalt- und warmhärtende Systeme. *VDI Seminar «Kleben für Konstrukteure».* Stuttgart: VDI, 2017. Bde. Seminar-Handbuch, 11.+12. 07.2017.

[69] Jowat SE. Reaktive Schmelzklebstoffe. *PUR-Hotmelt, POR-Hotmelt.* [Online] Jowat SE, Detmold. [Zitat vom: 05. 11 2017.] http://www.jowat.com/de-DE/klebstoffe/reaktive-schmelzklebstoffe/.

[70] Ruderer Klebetechnik GmbH. 6. Cyanacrylat-Klebstoffe / Sekundenkleber. *Kleber und Klebstoff Beratung.* [Online] Ruderer Klebetechnik GmbH, Zorneding. [Zitat vom: 02. 11 2017.] http://www.kleber-klebstoff-beratung.de/infos/einfuehrung-06-cyanacrylatklebstoffe-sekundenkleber.php.

[71] Jowat SE. Sonstige Klebstoffe | Sonderprodukte. [Online] Jowat SE, Detmold. [Zitat vom: 05. 11 2017.] http://www.jowat.com/de-DE/klebstoffe/sonstige-klebstoffe-sonderprodukte/.

[72] Müllenberg, L.: 1K-Acrylate: Cyanacrylate, anaerobe und UV-härtende Systeme. *VDI Seminar «Kleben für Konstrukteure».* Stuttgart: VDI, 2017. Bde. Seminar-Handbuch, 11.+12.07.2017.

[73] DELO Industrie Klebstoffe. *Cyanacrylate.* [Klebtechnisches Seminar] Windach: DELO, Oktober 2010.

[74] Weigel, G.; et al.: *BOND it – Nachschlagewerk zur Klebtechnik.* Hrsg.: DELO Industrie Klebstoffe. 4. Auflage. Windach: s.n., 2007.

[75] DELO Industrie Klebstoffe. *Strahlungshärtung.* [Klebtechnisches Seminar] Windach: DELO, April 2011.

[76] *Anaerobe Klebstoffe.* [Klebtechnisches Seminar] Windach: DELO, Oktober 2010.

[77] Henkel AG & Co. KGaA. LOCTITE - Leitfaden zur Schraubensicherung. [Online] Henkel AG & Co. KGaA, Düsseldorf, 15. 07 2008. [Zitat vom: 31. 12 2017.] www.henkel-adhesives.de/de/content_data/89617_1804804670_Leitfaden_Schraubensicherung_0708.pdf.

[78] Müllenberg, L.: Chemische Schraubensicherungen – Reaktive und nicht reaktive Sicherungs-Systeme. *VDI Seminar «Kleben für Konstrukteure».* Stuttgart: VDI, 2017. Bde. Seminar-Handbuch, 11.+12.07.2017.

[79] 3M. 3M™ Scotch-Weld™ DP 8805 NS. [Online] 3M Deutschland GmbH, Neuss. [Zitat vom: 01. 01 2018.] [http://kleben.3mdeutschland.de/produktkatalog/klebstoffe/3m-scotch-weld-2-komponenten-konstruktionsklebstoffe-fuer-das-epx-system/acrylat-klebstoffe/3m-scotch-weld-dp-8805-ns.html.

[80] Manert, U.: Strukturelles Kleben mit Acrylatklebstoffen. *VDI Seminar «Kleben für Konstrukteure».* Stuttgart: VDI, 2017. Bde. Seminar-Handbuch, 11.+12.07.2017.

[81] 3M. 3M™ Scotch-Weld™ DP 8005. [Online] 3M Deutschland GmbH, Neuss. [Zitat vom: 01. 01 2018.] http://kleben.3mdeutschland.de/produktkatalog/klebstoffe/3m-scotch-weld-2-komponenten-konstruktionsklebstoffe-fuer-das-epx-system/acrylat-klebstoffe/3m-scotch-weld-dp-8005.html.

[82] omniTECHNIK Mikroverkapselungs GmbH. precote Gewindesicherungen. [Online] omniTECHNIK Mikroverkapselungs GmbH. [Zitat vom: 31. 12 2017.] http://www.precote.com/ueber-precote.html.

[83] DELO Industrie Klebstoffe. *Warmhärtende Epoxidharze.* [Klebtechnisches Seminar] Windach: DELO, März 2011.

[84] Dreifert, M.: Fragen an Quarks – 3. Was wird an einem Auto geklebt? *Die Kunst des Klebens.* [Online] WDR Fernsehen – Quarks&Co, 25. 01 2000. [Zitat vom: 02. 03 2018.] http://www.bk-aachen.de/Downloads/Kleben/07.htm.

[85] Jowat SE. Reaktive 1K- und 2K-Systeme. *1K PU-Prepolymere, 2K PU-Prepolymere, 1K S-Polymere, 2K SE-Polymere.* [Online] Jowat SE, Detmold. [Zitat vom: 05. 11 2017.] http://www.jowat.com/de-DE/klebstoffe/reaktive-1k-und-2k-systeme/.

[86] DELO Industrie Klebstoffe. *2-komponentige Konstruktionsklebstoffe.* [Klebtechnisches Seminar] Windach: DELO, Oktober 2010.

[87] Arrhenius-Gleichung. [Online] [Zitat vom: 03. 01 2018.] http://www.chemie.de/lexikon/Arrhenius-Gleichung.html.

[88] Scheugenpflug AG. Vergussgerechte Bauteilkonstruktion. *Metering and Dispensing Technology.* Amberg: Scheugenpflug AG, Neustadt an der Donau, 2014. Bde. Gastvorlesung an der OTH Amberg-Weiden, 13.05.2014.

[89] EPOXONIC GmbH Reaktionsharzsysteme. Hochflexible, temperaturstabile Epoxidharzformstoffe. *Persönliche Mitteilung: Hekele, W.* 14. 07 2017.

[90] Epoxonic EX 2840. [Online] EPOXONIC GmbH Reaktionsharzsysteme. [Zitat vom: 03. 01 2018.] http://www.epoxonic.de/epoxonic-ex-2840.

[91] Johannaber, F.; Michaeli, W.: *Handbuch Spritzgießen.* 2. Auflage. München: Hanser Verlag, 2004.

[92] Hopmann, C.; Michaeli, W.: *Einführung in die Kunststoffverarbeitung.* 7. Auflage. München: Hanser Verlag, 2015.

[93] Ruderer Klebetechnik GmbH. 7. Haftklebstoffe. *Kleber und Klebstoff Beratung.* [Online] Ruderer Klebetechnik GmbH, Zorneding. [Zitat vom: 02. 11 2017.] http://www.kleber-klebstoff-beratung.de/infos/einfuehrung-07-haftklebstoffe.php.

[94] Jowat SE. Haftklebstoffe. *PSA-Hotmelt (Pressure Sensitive Adhesive).* [Online] Jowat SE, Detmold. [Zitat vom: 05. 11 2017.] http://www.jowat.com/de-DE/klebstoffe/haftklebstoffe/.

[95] Klebeband. [Online] [Zitat vom: 05. 01 2018.] https://de.wikipedia.org/wiki/Klebeband.

[96] 3M. 3M™ VHB™ Klebebänder. [Online] 3M Deutschland GmbH, Neuss. [Zitat vom: 05. 01 2018.] http://kleben.3mdeutschland.de/produktkatalog/doppelseitige-klebebaender/3m-vhb-klebebaender.html.

[97] Jowat SE. Haftvermittler | Primer. *Primer (wässrig, lösemittelbasierend), Waschprimer.* [Online] Jowat SE, Detmold. [Zitat vom: 05. 11 2017.] http://www.jowat.com/de-DE/klebstoffe/haft vermittler-primer/.

[98] Ruderer Klebetechnik GmbH. 8. Zusatzprodukte: Haftvermittler / Primer. *Kleber und Klebstoff Beratung.* [Online] Ruderer Klebetechnik GmbH, Zorneding. [Zitat vom: 02. 11 2017.] http://www.kleber-klebstoff-beratung.de/infos/einfuehrung-08-haftvermittler-primer.php.

[99] Manert, U.: Primer. *VDI Seminar «Kleben für Konstrukteure».* Stuttgart: VDI, 2017. Bde. Seminar-Handbuch, 11.+12.07.2017.

[100] SUBSTRATEC. SUBSTRATEC – Wie finde ich den idealen Klebstoff? [Online] SUBSTRATEC – Der Klebstoffnavigator, München. [Zitat vom: 24. 02 2018.] https://substratec.com/de/cms/service/ueber-substratec.html.

[101] Klebstoff-Suche. [Online] SUBSTRATEC - Der Klebstoffnavigator, München. [Zitat vom: 24. 02 2018.] https://substratec.com/de/klebstoff-suche/.

[102] Unternehmens-Suche. [Online] SUBSTRATEC - Der Klebstoffnavigator, München. [Zitat vom: 24. 02 2018.] https://substratec.com/de/klebstoff-hersteller-suche/.

[103] Zanotti, A.: Kleben in Kombination mit anderen Fügeverfahren. *VDI Seminar «Kleben für Konstrukteure».* Stuttgart: VDI, 2017. Bde. Seminar-Handbuch, 11.+12.07.2017.

[104] DELO Industrie Klebstoffe. *Oberflächenvorbereitung.* [Klebtechnisches Seminar] Windach: DELO, März 2011.

[105] Manert, U.: Oberflächen und deren Vorbereitungs- und Vorbehandlungsarten. *VDI Seminar «Kleben für Konstrukteure».* Stuttgart: VDI, 2017. Bde. Seminar-Handbuch, 11.+12.07.2017.

[106] PERKUTE Maschinenbau GmbH. Industrielle Teilereinigung. [Online] PERKUTE Maschinenbau GmbH, Rheine. [Zitat vom: 13. 01 2018.] http://www.perkute.de/unternehmen/glossar/industrielle-teilereinigung.htm.

[107] CARBO Kohlensäurewerke GmbH & Co. KG. Was ist Trockeneis? [Online] CARBO Kohlensäurewerke GmbH & Co. KG, Bad Hönningen. [Zitat vom: 13. 01 2018.] https://www.carbo-trockeneis.de/de/was-ist-trockeneis/.

[108] Was ist Trockeneisstrahlen? [Online] CARBO Kohlensäurewerke GmbH & Co. KG, Bad Hönningen. [Zitat vom: 13. 01 2018.] https://www.carbo-trockeneis.de/de/was-ist-trockeneisstrahlen/.

[109] Schneeherstellung und der CARBO Snowblaster. [Online] CARBO Kohlensäurewerke GmbH & Co. KG, Bad Hönningen. [Zitat vom: 13. 01 2018.] https://www.carbo-trockeneis.de/de/trockeneis-herstellung/schneeherstellung/.

[110] Wo wird die CARBOblaster-Familie angewendet? [Online] CARBO Kohlensäurewerke GmbH & Co. KG, Bad Hönningen. [Zitat vom: 13. 01 2018.] https://www.carbo-trockeneis.de/de/reinigung/trockeneisstrahlgeraete/anwendungen/.

[111] Müllenberg, L.: Haftmechanismen. *VDI Seminar «Kleben für Konstrukteure»*. Stuttgart: VDI, 2017. Bde. Seminar-Handbuch, 11.+12.07.2017.

[112] DELO Industrie Klebstoffe. *Oberflächenbehandlung von Metallen.* [Klebtechnisches Seminar] Windach : DELO, Juli 2011.

[113] BG BAU – Berufsgenossenschaft der Bauwirtschaft. DGUV Regel 100-500 (bisher BGR 500). *Betreiben von Arbeitsmitteln.* Berlin: Deutsche Gesetzliche Unfallversicherung e.V. (DGUV), 2008. Bd. Kapitel 2.24: Arbeiten mit Strahlgeräten (Strahlarbeiten).

[114] Clean Lasersysteme GmbH. Das Laser-Verfahren. [Online] Clean Lasersysteme GmbH, Herzogenrath. [Zitat vom: 13. 01 2018.] http://cleanlaser.de/wDeutsch/funktionsprinzip/laserverfahren.php?navanchor=2110030.

[115] Klebevorbehandeln von Metallen. [Online] Clean Lasersysteme GmbH, Herzogenrath. [Zitat vom: 13. 01 2018.] http://cleanlaser.de/wDeutsch/anwendungen/klebevorbehandeln-metalle.php.

[116] Klebevorbehandeln von Kunststoffen. [Online] Clean Lasersysteme GmbH, Herzogenrath. [Zitat vom: 13. 01 2018.] http://cleanlaser.de/wDeutsch/anwendungen/klebevorbehandeln-kunststoffe.php?navanchor=2110057.

[117] Reparatur von CFK-Bauteilen. [Online] Clean Lasersysteme GmbH, Herzogenrath. [Zitat vom: 13. 01 2018.] http://cleanlaser.de/wDeutsch/anwendungen/reparatur-von-cfk-bauteilen.php?navanchor=2110089.

[118] Arcotec GmbH. Beflammung. *Persönliche Mitteilung: Dr. Eckert, W.* 30. 01 2018.

[119] Plasmatreat Group. Atmosphärendruckplasma. *Persönliche Mitteilung: Melamies, I. A.* 25.+30. 01.2018.

[120] AKON GmbH. Selbstklebende Oberflächenschutzfolie in Industriequalität. [Online] AKON GmbH, Westhausen. [Zitat vom: 15. 01 2018.] https://www.industrie-schutzfolie.de/.

[121] DELO Industrie Klebstoffe. *Grundlagen der Klebstoffdosierung.* [Klebtechnisches Seminar] Windach: DELO.

[122] Henkel AG & Co. KGaA. Loctite Ablestik CE 3103. [Online] [Zitat vom: 15. 01 2018.] http://www.loctite.de/technische-datenblaetter-31574.htm.

[123] Rasche, M.: *Handbuch Klebtechnik.* München: Hanser Verlag, 2012.

[124] Scheugenpflug AG. 2K-Vergussprozess. *Metering and Dispensing Technology.* Amberg: Scheugenpflug AG, Neustadt an der Donau, 2014. Bde. Gastvorlesung an der OTH Amberg-Weiden, 13.05.2014.

[125] Sulzer Mixpac. Sulzer Mixpac – Systeme für 2-K Klebstoff. *Dosieren – Mischen – Austragen für Industrieanwendungen.* Haag, Schweiz: Sulzer Mixpac AG.

[126] Sulzer Mixpac AG. Sulzer Mixpac-Systeme für 2-Komponenten Baumaterialien. *Dosieren – Mischen – Austragen.* s.l.: Sulzer Mixpac AG, Haag, Schweiz.

[127] Statische Mischer. *Persönliche Mitteilung: Paus, S.* 08. 01 2018.

[128] T-Mischer. *Persönliche Mitteilung: Paus, S.* 18. 01 2018.

[129] MIXPAC™ T-Mixer. *Material sparen.* s.l.: Sulzer Mixpac AG, Haag, Schweiz.

[130] MIXPACTM F-System. *Anwendungssystem für 2-K Produkte 200 ml und 400 ml.* s.l.: Sulzer Mixpac AG, Haag, Schweiz.

[131] MIXPACTM B-System. *Anwendungssystem für 2-K Produkte – 25 ml, 50 ml und 75 ml.* s.l.: Sulzer Mixpac AG, Haag, Schweiz.

[132] 3M. 3M™ Scotch-Weld™ PUR 250 Auftragsgerät SW PUR 250 Auftragsgerät, 275 Watt. [Online] 3M Deutschland GmbH, Neuss. [Zitat vom: 19. 02 2018.] [https://3mpro.3mdeutschland.de/3m-scotch-weld-sw-pur-250-auftragsgeraet-275-watt-cd2-3m.html.

[133] Nordson. DuraBlue® Schmelzgeräte. [Online] Nordson Deutschland GmbH, Erkrath. [Zitat vom: 27. 01 2018.] http://www.nordson.com/de-DE/divisions/adhesive-dispensing-systems/products/melters/durablue-melters.

[134] EEX Extruder Systems. [Online] Nordson Deutschland GmbH, Erkrath. [Zitat vom: 27. 01 2018.] http://www.nordson.com/de-DE/divisions/adhesive-dispensing-systems/products/extruders-adhesive/eex-extruder-systems.

[135] Universal™ Control Coat® Düsen. [Online] Nordson Deutschland GmbH, Erkrath. [Zitat vom: 02. 02 2018.] http://www.nordson.com/de-DE/divisions/adhesive-dispensing-systems/products/nozzles/universal-control-coat-nozzles.

[136] Flip-Chip-Montage. *Wikipedia.* [Online] [Zitat vom: 23. 01 2018.] https://de.wikipedia.org/wiki/Flip-Chip-Montage.

[137] DLR. «Schnellkochtopf» für Flugzeugteile: Weltweit größter Forschungsautoklav beim DLR. [Online] Deutsches Zentrum für Luft- und Raumfahrt (DLR), 12. 06 2011. [Zitat vom: 23. 01 2018.] http://www.dlr.de/dlr/presse/desktopdefault.aspx/tabid-10307/470_read-883/year-2011/.

[138] DELO Industrie Klebstoffe. *Konstruktive Gestaltung.* [Klebtechnisches Seminar] Windach: DELO, Oktober 2010.

[139] Weirauch, J.: *Erfolgreich kleben auf niederenergetischen Oberflächen.* Neuss: 3M Deutschland GmbH, 2010.

[140] DELO Industrie Klebstoffe. *Konstruktive Gestaltung.* [Klebtechnisches Seminar] Windach: DELO, Oktober 2010.

[141] TRIZ. *Wikipedia.* [Online] [Zitat vom: 29. 01 2018.] https://de.wikipedia.org/wiki/TRIZ.

[142] Polley, A.: Modellierung und Berechnung von Klebeverbindungen. *ISGATEC Seminar.* Mannheim: ISGATEC Akademie, 2015. Bde. Seminar-Handbuch, 19.11.2015.

[143] Fleischmann, W.: Strukturelles Kleben. [Online] 28. 04 2010. [Zitat vom: 31. 01 2018.] https://www.fast.kit.edu/download/.../Strukturelles_Kleben_100625.pdf.

[144] Zanotti, A.: Klebgerechtes Design und Berechnung. *VDI Seminar «Kleben für Konstrukteure».* Stuttgart: VDI, 2017. Bde. Seminar-Handbuch, 11.+12.07.2017.

[145] DIN EN ISO 11 339:2010-06. *Klebstoffe - T-Schälprüfung für geklebte Verbindungen aus flexiblen Fügeteilen (ISO 11 339:2010); Deutsche Fassung EN ISO 11339:2010.* Berlin: Beuth Verlag, 2010.

[146] DIN EN 1465:2009-07. *Klebstoffe – Bestimmung der Zugscherfestigkeit von Überlappungsklebungen; Deutsche Fassung EN 1465:2009.* Berlin: Beuth Verlag, 2009.

[147] Zanotti, A.: Klebgerechte Konstruktion. *VDI Seminar «Kleben für Konstrukteure».* Stuttgart: VDI, 2017. Bde. Seminar-Handbuch, 11.+12.07.2017.

[148] Technische Regel DVS 1618:2002-01. *Elastisches Dickschichtkleben im Schienenfahrzeugbau.* Düsseldorf: DVS – Deutscher Verband für Schweißen und verwandte Verfahren e.V. / DVS Media GmbH, 2002.

[149] WEKA. 9/4.5 Konstruktive Auslegung von Klebeverbindungen. Hrsg.: W. Michaeli. *Kunststoffpraxis: Konstruktion.* Kissing: WEKA MEDIA GmbH & Co. KG, 2004.

[150] CeramTec. CeramTec gewinnt «DeviceMed Award» – Transparente Keramik PERLUCOR® erhält Innovationspreis auf der Compamed. [Online] CeramTec GmbH, Plochingen, 2013. [Zitat vom: 11. 03 2018.] https://www.ceramtec.de/news/archiv/jahr/2013/id/1830/transparente-keramik-perlucor-erhaelt-innovationspreis-auf-der-compamed/.

[151] DELO Industrie Klebstoffe. *Oberflächenbehandlung von Glas.* [Klebtechnisches Seminar] Windach: DELO, 10 2010.

[152] SURA. Technologien – PYROSIL®-Verfahren. [Online] SURA Instruments GmbH, Jena. [Zitat vom: 11. 03 2018.] http://www.sura-instruments.de/de/technologien/pyrosilr-verfahren/.

[153] Burchardt, B.; et al.: *Elastisches Kleben – Technologische Grundlagen und Leitfaden für die wirtschaftliche Anwendung.* [Hrsg.] Sika Services AG. 3. Auflage. Landsberg/Lech, München: verlag moderne industrie, sv corporate media GmbH, 2005. Bd. 166.

[154] Fischer, U. (Hrsg.): *Fachkunde Metall.* 53. Auflage. Haan-Gruiten: Europa-Lehrmittel Verlag, 1999.

[155] Hoeveler, P.: Regionalflugzeug: Fokker F.27 Friendship. *FLUG REVUE.* 11 2015.

[156] Theuerkauff, P.; Groß, A.: *Praxis des Klebens.* Berlin, Heidelberg: Springer Verlag, 1989.

[157] Fokker F-28. *Wikipedia.* [Online] [Zitat vom: 01. 03 2018.] https://de.wikipedia.org/wiki/Fokker_F-28.

[158] *Past, Present and Future Structural Adhesive Bonding in Aerospace Applications.* Schliekelmann, R. J., Bremen: Fraunhofer-Institut, 1985. BASTART '85. S. 1–13.

[159] N24, [Interpr.]. *Der A 350 – Eleganz am Himmel.* [Dokumentation]. Tempora.Prod & Plaj Productions, 2015.

[160] *Boeing 787 – Ein Dreamliner wird ausgeliefert.* [Dokumentation]. GALAXIE PRESSE, 2017.

[161] Space Shuttle program. *Wikipedia.* [Online] [Zitat vom: 02. 03 2018.] https://en.wikipedia.org/wiki/Space_Shuttle_program.

[162] Day, D. A.: Shuttle Thermal Protection System (TPS). [Online] U.S. Centennial of Flight Commission. [Zitat vom: 02. 03 2018.] https://web.archive.org/web/20060826033923/http://www.centennialofflight.gov/essay/Evolution_of_Technology/TPS/Tech41.htm.

[163] Space Shuttle thermal protection system. *Wikipedia.* [Online] [Zitat vom: 02. 03 2018.] https://en.wikipedia.org/wiki/Space_Shuttle_thermal_protection_system.

[164] Space Shuttle (HRSI tile). *Wikipedia.* [Online] [Zitat vom: 02. 03 2018.] https://commons.wikimedia.org/wiki/File:Space_Shuttle_(HRSI_tile).png?uselang=de.

[165] Apollo 13 and the adjacent possible. [Online] [Zitat vom: 02. 03 2018.] https://nevalalee.wordpress.com/?s=apollo+13.

[166] Apollo 13. *Wikipedia.* [Online] [Zitat vom: 02. 03 2018.] https://de.wikipedia.org/wiki/Apollo_13.

[167] Reinz-Zettler, J.: Kleben im Automobilbau: Gute Aussichten für die Klebtechnik. [Online] Nürnberger Akademie, Nürnberg, 11. 06 2015. [Zitat vom: 02. 03 2018.] http://www.bayern-innovativ.de/kleben2015/bericht?.

[168] EJOT. EJOT FDS im Karosserierohbau des Audi TT. *Verbindungstechnik – Produkte – FDS.* [Online] [Zitat vom: 04. 03 2018.] www.ejot.com/medias/sys_master/products/8816327884830/INFO-EJOT-FDS-AUDI-TT.pdf.

[169] IVK e.V.: Klebstoffe im Fahrzeugbau. [Online] Industrieverband Klebstoffe e.V. [Zitat vom: 02. 03 2018.] http://www.klebstoffe.com/die-welt-des-klebens/anwendungsgebiete/fahrzeugbau.html.

[170] Freisberg, A.: Ersatz für Schrauben und Nieten – Klebetechnik macht Autos leichter und sicherer. *Handelsblatt.* 08. 09 2003.

[171] Niks, S.: Anti-Flutter Adhesives. *adhesives.org, sealants.org.* [Online] 10. 12 2012. [Zitat vom: 03. 03 2018.] http://www.adhesives.org/resources/knowledge-center/aggregate-single/anti-flutter-adhesives.

[172] Elektronik-Kompendium.de. Galvanische Elemente – Elektrochemische Spannungsreihe (Normalpotentiale). [Online] Elektronik-Kompendium.de. [Zitat vom: 03. 03 2018.] https://www.elektronik-kompendium.de/sites/grd/0209161.htm.

[173] GF Automotive. Produkte & Lösungen – PKW - Wir verwirklichen Leichtbau im Auto. [Online] Georg Fischer Automotive AG, Schaffhausen (Schweiz). [Zitat vom: 03. 03 2018.] http://www.gfau.com/content/gfau/com/de/products-and-solutions/passenger-car.html.

[174] Friedrich, H. E. (Hrsg.): *Leichtbau in der Fahrzeugtechnik.* Wiesbaden: Springer Vieweg, 2013.

[175] *Automobil – Produktion des BMW i3 setzt neue Maßstäbe.* Schulze, M. 40, Düsseldorf: VDI Verlag, 04. 10 2013, VDI nachrichten.

[176] Sambale, H.: Fahrgastzelle aus CFK. *Kunststoffe.de.* 12. 08 2013.

[177] Böllhoff. Klebtechnik: ONSERT – Kleben von Verbindungselementen. [Online] Wilhelm Böllhoff GmbH & Co. KG, Bielefeld. [Zitat vom: 04. 03 2018.] https://www.boellhoff.com/de-de/produkte-und-dienstleistungen/spezialverbindungselemente/kleben-elemente-onsert.php.

[178] Dow; Henkel; PECOLIT; Sika. *Sandwich Panels in Vehicle Construction - Composition, production, assembly and use.* [Hrsg.] Dow Deutschland Anlagengesellschaft mbH, et al. Landsberg/Lech, München : verlag moderne industrie, sv corporate media GmbH, 2006.

[179] Glasfaserverstärkter Kunststoff. *Wikipedia.* [Online] [Zitat vom: 05. 03 2018.] https://de.wikipedia.org/wiki/Glasfaserverst%C3%A4rkter_Kunststoff.

[180] Baur, E.; et al. (Hrsg.): *Saechtling Kunststoff Taschenbuch.* 31. Auflage. München: Hanser Verlag, 2013.

[181] Schaeffer, H. A.; Langfeld, R.: *Werkstoff Glas – Alter Werkstoff mit großer Zukunft.* Heidelberg: Springer Verlag, 2014. Bd. 1.

[182] Verbund-Sicherheits-Glas (VSG). [Online] [Zitat vom: 05. 03 2018.] http://www.glas-scholl.de/fachbegr/vsg.html.

[183] 3M. 3M Klebebänder und Klebstoffe – Hochleistungs-Verbindungssysteme für ihren Einsatz in Industrie & Handwerk. [Online] [Zitat vom: 05. 03 2018.] http://www.3mklebetechnik.de/anwendungsbeispiele.html.

[184] Henkel, [Interpr.]. *LOCTITE Erfolgsgeschichten – Anwendungsbeispiel Terex.* Henkel AG & Co. KGaA, Düsseldorf, 2015.

[185] DIN 6701-2:2015-12. *Kleben von Schienenfahrzeugen und -fahrzeugteilen – Teil 2: Qualifikation der Anwenderbetriebe.* Berlin: Beuth, 2015.

[186] DIN 6701-3:2015-12. *Kleben von Schienenfahrzeugen und -fahrzeugteilen – Teil 3: Leitfaden zur Konstruktion und Nachweisführung von Klebverbindungen im Schienenfahrzeugbau.* Berlin: Beuth, 2015.

[187] DIN 6701-4:2015-12. *Kleben von Schienenfahrzeugen und -fahrzeugteilen – Teil 4: Ausführungsregeln und Qualitätssicherung.* Berlin: Beuth, 2015.

[188] Weidlich, A.: DIN 2304 – Anforderungen und deren Umsetzung in die Praxis. *ISGATEC Seminar.* Mannheim: ISGATEC Akademie, 2017. Bde. Seminar-Handbuch, 08.11.2017.

[189] Deutsche Bahn AG. Anforderungen der DB AG für das Kleben im Schienenfahrzeugbau nach der DB-Richtlinie 951.0040. *Merkblätter für das Kleben von Schienenfahrzeugen für die DB AG.* [Online] 07 2016. [Zitat vom: 18. 02 2018.] www.deutschebahn.com/file/de/11995782/pMNWeHwRe81NQYf2Vt3crylwvWs/11870518/data/Merkblatt_Anforderungen_Kleben_von_Schienenfahrzeugen.pdf.

[190] Henkel AG & Co. KGaA. Loctite - Industrielle Kleb- und Dichtstoffe: Ein Star als öffentliches Transportmittel. [Online] Henkel AG & Co. KGaA, Düsseldorf, 14. 05 2010. [Zitat vom: 08. 03 2018.] http://www.loctite.de/aktuelles-28547_29924.htm.

[191] Klebstoffe und Oberflächentechnik von Henkel für optimale Lösungen im Schwermaschinenbau. *Henkel-Lösungen für Bergbau-, Steinbruch- und Gesteinsaufbereitungsmaschinen.* [Online] Henkel AG & Co. KGaA, Düsseldorf, 10. 01 2014. [Zitat vom: 08. 03 2018.] https://www.henkel.de/spotlight/2014-01-10-news-klebstoffe-und-oberflaechentechnik-von-henkel-fuer-optimale-loesungen-im-schwermaschinenbau/167970.

[192] Schulze, J.: Klebstoff – Klebstoff schützt Schrauben der Tunnelbohrmaschine. [Online] Vogel Communications Group GmbH & Co. KG, Würzburg, 10. 06 2009. [Zitat vom: 10. 03 2018.] https://www.konstruktionspraxis.vogel.de/klebstoff-schuetzt-schrauben-der-tunnelbohrmaschine-a-191106/.

[193] Sika. Provisional Product Data Sheet: SikaForce®-7816 L60 MR. [Online] 02 2013. [Zitat vom: 11. 03 2018.] https://deu.sika.com/de/Industrie-redirect/Kleben_Dichten_Industry/01a007/01a007sade04/01a007sa01100/01a007sa01102.html.

[194] Product Data Sheet: SikaForce®-7810 L80. [Online] 05 2013. [Zitat vom: 11. 03 2018.] https://deu.sika.com/de/Industrie-redirect/Kleben_Dichten_Industry/01a007/01a007sade04/01a007sa01100/01a007sa01102.html.

[195] Product Data Sheet: SikaForce®-7818 L7. [Online] 05 2013. [Zitat vom: 11. 03 2018.] https://deu.sika.com/de/Industrie-redirect/Kleben_Dichten_Industry/01a007/01a007sade04/01a007sa01100/01a007sa01102.html.

[196] IVK e.V. Kleben in der Elektronik. [Online] Industrieverband Klebstoffe e.V. [Zitat vom: 02. 03 2018.] http://www.klebstoffe.com/die-welt-des-klebens/anwendungsgebiete/elektroindustrie.html.

[197] Michel, B.: Kleben – Klebstoffanwendungen im Maschinenbau. [Online] Vogel Communications Group GmbH & Co. KG, Würzburg, 05. 07 2013. [Zitat vom: 08. 03 2018.] https://www.konstruktionspraxis.vogel.de/klebstoffanwendungen-im-maschinenbau-a-409490/.

[198] Panacol. Kleben in der Elektronik. [Online] Panacol-Elosol GmbH, Steinbach/Taunus. [Zitat vom: 11. 03 2018.] https://www.panacol.de/kleber-anwendungen/elektronik/.

[199] DELO Industrie Klebstoffe. *DELO Industrie Klebstoffe - Konstruktionsbeispiele und Produktportfolio.* [Broschüre] Windach: DELO, 2018.

[200] IVK e.V. Medizin. [Online] Industrieverband Klebstoffe e.V. [Zitat vom: 02. 03 2018.] http://www.klebstoffe.com/die-welt-des-klebens/anwendungsgebiete/medizin.html.

[201] LTS. Das Pflaster als therapeutisches System. [Online] LTS Lohmann Therapie-Systeme AG, Andernach. [Zitat vom: 11. 03 2018.] https://ltslohmann.de/de/technologie/transdermale-therapeutische-systeme/.

[202] Kinesio. WHAT IS THE KINESIO TAPING METHOD? [Online] Kinesio Holding Corporation. [Zitat vom: 11. 03 2018.] https://kinesiotaping.com/about/what-is-the-kinesio-taping-method/.

[203] Eberhard-Metzger, C.: Gesundheit+Medizin • Umwelt+Natur – Die Naht aus der Tube. [Online] wissenschaft.de, 01. 10 1996. [Zitat vom: 11. 03 2018.] https://www.wissenschaft.de/umwelt-natur/die-naht-aus-der-tube/.

[204] DIN EN ISO 3167:2014-11. *Kunststoffe – Vielzweckprobekörper (ISO 3167:2014); Deutsche Fassung EN ISO 3167:2014.* Berlin: Beuth Verlag, 2014.

[205] Grellmann, W.; Seidler, S.: *Kunststoffprüfung.* 2. Auflage. München: Hanser Verlag, 2011.

[206] DELO Industrie Klebstoffe. *Prüftechnik.* [Klebtechnisches Seminar] Windach: DELO, Oktober 2010.

[207] Mecmesin GmbH. Schälversuche & Adhäsionsprüfungen. *Verschiedene Typen von Schälversuchen.* [Online] Mecmesin GmbH, Schwenningen. [Zitat vom: 12. 02 2018.] http://www.mecmesin.de/peel-test-adhesion-testing.

[208] DIN EN 1464:2010-06. *Klebstoffe – Bestimmung des Schälwiderstandes von Klebungen - Rollenschälversuch; Deutsche Fassung EN 1464:2010.* Berlin : Beuth, 2010.

[209] Manert, U.: Prüftechnik Klebstoffe. *VDI Seminar «Kleben für Konstrukteure».* Stuttgart: VDI, 2017. Bde. Seminar-Handbuch, 11.+12.07.2017.

[210] Rocholl GmbH. Produktportfolio – Prüfkörper. [Online] Rocholl GmbH, Aglasterhausen. [Zitat vom: 08. 03 2018.] http://de.rocholl.eu/produktportfolio.php.

[211] ISO 15109:1998-07. *Klebstoffe – Bestimmung der Zeit bis zum Bruch von geklebten Fügeverbindungen unter statischer Belastung.* Berlin: Beuth Verlag, 1998.

[212] DIN EN ISO 9664:1995-08. *Klebstoffe – Verfahren zur Prüfung der Ermüdungseigenschaften von Strukturklebungen bei Zugscherbeanspruchung (ISO 9664:1993); Deutsche Fassung EN ISO 9664:1995.* Berlin: Beuth Verlag, 1995.

[213] Zanotti, A.: Qualitätssicherung. *VDI Seminar «Kleben für Konstrukteure».* Stuttgart : VDI, 2017. Bde. Seminar-Handbuch, 11.+12.07.2017.

[214] Netzelmann, U.: Messen und Prüfen - Thermographie. *Moderne Thermographieverfahren – Impuls- und Lock-In-Thermographie.* [Online] [Zitat vom: 17. 02 2018.] https://www.qz-online.de/qualitaets-management/qm-basics/messen_pruefen/thermographie/artikel/moderne-thermographieverfahren-impuls-und-lock-in-thermographie-157143.html.

[215] Zäh, M.; et al.: Zerstörungsfreie Prüfung von Klebungen – Wirtschaftliches Aufspüren von Defekten in der Serienfertigung. *adhäsion.* 6 2009, S. 14-19.

[216] SKZ-KTT GmbH. Röntgenverfahren und Röntgencomputertomografie (CT). [Online] SKZ-KTT GmbH, Würzburg. [Zitat vom: 17. 02 2018.] https://www.skz.de/de/forschung/geschaefts felder/schwerpunkt-zerstoerungsfreie-pruefung-zfp/roentgen-ct/3656.Roentgenver fahren-und-Roentgencomputertomografie-CT.html.

[217] DIN EN ISO 11357-1:2017-02. *Kunststoffe – Dynamische Differenz-Thermoanalyse (DSC) – Teil 1: Allgemeine Grundlagen (ISO 11357-1:2016).* Berlin: Beuth, 2017.

[218] DIN EN ISO 7390:2004-04. *Hochbau – Fugendichtstoffe – Bestimmung des Standvermögens von Dichtungsmassen (ISO 7390:2002).* Berlin: Beuth Verlag, 2004.

[219] Aktuelle Normen und Fachliteratur. *Produktsuche.* [Online] Berlin: Beuth Verlag GmbH. [Zitat vom: 11. 02 2018.] https://www.beuth.de/de/erweiterte-suche/81186!search?query=kleben&dokNr=&ausgabeDatum=&facets%5B81138%5D=&facets%5B81144%5D=&hitsPerPage=10&searchSubmit=suchen&alx.searchType=complex.

[220] IVK. Normentabelle. [Online] IVK - Industrieverband Klebstoffe e.V., Düsseldorf. [Zitat vom: 11. 02 2018.] http://www.klebstoffe.com/start-normentabelle.html.

[221] DIN EN ISO 9001:2015-11. *Qualitätsmanagementsysteme – Anforderungen (ISO 9001:2015).* Berlin: Beuth Verlag, 2015.

[222] SCA. Pressemitteilung: Neue Klebe-Norm – Null-Fehler-Produktion ist beim Kleben möglich. [Online] Mai 2015. [Zitat vom: 12. 02 2018.] https://www.sca-solutions.com/de/contact/press/null-fehler-produktion-ist-beim-kleben-moeglich.

[223] Deutsche Bahn AG. Durchführung der Klebtechnischen Bauweisenprüfung im Schienenfahrzeugneubau nach der Richtlinie 951.0040, Ausgabe 2016. *Merkblätter für das Kleben von Schienenfahrzeugen für die DB AG.* [Online] 07 2016. [Zitat vom: 18. 02 2018.] www.deutschebahn.com/file/de/11995782/VvH5uYqyANaHQ6iz3DMUUkuyEyA/11870520/data/Merkblatt_Durchfuehrung_der_KTBP.pdf.

[224] Anforderungen für die klebtechnische Instandsetzung von DB-Schienenfahrzeugen außerhalb der DB AG. *Merkblätter für das Kleben von Schienenfahrzeugen für die DB AG.* [Online] 07 2016. [Zitat vom: 18. 02 2018.] www.deutschebahn.com/file/de/11995782/E_QUKXINmFolcan7ZO0f-6QU0cQ/11870534/data/Anforderungen_fuer_die_klebtechnische_Instandsetzung.pdf.

[225] FhG IFAM. Inhalte DIN 2304 und DIN 6701. *Qualität in der Organisation.* [Online] [Zitat vom: 18. 02 2018.] https://qualitaetssicherung.ifam.fraunhofer.de/de/qualitaetssicherung-organisation/inhalte-din-2304-din-6701.html.

[226] Doobe, M. (Hrsg.): *Kunststoffe erfolgreich kleben: Grundlagen, Klebstofftechnologien, Best-Practice-Beispiele.* Wiesbaden: Springer Vieweg, 2018.

[227] FhG IFAM. Kurse im Bereich Klebtechnik. *Klebtechnische Weiterbildungskurse am Fraunhofer IFAM.* [Online] Fraunhofer-Institut für Fertigungstechnik und Angewandte Materialforschung IFAM, Bremen. [Zitat vom: 17. 02 2018.] https://www.weiterbildung.ifam.fraunhofer.de/de/klebtechnik/kurse.html.

[228] TC-Kleben. Aus- und Weiterbildung. [Online] TC-Kleben GmbH, Übach-Palenberg. [Zitat vom: 17. 02 2018.] http://tc-kleben.de/de/aus-und-weiterbildung.html.

[229] TBBCert. Aus der Anerkannten Stelle des Fraunhofer IFAM wird TBBCert. [Online] TBBCert – ein Geschäftsbereich der F&E Technologiebroker Bremen GmbH, Bremen. [Zitat vom: 24. 02 2018.] https://www.tbbcert.de/ueber-uns/.

[230] DIN 6701 Online-Register. [Online] TBBCert – ein Geschäftsbereich der F&E Technologiebroker Bremen GmbH, Bremen. [Zitat vom: 24. 02 2018.] https://www.din6701.de/din6701.php.

[231] DIN 2304 Online-Register. [Online] TBBCert – ein Geschäftsbereich der F&E Technologiebroker Bremen GmbH, Bremen. [Zitat vom: 24. 02 2018.] https://www.din2304.de/din2304.php.

[232] Grote, K.-H.; Feldhusen, J. (Hrsg.): *Dubbel: Taschenbuch für den Maschinenbau.* 21. Auflage. Berlin, Heidelberg: Springer Verlag.

[233] Lange, K. (Hrsg.): *Umformtechnik Handbuch für Industrie und Wissenschaft - Band 4: Sonderverfahren, Prozeßsimulation, Werkzeugtechnik, Produktion.* Berlin, Heidelberg: Springer Verlag, 1993.

[234] Henkel AG & Co. KGaA. Loctite – Industrielle Kleb- und Dichtstoffe. *Fügemittel mit höherer Temperaturbeständigkeit.* [Online] Henkel AG & Co. KGaA, Düsseldorf, 25. 02 2014. [Zitat vom: 28. 02 2018.] http://www.loctite.de/aktuelles-28547_20140225-loctite-fuegemittel-51479.htm.

Stichwortverzeichnis

1-Komponenten-Klebstoffe 78
1K-EP-Formstoffe 107
1K-Epoxidharz-Klebstoffe 97
1K-Epoxid-Klebstoffe 79
1K-Festsilikonkautschuke 109
1K-Klebstoffe 97
1K-Polymerisationsklebstoffe 56
1K-Polyurethane 99
1K-Polyurethan-Klebstoffe 99
1K-Silikone 109
2-Komponenten-Klebstofe 78
2K-Acrylat-Klebstoffe 95
2K-Doppelspritze 139, 142
2K-EP-Formstoffe 107
2K-EP-Gießharze 103
2K-Epoxide 101
2K-Epoxidharz-Klebstoffe 101
2K-Epoxid-Klebstoffe 79
2K-Flüssigsilikonkautschuke 109
2K-Gießharze 101
2K-Klebstoffe 100
2K-Misch- und Dosieranlagen 94
2K-Polymerisationsklebstoffe 56
2K-Polyurethan-Klebstoffe 79, 105
2K-PUR-Klebstoffe 105
2K-Silikone 79, 109
90°-Schälversuch 171, 221 f.

A

A-B-Verfahren 93 f., 138
Abbindemechanismen 60 ff.
Abbinden des Klebstoffs 117
Abbinden 17, 159
Abbindezeit 17
Abfallvolumen 142
Ablüften 66
Ablüftzeit 66
Abminderungsfaktoren 175
Absorptionsspektren 84
Abstandshalter 21
Acrylate 86
AD-Plasma 127
Additivierung 96
Adhäsion 17, 40 ff., 44
Adhäsionsarbeit 30
Adhäsionsarten 42
Adhäsionsbruch 47 f., 52
Adhäsionsklebung 189
Adhäsionskräfte 41, 43
Adhäsionsklebung 190
Adhäsionsmechanismen 42
adhäsionsmindernde Schichten 119
Aerosole 68
Aktivator 90
Aktivierung 32, 117, 130
akustische Verfahren 225 f.
Alleskleber 65
Alterung 224
Alterungsverfahren 224 f.
amorphe Kunststoffe 190
amorphe Thermoplaste 58
anaerob härtende Klebstoffe 79, 89, 247
anaerobe Klebstoffe 64, 90 ff.
anaerobe Schraubensicherung 205 f.
anaerober 1K-Dichtstoff 205
anaerober Fügeklebstoff 247
Analyseverfahren 228
analytische Methoden 173
Anfangsfestigkeit 66 f., 158
anklimatisiert 117, 130
Anlösen 69
anorganische Primer 114
anorganische Verbindungen 60, 114
Anpressdruck 66
Anpresszeit 66
Ansatzmenge 101
Anti-Flutter Adhesives 197
Anwendungen der Klebtechnik 193, 210
Anziehungskräfte 43
Applikation 146
Applikationswerkzeuge 117
Arbeitsgänge 117
Arrhenius-Ansatz 101
Arrhenius-Gleichung 132
Arten von Klebstoffen 55, 62
Atmosphärendruckplasma 123, 127 f.
Atombindungen 42
Aufbau von Klebstoffen 55
Auftragskopf 153
Auftragsmuster 154
Ausbildungsstufen 236
Aushärtelampe 84
Aushärten 17, 157
– des Klebstoffs 117, 159
Aushärtezeit 17, 22, 93, 159
Aushärtungsverlauf 100
äußere Weichmachung 107
Austragen 143
Austragsgeräte 144
Austragssysteme 94

Auswahlhilfe 64
Autohäsion 43
Autoklav 194
Automation 133

B

Bauformen 140
Beanspruchungsarten 161 f.
Beflammung 123, 125
beidseitig abgesetzte Laschung 167, 222
Beizlösungen 129
Belastungsarten 20
Belastungskollektive 161
Benetzbarkeit 34
Benetzung 26 ff., 33 ff., 188
Benetzungsfähigkeit 29 f., 37 f.
Benetzungswaagen 33
Benetzungswinkel 28, 30, 32
Berechnung von Klebverbindungen 172
Bevorratung 131
Bewegungstisch 220 ff.
Biegebeanspruchungen 21, 162, 167 ff.
Biegemoment 165
Biegeschälversuch 220
Biegung 161
Bindemittel 65
Bindungsarten 42
Bindungskräfte 40, 42
Blasendruckmethode 33
Blechklebungen 197
Blockform 74
Booster 105
–-System 78, 105
Bördelfalzklebung 182, 197
Bördeln 22, 241, 246
Brenner 125
–flamme 125
Brownsche Molekülbewegungen 44
Brucharten 44, 46 f.
Bruchbild 46, 233
Bruchdehnung 45 f.
Bruchfläche 52
Bruchlast 177 f.
Bruchpunkt 46
Bruchskizze 47
Bruchspannung 45
Bruchverhalten 47
Bruchverlauf 52
Bruchzugscherspannung 174
Bruchzugscherspannungsverteilung 174

C

CA-Klebstoffe 80
CFK-Reparaturklebungen 124
Channeling 142
chemisch blockierte Klebstoffe 242
chemisch reagierende Klebstoffe 61 f.
chemische Oberflächenvorbehandlung 129
Chip-on-Board-Verfahren 154
Chronik 14 f.
Clinchen 11, 22, 196, 241, 243
Clinchverbindung 244
Clipsen 196, 241, 245
CO_2-Schneestrahlen 120 f.
CO_2-Trockeneisstrahlen 120 f.
Computertomografie 227
Copolymer 76, 107
Corona-Entladung 123, 126
Corona-Verfahren 126
Cracken 125
CR-Kontaktklebstoffe 65
Cyanacrylat 64
–-Klebstoffe 79 ff.

D

Dam & Fill 155 f., 211
Dam Stacking 156 f.
Dammhöhe 156
Dauerschwingfestigkeit 224
Definitionen 17
Dehnfähigkeit 44
Dehngrenze 179 f.
Dehnrate 46
Dehnung 46, 62
– bei Zugfestigkeit 45
Delaminationsbruch 47, 53
Destructive Testing 216
Dichtanwendungen 210
Dichten 14, 63
Dichtungen 14
Dickschichtkleben 18, 63
Dickschichtklebungen 76
Differential Scanning Calorimetry 229
Diffusion 65
Diffusionsgeschwindigkeit 109
Diffusionsklebung 189 f.
Dimensionierung 161, 171
DIN 2304 23, 206, 234 ff., 239
DIN 6701 206, 235, 239
direct glazing 191, 198
direkte Corona-Behandlung 126
Direktverglasung 191, 198
Dispenser 147
–-Dosiersysteme 147
Dispersion 71
Dispersionshaftklebstoffe 112
Dispersionsklebstoff 64, 71 ff.
Dispersionsklebung 72

Dispersions-Kontaktklebstoffe 73
Doppelkammerkartusche 94, 138, 143
doppelseitige Klebebänder 111
Dosen 136
Dosieranlage 138, 157
Dosieren 105, 133, 143
Dosiergenauigkeit 157
Dosiermenge 157
Dosiertechnik 94
Dosierung 117, 133, 157
Dosierungenauigkeiten 142
Drehmomentbelastung 163
Drop Shape Analyzer 30 f.
Druck 161
Druckbeanspruchungen 162
Druckfügen 244
Druckscherfestigkeit 224
Druckscherkräfte 162
Druckscherproben 219
Druckscherprüfkörper 219
Druckscherprüfung 219
Druckscherung 163
Druckscherversuch 219 f.
Druck-Zeit-Dosierung 147
DSC-Messschrieb 229, 231
Dünnschichtklebungen 18
Durchhärtung 109
Durchschallungsverfahren 226
Durchsetzfügen 244
Duroplaste 44, 59
Düsen 154
DVGW-Zulassung 91
dynamische Differenzkalorimetrie 229
dynamische Mischer 138, 145

E

E-Modul 46, 165
Eckverbindungen 182, 184
Eigenfestigkeit 48
Eigenschaften verschiedener Werkstoffe 176
Einkomponenten-Polymerisationsklebstoffe 56
Eindringtiefe 82
einschnittig überlappte Klebung 174
einschnittige Laschung 166 ff.
einschnittige Überlappung 166 f.
Einteilung 55, 60
Einzelfestigkeiten 46
elastische Dickschichtklebungen 63
elastisches Kleben 204
Elastizitätsmodul 46
Elastomere 59
elektrische Verfahren 225 f.
elektrochemische Oberflächenvorbehandlung 129
elektrochemische Spannungsreihe 198
Elektronenstrahlhärtung 83
Elektronik 211
–komponenten 104
–verguss 103 f., 154
Elektrotechnik 211
Eloxieren 129
Emissionsspektrum 85
empirische Methode 173
Endfestigkeit 22, 67, 100 f., 158
Entfetten 117, 119 f.
Entkonservierung 131
Entropie 58
EP-Formstoff 108
EP-Klebstoffe 96
Epoxide 84, 86
Epoxidharz-Klebstoffe 96
EP-Reaktionsklebstoffe 106
Etiketten 111
europäische Klebfachkraft 236
europäische(r) Klebfachingenieur/in 236
europäische(r) Klebpraktiker/in 236
European Adhesive Bonder 236
European Adhesive Engineer 236
European Adhesive Specialist 236
Exothermie 101
Extruder 134, 136, 152
Extrusionsanlagen 136
Exzenterschneckenpumpen 134, 136 f.
exzentrische Krafteinleitung 166, 174

F

Fahrgastzelle 124, 199, 201
Fahrzeugbau 195, 197
Falzen 22, 241, 246
Fässer 136
Fassfolgeplatten 137
–pumpe 137
Fassschmelzgeräte 149 f.
Fehlstellen 216
Fertigungsverfahren 11
Festigkeit 44, 62, 64, 180
Festigkeitsberechnung 172
Festigkeitsklasse 91
Festigkeitswerte 45 f., 216
Festkörperanteil 76
Feuchtigkeit 78, 80
feuchtigkeitsvernetzende 2K-Polyurethan-Klebstoffe 105
Finite-Elemente-Methode 173
Fixierdruck 93

Fixieren 146
Fixierhilfen 93, 118, 158
Fixiermethode 246
Fixierung 117
– der Fügeteile 146, 158
Flächenanbindung 200 f.
Flächenauftrag 153
Flächendichtungen 90
Flächenstrahler 85
Flächenverbund 20
flächige Klebungen 182 f.
Flammsilikatisierung 191
flexibilisierte 1K- und 2K-Epoxid-Formstoffe 106
Fließverhalten 38
Flip-Chip-Montage 156
Flip-Chips 156
Flow Drill Screws 19
Flugzeugbau 194
Flüssigkeitslamelle 33
Folienschälversuch 220
Fördern 133
Förderung 133
Formschluss 12
Freistrahl-Corona 126
Fügen 11 f.
fugenfüllende Klebstoffe 100
fugenfüllende Klebungen 66, 76
Fugenfüllung 78
Fügeteil 17
–bruch 47 f.
–verformung 162
Fügeverfahren 11
Fügezeit 64
Füllstoffe 65
Funktionsfestigkeit 100 f.

G

Galvanik 129
Gasentladungslampe 84 f.
Gebinde 131
–formen 132
Gegenion 88
Gelzeit 100 f.
geometrische Oberfläche 38, 40
Gesamtfestigkeit 46
Geschichtee des Klebens 14
Gestaltabweichungen 38 f.
Gestaltungsmöglichkeiten 187
Gewindeabdichtung 95
Gewindebeschichtungen 96
Gewindedichtungen 90
Gießharze 97
Gießharzmasse 104
Glasübergangstemperatur 207, 230
Glob-Top 154 f., 211
–-Verguss 155
Granulatform 74
gravimetrische Dosierung 147
Grenzflächenspannung 33
Grenzschicht 25 f., 40
–bruch 49 ff.
Großgebinde 136
Großserienfertigung 133
Grundstoff 55
gute Belastungsarten 163

H

Haftklebstoffe 111, 212
Haftnotizzettel 112
Haftung 26, 37, 43, 94, 111, 239
Haftvermittler 113 ff., 130
Handaustragsgerät 133, 142 f.
Handfestigkeit 100 f.
Handlingfestigkeit 22, 81
Handpistole 94
Härteofen 98
Härter 78, 101
Härterlack-Verfahren 93, 138
Härtersystem 97
Härterzusatz 93
Härtetemperatur 159
Härtezeit 101, 159
Harz 78, 101
Hauptvalenz-/Elektronenpaarbindungen 42
Heim- und Handwerksbereich 133
Heißklebepistole 74, 149 f.
Heißluftautoklav 159 f.
Heißluftgebläse 98
Helix-Mischer 135, 140 f.
herkömmliche Dispersionsklebstoffe 71
Hilfsmittel 65
Hobbocks 136
Hochspannungsentladungen 126
Hoch-Temperatur-Vulkanisation 109
hochviskos 38
Homogenisierung 143
Hotmelts 74 f.
Hotmelt-Sticks 149
Hybridfügen 241

I

Impuls-Echo-Verfahren 226
indirektes Corona-Verfahren 126
innere Festigkeit 40
innere Weichmachung 107
Intensität 86
Intensitätsmessung 86

Inversion 169, 184
«in vivo»-Klebanwendungen 212
Ionen 82
–bindungen 42
IR-Strahler 98
Isocyanat 105
Isopropanol 119

J

Jetventil 148 f.

K

Kältekammer 132
Kälteschränke 132
kalthärtend 61
kalthärtende 1K- oder 2K-Reaktionsklebstoffe 64
Kalthärtung 61
Kreidl-Verfahren 125
Kaltnieten 242
Kaltschweißen 69
Kammermischer 142
Kanister 136
Kapillarmethode 157, 246
Karosserierohbau 196
Kartuschen-Auftragsgerät 150 f.
Katalysator-Polymerisation 56
Kation 88
Kettenreaktion 84
Klassifizierung von Klebungen 235
Klebanwendungen 210
klebaktive Substanz 65 f., 72
Klebaufsichtspersonal 235 ff.
Klebbarkeit 189
Klebebänder 111, 189, 212
Klebe-Etiketten 113
Kleben 14, 16 ff., 63, 196, 234, 241 ff., 245 ff.
Kleben metallischer und nichtmetallischer Werkstoffe 161
Kleben unterschiedlicher Substrate 176
Kleben von Glas 190
Kleben von Kunststoffen 186
Kleben von Metallen 176
Kleber 18
Klebfestigkeit 62 ff., 101 f., 171 f., 174, 178, 215 f., 239
Klebfläche 18, 25, 57, 162
Klebfuge 18, 57
Klebfugendicke 18, 20, 29, 62, 82, 178, 187, 204
Klebfugengeometrie 82
Klebfugengestaltung 182 ff., 286
klebgerechte Konstruktion 23, 161, 167
klebgerechtes Design 161
Klebprozesse 11, 233 ff., 239
Klebschicht 18
–dicke 165, 171, 204
–verformung 172, 181
Klebstoff 17, 60
–(vor-)auswahl 115 f.
–applikation 69
–art 25, 55, 115
–auftrag 74, 117, 133, 146
–auswahl 48, 55, 116
–eigenschaften 228
–grundstoff 55
–komponenten 139
–-Pillows 74
–typen 25, 115
–vorbereitung 133
Klebungen 14, 18, 47
Kleinstmengendosierung 148 f.
Klettertrommelschälversuch 220
Klimatisierung 130
Kohäsion 17, 40 f., 43
Kohäsionsarbeit 30
Kohäsionsbruch 47 ff., 52
Kohäsionsfestigkeit 44
Kohäsionskräfte 41, 43
kohlenstofffaserverstärkte Kunststoffe 194
Kolbenpumpe 133 f., 137
Kolbenventil 48, 148
Kombinationsklebung 168, 182
Kombinationsverfahren 241
Komponenten 78, 94
Konservierung 130
Konstruktionsklebstoffe 78
konstruktive Richtlinien 161
Kontaktkorrosion 197 f.
Kontaktwinkel 28, 32
–messgerät 30 f.
Korrosion 73, 119
kovalente Bindungen 42
Krafteinleitung 162
Krafteinleitungspunkte 165
Kraftkleber 65
Kraftschluss (Reibschluss) 12
Kraftübertragung 20
Kraftverteilung 19
Kriechen 44, 190
Kriechneigung 23
Kriechversuch 223
kryogenes Strahlreinigen 120
Kunststoffe 189
Kunststoffklebungen 186 f.
Kurzzeitversuch 223
Kurzzeit-Zugversuch 44

L
Lagerbedingungen 79
Lagerdauer 133
Lagerfähigkeit 79, 133
Lagern 131
Lagertemperaturen 132
Lagerung 71, 131
Lagerzeit 79
Längenausdehnungskoeffizienten 203 f.
Langzeitprüfungen 223
Laschung 166 f., 187
Laser 123 f.
–strahlhärtung 83
Lastkraftwagen 202
Latex-Klebstoffe 73
LED-Lampen 84
LED-Strahler 844 f.
Leichtbau 11, 21, 194
Leime 71
Leitkleben 157
Licht 78
lichthärtende Acrylate 84
lichtaktivierbare Klebstoffe 200
Liquid Silicone Rubber 109
Lock-in-Thermografie 227
Lösemittel 66, 68
–gemische 68
–haltige CR-Kontaktklebstoffe 67
–haltige Haftklebstoffe 112
–haltige Klebstoffe 65
–haltige Kontaktklebstoffe 65
–haltige NBR-Kontaktklebstoffe 68
–haltige SBR-/SBS-Kontaktklebstoffe 68
–haltige Kunststoff-Klebstoffe 65, 69
–haltige PUR-Kontaktklebstoffe 67
–klebstoffe 64, 70
–polarität 119
–reiniger 119
Löslichkeit 188
Lösungsklebung 190
Löten 11
Lötverbindung 19
Lowmelts 74 f.
Luft- und Raumfahrt 194
Luftblasen 104
Lufteinschlüsse 104

M
Makromoleküle 58
Maschinen- und Anlagenbau 210
Maskierklebebänder 112
mechanisch blockierte Klebstoffe 242
mechanische Adhäsion 43
mechanische Oberflächenvorbehandlung 122
Medizinalprodukte 213
medizinische Geräte 213
Medizintechnik 211
Membranpumpen 133, 135
Membranventil 148
Meniskus 33
Merkblätter 231, 234 f.
Metallionen 90
Metallklebung 176, 180
Methode des hängenden Tropfens 33
Methode des liegenden Tropfens 28
Mikrodosierung 148 f.
Mikrokapseln 95
mikroverkapselte, modifizierte 2K-Acrylate 95
Mikroverkapselung 91
Mindestbearbeitungsfestigkeit 158
Mindestfestigkeit 81
Mischabweichungen 142
Mischanlagen 138
Mischbruch 47, 51 f.
Mischelemente 139, 141
Mischen 105, 133, 138, 143
Mischerelemente 138
Mischgeometrie 139
Mischkammer 145
Mischleistung 142
Mischprinzipien 140
Mischrohre 139
Mischrotor 145
Mischtechnik 94
Mischungenauigkeiten 142
Mischungsverhältnis 78, 94, 100 f., 135, 138, 143
Mischwendel 141 f.
mittlere Bruchzugscherspannung 174
Monomer 56 ff.
Montageklebungen 195

N
Nachbehandlung 118, 235, 237
Nadelventil 148
Nassklebstoffe 71
Nassklebung 72
Natur 16
NBR-Kontaktklebstoffe 65
Nebenprodukte 109
Nebenvalenzbindungen 42, 44
Neutronenradiografie 227 f.
Niederdruckplasma 123, 127
–-Vorbehandlung 127
niederenergetische Kunststoffe 188
niederenergetische Kunststoffoberflächen 22

Niedrigfrequenzverfahren 226
niedrigviskos 38
Nieten 11, 22, 196, 241 f.
Nietverbindung 19
Normalspannungsspitzen 164
Normen 224 f., 231 ff.
No-Mix-Verfahren 93, 138
numerische Methoden 173
Nutzfahrzeuge 202

O

Oberflächen 25
–behandlung 118
–energie 26, 28, 35 f.
–klebrigkeit 111
–konservierung 114
–nachbehandlung 130
–rauheit 38
–rauigkeit 38
–schutzfolien 112, 131
–spannung 26 ff., 33 ff.
–topografie 38, 122
–vorbehandlung 22, 43, 48, 114, 122, 188
–vorbereitung 117 f.
öltolerante Reaktionsklebstoffe 117
Öltoleranz 246
Onsert 200 f.
–-Technik 200
Openair®-Plasma-Technik 128
optische Verfahren 225
organische Gläser 190
organische Verbindungen 60, 114
Orientierung 58
Originalgebinde 132

P

partieller Verguss 155 f.
Passendmachen 122
Personalqualifizierung 234
Personenkraftwagen 196
Phasengrenzfläche 25 f.
Photoenergie 82
Photoinitiator 82, 84, 86
photoinitiiert 86
– härtende Acrylate 86
physikalisch abbindende Klebstoffe 61 f.
physikalische Oberflächenvorbehandlung 123
PI-Acrylate 86, 88
PI-Epoxide 88
Pigmente 65
Plasma 32
–behandlung 32
–düse 128
–quelle 128
–strahl 128
–-Verfahren 124
Plastisole 61
Plattenmethode 33 f.
Polarisierung 125, 188
Polarität 119, 188
Polyaddition 55, 57
Polyadditionsklebstoffe 56
Polykondensation 55, 58
Polykondensationsklebstoffe 56 f.
Polymer 55 ff.
Polymerisation 55 f.
Polymerisationsklebstoffe 55
Polymerstrukturen 58 f.
Polymerverbindungen 58
Polyol 105
Polyreaktionen 55
Polyurethan 105
–-Klebstoffe 96
Polyvinylacetat 14
Präzisionsdüse 153
Prepolymere 55
Press Jointing 244
Pressen 247
Pressure Sensitive Adhesives 111
Pressverbindung 247
Primer 113 ff.
–arten 114
Primern 130
Prinzip der Funktionsumkehr 69
Prozessgase 127
Prüfblätter 224 f.
Prüfkörper 218, 220 f., 223
Prüfmethoden 216
Prüfparameter 218, 220 f.
Prüfung 23, 215, 223
– von Klebstoffeigenschaften 228
– von Klebstoffen 232 ff.
– von Klebungen 233 f.
Prüfungen / Prüfnormen 224
Prüfverfahren 44
Puls-Thermografie 227
Punktauftrag 153
Punktschweißen 22, 241, 245 f.
Punktstrahler 85
PUR-Kontaktklebstoffe 65
PUR-Klebstoffe 96
PUR-Reaktionsklebstoffe 106
Pyrosil-Verfahren 191

Q

Quadro-Mischer 140, 142
Qualifizierung 239

Qualität 239
Qualitätssicherung 23, 215, 237
Quellen 69
Quellschweißung 190

R

Radikale 82, 86
radikalische Polymerisation 56
Rad-Schälversuch 220
Randwinkel 28
Raumfahrt 195
Raumnetzmoleküle 57, 59
raumtemperaturhärtende 2K-Polyurethan-Klebstoffe 105
Raupenauftrag 153
Rautiefe 122
Reaktionsablauf 78
Reaktionsgeschwindigkeit 101
Reaktionskinetik 101
Reaktionsklebstoffe 78 f., 210
– auf Methylmethacrylat-Basis 79, 92
–, durch Polyaddition härtende 96
Reaktionsmechanismus 78
Reaktionswärme 100
reaktive Hotmelts 64, 79
reaktive Schmelzklebstoffe 61, 79
redundantes Fügen 22
Reinigen 119 ff.
Reißdehnung 45, 107
Relaxationseffekte 190
Reparaturklebung 133
Resonanzverfahren 226
Retardation 23, 44, 190
Retardationseffekte 190
Rezeptierung 96
Richtlinien 231, 234
Ringmethode 33 f.
Rissausbreitung 22
Rohrverbindungen 182, 186
Rollenschälprüfkörper 221
Rollenschälversuch 220 f.
Röntgenstrahlverfahren 227
rotationssymmetrische Überlappung 164
RTV-Silikone 109
Rührelement 145
Rundklebung 163
R_Z-Werte 122

S

SACO 123
–-Schmiermittel 123
–-Verfahren 123
Sandwich 202 f., 207, 210
Säubern 117 ff.
Sauerstoffabschluss 78, 90
SBR-/SBS-Kontaktklebstoffe 65
Schäftung 187
Schälbeanspruchungen 21, 162, 167 ff.
Schälbeanspruchung 182
Schälkräfte 23, 165 f.
Schälung 166, 170
Schälversuch 220
Schälwiderstand 220 f.
Schaumklebebänder 111
Scheibenklebungen 198
Scherbeanspruchungen 162
Scherung 161, 170
Schienenfahrzeuge 207 ff.
Schlagscherprüfungen 223
Schlagzugprüfungen 223
Schlagzugscherprüfungen 223
Schlauchpumpen 133, 136
Schlauchquetschpumpen 133, 136
Schlauchquetschventil 148
schlechte Belastungsarten 166
Schleifverfahren 122
Schmelzeaufbereitung 149
Schmelzedosiergerät 79
Schmelzedosierung 149, 153
Schmelzhaftklebstoffe 112
Schmelzklebstoff-Auftragskopf 153
Schmelzklebstoffe 74, 149
Schmelzklebstoff-Extruder 150 f.
Schmelzklebstoff-Sticks 150
Schmelztemperaturen 75
Schneestrahlen 120
Schockhärtung 81
Schrauben 11, 22, 196, 241
–sicherungen 90 f., 208
Schraubverbindung 19
Schrumpfen 241, 247
Schub 161
–modul 64, 215
–spannungsverteilung 180 f.
Schweißen 11, 196
Schweißklebung 190
Schweißpunkte 158
Schweißverbindung 19
Sekundenkleber 80
Sekundenklebstoffe 64
semistrukturelle Klebstoffe 63 f., 80
semistrukturelle Klebungen 171
Shore-Härte 107
Sicherheitsanforderung 206 ff., 235 f.
Sicherheitsfaktoren 175
Sicherheitsklassen 206, 235 ff.
sichtbares Licht 83
silanmodifizierte MS-Polymere 110

Silikon-Dichtstoff 109
Silikone 60, 108
Silikon-Klebstoff 109
Simulation 172
SMD-Klebstoffe 132
Sofortklebstoffe 80
Spaltbeanspruchungen 162
Spaltkräfte 23, 161, 165 f.
Spaltprodukte 56, 109
Spaltung 166
Spannungsausbildung 179
Spannungs-Dehnungs-Diagramm 218
Spannungs-Dehnungs-Kurve 44 ff., 177
Spannungsspitzen 19, 162, 171, 174, 181
Spannungsverlauf 19
Spannungsverteilung 19 ff., 161 f., 164 f., 174, 179 ff., 247
spezifische Adhäsion 43
spezifische Arbeitsaufnahme 44
Spinn-Sprühauftrag 153
Spreitung 30
Spritzendosiersystem 147
Sprödbruch 45
Sprühauftrag 153
Sprüh-Corona 126
Sprühklebstoffe (Aerosole) 68, 69
S-Schlag 164, 173, 222
Stabmethode 33
Stanznieten 243
Stanznietverbindung 243
statisch-dynamische Mischer 138, 145
statisch-dynamisches Mischen 145
statische Mischer 135, 138 f., 141, 143
statische Mischrohre 94
statisches Mischen 138
Steganschlüsse 182, 185
steife Klebungen 63
Steifigkeit 44, 46, 64, 165
Stickform 74
Stoffschluss 12
Strahlen 122
Strahlmittel 120, 122 f.
Strahlung 82
strahlungsbasierende Verfahren 225, 227
Strahlungsenergie 82
strahlungshärtende Klebstoffe 64, 79, 82, 84
Strahlungsspektrum 85
Strahlverfahren 122
Straßenbahn 208
Streckdehnung 45
Streckgrenze 45
Streckspannung 45
Streifenauftrag 153
Structural-Glazing 110, 191
strukturelle Klebstoffe 63 f., 80, 204
strukturelle Klebungen 20, 162, 171, 195
strukturelle und semistrukturelle Klebungen 63
strukturelles Kleben 194
Strukturklebungen 197
Stumpfstoß 187
–klebung 166, 177 f., 186
Sublimation 122
Substrat 17
–vorwärmung 76

T

Tack 111
Tackifier 111
Tankschmelzgeräte 74, 149 ff.
Tauchbäder 129
technische Regeln 231, 234
Technologie des Klebens 117 f.
teilkristalline Thermoplaste 58
Temperaturerhöhung 101
Temperaturfestigkeit 218
Temperaturindikatoren 132
Temperaturschwankungen 92
Tensiometer 33
Testtinten 34 ff.
thermische Längenänderung 203
thermische Verfahren 225, 227
Thermoden 98
Thermografie 227
Thermoplaste 44
thermoplastische Hotmelts 64
thermoplastische Schmelzklebstoffe 74
T-Mischer 140, 142
Topfzeit 92, 100 f., 138 f., 145
Torsion 161
Torsionsbelastung 163
Trägermaterialien 111
Transferklebebänder 111
Transmissionsspektren 86
Transport 71
TRIZ 169
Trockeneis 120, 123
–schnee 120, 123
–strahlen 120
Trocknungsverhalten 74
Tropfenvolumenmethode 33
T-Schälprüfung 222
T-Schälung 168 f.

U

Überdimensionierung 172
überlappte Klebung 181

Überlappung 187
Überlappungsenden 164, 171, 174, 181
Überlappungsklebung 20, 217
Überlappungslänge 165, 178 ff.
Ultraschall 120
–bäder 120
–prüfung 226
–prüfverfahren 226
Umgebungsbedingungen 72
Umkehrprinzip 183
Umkonstruieren 165, 167, 170
Umweltfaktoren 224
Underfill 156, 158, 211
Universalprüfmaschine 216
Unregelmäßigkeiten 216
Unterfütterungsklebungen 197
Unterrostung 53
Ursprungsmodul 45
UV-Licht 78, 82 f.
UV-lichthärtende Acrylate 84
UV-lichthärtende Klebstoffe 64

V

Vakuumverfahren 127
Van-der-Waals-Kräfte 42
Ventilformen 148
Verarbeitungszeit 100
Verbindungsarten 11
Verbindungstechniken 196
Verdampfen 66
Verdunstung 65
vergussgerechte Bauteilkonstruktion 104
Vergusshöhe 156
Vergussmasse 104
Verlustvolumen 142
Vermischen 78
Vernetzungsreaktion 59, 79
Versagensarten 44
Verstärkungsstoffe 65
Vielzweckprobekörper 217
Viskoelastizität 46, 190
Viskosität 37, 91, 215
Viskositätsunterschiede 142
V-Naht 187
Volatile Organic Compounds 65
vollständiger Verguss 155 f.
volumetrische Dosierung 147
Voraktivierung 88
Vorbehandlung 118
Vorbereitung 118
– der Fügeteile 117 f.
– des Klebstoffs 117, 131
– von Klebstoffen / Klebstoffkomponenten 131
Vorwärmen / Vorwärmung 75
V-Stumpfstoß 187
–klebung 187

W

wahre Oberfläche 39 f.
Warmaushärten 101
Wärmeausdehnung 203
Wärmeausdehnungskoeffizienten 76, 92, 172, 203 f.
Wärmeschrank 98
Wärmezufuhr 78
Warmfestigkeit 76
warmhärtend 61
warmhärtende 1K- oder 2K-Reaktionsklebstoffe 64
Warmhärtung 93, 98
Warmnieten 242
Waschaktivatoren 130
Wasserpaste 105
Wasserstoffbrückenbindungen 42
Weak Boundary Layer 50
Weichmachung 45
Weißleime 71
Weiterbearbeitungsfestigkeit 81, 158
Welle-Nabe-Verbindungen 90
Wellenlänge 82 ff.
Wellenlängenbereich 82 ff.
Wickelkerne 111
Windschutzscheibenklebung 199
Winkelschälversuch 220
wirksame Oberfläche 39 f.

Y

Youngsche Gleichung 28

Z

Zähelastifizierung 107
Zahnraddosierer 134 f.
Zahnradpumpen 133 f., 137
zeitabhängige Beanspruchung 161
Zeitstandfestigkeit 224
Zeit-Temperatur-Verschiebungsprinzip 218 f.
zerstörende Prüfverfahren 46, 215 f., 225
zerstörungsfreie Prüfverfahren 215, 225
Zugbeanspruchungen 162
Zugfestigkeit 45
Zugkräfte 161 f.
Zugscherfestigkeit 217 f., 224
Zugscherkräfte 162
Zugscherprobe 164
Zugscherprüfkörper 217

Zugscherspannung 174
Zugscherung 163
Zugscherversuch 217 f.
Zusatzfunktionen 22
Zusatzprodukte 113
Zweikomponenten-Polymerisationsklebstoffe 56
zweischnittige Laschung 166 f., 187